X射线粉末衍射原理与实践

施洪龙◎著

电子工业出版社
Publishing House of Electronics Industry
北京·BEIJING

内 容 简 介

　　X 射线粉末衍射是材料的晶体结构表征最常用的技术之一。本书涵盖 X 射线粉末衍射中的大部分知识点，包括晶体学基础知识、X 射线衍射原理、X 射线粉末衍射的实验技术、X 射线粉末衍射的理解、衍射数据的基本处理、物相识别与定量物相分析、晶格参数和空间群的确定、晶体结构解析与晶体结构精修等内容。同时，本书还精选了大量的实例，通过图文分步进行介绍，有助于读者掌握晶体学基础知识及 X 射线粉末衍射的原理、实验技术与分析方法。

　　本书可作为材料、物理、化学等相关专业的本科生教材，也可作为材料、物理、化学、采矿、生物、医药、考古、深空探测等领域相关专业研究生和相关科研工作者的参考书。

未经许可，不得以任何方式复制或抄袭本书之部分或全部内容。

版权所有，侵权必究。

图书在版编目（ＣＩＰ）数据

X 射线粉末衍射原理与实践 / 施洪龙著. -- 北京 ：
电子工业出版社，2024.7
　ISBN 978-7-121-47088-2

　Ⅰ．①X… Ⅱ．①施… Ⅲ．①X 射线衍射－研究 Ⅳ.
①O434.1

　中国国家版本馆 CIP 数据核字(2024)第 019064 号

责任编辑：孟　宇
印　　刷：三河市双峰印刷装订有限公司
装　　订：三河市双峰印刷装订有限公司
出版发行：电子工业出版社
　　　　　北京市海淀区万寿路 173 信箱　　　　邮编：100036
开　　本：787×1092　　1/16　　印张：21.5　　字数：578 千字
版　　次：2024 年 7 月第 1 版
印　　次：2024 年 7 月第 1 次印刷
定　　价：119.00 元

　　凡所购买电子工业出版社图书有缺损问题，请向购买书店调换。若书店售缺，请与本社发行部联系，联系及邮购电话：(010) 88254888，88258888。

　　质量投诉请发邮件至 zlts@phei.com.cn，盗版侵权举报请发邮件至 dbqq@phei.com.cn。

　　本书咨询联系方式：mengyu@phei.com.cn。

　　材料的物理、化学性能与其结构（晶体结构）紧密相关，利用物理、化学等方法对材料的晶体结构进行调控是改善、优化材料性能的主要方法。在材料的制备、表征过程中，材料的晶体结构表征尤为重要。X射线粉末衍射是材料的晶体结构表征最常用的技术。

　　国内几乎所有的理工类大学、科研机构都配备了X射线衍射仪，使得利用X射线粉末衍射技术进行材料的晶体结构表征得到普及，同时也涌现出大量优秀的X射线衍射教材。这些教材各有侧重点，有的教材侧重于粉末衍射理论介绍，读者要具备较好的理论基础才能理解；有的教材侧重于实验技术，主要介绍X射线衍射仪的结构和相关实验技术。为了能让读者快速入门X射线粉末衍射的实验技术与数据分析，我和张谷令教授在2014年出版了《X-射线粉末衍射和电子衍射——常用实验技术与数据分析》，该教材得到了读者的广泛好评。

　　为了响应教育部关于新工科建设、发展的要求和卓越工程师教育培养计划，我结合十几年来X射线衍射的教学、科研经验，并融入新工科建设、发展的新理念，编写了《X射线粉末衍射原理与实践》一书。本书的主要特点如下。

　　（1）内容全面。本书涵盖X射线粉末衍射中的大部分知识点，包括晶体学基础知识、X射线衍射原理、X射线粉末衍射的实验技术、X射线粉末衍射的理解、衍射数据的基本处理、物相识别与定量物相分析、晶格参数和空间群的确定、晶体结构解析与晶体结构精修等内容。

　　（2）知识脉络清晰。为了能让读者提纲挈领、总览全局，本书第1章给出了全书知识点的思维导图，在其他章的章首给出了各章知识点的思维导图。

　　（3）理论联系实际。本书第2章结合晶体学软件介绍晶体学基础知识；第3章介绍X射线衍射原理；第4章介绍X射线粉末衍射的实验技术；第5章结合MDI Jade软件介绍X射线粉末衍射中的峰位、峰强、峰宽与晶体结构的关系；第6章结合实例介绍扣背底、平滑、寻峰、衍射峰拟合等衍射数据的基本处理方法；第7～9章结合实例分步介绍物相识别、定量物相分析、晶粒尺寸与晶格应变确定、结晶度的计算、晶格参数和空间群的确定、晶体结构解析、晶体结构精修等内容。通过理论学习，再加上大量的实例练习，读者能全面掌握X射线粉末衍射的实验技术与数据分析方法。

　　（4）实例分步介绍。本书在晶体学基础知识及衍射数据的理解、处理和分析中引入了大量实例，按操作顺序分步介绍，读者在学习时可以同步操作、练习。在课堂上，教师可以利用这些实例进行随堂演示、讲解、分析，学生可以把笔记本电脑带到课堂上同步练习。通过教师的随堂演示、讲解、分析和学生的同步练习，教师能及时发现、解决学生在分析衍射数据时遇到的问题。

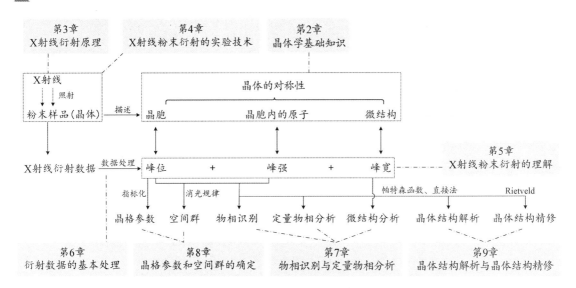

课程知识脉络与章节分布

　　本书中大部分数据摘自我在中央民族大学任教期间的教学演示实例，少量数据选自 CSM、FullProf、GSAS 软件中的实例数据，以及 Vitalij K. Pecharsky 和 Peter Y. Zavalij 的著作 *Fundamentals of Powder Diffraction and Structural Characterization of Materials*。

　　本书的撰写正处于新冠疫情期间，撰写过程实属不易，我白天看孩子、线上教学，深夜才有时间码字。在本书成稿、校对和出版过程中，陈根祥、张谷令、邹斌、杨玉平、陈笑、冯帅、吕敏、李传波、彭洪尚、张晓明、贾莹、渠朕、王丽娟、周青等老师提出了宝贵建议，在此表示感谢。需要特别感谢的是我的导师李建奇研究员，每当遇到困难时他都给予我莫大的鼓励和支持，他还为本书提出了很多建设性的意见，并为本书作序。衷心感谢我的父亲、爱人和孩子一如既往无私地给予我关怀和帮助，我的爱人还为本书的校对、出版付出了很多心血。电子工业出版社的编辑们为本书的编辑、校对、排版做了大量工作，在此一并致谢。本书的出版得到了中央民族大学纳米材料与技术专业北京市一流课程建设项目的资助。

　　本书中所有实例、演示视频均已上传到 QQ 群 303134512（衍射技术与数据分析），读者可以加入该群相互交流、共同进步。读者如有疑问，也可通过 honglongshi@outlook.com 与我联系、交流。由于本人水平有限，书中不足和疏漏之处在所难免，恳请广大读者批评指正。

　　在我的导师 60 周岁生日之际，谨以此书献给我的导师李建奇研究员。

施洪龙

2022 年 12 月

序

《X 射线粉末衍射原理与实践》是一部系统阐述 X 射线粉末衍射的原理、实验技术与分析方法的著作，主要针对的是材料物理、固体物理、材料化学等专业的本科生和研究生 X 射线衍射相关课程的教学。

功能材料、智能材料一直是材料科学研究的重点，是高新技术产业发展不可或缺的材料基础。材料设计、合成、加工，以及材料晶体结构和性能的表征是材料研究的基础，材料的性能与其晶体结构紧密相关。为改善、优化材料的性能，可以利用晶体工程对材料的晶体结构进行有目的、有针对性的调控。因此，材料科学的发展在很大程度上依赖于材料晶体结构的分析与表征水平。X 射线粉末衍射不仅可以用于物相识别、定量物相分析，还可以用于精确确定晶格参数、解析和精修晶体结构，以及分析晶粒尺寸、晶格应变、结晶度等，已成为材料晶体结构表征的主要技术。

在过去的十几年里，施洪龙副教授利用 X 射线衍射与透射电子显微镜在材料晶体结构分析方面取得了一系列研究成果，并长期为中央民族大学的纳米材料与技术、应用物理学专业的本科生讲授"X 射线晶体学""纳米材料制备与分析方法"等课程。近期他结合自己的研究结果和教学经验，编写了《X 射线粉末衍射原理与实践》，并由电子工业出版社出版。

本书内容全面、知识脉络清晰、通俗易懂，且注重理论联系实际。本书主要介绍了晶体学基础知识、X 射线衍射原理、X 射线粉末衍射的实验技术、X 射线粉末衍射的理解、衍射数据的基本处理、物相识别与定量物相分析、晶格参数和空间群的确定、晶体结构解析与晶体结构精修，涵盖了 X 射线粉末衍射中的大部分知识点。本书第 1 章给出了全书知识点的思维导图，在其他章的章首给出了各章知识点的思维导图，让读者能提纲挈领、总览全局。本书用大量实例分步介绍 X 射线粉末衍射的原理、实验技术与分析方法，适合作为初学者快速入门 X 射线粉末衍射的实验技术与数据分析的参考书。目前，虽然我国已有大量比较优秀的 X 射线衍射教材，但很少有结合实例介绍如何利用 X 射线粉末衍射技术解析、精修晶体结构的教材。难能可贵的是，本书结合大量实例分步介绍了如何利用帕特森函数、直接法解析晶体结构，并详细介绍了 GSAS、FullProf 软件中的 Rietveld 晶体结构精修方法。

本书可作为材料、物理、化学等相关专业的本科生教材，也可作为材料、物理、化学、采矿、生物、医药、考古、深空探测等领域相关专业研究生和相关科研工作者的参考书。

李建奇

2022 年 12 月

目录

第 1 章

X 射线粉末衍射简介

自 1895 年德国的物理学家伦琴发现了 X 射线至今已有 100 多年，经过 100 多年的发展，X 射线衍射理论、X 射线衍射仪的功能、X 射线粉末衍射的实验技术与分析方法都已经发展得相当完善，这使得 X 射线衍射技术被广泛应用到材料、物理、化学、采矿、生物、医药、考古、深空探测等领域。

本章将简要介绍 X 射线衍射的发展史，以及 X 射线粉末衍射的主要用途。

1.1　X 射线衍射的发展史

1895 年，德国的物理学家伦琴（W. C. Röntgen）发现了 X 射线，从而开启了 X 射线衍射的大门。

1912 年，德国的劳厄（M. von Laue）将 X 射线照射到晶体上，发现了 X 射线在晶体中的衍射现象。该实验不仅证实了晶体结构点阵理论的正确性，还确定了 X 射线的电磁波本质。劳厄实验具有划时代的意义，它奠定了近代晶体学的基础，使 X 射线衍射成为认识晶体结构的重要手段，促进了 X 射线晶体学的形成。

1913 年，英国的布拉格父子（W. H. Bragg 和 W. L. Bragg）推导出了 X 射线衍射的基本公式——布拉格定律（Bragg's Law），这极大地推动了晶体结构的分析工作。

1916 年，德拜（Debye）发明了德拜相机，该相机对入射光的利用率较低，曝光时间较长。为此，Cauhois 和 Guinier 将单色器与聚焦相机结合起来开发出了分辨率较高的 Guinier 相机。

1918 年，谢乐（Scherrer）提出了衍射峰的峰宽 β 和晶粒尺寸 L 之间的关系，即谢乐公式 $\beta = K\lambda / (L \cdot \cos\theta)$。

1919 年，Hull 指出：①X 射线衍射谱能反映材料的基本结构；②混合物中各物相的衍射谱是相互独立的；③衍射谱是元素各种键合状态的反映；④衍射强度正比于各元素的组分比。这使得利用 X 射线衍射进行物相识别和定量物相分析成为可能。

1925 年，Van Arkel 提出了峰宽 β 和微应变 e 之间的关系，即 $\beta = 4e \cdot \tan\theta$；1944 年，Wilson 提出了均方应变方程，即 $\beta = 2(2\pi)^{3/2} \langle \varepsilon^2 \rangle \tan\theta$。

1936 年，Hanawalt 和 Rinn 提出了 X 射线衍射的物相分析方法：不同的化合物具有不同的 d-I（晶面间距-衍射强度）值，d-I 值具有"指纹"特征，可用于物相识别。

1938 年，Hanawalt、Rinn 和 Frevel 发布了 1000 多种无机物的多晶衍射谱，构成了第一个衍射谱数据库。

1941 年，X 射线衍射化学分析联合会（ICDD）基于 Hanawalt 等人的多晶衍射谱出版了粉末衍射文件（Powder Diffraction File，PDF）卡片库。之后，许多国家及组织陆续出版了各种 PDF 卡片库和软件包（PDF、PDF2、PDF4+等）。

1948 年，Alexander 和 Klug 研究了粉末样品的吸收和衍射强度的关系，为 X 射线衍射的定量物相分析奠定了基础。后来逐渐发展出外标法、增量法、无标法等定量物相分析方法。

1967 年，Rietveld 提出了 Rietveld 晶体结构精修方法，实现了由粉末衍射数据准确确定晶体结构的功能。

自此，涌现出大量的多晶结构解析和 Rietveld 晶体结构精修软件，如 FullProf、GSAS、Jana、Expo、Maud、Rietica 等。多晶衍射数据分析软件的开发、应用、推广，使 X 射线粉末衍射技术在各个领域得到广泛应用。至此，X 射线衍射理论和分析方法已基本成形。X 射线衍射的发展史简要归纳在图 1-1 中。

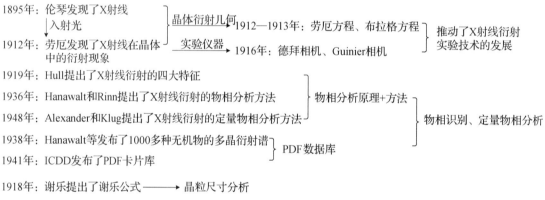

图 1-1　X 射线衍射的发展史

1.2　X射线粉末衍射的主要用途

X射线粉末衍射已广泛应用于材料、物理、化学、采矿、生物、医药、考古、深空探测等领域，毫不夸张地说，只要是分析材料的结构就离不开X射线粉末衍射。本节将简要介绍X射线粉末衍射的主要用途。

1．物相识别

物相识别（Phase Identification）用于解决材料"是什么"的问题，这也是材料分析中最基本的问题。例如，在材料制备或化学反应过程中，需要进行物相识别以确定产物的结构；在登山或野外游玩时意外捡到一块漂亮的石头，有时也有必要知道它的名字、识别它的结构。

1982年，申顺喜等研究人员在钓鱼岛附近的海底表层沉积物中发现了一种蓝绿色的、呈玻璃光泽的矿物，如图1-2（a）所示。该矿物的化学式为$NaAl_{11}O_{17}$，属于六角晶系，晶格参数a=5.602Å，c=22.626Å，密度为3.2g/cm^3，被命名为钓鱼岛石（Diaoyudaoite）[1]，被ICSD（卡片编号为63263）和ICDD（卡片编号为45-1451）收录。

自20世纪60年代起，人类就逐渐探索月球、火星等。1970—1989年，美国科学家在月球上发现了镁铁钛矿（Armalcolite，阿波罗11号）、铁灰石（Pyroxferroite，阿波罗11号）、静海石（Tranquillityite，阿波罗12号）、钙霞石（Yoshiokaite，阿波罗14号）4种矿物。2002年，俄罗斯科学家在月球上发现稀土铈（Ce，Luna 24）。2022年，我国科学家从嫦娥五号月球探测器的采集样品中发现了柱状磷酸盐矿物，如图1-2（b）所示。该磷酸盐矿物的化学式为$(Ca_8Y)Fe^{2+}(PO_4)_7$，属于六角晶系，晶格参数a=10.3957Å，c=37.207Å，被命名为嫦娥石（Changesite-(Y)）。

在X射线粉末衍射中，每种材料的结构都有其唯一的粉末衍射图（峰位、峰强）。ICDD持续收集、更新材料的PDF数据库，到目前为止，ICDD已收录了110多万张包含无机物、有机物的PDF卡片。只要将待定材料的X射线粉末衍射在PDF卡片库中检索，就能快速识别出材料的结构。详细内容见第7章。

 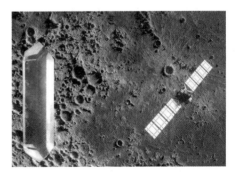

（a）钓鱼岛石　　　　　　　　　　　　　　（b）嫦娥石

图1-2　我国科学家发现的两种典型矿物

2．定量物相分析

定量物相分析（Quantitative Phase Analysis）用于解决材料中各物相的含量"是多少"的

问题。在很多复合材料中，各物相的含量与材料的物理、化学性能是紧密相关的。氧化石墨烯和二氧化钛以一定比例复合，其光催化效率比二氧化钛提高了7.4倍[2]。在材料合成、化学工艺优化过程中，定量物相分析方法可用于确定最佳实验变量。例如，在研究凝胶二氧化钛在烧结过程中的结构相变时，利用定量物相分析方法可以准确确定结构相变的起始温度和结束温度[3]。

有关定量物相分析的详细内容见7.4节。

3. 晶格参数的确定

晶格参数用于描述晶胞形状，是晶体结构的主要参数。采用不同合成方法制备的同一结构的材料，其晶格参数会有些许差异。采用相同合成方法，在不同的实验条件下制备同一结构的材料，也会引起晶格参数的略微改变。如果改变实验条件制备出一系列的样品，那么晶格参数随实验变量的变化可用于描述实验变量对材料合成及材料物理、化学性能的影响。例如，在铁基超导体中，用 P 元素部分替代 $SrFe_2As_2$ 中的 As 元素[4]。随着 P 含量的增多，衍射峰有规律地往高角区移动，说明用原子半径较小的 P 部分替代 As 会使 $SrFe_2As_2$ 的结构出现晶格收缩效应，这会增强 Fe-As 导电层的导电性，从而抑制电子密度波、出现超导电性。

另外，通过原位变温实验分析晶格参数随温度的变化，可确定结构相变的类型。例如，晶格参数随温度的变化的一阶导数呈"λ"形，说明为一级结构相变。由晶格参数随温度的变化可以计算出材料的线膨胀系数、体膨胀系数等。

有关晶格参数确定的详细内容见第8章。

4. 晶体结构解析与晶体结构精修

材料的物理、化学性能与材料的晶体结构紧密相关，如图1-3所示。材料的微结构，如晶粒尺寸、晶格应变、晶粒形貌、位错、孪晶等将影响材料的性能。例如，当晶粒小到几纳米时将出现小尺寸效应，材料的熔点会明显降低，材料的导电性、导热性可能会变差，材料的活性会明显增强。当铂金纳米晶[5]的外表面为{730}、{210}、{520}等高指数晶面时，其化学活性增强了400%。另外，高密度的位错还能增强钛合金的抗疲劳性[6]。

图1-3 材料的性能与材料的晶体结构之间的关系

材料的晶体结构决定了原子之间的成键类型、键长、键角、键能等，进而决定了材料的性能。对于离子化合物，其化学晶能与离子间距成反比；在共价键和金属键材料中，键能随原子间距的增大而减弱。键长越短，键能越强，破坏该化学键所需要的能量越强，对应的材料的熔点越高、硬度越大。另外，原子间距还决定了近邻原子间电子波函数的重叠程度（能带的展宽程度），决定了电子结构，进而决定了材料的性能。利用 X 射线衍射确定材料的晶体结构，再经过理论计算得到该晶体结构的电子结构或能带图，可用于预测或解释材料的热、电、磁、光等性能。

有关晶体结构解析与晶体结构精修的详细内容见第9章。

5. 晶粒尺寸、晶格应变等微结构分析

在纳米材料中，随着晶粒尺寸的减小，晶粒的表面原子数与晶粒的总原子数之比将显著增大。晶粒的表面原子所处的晶体场与体内原子所处的晶体场有很大差异，晶粒的表面原子还存在大量的悬空键，即具有不饱和的化学键，它们极易与周围的原子键合。因此，大的比表面积意味着高的化学活性。

例如，块材金的熔点为 1064℃，当晶粒尺寸小到 2nm 时其熔点约为 327℃[7]。又如，随着晶粒尺寸的减小，金的颜色从金黄色变为紫色，再变为黑色。这些例子都表明纳米材料的性能与晶粒尺寸紧密相关。在 X 射线粉末衍射中，晶粒尺寸会引起衍射峰的展宽。利用谢乐公式就能从 X 射线粉末衍射中分析出晶粒尺寸。

另外，如果材料中存在间隙原子、空位、元素替换，以及位错、层错、孪晶等微结构，会导致原子排列"不整齐"，使局域的晶面间距偏离理想晶面间距，即存在晶格应变或微应变（Lattice Strain 或 Microstrain）。材料中的晶格应变会影响到材料的物理性能。例如，当铜纳米晶的晶格应变从 0.14%增加到 0.24%时，晶体的热膨胀系数增大了 12%，德拜特征温度从 307K 降至 279K[8]。材料中存在晶格应变会引起衍射峰的展宽，利用 X 射线粉末衍射可以分析晶格应变。

有关晶粒尺寸和晶格应变的详细内容见 7.5 节。

1.3 课程知识脉络

自从劳厄将 X 射线照射到晶体上、观察到晶体衍射以来已有 110 年的历史，X 射线衍射的原理、实验技术与分析方法都已发展得非常成熟。如今，X 射线衍射已广泛应用于材料结构分析的方方面面。

本书内容涵盖晶体学基础知识、X 射线衍射原理、X 射线粉末衍射的实验技术、X 射线粉末衍射的理解、衍射数据的基本处理、物相识别与定量物相分析、晶格参数和空间群的确定、晶体结构解析与晶体结构精修等，如图 1-4 所示。

第 2 章介绍晶体学基础知识，用以描述晶体结构。为了能让读者快速掌握晶体学基础知识，第 2 章利用 Crystal Impact Diamond、CrystalMaker 等晶体学软件进行晶体结构建模，介绍描述晶体结构的三要素（晶胞大小、晶胞内的原子、晶体的对称性）和常见晶体结构，以及晶体中格点、晶向、晶面的表示方法。

第 3 章介绍 X 射线衍射原理。首先，从 X 射线的电磁波属性出发，介绍材料对 X 射线的散射（电子、原子、晶体对 X 射线的散射）。其次，介绍 X 射线衍射发生的几何条件（劳厄方程、布拉格方程），以及粉末衍射原理。

第 4 章介绍 X 射线粉末衍射的实验技术。首先，介绍 X 射线衍射仪的结构和功能。其次，介绍实验方案的制订、粉末样品的制备、实验参数的设置及实验数据的评估。最后，介绍 X 射线衍射仪的日常维护。

第 5 章介绍 X 射线粉末衍射的理解，这是衍射数据分析的基础。为了能让读者更好地理解 X 射线粉末衍射中的峰位、峰强、峰宽与晶体结构的关系，第 5 章利用 MDI Jade 软件来模拟晶格参数、仪器零点对峰位的影响，晶胞内的原子对衍射强度的影响，以及晶粒尺寸、晶格应变对峰宽的影响。之后，分步介绍如何在 Origin 软件中绘制含 PDF 卡片的多曲线衍射

图、Rietveld 晶体结构精修的衍射图、不同波长的衍射图。

第 6 章介绍衍射数据的基本处理，包括扣背底、平滑、寻峰、衍射峰拟合等。这部分内容是衍射数据处理、分析的基础，读者须熟练掌握。

第 7 章介绍物相识别与定量物相分析。首先，介绍物相识别的原理，并结合实例分步介绍如何利用 MDI Jade、CSM 软件进行物相识别。其次，介绍定量物相分析的原理，并结合实例分步介绍 MDI Jade 软件中的定量物相分析。最后，结合实例分步介绍如何利用 MDI Jade 软件进行晶粒尺寸、晶格应变、结晶度的分析。

第 8 章介绍晶格参数和空间群的确定，这是晶体结构解析的基础。首先，介绍如何利用指标化方法确定未知结构的晶格参数。其次，介绍已知结构的晶格参数精修。最后，介绍空间群的确定和晶胞内的原子等内容。

第 9 章介绍晶体结构解析与晶体结构精修。根据第 8 章确定的晶格参数对衍射数据进行全谱拟合就能提取出结构因子的振幅，接着利用帕特森函数、直接法、差分傅里叶等技术就能解析晶体结构。本章将结合实例分步介绍如何利用 Jana2020 软件进行晶体结构解析，并结合实例分步介绍两大晶体结构精修软件（GSAS、FullProf）中的 Rietveld 晶体结构精修方法。

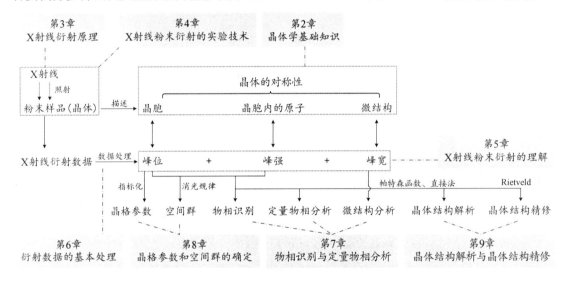

图 1-4　课程知识脉络与章节分布

本书的主要受众是相关专业的本科生和 X 射线粉末衍射的初学者。他们希望能快速上手，能规范地开展 X 射线粉末衍射实验，能对实验数据进行处理，能进行物相识别、定量物相分析、晶粒尺寸和晶格应变分析、晶格结构解析与晶体结构精修等，能得到合理的晶体结构信息。对于这部分读者，建议着重学习第 4 章 X 射线粉末衍射的实验技术、第 5 章 X 射线粉末衍射的理解、第 6 章衍射数据的基本处理、第 7 章物相识别与定量物相分析，以及第 8 章晶格参数和空间群的确定。

本书的另一部分受众是相关专业的研究生和相关工作领域的科研工作者。如果时间有限，这部分读者可以根据自己的学习目的有针对性地学习部分章节的内容。例如，仪器管理人员可以重点学习第 4 章 X 射线粉末衍射的实验技术；低年级的研究生若想快速上手、分析自己的衍射数据，可以着重学习第 6 章衍射数据的基本处理、第 7 章中的定量物相分析。如果有足够的学习时间，那么建议这部分读者系统地学习各章知识。

第2章
晶体学基础知识

利用 X 射线衍射技术分析晶体结构就是从衍射数据中提取能描述晶体结构的各种晶体学参数的过程。为了让读者更好地理解衍射原理和衍射数据的分析、描述，本章将简要介绍晶体学基础知识。

本章首先介绍晶体学的发展、晶体的基本特征，以便读者了解晶体学的全貌。其次介绍描述晶体结构的三要素：晶胞大小、晶胞内的原子、晶体的对称性。描述晶体结构的三要素是理解衍射原理、分析衍射数据的基础，读者需重点掌握。根据描述晶体结构的三要素，我们可以借助晶体学软件进行晶体结构建模，实现晶体结构的可视化及晶体结构的描述。读者在学习 2.4 节常见晶体结构时，建议自己动手建立晶体结构模型，观察、总结这些晶体的结构特征。当我们建立了三维晶体结构模型之后，就需要描述晶胞内原子的坐标、原子列（链）的晶向指数和晶面的晶面指数等。

为了让读者更好地理解衍射原理和晶体学计算，本章还会介绍三维倒易点阵的构建、正格子和倒格子之间的倒易关系，以及常见晶体学计算方法。

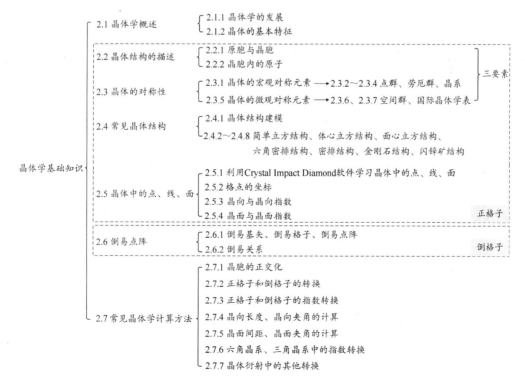

2.1　晶体学概述

晶体学（Crystallography）是以晶体为研究对象的一门基础学科，是学好本科相关专业知识的基础。例如，物理学、固体物理学、半导体物理学、化学、结构化学、材料科学、材料物理、纳米科学、纳米材料制备方法、纳米材料表征技术等众多课程都涉及晶体学的知识。在工业生产中，化工、冶金、半导体、生物、医药、采矿等领域也涉及晶体学的知识。根据研究对象的差异，可将晶体学分成五部分[9]。

（1）晶体生长学（Crystallogeny）：研究晶体的形成、生长和变化的过程与机理，如新材料或新结构的合成、晶体的可控生长、结构相变等。

（2）几何晶体学（Geometrical Crystallography）：研究晶体外形几何多面体的特征、规律。在采矿学、地质学中会涉及几何晶体学的知识。

（3）晶体结构学（Crystallography）：研究晶体内部原子、基团的排布规律，以及晶体缺陷。

（4）晶体化学（Crystallochemistry）：研究晶体的化学成分与晶体结构、晶体的物理与化学性能之间的规律。

（5）晶体物理学（Crystallophysics）：研究晶体结构、晶体缺陷等晶体的物理与化学性能之间的关联。

2.1.1　晶体学的发展

在晶体学的发展过程中，人们发现了很多晶体学规律，发展出一系列实验技术和分析方法，简要归纳如下[10-12]。

1669 年，丹麦学者斯蒂诺（N. Steno）通过对石英等晶体的研究发现了晶面角守恒定律（Law of Constancy of Interfacial Angles）：同种晶体对应晶面之间的夹角恒等。该定律反映了晶体的外形与晶体内部结构存在特定关联。

1801 年，法国学者赫羽依（R. J. Haüy）在研究方解石的解理过程中发现了晶体的有理指数定律（Law of Rational Indices）：任意晶面在适当的三维坐标轴上的截距都是有理数。有理指数定律反映了晶体内部原子的排列具有周期性。

1809 年，乌拉斯通（W. H. Woliaston）设计出反射测角仪，用于准确测量晶体的外形、推断晶体内部结构，积累了大量的晶体测角资料。

1805—1809 年，德国学者外斯（C. S. Weiss）总结了晶面和晶棱之间的关系，得出了晶带定律（Weiss Zone Law）：众多晶棱或晶向[uvw]构成晶面(hkl)，晶面指数和晶向指数之间存在 $hu + kv + lw = N$ 的关系。外斯还研究了晶体外形的对称性特征，将晶体分为六大晶系，总结出了晶体对称性定律（Law of Constancy of Symmetry）：同一晶体的不同部分尽管外形可能有差异，但它们具有相同的对称元素（对称面、对称轴、对称中心）。

1818—1839 年，外斯和英国的米勒（W. H. Miller）先后创立了描述晶面、晶向的符号表示方法，即米勒指数。

1830 年，德国的黑塞尔（Johann F. C. Hessel）推导出了描述晶体外形对称性的 32 种点群。同时，人们按晶体对称元素的特征将晶体划分为七大晶系。

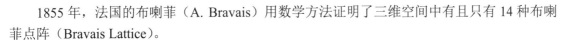

1855 年，法国的布喇菲（A. Bravais）用数学方法证明了三维空间中有且只有 14 种布喇菲点阵（Bravais Lattice）。

1885—1890 年，俄国的费道罗夫（E. C. Фёдоров）和德国的熊夫利兹（A. M. Schöflies）先后推导出了描述晶体对称性的 230 种空间群。

19 世纪末期，几何晶体学的理论已基本成熟，为后来的晶体结构分析奠定了理论基础。

2.1.2　晶体的基本特征

晶体（Crystal）内的原子在三维空间中的排列具有严格的周期性，即三维长程周期性（Long-Ranged Order）。原子之间的键合强弱决定了原子排列的周期，原子的周期性排列使晶体具有一些共同的性质[12-13]。

1.　长程有序性

晶体内的原子在三维空间中的排列在很大的范围内都是周期性排列的。大的单晶长达十几英尺（1ft=0.3048m），而小的晶体，如纳米晶就只有几纳米。

2.　均匀性

晶体中不同部位的化学组分、宏观性质（如密度、比重、热导性、膨胀性等）都是相同的。由于晶体内原子的排列具有三维长程周期性，因此晶体不同部位（大于周期）的宏观性质都是相同的。例如，在晶体相同方向上的任一点测量的电导率是相同的。

3.　各向异性

晶体不同方向上的物理性质是不同的，这是因为原子的排列在不同方向上具有不同的周期。例如，图 2-1（a）中的 NaCl 晶体[14]在[001]、[011]、[111]三个方向上的拉力是不同的，约为 1：2：4。蓝晶石沿 z 轴方向的硬度为 5.5，而垂直于 z 轴方向的硬度为 6.5，因而蓝晶石又叫二硬石。

4.　对称性

晶体在某些特定的方向上表现为晶体外形的对称性，以及物理、化学性质具有特定的对称规律。晶体的对称性是晶体内的原子周期性排列的体现。

5.　自范性

晶体的生长速度是各向异性的，对称的晶面具有相同的生长速度，它们能自发地形成封闭的几何多面体外形（凸面体），如图 2-1（b）所示。晶体外形满足欧拉定律（Euler Law）：晶面数+顶点数=晶棱数+2。

6.　固定的熔点

具有同一结构的晶体由于键合方式相同，熔化时断键所需的能量也相同，所以同种晶体具有相同的熔点。例如，冰的熔点为 0℃，石英的熔点为 1750℃。

7.　自由能最小

化学组分相同的物质在不同的热力学条件下可能形成不同结构的晶体。在某一热力学条件下能稳定存在的晶体，其自由能最小、结构最稳定。

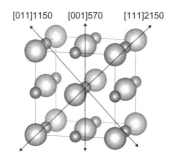

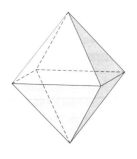

（a）NaCl 晶体在[001]、[011]、[111]三个方向上的拉力（单位为 g/mm²）　　（b）规则的晶体外形

图 2-1　晶体的各向异性与自范性

2.2　晶体结构的描述

即使是指甲盖大小的晶体，其所含的原子数也多达 10^{24} 个。显然，给出晶体内所有原子的种类、位置、占有率等信息来描述晶体结构是不现实的。由于晶体内的原子在三维空间中的排列具有周期性，晶体的最小可重复单元就能代表整个晶体的结构，所以图 2-2（a）中的晶体可以用图 2-2（b）中的一个晶胞来描述。

在晶体内部，原子在三维空间中按周期性规律重复排列。每个重复单元的化学组分相同、空间结构相同、排列取向相同、周围环境相同，这种重复单元称为结构基元（Motif），简称基元。为便于数学描述，将晶体的最小可重复单元无限缩小为几何点（Lattice Point，称为阵点或格点）形成格点的三维阵列。这种格点的三维阵列称为点阵（Lattice），又称格子、晶格。

结构基元是具有物理意义的实体，它可以是原子、分子，也可以是原子基团；空间点阵描述结构基元的三维排列方式。因此，晶体结构可以用空间点阵和结构基元来共同描述。

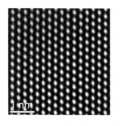

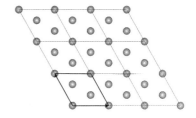

（a）Cr₂O₃ 晶体的原子像　　　　　　　　　　（b）Cr₂O₃ 晶体的结构模型

图 2-2　Cr₂O₃ 晶体的原子像与结构模型

2.2.1　原胞与晶胞

晶体的三维周期平移性用平移矢量来描述：$\boldsymbol{R} = u\boldsymbol{a}_1 + v\boldsymbol{a}_2 + w\boldsymbol{a}_3$。其中，基矢 $\boldsymbol{a}_1$、$\boldsymbol{a}_2$、$\boldsymbol{a}_3$ 是晶体最小可重复单元的三个不共面的最短矢量（遵循右手定则），如图 2-3（a）所示；整数 u、v、w 代表沿三个基矢方向平移的次数。这三个基矢的大小 a、b、c，以及基矢之间的夹角 α（$\boldsymbol{a}_2$ 和 $\boldsymbol{a}_3$ 的夹角）、β（$\boldsymbol{a}_1$ 和 $\boldsymbol{a}_3$ 的夹角）、γ（$\boldsymbol{a}_1$ 和 $\boldsymbol{a}_2$ 的夹角）称为晶格参数或点阵参数（Lattice Parameters）。由于处于热力学平衡态的晶体，其晶格参数近似为恒定值，所以晶格参数又称晶格常数（Lattice Constant）。

1．原胞

由晶体最小可重复单元的三个不共面的矢量所构成的平行六面体称为初基原胞（Primitive Cell），简称原胞。原胞具有以下两个基本特征。

（1）原胞是晶体的最小可重复单元，即原胞的体积最小。例如，图 2-3（b）中的格子 1 和格子 2 的面积最小，所以这两个格子都属于原胞；格子 3 的面积较大，所以格子 3 不是原胞。

（2）1 个原胞只含 1 个格点。例如，图 2-3（b）中的格子 1 和格子 2 只含 1 个格点，属于原胞；格子 3 含有 2 个格点，不是原胞。

只有同时满足上述两个条件的格子才属于原胞。由于 1 个原胞只含 1 个格点，是最简单的一种格子，所以原胞又称为简单格子（Simple Lattice）。虽然图 2-3（b）中的格子 1 和格子 2 都为原胞，通过平移操作都能复现整个晶体，但是格子 2 却无法完整描述该点阵的六次旋转对称性。因此，在满足上述两个条件的前提下，原胞的选择有一定的任意性，某些原胞无法体现晶体的对称性。

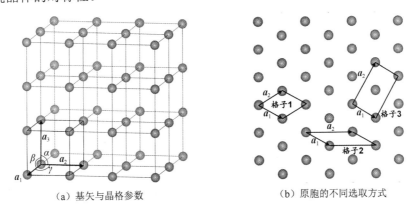

（a）基矢与晶格参数　　　　　　　　（b）原胞的不同选取方式

图 2-3　晶胞与原胞

2．晶胞

晶胞又称单胞（Unit Cell），能完整反映晶体内的原子或原子基团在三维空间中排列的最小可重复单元。布喇菲给出了晶胞选取的 4 条原则。

（1）所选的平行六面体应包含整个晶体的对称性。

（2）当平行六面体的晶棱之间存在直角时，所选平行六面体的直角数应尽可能多。

（3）如果晶棱之间的夹角不为直角，则应选最短的晶棱作为晶轴，且晶棱之间的夹角尽量接近直角。

（4）在遵守上述 3 条原则的情况下，所选平行六面体的体积要尽量小。

上述 4 条原则表明，晶胞不仅具有较小（不一定最小）的体积，还能完整反映晶体的对称性。由于考虑到晶体的对称性，晶胞内的格点除顶点外，还可能包括体心（I）、面心（F）、底心（C）的格点。如果晶胞内只含一个格点，此时晶胞退化为原胞（P）。因此，原胞是晶胞的特例。

布喇菲（A. Bravais）用数学方法证明了在三维空间中有且只有 14 种布喇菲点阵（Bravais Lattice，常译为布喇菲、布拉菲、布拉维、布喇伐、布拉伐点阵或格子），如图 2-4 所示。根据基矢的特征和晶体的宏观对称性,14 种布喇菲格子被划分为七大晶系(Crystal System),分别是立方晶系(c,Cubic)、六角晶系(h,Hexagonal)、三角晶系(Trigonal)、四方晶系(t,Tetragonal)、正交晶系(o,Orthorhombic)、单斜晶系(m,Monoclinic)和三斜晶系(a,Triclinic),如表 2-1 所示。

表 2-1　七大晶系与 14 种布喇菲格子

晶系	晶格参数	布喇菲格子
立方晶系	$a=b=c,\ \alpha=\beta=\gamma=90°$	简单立方、体心立方、面心立方
六角晶系	$a=b\neq c,\ \alpha=\beta=90°,\ \gamma=120°$	六角
三角晶系	$a=b=c,\ \alpha=\beta=\gamma$	三角
四方晶系	$a=b\neq c,\ \alpha=\beta=\gamma=90°$	简单四方、体心四方
正交晶系	$a\neq b\neq c,\ \alpha=\beta=\gamma=90°$	简单正交、体心正交、面心正交、底心正交
单斜晶系	$a\neq b\neq c,\ \alpha=\gamma=90°,\ \beta\neq90°$	简单单斜、底心单斜
三斜晶系	$a\neq b\neq c,\ \alpha\neq\beta\neq\gamma\neq90°$	简单三斜

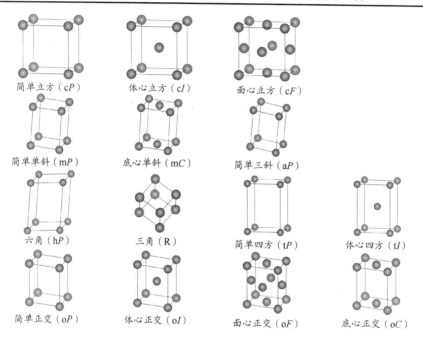

图 2-4　14 种布喇菲格子

2.2.2　晶胞内的原子

一旦选定了晶胞,就可以定义晶胞内的原子。原子的属性主要包括以下几种。

1. 原子或离子种类

原子或离子种类(Atomic Type)表征原子或离子对 X 射线的散射能力,用于定义原子散射因子 $f(s)$:

$$f(s)=\int_{-\infty}^{\infty}\rho(r)\exp\left[2\pi i(r\cdot s)\right]\mathrm{d}r \tag{2-1}$$

一旦定义了原子或离子种类,也就确定了原子核外的电子云或电子密度分布 $\rho(r)$,从而确定了核外电子云对 X 射线的散射能力。由于原子核外电子数不同，同一元素的不同离子对 X 射线的散射能力也不同。

2．原子坐标或原子位置

原子坐标（Atomic Coordinates）或原子位置（Atomic Site）是指晶胞内的原子相对于晶轴 a、b、c 的相对坐标(x, y, z)，$0 \leq x, y, z \leq 1$。

3．原子占有率

原子占有率（Atomic Occupancy）是晶胞内的原子占据某一位置的概率。对于完整晶体，原子占有率取 0 或 1；对于无序晶体，原子占有率的取值范围为 0～1。

4．原子位移参数

当温度高于绝对零度时，晶体中的原子并不是静止不动的，而是在平衡位置附近不断地振动。原子偏离所在晶面的振动（偏离量为 u）会引起衍射强度的衰减，即

$$f' = f \cdot \exp\left[-8\pi^2 \boldsymbol{u}^2 \left(\sin\theta / \lambda\right)^2\right] = f \cdot \exp\left(-2\pi^2 \boldsymbol{U} \boldsymbol{Q}\right) \tag{2-2}$$

式中，f 为原子散射因子；$\boldsymbol{Q}$ 为衍射矢量；$\boldsymbol{U} = \boldsymbol{u}^2$ 为原子位移参数（Atomic Displacement Parameters，ADP），又称温度因子或热因子。该效应称为 Debye-Waller 效应。原子热振动是各向异性的，可以用 3 个主轴的 U_{11}、U_{22} 和 U_{33} 来描述原子热振动椭球，交叉项 U_{12}、U_{13}、U_{23} 决定椭球的形状和取向，共有 6 个参数，如图 2-5 所示。

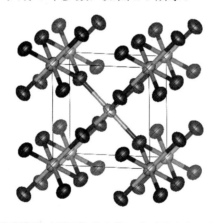

图 2-5　用热椭球模型（原子位移参数）表示的金红石相二氧化钛结构

在进行晶体学数据交流时，为节省篇幅，通常用等效各向同性位移参数来表示原子位移参数，$U_{\mathrm{iso}} = \left(U_{11} + U_{22} + U_{33}\right) / 3$。有时也用 B_{iso} 来描述原子位移参数，$B_{\mathrm{iso}} = 8\pi^2 U_{\mathrm{iso}} \approx 79 U_{\mathrm{iso}}$。典型地，重原子的 U_{iso} 值在 0.005～0.02Å^2 范围内，轻原子的 U_{iso} 值在 0.02～0.06Å^2 范围内。

一旦确定了晶胞大小（晶格参数）和晶胞内的原子（原子种类、原子坐标、原子占有率、原子位移参数），我们就可以描述整个晶胞的结构。由于晶胞是描述晶体结构的最小可重复单元，并且晶胞还反映了整个晶体的对称性，因此只需将晶胞沿 a 轴、b 轴、c 轴方向进行平移就能复现整个晶体。例如，图 2-3（a）中的晶胞沿 a 轴、b 轴、c 轴方向分别平移 3 个单位就能得到 3×3×3 的晶体。

2.3 晶体的对称性

对称（Symmetry），顾名思义是指几个物体或同一物体的各部分相对、相称。因此，一个对称的物体必定包含若干等同的部分，并且这些等同的部分经过对称操作后能重合。晶体具有规则、对称的外形，其宏观物理属性也具有对称性。例如，立方晶系的晶体，其光学性质是各向同性的；六角晶系的晶体，其介电性在平行和垂直于六角晶轴的方向是不同的，出现双折射现象。晶体的对称性具有如下特点。

（1）晶体内的原子或原子基团具有三维周期平移性。平移也是一种对称操作，所以晶体具有微观对称性。

（2）晶体的对称性同时受晶格构造的限制，只有满足晶格构造规律的对称性才能体现在晶体上。

（3）晶体的物理性质也具有对称性。

学习晶体的对称性，不仅可以简明、清楚地描述晶体结构，还可以简化衍射实验和结构分析过程。

2.3.1 晶体的宏观对称元素

在晶体中存在 4 种典型的对称元素[15-18]，分别是对称中心、镜面、旋转轴，以及它们的联合对称操作——旋转反演轴和旋转反映轴（注：旋转反映轴不是独立的对称元素，与其他对称元素等效）。

1. 对称中心

对称中心又称反演中心（Inversion Center），它是一个几何点。反演操作前后两个原子位于同一直线上且等距反向，即原子从(x, y, z)反演到$(-x, -y, -z)$。对图 2-6（a）中原子 1 进行反演操作后得到原子 2，共得到两个原子。对称中心的晶体学符号（H-M，Hermann-Maugin）为$\bar{1}$，光谱学符号（Schöflies）为i，习惯记号为C。宏观对称元素的图形符号如表 2-2 所示。

表 2-2 宏观对称元素的图形符号

对称元素	i	m	2	3	4	6	$\bar{3}$	$\bar{4}$	$\bar{6}=3/m$	$2/m$	$4/m$	$6/m$
图形符号	○	⌐	◖	▲	■	⬡	◮	◈	⬢	◉	▰	⬢

2. 镜面

镜面（Mirror Plane）是一个几何平面，垂直平分对应格点的连线。镜面的 H-M 符号为m，Schöflies 符号为σ，习惯记号为P。对图 2-6（b）中原子 1 进行镜面操作得到原子 3，两个原子位于镜面同一法向的两侧且等距反向。如果以xy平面为镜面，则坐标$(x, y, z) \rightarrow (x, y, -z)$。镜面操作又称反映（Reflection）操作。

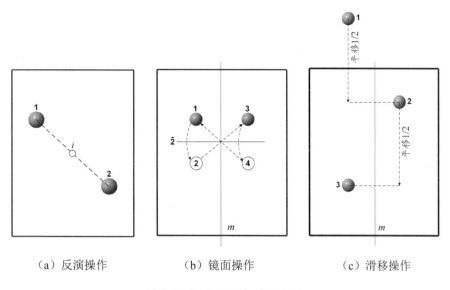

（a）反演操作　　　　　　　　（b）镜面操作　　　　　　　　（c）滑移操作

图 2-6　反演、镜面、滑移操作

3．旋转轴

旋转轴（Rotation Axes）是一条几何直线。初始原子绕旋转轴依次旋转角度 $\theta = 2\pi / n$（默认逆时针旋转），经 n 次相继操作后复原。旋转轴的变换矩阵用如下通式表示：

$$
\begin{bmatrix}
\cos\theta & \sin\theta & 0 \\
-\sin\theta & \cos\theta & 0 \\
0 & 0 & 1
\end{bmatrix}
\tag{2-3}
$$

由于晶体的旋转受晶格构造的限制，因此在晶体中只存在 $n=1, 2, 3, 4, 6$ 次的旋转轴。旋转轴的 H-M 符号为 1、2、3、4、6，Schöflies 符号为 C_1（或 E）、C_2、C_3、C_4、C_6，习惯记号为 L_1、L_2、L_3、L_4、L_6。

1 次旋转轴，原子经过 360° 旋转后复原。

2 次旋转轴，原子 1 旋转 180° 后得到原子 2，原子 2 旋转 180° 后复原。2 次旋转轴需要旋转 2 次，产生两个原子。

3 次旋转轴［见图 2-7（a）］，原子 1 旋转 120° 后得到原子 2，原子 2 旋转 120° 后得到原子 3，原子 3 旋转 120° 后复原。3 次旋转轴需要旋转 3 次，产生 3 个原子，这 3 个原子在同一平面上。

4 次旋转轴，原子 1 旋转 90° 后得到原子 2，原子 2 旋转 90° 后得到原子 3，原子 3 旋转 90° 后得到原子 4，原子 4 旋转 90° 后复原。4 次旋转轴需要旋转 4 次，产生 4 个原子，这 4 个原子在同一平面上。

6 次旋转轴［见图 2-7（c）］，原子 1 旋转 60° 后得到原子 2，原子 2 旋转 60° 后得到原子 3。类似地，原子经过 6 次旋转后复原，产生 6 个原子，这 6 个原子在同一平面上。

以此类推，n 次旋转轴需要依次旋转 n 次，产生 n 个原子，这些原子均在同一平面上。

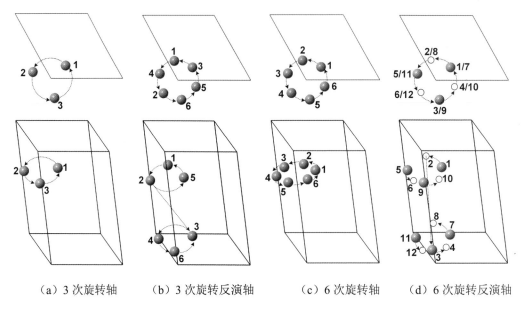

（a）3 次旋转轴　　（b）3 次旋转反演轴　　（c）6 次旋转轴　　（d）6 次旋转反演轴

图 2-7　旋转轴与旋转反演轴的比较

4. 旋转反演轴

旋转反演轴（Rotoinversion Axes）是一条几何直线，旋转反演操作是旋转和反演的联合操作。原子绕旋转轴旋转角度 θ 后进行反演完成一次完整的联合操作，依次经过多次完整的联合操作后复原。其中，1、2、4、6 次旋转反演轴需要完整联合操作 1、2、4、6 次才能复原，而 3 次旋转反演轴需要完整联合操作 6 次才能复原。在旋转反演操作中，联合操作多少次就能产生多少个原子。旋转反演轴的 H-M 符号为 $\bar{1}$、$\bar{2}$（或 m）、$\bar{3}$、$\bar{4}$、$\bar{6}$，Schöflies 符号为 i（$= S_2$）、σ（$= S_1$）、S_6、S_4、S_3（$= C_3 + \sigma_h$），习惯记号为 $L_{\bar{1}}$、$L_{\bar{2}}$、$L_{\bar{3}}$、$L_{\bar{4}}$、$L_{\bar{6}}$。旋转反演操作的变换矩阵用如下通式表示：

$$\begin{bmatrix} -\cos\theta & -\sin\theta & 0 \\ \sin\theta & -\cos\theta & 0 \\ 0 & 0 & -1 \end{bmatrix} \qquad (2\text{-}4)$$

1 次旋转反演轴，其操作等价于反演操作，即 $\bar{1} = i$。

2 次旋转反演轴［见图 2-6（b）］，原子 1 先绕旋转轴旋转 180° 到位置 2（虚位，无原子），再经过反演操作得到原子 3，完成一次完整的联合操作。之后，原子 3 绕旋转轴旋转 180° 到位置 4（虚位），再经过反演操作就能复原。因此，2 次旋转反演轴需要完整联合操作两次，能得到两个原子。2 次旋转反演操作等效于原子以垂直于 $\bar{2}$ 轴的平面为镜面进行镜面操作，即 $\bar{2} = m$。

3 次旋转反演轴［见图 2-7（b）］，原子 1 绕旋转轴旋转 120° 到位置 2（虚位），再经过反演操作得到原子 3，完成一次完整的联合操作。以此类推，经过 6 次完整的联合操作后复原，其操作路径如下（阴影部分为虚位）：

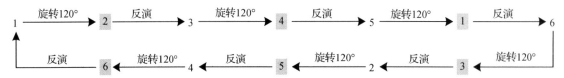

3 次旋转反演轴需要经过 6 次旋转反演操作，产生 6 个原子（而不是 3 个原子）。其中，3 个原子（1、2、5）位于垂直于旋转轴的同一平面上，另外 3 个原子（3、4、6）位于与之平行的另一平面上。由于两个平面上的原子存在反演对称性，所以 3 次旋转反演操作可视为经过 3 次旋转操作后再进行反演操作，即 $\bar{3} = 3 + \bar{1}$。

4 次旋转反演轴，原子 1 绕旋转轴旋转 90° 到位置 2（虚位），之后经过反演操作得到原子 3，完成一次完整的联合操作。以此类推，经过 4 次完整的联合操作后复原，产生 4 个原子。其中，两个原子（1、5）位于垂直于旋转轴的同一平面上，另外两个原子（3、7）位于与之平行的另一平面上。其操作路径如下（阴影部分为虚位）：

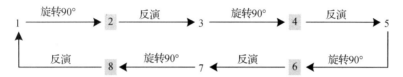

6 次旋转反演轴［图 2-7 (d)］，原子 1 绕旋转轴旋转 60° 到位置 2（虚位），之后经过反演操作得到原子 3，完成一次完整的联合操作。以此类推，经过 6 次完整的联合操作后复原，其操作路径如下（阴影部分为虚位）：

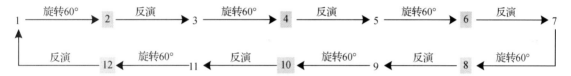

6 次旋转反演轴需要经过 6 次旋转反演操作，产生 6 个原子。其中，3 个原子（1、5、9）位于垂直于旋转轴的同一平面上，另外 3 个原子（3、7、11）位于与之平行的另一平面上。由于两个平面上的原子存在镜面对称性，所以 6 次旋转反演操作可视为经过 3 次旋转操作后再进行镜面操作，即 $\bar{6} = 3 + m$。

5．旋转反映轴

旋转反映轴（Rotoreflection Axes）的对称操作是旋转和反映的联合操作，即原子绕旋转轴旋转角度 $2\pi / n$ 后以垂直于旋转轴的平面为镜面进行反映完成一次完整的联合操作。经多次完整的联合操作后复原，如图 2-8 所示。

1 次旋转反映轴［见图 2-8 (a)］，原子 1 绕旋转轴旋转 360° 后经过镜面操作得到原子 2。1 次旋转反映操作实际上就是镜面操作 m，它不是新的对称操作。

2 次旋转反映轴［见图 2-8 (b)］，原子 1 绕旋转轴旋转 180° 后到位置 2（虚位），之后经过镜面操作得到原子 3；原子 3 绕旋转轴旋转 180° 后到位置 4（虚位），之后经过镜面操作就能复原。由于原子 1 和原子 3 存在中心对称的关系，所以 2 次旋转反映操作等效于反演操作，它也不是新的对称操作。

3 次旋转反映轴［见图 2-8 (c)］，原子 1 绕旋转轴旋转 120° 后到位置 2（虚位），经过镜面操作得到原子 3，完成一次完整的联合操作。以此类推，经过 6 次完整的联合操作后复原。3 次旋转反映操作等效于 6 次旋转反演操作，即 $3m = \bar{6}$，它也不是新的对称操作。其操作路径如下（阴影部分为虚位）：

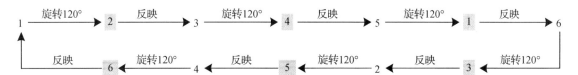

4 次旋转反映轴［见图 2-8（d）］，原子 1 绕旋转轴旋转 90°后到位置 2（虚位），之后经过镜面操作得到原子 3，完成一次完整的联合操作。以此类推，经过 4 次完整的联合操作后复原，产生 4 个原子（原子 1 和原子 5 在同一平面上，原子 3 和原子 7 在另一平面上）。4 次旋转反映操作等效于 4 次旋转反演操作，它也不是新的对称操作。其操作路径如下（阴影部分为虚位）：

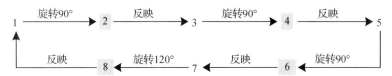

6 次旋转反映轴［见图 2-8（e）］，原子 1 绕旋转轴旋转 60°后到位置 2（虚位），之后经过镜面操作得到原子 3，完成一次完整的联合操作。以此类推，经过 6 次完整的联合操作后复原。6 次旋转反映操作等效于 3 次旋转反演操作，它也不是新的对称操作。其操作路径如下（阴影部分为虚位）：

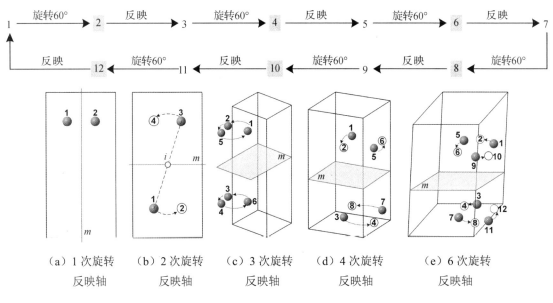

（a）1 次旋转　　（b）2 次旋转　　（c）3 次旋转　　（d）4 次旋转　　（e）6 次旋转
　反映轴　　　　　反映轴　　　　　反映轴　　　　　反映轴　　　　　反映轴

图 2-8　旋转反映轴

2.3.2　点群

晶体具有对称的外形，对称元素有对称中心（i）、镜面（m）、旋转轴（1、2、3、4、6）、旋转反演轴（$\bar{3}$、$\bar{4}$、$\bar{6}$）4 种。当晶体具有 1 个以上对称元素时，这些对称元素相互组合，共有 32 种独立的组合形式，而且这些对称元素必将通过一个公共点，称这 32 种组合为 32 种点群（Point Group），如表 2-3 所示。为了区分不同种类的点群，用两种通用的符号对其进行表示：一种是 Schöflies（熊夫利兹）符号，另一种是 H-M（Hermann-Mauguin，海曼-莫及恩）符号。

表 2-3 晶系、点群和劳厄群符号（阴影部分为含对称中心的点群）

晶系	序号	国际符号		Schöflies 符号	劳厄群	粉末劳厄群	对称元素
		全称	简称				
三斜晶系	1	1	1	C_1	$\bar{1}$	$\bar{1}$	L^1
	2	$\bar{1}$	$\bar{1}$	C_i			C
单斜晶系 [010]	3	2	2	C_2	$2/m$	$2/m$	L^2
	4	$\bar{2}=m$	$\bar{2}=m$	C_h			P
	5	$2/m$	$2/m$	C_{2h}			L^2PC
正交晶系 [100]、[010]、[001]	6	222	222	D_2	mmm	mmm	$3L^2$
	7	$mm2$	$mm2$	C_{2v}			$L^2 2P$
	8	$2/m2/m2/m$	mmm	D_{2h}			$3L^2 3PC$
四方晶系 [001]、[100]、[110]	9	4	4	C_4	$4/m$	$4/mmm$	L^4
	10	$\bar{4}$	$\bar{4}$	S_4			L_i^4
	11	$4/m$	$4/m$	C_{4h}			$L^4 PC$
	12	422	422	D_4	$4/mmm$		$L^4 4L^2$
	13	$4mm$	$4mm$	C_{4v}			$L^4 4P$
	14	$\bar{4}2m$	$\bar{4}2m$	D_{2d}			$L_i^4 2L^2 2P$
	15	$4/m2/m2/m$	$4/mmm$	D_{4h}			$L^4 4L^2 5PC$
三角晶系 [001]、[100]、[210]	16	3	3	C_3	$\bar{3}$	$6/mmm$	L^3
	17	$\bar{3}$	$\bar{3}$	C_{3i}			$L^3 C$
	18	321	32	D_3	$\bar{3}m$		$L^3 3L^2$
	19	$3m1$	$3m$	C_{3v}			$L^3 3P$
	20	$\bar{3}2/m1$	$\bar{3}m$	D_{3d}			$L^3 3L^2 3PC$
六角晶系 [001]、[100]、[210]	21	6	6	C_6	$6/m$		L^6
	22	$\bar{6}$	$\bar{6}$	C_{3h}			L_i^6
	23	$6/m$	$6/m$	C_{6h}			$L^6 PC$
	24	622	622	D_6	$6/mmm$		$L^6 6L^2$
	25	$6mm$	$6mm$	C_{6v}			$L^6 6P$
	26	$\bar{6}m2$	$\bar{6}m2$	D_{3h}			$L_i^6 3L^2 3P$
	27	$6/m2/m2/m$	$6/mmm$	D_{6h}			$L^6 6L^2 7PC$
立方晶系 [001]、[111]、[110]	28	23	23	T	$m\bar{3}$	$m\bar{3}m$	$4L^3 3L^2$
	29	$2/m\bar{3}$	$m\bar{3}$	T_h			$4L^3 3L^2 3PC$
	30	432	432	O	$m\bar{3}m$		$3L^4 4L^3 6L^2$
	31	$\bar{4}3m$	$\bar{4}3m$	T_d			$3L_i^4 4L^3 6P$
	32	$4/m\bar{3}2/m$	$m\bar{3}m$	O_h			$3L^4 4L^3 6L^2 9PC$

1. Schöflies 符号

Schöflies 符号常用于光谱学，其含义如下[13]。

i：该点群具有对称中心。

d：该点群具有过 2 次轴平分角的镜面。

C_n：该点群具有 1 个 n 次旋转轴。

C_{nh}：该点群具有 1 个 n 次旋转轴，垂直于旋转轴有 n 个镜面。

C_{nv}：该点群具有 1 个 n 次旋转轴，过旋转轴有 n 个对称的镜面。

D_n：该点群具有 1 个 n 次旋转的主轴，垂直于主轴有 n 个对称的 2 次轴。

S_n：该点群具有 1 个 n 次旋转反演轴。

T：该点群具有 4 个 3 次轴和 3 个 2 次轴（正四面体点群）。

O：该点群具有 3 个 4 次轴、4 个 3 次轴、6 个 2 次轴（八面体点群）。

例如，点群 D_{6h} 表示晶体的高次轴是 6 次旋转轴，垂直于 6 次轴有 6 个相互平分的 2 次轴；每个 2 次轴都经过 1 个镜面，这些镜面的交线就是 6 次轴；镜面和 6 次轴的交点为点群中心。又如，点群 C_2 表示晶体具有 1 个 2 次旋转轴，点群中心位于轴上任一点。

2．H-M 符号

H-M 符号已被国际晶体学界广泛采用，常称为国际符号。用 $\bar{1}$ 代表对称中心，用 m 代表镜面，用数字 1、2、3、4、6 代表不同次数的旋转轴，用 $\bar{3}$、$\bar{4}$、$\bar{6}$ 代表旋转反演轴。国际符号一般由晶体的 3 个主对称元素组成，由这 3 个主对称元素可以推导出晶体的其他所有对称元素，如表 2-3 所示。例如，四方晶系中的 $4/mmm$ 点群（全称为 $\frac{4}{m}\frac{2}{m}\frac{2}{m}$，为方便印刷常写为 $4/m\ 2/m\ 2/m$），其主轴方向分别为[001]、[100]、[110]。说明该点群在平行于[001]方向上有 4 次旋转轴，垂直于该轴有 1 个镜面；在平行于[100]方向上有 2 次旋转轴，垂直于该轴有 1 个镜面；在平行于[110]方向上有 2 次旋转轴，垂直于该轴有 1 个镜面。详细的点群符号请查看表 2-3。

此外，在晶体外形分析中通常用"L_n"表示 n 次轴，用"L_i^n"表示 n 次旋转反演轴，用"P"表示镜面，用"C"表示对称中心。

2.3.3 劳厄群

在运动学衍射条件下，不管晶体是否具有对称中心，X 射线、电子与晶体相互作用所形成的单晶衍射总是中心对称性的（见图 2-9），即满足弗里德尔定律（Friedel's Law），$I_{hkl}=I_{\bar{h}\bar{k}\bar{l}}$。例如，在单晶衍射图中，无法把镜面和垂直于镜面的 2 次旋转轴区分开，也就是说，无法区分 m 和 2 的点群。

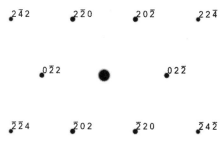

图 2-9　满足弗里德尔定律的单晶衍射图

在 32 种点群中有 21 种点群是不含对称中心的，剩余 11 种点群含对称中心。这 11 种含对称中心的点群称为劳厄群（Laue Group 或 Laue Classes）。劳厄群包括 $\bar{1}$、$2/m$、mmm、$4/m$、$4/mmm$、$\bar{3}$、$\bar{3}m$、$6/m$、$6/mmm$、$m\bar{3}$、$m\bar{3}m$，共 11 个对称群，如表 2-3 所示。从单晶衍射（运动学衍射）图中只能识别出这 11 种对称群，所以从衍射图中识别出的劳厄群，其对称性总低于晶体的对称性。需要注意的是，在会聚束电子衍射中，衍射盘中存在动力学衍射衬度，这些信息可用于区分有无对称中心。

由于粉末衍射数据是一维数据，原本强度有差异的衍射峰（如 $4/m$ 和 $4/mmm$ ， $\bar{3}$ 、 $\bar{3}m$ 、 $6/m$ 和 $6/mmm$ ）投影到一维空间后会发生重叠，以致难以区分强度。所以，从粉末衍射图中仅能识别出 6 种粉末劳厄群（Powder Laue Classes），即一个晶系为一个粉末劳厄群。其中，三角晶系和六角晶系同为 $6/mmm$ 粉末劳厄群。

2.3.4　晶系

32 种点群按对称性的高低可划分到七大晶系中，其对称性和晶胞的选取规则如下[17]。

立方晶系：点群符号的第二个主轴总为 3 或 $\bar{3}$ ，包括 23 、 $m\bar{3}$ 、 432 、 $\bar{4}3m$ 、 $m\bar{3}m$ ，共 5 个点群。该晶系的晶胞， a 轴、 b 轴、 c 轴平行于 3 个相互垂直的 2 次旋转轴或 4 次旋转轴，其体对角线平行于 4 个 3 次旋转（反演）轴。

六角晶系：点群符号的第一个主轴总为 6 或 $\bar{6}$ ，包括 6 、 $\bar{6}$ 、 $6/m$ 、 622 、 $6mm$ 、 $\bar{6}m2$ 、 $6/mmm$ ，共 7 个点群。该晶系的晶胞， c 轴平行于 6 次旋转（反演）轴， a 轴与 c 轴、 b 轴与 c 轴相互垂直， a 轴与 b 轴的夹角为 120°。

三角晶系：点群符号的第一个主轴总为 3 或 $\bar{3}$ ，包括 3 、 $\bar{3}$ 、 32 、 $3m$ 、 $\bar{3}m$ ，共 5 个点群。该晶系的晶胞，体对角线[111]平行于 3 次旋转（反演）轴。

四方晶系：点群符号的第一个主轴总为 4 或 $\bar{4}$ ，包括 4 、 $\bar{4}$ 、 $4/m$ 、 422 、 $4mm$ 、 $\bar{4}2m$ 、 $4/mmm$ ，共 7 个点群。该晶系的晶胞， c 轴平行于 4 次旋转（反演）轴， a 轴、 b 轴、 c 轴相互垂直。

正交晶系：点群符号的 3 个主轴总为 2 或 m ，包括 222 、 $mm2$ 、 mmm ，共 3 个点群。该晶系的晶胞， a 轴、 b 轴、 c 轴平行于 3 个相互垂直的 2 次旋转轴或垂直于镜面。

单斜晶系：点群符号的主轴总为 2 或 m ，包括 2 、 m 、 $2/m$ ，共 3 个点群。该晶系的晶胞， b 轴平行于 2 次旋转轴或垂直于镜面， a 轴与 c 轴的夹角大于 90°但应尽量接近 90°。

三斜晶系：该晶系包括 1 和 $\bar{1}$ 两个点群。该晶系的晶胞， a 轴、 b 轴、 c 轴的夹角大于 90°，但尽量接近 90°。

2.3.5　晶体的微观对称元素

晶体的对称性可以用对称中心、镜面、旋转轴、旋转反演轴 4 种宏观对称元素描述，这些元素相互组合可以形成 32 种点群。晶体内部的原子、离子的排列具有三维周期性，说明平移也是一种对称元素。将平移与旋转、镜面联合操作，可形成新的对称元素。

1. 平移轴

由于晶体中的原子排列存在严格的三维周期性，因此一旦确定了晶体的布喇菲格子，就可以用布喇菲格子的基矢 a 、 b 、 c 进行平移操作。例如，图 2-10（a）所示为单晶硅的晶胞，如果沿 a 、 b 、 c 方向分别平移 5 个单位，就能得到如图 2-10（b）所示的晶体。在晶体建模过程中，通过控制沿 a 、 b 、 c 方向的平移量，可以形成不同形状的晶粒，如图 2-10（c）所示。

2. 螺旋轴

螺旋轴（Screw Axes）是一条假想的直线，螺旋轴的操作是旋转和平移的联合操作。螺旋轴 n_s 的操作就是原子绕螺旋轴逆时针旋转（右旋）角度 $2\pi/n$ 后再沿螺旋轴方向平移 s/n 个单位，依次操作 n 次就能复原。其中， n 为旋转轴的操作次数， s 为小于 n 的正整数（ $s=1,2,\cdots$,

$n-1$）。螺旋轴的图形符号如表 2-4 所示。

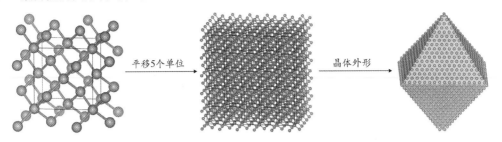

（a）单晶硅的晶胞　　　　　（b）平移 5 个单位得到的晶体　　　（c）由(111)晶面包裹形成的晶粒

图 2-10　从晶胞到晶粒

表 2-4　螺旋轴的图形符号

对称元素	2_1	3_1	3_2	4_1	4_2	4_3	6_1	6_2	6_3	6_4	6_5
图形符号											
对称元素	$2_1/m$			$4_2/m$					$6_3/m$		
图形符号											

2 次螺旋轴只含 2_1 螺旋轴，如图 2-11（a）所示。原子 1 右旋 180°到位置 2（虚位）后沿螺旋轴方向平移 1/2 个单位得到原子 3；原子 3 右旋 180°到位置 4（虚位）后沿螺旋轴方向平移 1/2 个单位后得到原子 5（与原子 1 全同）。2_1 螺旋轴的左旋和右旋最终效果相同，即没有左旋和右旋之分。

3 次螺旋轴有 3_1 螺旋轴、3_2 螺旋轴两种。对于 3_1 螺旋轴［见图 2-11（b）］，原子右旋 120°后沿螺旋轴方向平移 1/3 个单位，依次操作 3 次后复原。对于右旋的 3_2 螺旋轴［见图 2-11（c）］，原子 1 右旋 120°后沿螺旋轴方向平移 2/3 个单位得到原子 3；原子 3 右旋 120°后沿螺旋轴方向平移 2/3 个单位得到原子 5。原子 5 在下一晶胞的 1/3 处，等效于原晶胞 1/3 处的原子 5［见图 2-11（d）］。原子 5 右旋 120°后沿螺旋轴方向平移 2/3 个单位复原。右旋的 3_2 螺旋轴等效于左旋的 3_1 螺旋轴［见图 2-11（e）］。

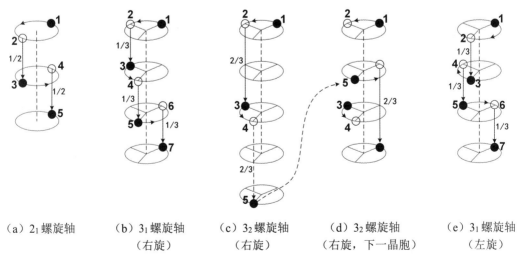

（a）2_1 螺旋轴　　（b）3_1 螺旋轴　　（c）3_2 螺旋轴　　（d）3_2 螺旋轴　　（e）3_1 螺旋轴
　　　　　　　　　　（右旋）　　　　　（右旋）　　　（右旋，下一晶胞）　　（左旋）

图 2-11　螺旋轴

4 次螺旋轴有 4_1 螺旋轴、4_2 螺旋轴、4_3 螺旋轴三种。其中，右旋的 4_3 螺旋轴等效于左旋的 4_1 螺旋轴；4_2 螺旋轴无左旋和右旋之分。

6 次螺旋轴有 6_1 螺旋轴、6_2 螺旋轴、6_3 螺旋轴、6_4 螺旋轴、6_5 螺旋轴五种。其中，右旋的 6_5 螺旋轴和左旋的 6_1 螺旋轴、右旋的 6_4 螺旋轴和左旋的 6_2 螺旋轴等效，6_3 螺旋轴无左旋和右旋之分。

3．滑移面

滑移面（Glide Planes）是一个假想的平面，滑移面的操作是镜面和平移的联合操作。滑移面的图形符号如表 2-5 所示。按平移方向和平移距离不同，滑移面可分为轴滑移面、对角线滑移面和金刚石滑移面。

表 2-5　滑移面的图形符号

对称元素	a、b、c	d	n
图形符号		$\frac{3}{8}$　$\frac{1}{8}$	

轴滑移面（Axial Glide Plane），先沿基矢 a、b、c 方向平移 1/2、1/2、1/2 个单位，再进行镜面操作。轴滑移面分别用字母 a、b、c 表示。图 2-6（c）给出了 c 轴滑移面，即原子 1 沿 c 轴方向平移 1/2 个单位后经过镜面操作得到原子 2，原子 2 沿 c 轴方向平移 1/2 个单位后经过镜面操作得到原子 3（与原子 1 全同）。

对角线滑移面（Diagonal Glide Plane），沿晶胞的 $(a+b)$、$(b+c)$、$(a+c)$ 面对角线方向，或者沿晶胞的 $(a+b+c)$、$(-a+b+c)$、$(a-b+c)$、$(a+b-c)$ 体对角线方向平移 1/2 个单位后进行镜面操作。对角线滑移面一律用字母 n 来表示。

金刚石滑移面（Diamond Glide Plane），沿晶胞的 $(a\pm b)$、$(b\pm c)$、$(\pm a+c)$ 面对角线方向，或者沿晶胞的 $(a+b\pm c)$、$(\pm a+b+c)$、$(a\pm b+c)$、$(-a+b\pm c)$、$(\pm a-b+c)$、$(a\pm b-c)$ 体对角线方向平移 1/4 个单位后进行镜面操作。这些滑移面统称为金刚石滑移面，一律用字母 d 表示。

2.3.6　空间群

晶体结构的对称元素不仅包括 10 种宏观对称元素（镜面 m，旋转轴 1、2、3、4、6，旋转反演轴 $\bar{1}$、$\bar{3}$、$\bar{4}$、$\bar{6}$），还包括 16 种微观对称元素（滑移面 a、b、c、d、n，螺旋轴 2_1、3_1、3_2、4_1、4_2、4_3、6_1、6_2、6_3、6_4、6_5），共 26 种对称元素。这 26 种对称元素相互组合，可以形成 230 种独立的对称群。这些对称元素在空间中不一定交于一点，但必定平行、重复地排列，所以称这些对称群为空间群（Space Group）。

1．空间群的符号表示

在晶体学中，空间群最常用的符号表示方法是国际符号，如图 2-12 所示，国际符号由 4 位字母或数字组成。

从左往右的第 1 位为大写字母，代表点阵中心的类型：P 为原胞，F 为面心，I 为体心，A 为侧心（bc 面的中心），B 为侧心（ac 面的中心），C 为底心（ab 面的中心），R 为菱心。

接下来的 3 位代表 3 个主对称轴的对称元素。不同晶系，3 个主对称轴的定义是不同的。

立方晶系是等轴晶系，[100]、[010]、[001]三个方向是等价的，所以 3 个主对称轴方向是[001]、[111]、[110]；四方晶系，由于 $a \neq c$，3 个主对称轴方向是[001]、[100]、[110]；正交晶系，$a \neq b \neq c$，3 个主对称轴方向是[100]、[010]、[001]；六角晶系、三角晶系的 3 个主对称轴方向是[001]、[100]、[210]；单斜晶系的主对称轴只用[010]一个方向来定义。

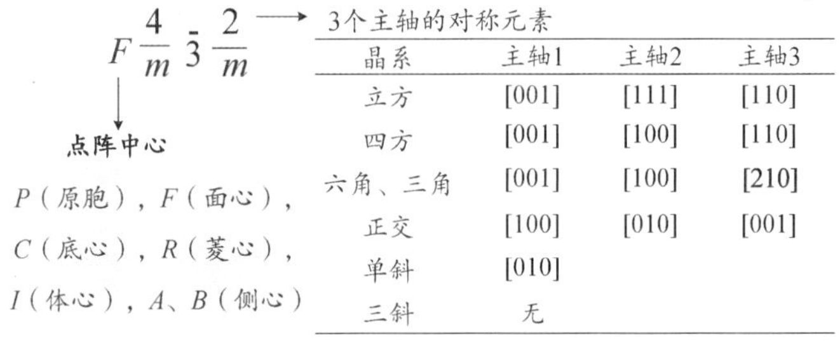

图 2-12　空间群的国际符号含义

例如，225 号空间群 $Fm\bar{3}m$，其完整的国际符号为 $F\dfrac{4}{m}\bar{3}\dfrac{2}{m}$，其点阵中心为面心（$F$），且第二个主对称轴的对称元素为 $\bar{3}$，说明该空间群为面心立方结构。立方晶系的第一个主对称轴方向为[001]，说明在平行于[001]的方向上有 4 次旋转轴，垂直于该轴有 1 个镜面；第二个主对称轴方向为[111]，说明在平行于[111]的方向上有 3 次旋转反演轴；第三个主对称轴方向为[110]，说明在平行于[110]的方向上有 2 次旋转轴，垂直于该轴有 1 个镜面。

除上述规定外，还需要注意以下几点。

三斜晶系：该晶系只有平移轴和对称中心，没有主对称轴，所以只有 $P1$ 和 $P\bar{1}$ 两个空间群。

单斜晶系：该晶系只有 1 个主对称轴，该轴可以是 b 轴（Unique Axis b），也可以是 c 轴（Unique Axis c）或 a 轴（Unique Axis a）。例如，为了区分不同的对称轴，将 $P2$ 空间群的全称写为 $P121$、$P112$、$P211$，以区分 b 轴、c 轴、a 轴。

三角晶系：该晶系有 2 个主对称轴，所以该晶系的空间群除点阵中心外只需用两位来表示，如 $R3m$、$R3c$。

正交晶系、四方晶系、六角晶系、立方晶系：这些晶系有 3 个主对称轴，在点阵中心后需要用 3 位来描述对称性，如 $P3m1$、$P6cc$。

如果空间群的某个主对称轴不含对称元素，在该位置上可写"1"，如 $P3m1$、$P31m$。在不会出现误解时，"1"可以省略，如 $P611$ 可写为 $P6$，$I4_111$ 可写为 $I4_1$。

230 种空间群的符号表示如表 2-6 所示。

表 2-6　230 种空间群的符号表示[11]

序号	简写的国际符号	完整的国际符号	Schöflies 符号	点群符号	劳厄群
1	$P1$	$P1$	C_1^1	1	$\bar{1}$
2	$P\bar{1}$	$P\bar{1}$	C_i^1	$\bar{1}$	$\bar{1}$
3	$P2$	$P121$	C_2^1	2	$2/m$
4	$P2_1$	$P12_11$	C_2^2		
5	$C2$	$C121$	C_2^3		

续表

序号	简写的国际符号	完整的国际符号	Schöflies 符号	点群符号	劳厄群
6	Pm	$P1m1$	C_s^1	m	$2/m$
7	Pc	$P1c1$	C_s^2		
8	Cm	$C1m1$	C_s^3		
9	Cc	$C1c1$	C_s^4		
10	$P2/m$	$P1\dfrac{2}{m}1$	C_{2h}^1	$2/m$	
11	$P2_1/m$	$P1\dfrac{2_1}{m}1$	C_{2h}^2		
12	$C2/m$	$C1\dfrac{2}{m}1$	C_{2h}^3		
13	$P2/c$	$P1\dfrac{2}{c}1$	C_{2h}^4		
14	$P2_1/c$	$P1\dfrac{2_1}{c}1$	C_{2h}^5		
15	$C2/c$	$C1\dfrac{2}{c}1$	C_{2h}^6		
16	$P222$	$P222$	D_2^1	222	mmm
17	$P222_1$	$P222_1$	D_2^2		
18	$P2_12_12$	$P2_12_12$	D_2^3		
19	$P2_12_12_1$	$P2_12_12_1$	D_2^4		
20	$C222_1$	$C222_1$	D_2^5		
21	$C222$	$C222$	D_2^6		
22	$F222$	$F222$	D_2^7		
23	$I222$	$I222$	D_2^8		
24	$I2_12_12_1$	$I2_12_12_1$	D_2^9		
25	$Pmm2$	$Pmm2$	C_{2v}^1	$mm2$	
26	$Pmc2_1$	$Pmc2_1$	C_{2v}^2		
27	$Pcc2$	$Pcc2$	C_{2v}^3		
28	$Pma2$	$Pma2$	C_{2v}^4		
29	$Pca2_1$	$Pca2_1$	C_{2v}^5		
30	$Pnc2$	$Pnc2$	C_{2v}^6		
31	$Pmn2_1$	$Pmn2_1$	C_{2v}^7		
32	$Pba2$	$Pba2$	C_{2v}^8		
33	$Pna2_1$	$Pna2_1$	C_{2v}^9		
34	$Pnn2$	$Pnn2$	C_{2v}^{10}		
35	$Cmm2$	$Cmm2$	C_{2v}^{11}		
36	$Cmc2_1$	$Cmc2_1$	C_{2v}^{12}		
37	$Ccc2$	$Ccc2$	C_{2v}^{13}		
38	$Amm2$	$Amm2$	C_{2v}^{14}		
39	$Abm2$	$Abm2$	C_{2v}^{15}		
40	$Ama2$	$Ama2$	C_{2v}^{16}		

序号	简写的国际符号	完整的国际符号	Schöflies 符号	点群符号	劳厄群
41	$Aba2$	$Aba2$	C_{2v}^{17}	$mm2$	mmm
42	$Fmm2$	$Fmm2$	C_{2v}^{18}		
43	$Fdd2$	$Fdd2$	C_{2v}^{19}		
44	$Imm2$	$Imm2$	C_{2v}^{20}		
45	$Iba2$	$Iba2$	C_{2v}^{21}		
46	$Ima2$	$Ima2$	C_{2v}^{22}		
47	$Pmmm$	$P\dfrac{2}{m}\dfrac{2}{m}\dfrac{2}{m}$	D_{2h}^{1}	mmm	
48	$Pnnn$	$P\dfrac{2}{n}\dfrac{2}{n}\dfrac{2}{n}$	D_{2h}^{2}		
49	$Pccm$	$P\dfrac{2}{c}\dfrac{2}{c}\dfrac{2}{m}$	D_{2h}^{3}		
50	$Pban$	$P\dfrac{2}{b}\dfrac{2}{a}\dfrac{2}{n}$	D_{2h}^{4}		
51	$Pmma$	$P\dfrac{2}{m}\dfrac{2}{m}\dfrac{2}{a}$	D_{2h}^{5}		
52	$Pnna$	$P\dfrac{2}{n}\dfrac{2_1}{n}\dfrac{2}{a}$	D_{2h}^{6}		
53	$Pmna$	$P\dfrac{2}{m}\dfrac{2}{n}\dfrac{2_1}{a}$	D_{2h}^{7}		
54	$Pcca$	$P\dfrac{2_1}{c}\dfrac{2}{c}\dfrac{2}{a}$	D_{2h}^{8}		
55	$Pbam$	$P\dfrac{2_1}{b}\dfrac{2_1}{a}\dfrac{2}{m}$	D_{2h}^{9}		
56	$Pccn$	$P\dfrac{2_1}{c}\dfrac{2_1}{c}\dfrac{2}{n}$	D_{2h}^{10}		
57	$Pbcm$	$P\dfrac{2}{b}\dfrac{2_1}{c}\dfrac{2_1}{m}$	D_{2h}^{11}		
58	$Pnnm$	$P\dfrac{2_1}{n}\dfrac{2_1}{n}\dfrac{2}{m}$	D_{2h}^{12}		
59	$Pmmn$	$P\dfrac{2_1}{m}\dfrac{2_1}{m}\dfrac{2}{n}$	D_{2h}^{13}		
60	$Pbcn$	$P\dfrac{2_1}{b}\dfrac{2}{c}\dfrac{2_1}{n}$	D_{2h}^{14}		
61	$Pbca$	$P\dfrac{2_1}{b}\dfrac{2_1}{c}\dfrac{2_1}{a}$	D_{2h}^{15}		
62	$Pnma$	$P\dfrac{2_1}{n}\dfrac{2_1}{m}\dfrac{2_1}{a}$	D_{2h}^{16}		
63	$Cmcm$	$C\dfrac{2}{m}\dfrac{2}{c}\dfrac{2_1}{m}$	$D_{2h}^{17}\cdot$		
64	$Cmca$	$C\dfrac{2}{m}\dfrac{2}{c}\dfrac{2_1}{a}$	D_{2h}^{18}		
65	$Cmmm$	$C\dfrac{2}{m}\dfrac{2}{m}\dfrac{2}{m}$	D_{2h}^{19}		
66	$Cccm$	$C\dfrac{2}{c}\dfrac{2}{c}\dfrac{2}{m}$	D_{2h}^{20}		

序号	简写的国际符号	完整的国际符号	Schöflies 符号	点群符号	劳厄群
67	$Cmma$	$C\dfrac{2}{m}\dfrac{2}{m}\dfrac{2}{a}$	D_{2h}^{21}	mmm	mmm
68	$Ccca$	$C\dfrac{2}{c}\dfrac{2}{c}\dfrac{2}{a}$	D_{2h}^{22}		
69	$Fmmm$	$F\dfrac{2}{m}\dfrac{2}{m}\dfrac{2}{m}$	D_{2h}^{23}		
70	$Fddd$	$F\dfrac{2}{d}\dfrac{2}{d}\dfrac{2}{d}$	D_{2h}^{24}		
71	$Immm$	$I\dfrac{2}{m}\dfrac{2}{m}\dfrac{2}{m}$	D_{2h}^{25}		
72	$Ibam$	$I\dfrac{2}{b}\dfrac{2}{a}\dfrac{2}{m}$	D_{2h}^{26}		
73	$Ibca$	$I\dfrac{2}{b}\dfrac{2}{c}\dfrac{2}{a}$	D_{2h}^{27}		
74	$Imma$	$I\dfrac{2}{m}\dfrac{2}{m}\dfrac{2}{a}$	D_{2h}^{28}		
75	$P\,4$	$P\,4$	C_4^1	4	$4/m$
76	$P\,4_1$	$P\,4_1$	C_4^2		
77	$P\,4_2$	$P\,4_2$	C_4^3		
78	$P\,4_3$	$P\,4_3$	C_4^4		
79	$I\,4$	$I\,4$	C_4^5		
80	$I\,4_1$	$I\,4_1$	C_4^6		
81	$P\,\bar{4}$	$P\,\bar{4}$	S_4^1	$\bar{4}$	
82	$I\,\bar{4}$	$I\,\bar{4}$	S_4^2		
83	$P\,4/m$	$P\dfrac{4}{m}$	C_{4h}^1	$4/m$	
84	$P\,4_2/m$	$P\dfrac{4_2}{m}$	C_{4h}^2		
85	$P\,4/n$	$P\dfrac{4}{n}$	C_{4h}^3		
86	$P\,4_2/n$	$P\dfrac{4_2}{n}$	C_{4h}^4		
87	$I\,4/m$	$I\dfrac{4}{m}$	C_{4h}^5		
88	$I\,4_1/a$	$I\dfrac{4_1}{a}$	C_{4h}^6		
89	$P422$	$P422$	D_4^1	422	$4/mmm$
90	$P42_12$	$P42_12$	D_4^2		
91	$P4_122$	$P4_122$	D_4^3		
92	$P4_12_12$	$P4_12_12$	D_4^4		
93	$P4_222$	$P4_222$	D_4^5		
94	$P4_22_12$	$P4_22_12$	D_4^6		
95	$P4_322$	$P4_322$	D_4^7		
96	$P4_32_12$	$P4_32_12$	D_4^8		

序号	简写的国际符号	完整的国际符号	Schöflies 符号	点群符号	劳厄群
97	$I422$	$I422$	D_4^9	422	$4/mmm$
98	$I4_122$	$I4_122$	D_4^{10}		
99	$P4mm$	$P4mm$	C_{4v}^1	$4mm$	
100	$P4bm$	$P4bm$	C_{4v}^2		
101	$P4_2cm$	$P4_2cm$	C_{4v}^3		
102	$P4_2nm$	$P4_2nm$	C_{4v}^4		
103	$P4cc$	$P4cc$	C_{4v}^5		
104	$P4nc$	$P4nc$	C_{4v}^6		
105	$P4_2mc$	$P4_2mc$	C_{4v}^7		
106	$P4_2bc$	$P4_2bc$	C_{4v}^8		
107	$I4mm$	$I4mm$	C_{4v}^9		
108	$I4cm$	$I4cm$	C_{4v}^{10}		
109	$I4_1md$	$I4_1md$	C_{4v}^{11}		
110	$I4_1cd$	$I4_1cd$	C_{4v}^{12}		
111	$P\bar{4}2m$	$P\bar{4}2m$	D_{2d}^1	$\bar{4}2m$	
112	$P\bar{4}2c$	$P\bar{4}2c$	D_{2d}^2		
113	$P\bar{4}2_1m$	$P\bar{4}2_1m$	D_{2d}^3		
114	$P\bar{4}2_1c$	$P\bar{4}2_1c$	D_{2d}^4		
115	$P\bar{4}m2$	$P\bar{4}m2$	D_{2d}^5		
116	$P\bar{4}c2$	$P\bar{4}c2$	D_{2d}^6		
117	$P\bar{4}b2$	$P\bar{4}b2$	D_{2d}^7		
118	$P\bar{4}n2$	$P\bar{4}n2$	D_{2d}^8		
119	$I\bar{4}m2$	$I\bar{4}m2$	D_{2d}^9		
120	$I\bar{4}c2$	$I\bar{4}c2$	D_{2d}^{10}		
121	$I\bar{4}2m$	$I\bar{4}2m$	D_{2d}^{11}		
122	$I\bar{4}2d$	$I\bar{4}2d$	D_{2d}^{12}		
123	$P4/mmm$	$P\frac{4}{m}\frac{2}{m}\frac{2}{m}$	D_{4h}^1	$4/mmm$	
124	$P4/mcc$	$P\frac{4}{m}\frac{2}{c}\frac{2}{c}$	D_{4h}^2		
125	$P4/nbm$	$P\frac{4}{n}\frac{2}{b}\frac{2}{m}$	D_{4h}^3		
126	$P4/nnc$	$P\frac{4}{n}\frac{2}{n}\frac{2}{c}$	D_{4h}^4		
127	$P4/mbm$	$P\frac{4}{m}\frac{2_1}{b}\frac{2}{m}$	D_{4h}^5		
128	$P4/mnc$	$P\frac{4}{m}\frac{2_1}{n}\frac{2}{c}$	D_{4h}^6		
129	$P4/nmm$	$P\frac{4}{n}\frac{2_1}{m}\frac{2}{m}$	D_{4h}^7		

续表

序号	简写的国际符号	完整的国际符号	Schöflies 符号	点群符号	劳厄群
130	$P4/ncc$	$P\dfrac{4}{n}\dfrac{2_1}{c}\dfrac{2}{c}$	D_{4h}^8	$4/mmm$	$4/mmm$
131	$P4_2/mmc$	$P\dfrac{4_2}{m}\dfrac{2}{m}\dfrac{2}{c}$	D_{4h}^9		
132	$P4_2/mcm$	$P\dfrac{4_2}{m}\dfrac{2}{c}\dfrac{2}{m}$	D_{4h}^{10}		
133	$P4_2/nbc$	$P\dfrac{4_2}{n}\dfrac{2}{b}\dfrac{2}{c}$	D_{4h}^{11}		
134	$P4_2/nnm$	$P\dfrac{4_2}{n}\dfrac{2}{n}\dfrac{2}{m}$	D_{4h}^{12}		
135	$P4_2/mbc$	$P\dfrac{4_2}{m}\dfrac{2_1}{b}\dfrac{2}{c}$	D_{4h}^{13}		
136	$P4_2/mnm$	$P\dfrac{4_2}{m}\dfrac{2_1}{n}\dfrac{2}{m}$	D_{4h}^{14}		
137	$P4_2/nmc$	$P\dfrac{4_2}{n}\dfrac{2_1}{m}\dfrac{2}{c}$	D_{4h}^{15}		
138	$P4_2/ncm$	$P\dfrac{4_2}{n}\dfrac{2_1}{c}\dfrac{2}{m}$	D_{4h}^{16}		
139	$I4/mmm$	$I\dfrac{4}{m}\dfrac{2}{m}\dfrac{2}{m}$	D_{4h}^{17}		
140	$I4/mcm$	$I\dfrac{4}{m}\dfrac{2}{c}\dfrac{2}{m}$	D_{4h}^{18}		
141	$I4_1/amd$	$I\dfrac{4_1}{a}\dfrac{2}{m}\dfrac{2}{d}$	D_{4h}^{19}		
142	$I4_1/acd$	$I\dfrac{4_1}{a}\dfrac{2}{c}\dfrac{2}{d}$	D_{4h}^{20}		
143	$P3$	$P3$	C_3^1	3	$\bar{3}$
144	$P3_1$	$P3_1$	C_3^2		
145	$P3_2$	$P3_2$	C_3^3		
146	$R3$	$R3$	C_3^4		
147	$P\bar{3}$	$P\bar{3}$	C_{3i}^1	$\bar{3}$	
148	$R\bar{3}$	$R\bar{3}$	C_{3i}^2		
149	$P312$	$P312$	D_3^1	312	$\bar{3}1m$
150	$P321$	$P321$	D_3^2	321	$\bar{3}m1$
151	$P3_112$	$P3_112$	D_3^3	312	$\bar{3}1m$
152	$P3_121$	$P3_112$	D_3^4	321	$\bar{3}m1$
153	$P3_212$	$P3_212$	D_3^5	312	$\bar{3}1m$
154	$P3_221$	$P3_221$	D_3^6	321	$\bar{3}m1$
155	$R32$	$R32$	D_3^7		
156	$P3m1$	$P3m1$	C_{3v}^1	$3m1$	$\bar{3}m1$
157	$P31m$	$P31m$	C_{3v}^2	$31m$	$\bar{3}1m$
158	$P3c1$	$P3c1$	C_{3v}^3	$3m1$	$\bar{3}m1$
159	$P31c$	$P31c$	C_{3v}^4	$31m$	$\bar{3}1m$

序号	简写的国际符号	完整的国际符号	Schöflies 符号	点群符号	劳厄群
160	$R3m$	$R3m$	C_{3v}^5	$3m1$	$\bar{3}m1$
161	$R3c$	$R3c$	C_{3v}^6		
162	$P\bar{3}1m$	$P\bar{3}1\dfrac{2}{m}$	D_{3d}^1	$\bar{3}1m$	$\bar{3}1m$
163	$P\bar{3}1c$	$P\bar{3}1\dfrac{2}{c}$	D_{3d}^2		
164	$P\bar{3}m1$	$P\bar{3}\dfrac{2}{m}1$	D_{3d}^3	$\bar{3}m1$	$\bar{3}m1$
165	$P\bar{3}c1$	$P\bar{3}\dfrac{2}{c}1$	D_{3d}^4		
166	$R\bar{3}m$	$R\bar{3}\dfrac{2}{m}$	D_{3d}^5		
167	$R\bar{3}c$	$R\bar{3}\dfrac{2}{c}$	D_{3d}^6		
168	$P6$	$P6$	C_6^1	6	$6/m$
169	$P6_1$	$P6_1$	C_6^2		
170	$P6_5$	$P6_5$	C_6^3		
171	$P6_2$	$P6_2$	C_6^4		
172	$P6_4$	$P6_4$	C_6^5		
173	$P6_3$	$P6_3$	C_6^6		
174	$P\bar{6}$	$P\bar{6}$	C_{3h}^1	$\bar{6}$	
175	$P6/m$	$P\dfrac{6}{m}$	C_{6h}^1	$6/m$	
176	$P6_3/m$	$P\dfrac{6_3}{m}$	C_{6h}^2		
177	$P622$	$P622$	D_6^1	622	$6/mmm$
178	$P6_122$	$P6_122$	D_6^2		
179	$P6_522$	$P6_522$	D_6^3		
180	$P6_222$	$P6_222$	D_6^4		
181	$P6_422$	$P6_422$	D_6^5		
182	$P6_322$	$P6_322$	D_6^6		
183	$P6mm$	$P6mm$	C_{6v}^1	$6mm$	
184	$P6cc$	$P6cc$	C_{6v}^2		
185	$P6_3cm$	$P6_3cm$	C_{6v}^3		
186	$P6_3mc$	$P6_3mc$	C_{6v}^4		
187	$P\bar{6}m2$	$P\bar{6}m2$	D_{3h}^1	$\bar{6}m2$	
188	$P\bar{6}c2$	$P\bar{6}c2$	D_{3h}^2		
189	$P\bar{6}2m$	$P\bar{6}2m$	D_{3h}^3	$\bar{6}2m$	
190	$P\bar{6}2c$	$P\bar{6}2c$	D_{3h}^4		
191	$P6/mmm$	$P\dfrac{6}{m}\dfrac{2}{m}\dfrac{2}{m}$	D_{6h}^1	$6/mmm$	

序号	简写的国际符号	完整的国际符号	Schöflies 符号	点群符号	劳厄群
192	$P6/mcc$	$P\dfrac{6}{m}\dfrac{2}{c}\dfrac{2}{c}$	D_{6h}^{2}	$6/mmm$	$6/mmm$
193	$P6_3/mcm$	$P\dfrac{6_3}{m}\dfrac{2}{c}\dfrac{2}{m}$	D_{6h}^{3}		
194	$P6_3/mmc$	$P\dfrac{6_3}{m}\dfrac{2}{m}\dfrac{2}{c}$	D_{6h}^{4}		
195	$P23$	$P23$	T^{1}	23	$m\bar{3}$
196	$F23$	$F23$	T^{2}		
197	$I23$	$I23$	T^{3}		
198	$P2_13$	$P2_13$	T^{4}		
199	$I2_13$	$I2_13$	T^{5}		
200	$Pm\bar{3}$	$P\dfrac{2}{m}\bar{3}$	T_h^{1}	$m\bar{3}$	
201	$Pn\bar{3}$	$P\dfrac{2}{n}\bar{3}$	T_h^{2}		
202	$Fm\bar{3}$	$F\dfrac{2}{m}\bar{3}$	T_h^{3}		
203	$Fd\bar{3}$	$F\dfrac{2}{d}\bar{3}$	T_h^{4}		
204	$Im\bar{3}$	$I\dfrac{2}{m}\bar{3}$	T_h^{5}		
205	$Pa\bar{3}$	$P\dfrac{2_1}{a}\bar{3}$	T_h^{6}		
206	$Ia\bar{3}$	$I\dfrac{2_1}{a}\bar{3}$	T_h^{7}		
207	$P432$	$P432$	O^{1}	432	$m\bar{3}m$
208	$P4_232$	$P4_232$	O^{2}		
209	$F432$	$F432$	O^{3}		
210	$F4_132$	$F4_132$	O^{4}		
211	$I432$	$I432$	O^{5}		
212	$P4_332$	$P4_332$	O^{6}		
213	$P4_132$	$P4_132$	O^{7}		
214	$I4_132$	$I4_132$	O^{8}		
215	$P\bar{4}3m$	$P\bar{4}3m$	T_d^{1}	$\bar{4}3m$	
216	$F\bar{4}3m$	$F\bar{4}3m$	T_d^{2}		
217	$I\bar{4}3m$	$I\bar{4}3m$	T_d^{3}		
218	$P\bar{4}3n$	$P\bar{4}3n$	T_d^{4}		
219	$F\bar{4}3c$	$F\bar{4}3c$	T_d^{5}		
220	$I\bar{4}3d$	$I\bar{4}3d$	T_d^{6}		
221	$Pm\bar{3}m$	$P\dfrac{4}{m}\bar{3}\dfrac{2}{m}$	O_h^{1}	$m\bar{3}m$	
222	$Pn\bar{3}n$	$P\dfrac{4}{n}\bar{3}\dfrac{2}{n}$	O_h^{2}		

序号	简写的国际符号	完整的国际符号	Schöflies 符号	点群符号	劳厄群
223	$Pm\bar{3}n$	$P\dfrac{4_2}{m}\bar{3}\dfrac{2}{n}$	O_h^3	$m\bar{3}m$	$m\bar{3}m$
224	$Pn\bar{3}m$	$P\dfrac{4_2}{n}\bar{3}\dfrac{2}{m}$	O_h^4		
225	$Fm\bar{3}m$	$F\dfrac{4}{m}\bar{3}\dfrac{2}{m}$	O_h^5		
226	$Fm\bar{3}c$	$F\dfrac{4}{m}\bar{3}\dfrac{2}{c}$	O_h^6		
227	$Fd\bar{3}m$	$F\dfrac{4_1}{d}\bar{3}\dfrac{2}{m}$	O_h^7		
228	$Fd\bar{3}c$	$F\dfrac{4_1}{d}\bar{3}\dfrac{2}{c}$	O_h^8		
229	$Im\bar{3}m$	$I\dfrac{4}{m}\bar{3}\dfrac{2}{m}$	O_h^9		
230	$Ia\bar{3}d$	$I\dfrac{4_1}{a}\bar{3}\dfrac{2}{d}$	O_h^{10}		

2．由空间群符号推导点群符号

在一般情况下，如果没有晶体的其他信息，我们无法将点群转换为空间群。相反，点群却可以直接由空间群推导出来，推导方法为：①去除点阵中心；②将螺旋轴变为旋转轴，将滑移面变为镜面。例如，由 227 号空间群 $F\dfrac{4_1}{d}\bar{3}\dfrac{2}{m}$ 推导点群，去除点阵中心 F，将 4_1 螺旋轴变为 4 次旋转轴，将 d 滑移面变为镜面 m，可得该空间群的点群为 $\dfrac{4}{m}\bar{3}\dfrac{2}{m}$，简写为 $m\bar{3}m$，属于 32 号点群。

3．空间群的坐标系原点的选择

在前面的章节介绍过选取晶胞的 4 条原则：①所选的平行六面体应包含整个晶体的对称性；②当平行六面体的晶棱之间存在直角时，所选平行六面体的直角数应尽可能多；③如果晶棱之间的夹角不为直角，则应选最短的晶棱作为晶轴，且晶棱之间的夹角尽量接近直角；④在遵守上述 3 条原则的情况下，所选平行六面体的体积要尽量小。

另外，还介绍了不同晶系的晶胞，其晶轴的选择依据如下。

立方晶系：a 轴、b 轴、c 轴平行于 3 个相互垂直的 2 次旋转轴或 4 次旋转轴，其体对角线平行于 4 个 3 次旋转（反演）轴。

六角晶系：c 轴平行于 6 次旋转（反演）轴，a 轴与 c 轴、b 轴与 c 轴相互垂直，a 轴与 b 轴的夹角为 120°。

三角晶系：体对角线[111]平行于 3 次旋转（反演）轴。

四方晶系：c 轴平行于 4 次旋转（反演）轴，a 轴、b 轴、c 轴相互垂直。

正交晶系：a 轴、b 轴、c 轴平行于 3 个相互垂直的 2 次旋转轴或垂直于镜面。

单斜晶系：b 轴平行于 2 次旋转轴或垂直于镜面，a 轴与 c 轴的夹角大于 90°但应尽量接近 90°。

三斜晶系：a 轴、b 轴、c 轴的夹角大于 90°但尽量接近 90°。

下面继续介绍空间群的坐标系原点的选择。空间群的坐标系原点的选择，是指在晶胞内各对称元素相互组合后，确定该空间群的坐标系原点。选择好空间群的坐标系原点，有利于晶体结构解析和晶体结构描述。空间群的坐标系原点的选择应遵循以下原则[13]。

① 在 90 种具有对称中心的空间群中，除 $I4_1/amd$ 空间群外，坐标系原点应选择在对称中心上。如果空间群存在多个具有不同对称程度的对称中心，坐标系原点应优先选择具有最高对称程度的对称中心。

② 如果空间群不存在对称中心，则按以下顺序选择坐标系原点：高次旋转轴；高次旋转反演轴，并与假想的对称中心重合；高次螺旋轴；2 次螺旋轴，优先选择在具有最高对称程度的 mm 交线上的 2 次螺旋轴；镜面；2 次螺旋轴；滑移面。

③ 空间群 $P2_12_12_1$ 在 3 个方向上的 2_1 螺旋轴互不相交，坐标系原点选择在三对 2_1 螺旋轴的对称中心上。该选择原则也适用于以 $P2_12_12_1$ 为子群的空间群，包括 $I2_12_12_1$（24）、$P2_13$（198）、$I2_13$（199）、$F4_132$（210）、$P4_332$（212）、$P4_332$（213）、$I4_132$（214）。

④ 若空间群没有其他对称元素，其坐标系原点的选择是任意的。

2.3.7 国际晶体学表

国际晶体学表（International Table for Crystallography，ITC）简称晶体学表，是进行晶体结构分析的重要参考资料，《国际晶体学表 A 卷》[19]中已逐一列出 230 种空间群的各种晶体学数据。下面以 84 号空间群 $P4_2/m$ 为例，简要介绍国际晶体学表中的相关信息，如图 2-13 所示。

第 1 行：从左往右分别是空间群的国际符号简称（$P4_2/m$）、Schöflies 符号（C_{4h}^2）、所属点群的国际符号简称（$4/m$）、所属晶系（Tetragonal）。

第 2 行：从左往右分别是空间群的序号（No. 84）、空间群的国际符号全称（$P4_2/m$）、Patterson 对称性（Patterson symmetry $P4/m$）。Patterson 对称性可用于利用帕特森函数解析晶体结构。

第 3 行：对称元素及其一般等效点位的图示。空间群的图示有两大作用：①展示对称元素的相对位置和取向；②展示一般等效点位的分布。

空间群的图示一般为正交投影图，即投影方向垂直于纸面。特殊地，在三角晶系、三斜晶系中，晶轴 a、b、c 的方向总为投影方向，此时标注为 a_p、b_p、c_p。空间群的图示为右手坐标系，坐标系原点在左上角，a 轴（向下为正）、b 轴（向右为正）位于纸面上，c 轴指向纸面（向外为正）。图中等效点用○表示，中心对称的等效点位用⊙表示。如果镜面平行于投影面，用-⊕+表示。等效点位旁的分数和±表示垂直于纸面向上或向下的坐标。

第 4 行：坐标系原点的选取方式。例如，在 $P4_2/m$ 空间群中，坐标系原点选在 4_2 螺旋轴和与之垂直的镜面的交点上（$2/m$）。

第 5 行：非对称单元（Asymmetric unit）。非对称单元是对称元素的最小可重复单元，将该空间群的所有对称元素作用于非对称单元上就能填满整个空间。非对称单元包含描述晶体结构的全部信息。

第 6 行：对称操作（Symmetry operations）。由对称操作的序号、类型和坐标（代表对称元素的位置和取向）组成，如 (3) $4^+\left(0,0,\frac{1}{2}\right)0,0,z$。例如，$a\ x,y,\frac{1}{4}$ 代表滑移操作 a，它先以 $x,y,\frac{1}{4}$ 为镜面进行镜面操作，再沿 $\left(\frac{1}{2},0,0\right)$ 平移；$\overline{4}^+\ \frac{1}{4},\frac{1}{4},z;\frac{1}{4},\frac{1}{4},\frac{1}{4}$ 代表 4 次旋转反演操作，

它是以 $\frac{1}{4},\frac{1}{4},z$ 为旋转轴旋转 90°，再以 $\frac{1}{4},\frac{1}{4},\frac{1}{4}$ 为对称中心进行反演操作。

第 7 行：选用生成元（Generators selected）。对某一点(x,y,z)依次进行对称操作能产生一般位置的所有对称的等效点位。其中，括号中的序数和第 6 行中的对称操作一致。例如，在 $P4_2/m$ 空间群中的选用生成元为(1);t(1,0,0);t(0,1,0);t(0,0,1);(2);(3);(5)，表示从坐标为(x,y,z)的位置(1)出发经 2 次旋转对称操作(2)、4 次旋转对称操作(3)、反演操作(5)，就能产生一般位置的所有对称的等效点位。

第 8 行：等效点位（Wyckoff Positions）。从上到下包含一般等效点位和特殊等效点位，其含义分别如下。

多重因子（Multiplicity）：表示每个单胞中该等效点位的数目。如果是原胞，一般等效点位的多重因子就是该空间群的点群序数（order，不是点群表中的序号）；对于有点阵中心的晶胞，一般等效点位的多重因子就是该空间群的点群序数乘以格点数（2、3、4）。特殊等效点位的多重因子总是一般等效点位的多重因子的除数。例如，$P4_2/m$ 空间群的点群序数为 8，所以一般等效点位的多重因子为 8，特殊等效点位的多重因子为 8 的除数（如 4、2）。

等效点位符号（Wyckoff letter）：等效点位从下到上按字母顺序 a、b、c、d……依次命名。

等效点位对称性（Site symmetry）：用于表示等效点位的对称元素与晶格对称元素之间的关系。在利用帕特森函数解析晶体结构时，可利用特殊等效点位或一般等效点位的对称性构建帕特森矢量表，与实验中的帕特森峰比对就能解析原子位置，详细内容见 9.2.1 节、9.4.5 节。

坐标（Coordinates）：一般等效点位只有 1 的对称操作，可以位于晶胞的任意位置(x,y,z)上，在进行晶体结构精修时 x、y、z 都可以改变；特殊等效点位由于受对称操作的限制，在进行晶体结构精修时 x、y、z 中至少有一个是不变的。例如，$P4_2/m$ 空间群的 4g 等效点位的坐标为(0,0,z)，在进行晶体结构精修时 x = y = 0，只有 z 可以改变。

衍射条件（Reflection conditions）：位于等效点位的最右侧，常称为系统消光。在实验中，根据衍射峰的晶面指数(hkl)，利用系统消光规律来确定空间群。

第 9 行：特殊投影面的对称性（Symmetry of special projections）。只有沿晶胞基矢方向的投影才能较好地反映晶体结构的对称特征，《国际晶体学表 A 卷》中列出了若干特殊投影的对称性。利用这些信息，一方面可以简化实验过程（如将晶体转到这些投影方向或带轴就能与其比对该带轴电子衍射的对称性），另一方面可以简化结构因子和电子密度的计算。

第 10～12 行主要用于群-子群-超群的分析。

第 10 行：最大非同构子群（Maximal non-isomorphic subgroups）。

第 11 行：最低指数的最大同构子群（Maximal isomorphic subgroups of lowest index）。

第 12 行：最小非同构超群（Minimal non-isomorphic supergroups）。

到此，描述晶体结构的三要素（晶胞大小、晶胞内的原子、晶体的对称性）介绍完毕。

为方便交流，将上述三要素汇总形成晶体学信息文件（Crystallographic Information File，CIF），简称 cif 文件。将每种晶体的 cif 文件汇总、分类整理，形成三大数据库：无机晶体结构数据库（Inorganic Crystal Structure Database，ICSD）[20]、剑桥晶体学数据中心（Cambridge Crystallographic Data Center，CCDC）[21]和晶体学开源数据库（Crystallography Open Database，COD）[22]。通过检索 ICSD、CCDC、COD 或查阅相关文献获取晶体的晶格参数、空间群、晶胞内的原子等晶体学信息，就可以进行晶体结构建模、晶体结构可视化。

$P4_2/m$　　　C_{4h}^2　　　　　$4/m$　　　　Tetragonal

No. 84　　　　　　$P4_2/m$　　　　　　Patterson symmetry $P4/m$

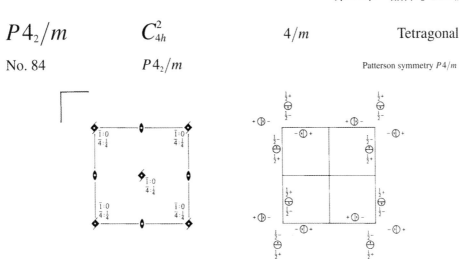

Origin at centre $(2/m)$ on 4_2

Asymmetric unit　　$0 \leq x \leq \frac{1}{2}$;　$0 \leq y \leq \frac{1}{2}$;　$0 \leq z \leq \frac{1}{2}$

Symmetry operations

(1) 1　　　　　　(2) 2　$0,0,z$　　　(3) $4^+(0,0,\frac{1}{2})$　$0,0,z$　　(4) $4^-(0,0,\frac{1}{2})$　$0,0,z$
(5) $\bar{1}$　$0,0,0$　　(6) m　$x,y,0$　　(7) $\bar{4}^+$　$0,0,z$;　$0,0,\frac{1}{4}$　　(8) $\bar{4}^-$　$0,0,z$;　$0,0,\frac{1}{4}$

Generators selected　(1); $t(1,0,0)$; $t(0,1,0)$; $t(0,0,1)$; (2); (3); (5)

Positions

Multiplicity, Wyckoff letter, Site symmetry			Coordinates			Reflection conditions
						General:
8	k	1	(1) x,y,z　(2) $\bar{x},\bar{y},z$　(3) $\bar{y},x,z+\frac{1}{2}$　(4) $y,\bar{x},z+\frac{1}{2}$			$00l$: $l = 2n$
			(5) $\bar{x},\bar{y},\bar{z}$　(6) $x,y,\bar{z}$　(7) $y,\bar{x},\bar{z}+\frac{1}{2}$　(8) $\bar{y},x,\bar{z}+\frac{1}{2}$			
						Special: as above, plus
4	j	$m\,..$	$x,y,0$	$\bar{x},\bar{y},0$	$\bar{y},x,\frac{1}{2}$　$y,\bar{x},\frac{1}{2}$	no extra conditions
4	i	$2\,..$	$0,\frac{1}{2},z$	$\frac{1}{2},0,z+\frac{1}{2}$	$0,\frac{1}{2},\bar{z}$　$\frac{1}{2},0,\bar{z}+\frac{1}{2}$	hkl : $h+k+l = 2n$
4	h	$2\,..$	$\frac{1}{2},\frac{1}{2},z$	$\frac{1}{2},\frac{1}{2},z+\frac{1}{2}$	$\frac{1}{2},\frac{1}{2},\bar{z}$　$\frac{1}{2},\frac{1}{2},\bar{z}+\frac{1}{2}$	hkl : $l = 2n$
4	g	$2\,..$	$0,0,z$	$0,0,z+\frac{1}{2}$	$0,0,\bar{z}$　$0,0,\bar{z}+\frac{1}{2}$	hkl : $l = 2n$
2	f	$\bar{4}\,..$	$\frac{1}{2},\frac{1}{2},\frac{1}{4}$	$\frac{1}{2},\frac{1}{2},\frac{3}{4}$		hkl : $l = 2n$
2	e	$\bar{4}\,..$	$0,0,\frac{1}{4}$	$0,0,\frac{3}{4}$		hkl : $l = 2n$
2	d	$2/m\,..$	$0,\frac{1}{2},\frac{1}{2}$	$\frac{1}{2},0,0$		hkl : $h+k+l = 2n$
2	c	$2/m\,..$	$0,\frac{1}{2},0$	$\frac{1}{2},0,\frac{1}{2}$		hkl : $h+k+l = 2n$
2	b	$2/m\,..$	$\frac{1}{2},\frac{1}{2},0$	$\frac{1}{2},\frac{1}{2},\frac{1}{2}$		hkl : $l = 2n$
2	a	$2/m\,..$	$0,0,0$	$0,0,\frac{1}{2}$		hkl : $l = 2n$

Symmetry of special projections

Along [001] $p4$　　　　　　　　　　Along [100] $p2mm$　　　　　　　　Along [110] $p2mm$
$\mathbf{a}' = \mathbf{a}$　$\mathbf{b}' = \mathbf{b}$　　　　　$\mathbf{a}' = \mathbf{b}$　$\mathbf{b}' = \mathbf{c}$　　　　　$\mathbf{a}' = \frac{1}{2}(-\mathbf{a}+\mathbf{b})$　$\mathbf{b}' = \mathbf{c}$
Origin at $0,0,z$　　　　　　　　　　Origin at $x,0,0$　　　　　　　　　　Origin at $x,x,0$

Maximal non-isomorphic subgroups

I　　[2] $P\bar{4}$ (81)　　　1; 2; 7; 8
　　　[2] $P4_2$ (77)　　　1; 2; 3; 4
　　　[2] $P2/m$ (10)　　　1; 2; 5; 6
IIa　none
IIb　[2] $C4_2/e$ ($\mathbf{a}' = 2\mathbf{a}, \mathbf{b}' = 2\mathbf{b}$) ($P4_2/n$, 86)

Maximal isomorphic subgroups of lowest index
IIc　[2] $C4_2/m$ ($\mathbf{a}' = 2\mathbf{a}, \mathbf{b}' = 2\mathbf{b}$) ($P4_2/m$, 84); [3] $P4_2/m$ ($\mathbf{c}' = 3\mathbf{c}$) (84)

Minimal non-isomorphic supergroups
I　　[2] $P4_2/mmc$ (131); [2] $P4_2/mcm$ (132); [2] $P4_2/mbc$ (135); [2] $P4_2/mnm$ (136)
II　　[2] $I4/m$ (87); [2] $P4/m$ ($\mathbf{c}' = \frac{1}{2}\mathbf{c}$) (83)

图 2-13　国际晶体学表中的 $P4_2/m$ 空间群

需要注意的是，在衍射数据分析中还会用到 ICDD 发布的 PDF 卡片库[23]。PDF 卡片中仅包含晶格参数、空间群等信息，不包含晶胞内的原子信息，这些信息不足以用于晶体结构建模。

2.4 常见晶体结构

在 2.2 节和 2.3 节中介绍了描述晶体结构的主要晶体学参数，包括晶格参数、晶体的对称性、晶胞内的原子。本节将利用这些晶体学参数在 Crystal Impact Diamond[24]软件中构建一些典型的晶体结构，进而理解这些晶体的结构特征。

2.4.1 晶体结构建模

利用晶体结构数据进行晶体结构建模是晶体结构可视化、衍射图模拟、晶体结构计算等的基础。本节以金属钼为例介绍如何利用 Crystal Impact Diamond 软件[24]进行晶体结构建模。

学习内容	利用晶体学软件进行晶体结构建模、晶体结构可视化
软件	Crystal Impact Diamond[24]、CrystalMaker[25]、Vesta[26]等
实验数据	晶格参数、空间群、晶胞内的原子或 cif 文件
金属钼	空间群：$Im\overline{3}m$。晶格参数：a=3.14683Å。原子：Mo(0 0 0)

- 打开软件：打开 Crystal Impact Diamond 软件，单击菜单"File"→"New…"，在弹出的对话框中选择"Create a document and type in structure parameters"，单击"OK"按钮，单击"下一页"按钮，如图 2-14 所示。

- 设置空间群：在"Crystal structure with cell and space-group"下的"Space-group"文本框中输入空间群"I m - 3 m"，也可以单击"Browse…"按钮，选择空间群。

- 设置晶格参数：在"Cell length"和"Cell angle"后的文本框中输入晶格参数。在本例中，一旦设置了空间群，软件将自动识别出立方晶系，只需设置 a=3.14683 即可。之后，单击"下一页"按钮。

- 设置晶胞内的原子：在"Atom"后的文本框中依次输入原子种类、原子坐标。在本例中，输入"Mo""0""0""0"，单击"Add"按钮添加原子。之后依次单击"下一页"按钮、"完成"按钮、"完成"按钮即可。

如果有 cif 文件，将 cif 文件拖动到 Crystal Impact Diamond 软件中就能建立晶体结构模型。cif 文件可通过检索 ICSD、CCDC、COD 数据库或查阅相关文献获得。

在 Crystal Impact Diamond 软件中，"Picture"面板为三维晶体结构模型的可视化界面，"Data sheet"面板显示该晶体的晶体学信息，"Distance/angles"面板列出某一 d 值范围内的键长、键角信息，"Powder pattern"面板用于模拟某一衍射角范围内的衍射图。

Crystal Impact Diamond 软件中的常用菜单如下：

- Structure 菜单：用于设置空间群（Space group）、晶格参数（Cell parameters）、原子属性（Atomic parameters）等。

- Picture 菜单：用于自定义晶体结构的外形，包括观察方向（Viewing direction）、结构模型的类型（Model and radii）、原子和化学键（Atom/bond designs）、多面体

（Polyhedron design）、晶胞的棱边（Unit edges design）等，其中结构模型的类型包括球棍模型（Ball-and-stick）、热椭球模型（Ellipsoid）、密积模型（Space-filling）、线模型（Wires/sticks）。

- Build 菜单：用于构建晶体结构模型，包括填充（Fill）、添加原子（Add atoms）、构建配位多面体（Polyhedra）等，其中填充包括填充晶胞（Unit cell）、填充超胞（Super cell）等。
- Objects 菜单：用于设置晶向（Lines）、晶面（Planes）等。

更多操作详见 Crystal Impact Diamond 软件的使用手册。此外，CrystalMaker[25]、Vesta[26] 等软件也可用于晶体结构建模，在此不一一赘述。

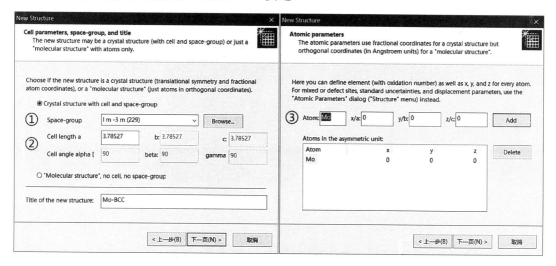

图 2-14　利用 Crystal Impact Diamond 软件进行晶体结构建模的步骤

（①设置空间群，②设置晶格参数，③设置晶胞内的原子）

2.4.2　简单立方结构

钋（Po）是唯一一种具有简单立方结构（Simple Cubic，SC）的金属，其晶体结构模型如图 2-15 所示。

钋的晶体结构数据
空间群　　　　　　　　　　　　　　　$Pm\overline{3}m$（221）
晶格参数　　　　　　　　　　　　　　$a=b=c=3.359$Å
原子　　　　　　　　　　　　　　　　Po(0, 0, 0)

在简单立方结构中，原子位于(0, 0, 0)，即立方体的顶点上。每个顶点原子被周围的 8 个晶胞共有，所以简单立方晶胞内只有 $8×1/8=1$ 个原子，即化学式单元数 z（Chemical Formula）为 1。每个原子周围有 6 个最近邻的原子，即配位数（Coordination Number）为 6。简单立方结构的晶胞和原胞是一样的。

原子堆积因子（Atomic Packing Factor，APF）又称原子的体积占有率，是晶胞内所有原子的体积占晶胞体积的比例。原子堆积因子是描述晶体结构的重要参数。在简单立方结构中，原子堆积最紧密的方向是晶轴 a、b、c 的方向。假设该方向上的近邻原子相切（等球模型），如图 2-15（b）所示，就能求出原子半径 $r=a/2$。因此，简单立方结构的原子堆积因子为

$$\left(8 \times \frac{1}{8}\right) \times \frac{4}{3} \pi \left(\frac{a}{2}\right)^3 / a^3 \approx 0.5236 \, 。$$

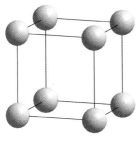

（a）球棍模型　　　　　　　　　（b）密积模型

图 2-15　简单立方结构的两种晶体结构模型

2.4.3　体心立方结构

铬、α-铁、钼、钽、钨等金属具有体心立方结构（Body-Centered Cubic，BCC），其晶体结构模型如图 2-16（a）所示。

钼的晶体结构数据	
空间群	$Im\overline{3}m$　（229）
晶格参数	$a=b=c=3.14683\text{Å}$
原子	Mo(0, 0, 0)

体心立方结构含有两个原子，分别位于立方体的顶点(0, 0, 0)和体心(0.5, 0.5, 0.5)上，化学式单元数 z 为 2。每个顶点原子周围有 8 个最近邻的原子，分别位于周围 8 个晶胞的体心上（每个体心原子周围有 8 个最近邻的原子，分别位于立方体的顶点上）；每个顶点原子周围有 6 个次近邻的原子（位于晶轴方向）。

体心立方结构的原胞与晶胞不同，原胞的取法是：以晶胞中的某一顶点原子为原点，以近邻 3 个晶胞内的体心原子为端点，得到过原点的 3 个不在同一平面内的矢量。由这 3 个矢量构成的平行六面体就是体心立方结构的原胞，如图 2-16（b）所示。体心立方结构的晶胞体积是其原胞体积的 2 倍。体心立方结构的晶胞基矢 $\boldsymbol{a}$、$\boldsymbol{b}$、$\boldsymbol{c}$ 和原胞基矢 $\boldsymbol{a}_1$、$\boldsymbol{a}_2$、$\boldsymbol{a}_3$ 之间的转换关系为

$$\begin{cases} \boldsymbol{a}_1 = \dfrac{1}{2}(-\boldsymbol{a}+\boldsymbol{b}+\boldsymbol{c}) \\ \boldsymbol{a}_2 = \dfrac{1}{2}(\boldsymbol{a}-\boldsymbol{b}+\boldsymbol{c}) \\ \boldsymbol{a}_3 = \dfrac{1}{2}(\boldsymbol{a}+\boldsymbol{b}-\boldsymbol{c}) \end{cases} \tag{2-5}$$

根据式（2-5），由体心立方结构的原胞转换为晶胞的公式为

$$\begin{cases} \boldsymbol{a} = \boldsymbol{a}_2 + \boldsymbol{a}_3 \\ \boldsymbol{b} = \boldsymbol{a}_1 + \boldsymbol{a}_3 \\ \boldsymbol{c} = \boldsymbol{a}_1 + \boldsymbol{a}_2 \end{cases} \tag{2-6}$$

在体心立方结构中，原子堆积最紧密的方向是体对角线方向 [图 2-16（a）中虚线方向]，

即[111]方向。假设该方向上的近邻原子相切,如图 2-16(a)所示,就能求出原子半径 $r = \sqrt{3}a/4$。

因此,体心立方结构的原子堆积因子为 $\left(8 \times \dfrac{1}{8} + 1\right) \times \dfrac{4}{3}\pi \left(\dfrac{\sqrt{3}a}{4}\right)^3 / a^3 \approx 0.6802$。

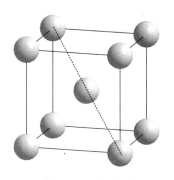

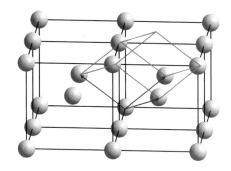

（a）体心立方结构的晶胞　　　　　　　　（b）体心立方结构的原胞

图 2-16　体心立方结构的晶胞和原胞

2.4.4　面心立方结构

大多数金属,如金、银、铜、铝、铅、镍等都具有面心立方结构（Face-Centered Cubic,FCC）,其晶体结构模型如图 2-17（a）所示。

金的晶体结构数据
空间群　　　　　　　　　　　　　　$Fm\bar{3}m$（225）
晶格参数　　　　　　　　　　　　　$a=b=c=4.0786$Å
原子　　　　　　　　　　　　　　　Au(0, 0, 0)

面心立方结构的晶胞内含有 4 个原子（$z=4$）,分别位于顶点(0, 0, 0)和面心(0.5, 0.5, 0)、(0.5, 0, 0.5)、(0, 0.5, 0.5)上。其中,每个顶点原子被周围的 8 个晶胞共有,每个面心原子被周围的 2 个晶胞共有,所以面心立方结构的晶胞内共有 8 顶点×1/8+6 面心×1/2=4 个原子。每个顶点原子周围都有 12 个最近邻的原子（位于面心上）和 6 个次近邻的原子（位于晶轴方向）。

面心立方结构的原胞与晶胞不同,原胞的取法为:以晶胞中的某一顶点原子为原点,以近邻面心上的原子为端点,得到过原点的 3 个不在同一平面内的矢量。由这 3 个矢量构成的平行六面体就是面心立方结构的原胞,如图 2-17（b）所示。面心立方结构的晶胞体积是其原胞体积的 4 倍。面心立方结构的晶胞基矢 a、b、c 和原胞基矢 a_1、a_2、a_3 之间的转换关系为

$$\begin{cases} a_1 = \dfrac{1}{2}(b+c) \\ a_2 = \dfrac{1}{2}(a+c) \\ a_3 = \dfrac{1}{2}(a+b) \end{cases} \tag{2-7}$$

根据式（2-7）,由面心立方结构的原胞转换为晶胞的公式为

$$\begin{cases} \boldsymbol{a} = -\boldsymbol{a}_1 + \boldsymbol{a}_2 + \boldsymbol{a}_3 \\ \boldsymbol{b} = \boldsymbol{a}_1 - \boldsymbol{a}_2 + \boldsymbol{a}_3 \\ \boldsymbol{c} = \boldsymbol{a}_1 + \boldsymbol{a}_2 - \boldsymbol{a}_3 \end{cases} \qquad (2\text{-}8)$$

在面心立方结构中，ab、ac、bc 等面的对角线（长度为 $\sqrt{2}a$）为密排线，被 2 个原子占据，即原子半径 $r = \sqrt{2}a/4$。因此，面心立方结构的原子堆积因子为 $\left(8 \times \dfrac{1}{8} + 6 \times \dfrac{1}{2}\right) \times \dfrac{4}{3}\pi\left(\dfrac{\sqrt{2}a}{4}\right)^3 /$ $a^3 \approx 0.7405$。由于面心立方结构的原子堆积因子很大，该结构又称为面心密排结构（Face-Centered Packed，FCP）。

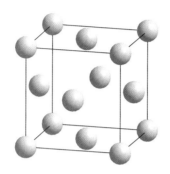 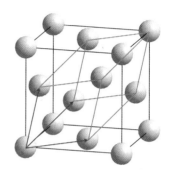

（a）面心立方结构的晶胞　　　　　　　　（b）面心立方结构的原胞

图 2-17　面心立方结构的晶胞和原胞

2.4.5　六角密排结构

并不是所有的金属都属于立方晶系，还有一些金属，如镁、镉、钴、锌、α-钛等属于六角晶系，其晶体结构模型如图 2-18 所示。由于该结构的原子堆积很紧密，通常称该结构为六角密排结构（Hexagonal Close-Packed，HCP）。

镁的晶体结构数据
空间群　　　　　　　　　　　　$P6_3/mmc$（194）
晶格参数　　　　　　　　$a=b=3.2094$Å，$c=5.24095$Å，$\gamma=120°$，$c/a=1.633$
原子　　　　　　　　　　　　Mg(1/3, 2/3, 1/4)

为描述方便，将上述晶体结构的坐标系原点移动到某个原子上，如图 2-18（a）所示。六角密排结构的晶胞内含有 2 个原子，分别位于 $(0, 0, 0)$ 和 $(1/3, 2/3, 1/2)$ 处。图 2-18（b）给出了六角密排结构在 c 轴方向上的原子堆积特征。晶胞的上、下底面（A 面）是规则的有心六边形，该晶胞被三角形状的晶面（B 面）平分，B 面上的原子正好位于 A 面的空隙处，A、B 两面在 c 轴方向上以 $ABAB$ 的方式堆积。在理想的六角密排结构中（$c/a=1.633$），每个原子周围有 12 个最近邻的原子。例如，A 面面心上的原子与该面上的 6 个原子近邻，同时和 A 面上、下两侧的 B 面上的 6（$=2\times3$）个原子近邻。由于 a 轴、b 轴方向为六角密排结构的原子密排方向，该结构的原子堆积因子为 $\left(8 \times \dfrac{1}{8} + 1\right) \times \dfrac{4}{3}\pi\left(\dfrac{a}{2}\right)^3 / V \approx 0.7405$。该结构的原子堆积因子与面心立方结构的原子堆积因子相同，它们都属于密排结构。

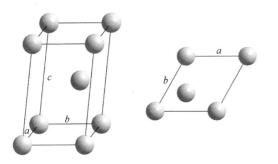
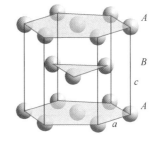

（a）晶胞的侧视图和俯视图　　　　　　　　（b）在 c 轴方向 ABAB 堆积

图 2-18　六角密排结构的晶体结构模型

2.4.6　密排结构

面心立方结构和六角密排结构的原子堆积因子都约为 0.7405，是等球体模型中原子堆积最紧密的两种结构。因此，这两种结构常被称为密排结构（closed-packed structure）。密排结构可以看成是密排面按一定的顺序堆积而成。图 2-19（a）中的原子按六边形的方式排列形成密排面，在密排面上有 3 个典型的原子位置，分别是原子的重心位置 A 和间隙位置 B、C（B、C 为等效位置）。为了使原子最紧密地堆积，重心位置的原子堆积完形成 A 面，下一层原子与 A 面错开，堆积在间隙位置 B 或 C 上形成 B 面或 C 面。

六角密排结构和面心立方结构的差异就在于密排面的堆积方式不同[27]，如图 2-19（b）、（c）所示。在六角密排结构中［见图 2-19（b）］，密排面为{100}面，该面沿<001>方向以 ABAB（或 ACAC）的方式依次堆积形成六角密排结构。在面心立方结构中［图 2-19（c）］，密排面为{111}面，该面沿<111>方向以 ACBACB（或 ABCABC）的方式堆积形成面心立方结构。

在晶体生长过程中，密排面的堆积顺序可能会被打乱，从而形成位错、层错、孪晶等微结构。

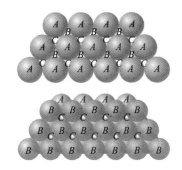
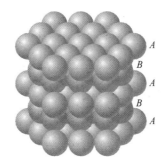
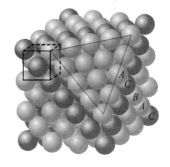

（a）密排面上 3 个典型的原子位置　　（b）六角密排结构中{100}面　　（c）面心立方结构中{111}面沿
　　　　　　　　　　　　　　　　　沿<001>方向以 ABAB 的方式堆积　　<111>方向以 ACBACB 的方式堆积

图 2-19　密排结构中原子的堆积方式

2.4.7　金刚石结构

重要的半导体材料，如硅、锗等在化学元素周期表中都属于 IV 族元素，原子的最外层有 4 个价电子。每个原子通过 sp^3 轨道杂化作用与周围的 4 个原子形成共价键，构成正四面体结构单元,将正四面体结构单元放置在面心立方结构的顶点和面心上就形成了金刚石结构,如图 2-20(a)所示。

硅的晶体结构数据	
空间群	$Fd\bar{3}m$ (227)
晶格参数	$a=b=c=5.4306\text{Å}$
原子	Si(0, 0, 0)

单晶硅就是典型的金刚石结构,硅的晶胞内包含 8 个硅原子。在晶胞的顶点上有 1 个硅原子,在晶胞的面心上有 3 个硅原子,在晶胞 4 条体对角线的 1/4 处各有 1 个原子。

由于晶胞的体对角线方向为原子密排方向,由此估算出原子半径 $r = \sqrt{3}a/8$,所以金刚石结构的原子堆积因子为 $\left(8\times\dfrac{1}{8}+6\times\dfrac{1}{2}+4\right)\times\dfrac{4}{3}\pi\left(\dfrac{\sqrt{3}a}{8}\right)^3 / a^3 \approx 0.3401$。金刚石结构的原子堆积因子仅为体心立方结构的一半,还剩 64% 的晶胞体积未被原子占据,如图 2-20(b)所示。这些未被原子占据的空隙可以为外来原子提供间隙位置,这为金刚石结构进行元素掺杂提供了理论依据。

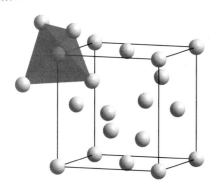
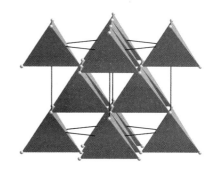

（a）金刚石结构中的正四面体结构单元　　　　　（b）金刚石结构中的空隙

图 2-20　金刚石结构示意图

2.4.8　闪锌矿结构

由化学元素周期表中的 III 族元素铝、镓、铟和 V 族元素磷、砷、锑形成 III-V 族化合物,它们大多数是具有闪锌矿结构的半导体材料。

砷化镓的晶体结构数据	
空间群	$F\bar{4}3m$ (216)
晶格参数	$a=b=c=5.650\text{Å}$
原子	As(0, 0, 0), Ga(1/4, 1/4, 1/4)

砷化镓(GaAs)具有闪锌矿结构,如图 2-21 所示。砷化镓的晶胞内包含 8 个原子,其中 4 个砷原子位于晶胞的顶点和面心上,4 个镓原子位于晶胞 4 条体对角线的 1/4 处。闪锌矿结构可以看作金刚石结构的变体,即砷原子与近邻的 4 个镓原子键合形成正四面体结构单元,将正四面体结构单元放置在面心立方结构的顶点和面心上就形成了闪锌矿结构。

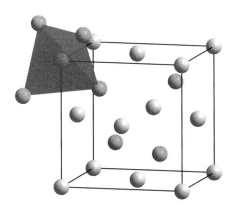

图 2-21　闪锌矿结构示意图

2.5　晶体中的点、线、面

在晶体结构描述中，一旦选定了晶胞的基矢 a、b、c，就能确定布喇菲格子的形状和大小。以 a、b、c 为轴构成晶胞坐标系，就能确定任一格点或原子的位置，用 (x, y, z) 表示；两个格点或原子的连线形成晶列或原子链，用晶向指数 $[uvw]$ 表示；互不平行的两个晶列相交形成晶面，用晶面指数 (hkl) 表示。

2.5.1　利用 Crystal Impact Diamond 软件学习晶体中的点、线、面

在本节，我们可以利用 Crystal Impact Diamond 软件[24]来学习晶体中点、线、面的表示方法。

学习内容	利用晶体学软件学习晶体中点、线、面的表示方法
软件	Crystal Impact Diamond[24]、CrystalMaker[25]、Vesta[26]等
实验数据	晶格参数、空间群、晶胞内的原子或 cif 文件
金属钼	空间群：$Im\bar{3}m$。晶格参数：a=3.14683Å。原子：Mo(0 0 0)

Crystal Impact Diamond 软件中有关点、线、面的简要操作如下：

- 建立晶体结构模型，详见 2.4.1 节。
- 观察原子的坐标：选中某个原子，在"Properties"窗口中选中"Selected objects in structure picture"就能显示该原子的坐标 (x, y, z)。
- 添加晶向：选中某一晶列的两个原子（多选，按住 Shift 键），单击菜单"Objects"→"Lines"→"Create Line Through Atoms…"，添加晶向，如图 2-22（a）所示。
- 添加指定指数的晶向：选中某个原子，单击菜单"Objects"→"Atom Vectors…"，在弹出的对话框中设置晶向指数 $[uvw]$。
- 添加晶面：选中某一晶面上 3 个不共线的原子，单击菜单"Objects"→"Planes"→"Create Plane Through Atoms…"，添加晶面，如图 2-22（b）所示。
- 添加指定指数的晶面：单击菜单"Objects"→"Planes"→"Create Lattice Plane…"，在弹出的对话框中设置晶面指数 (hkl)。

更多操作详见 Crystal Impact Diamond 软件的使用手册，此处不再介绍。

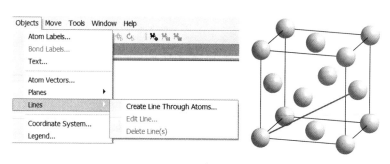

（a）添加晶向

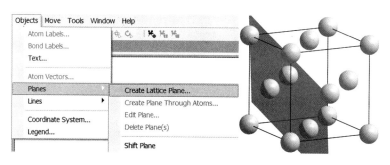

（b）添加晶面

图 2-22　在 Crystal Impact Diamond 软件中添加晶向和晶面

2.5.2　格点的坐标

晶体内任一格点或原子的坐标（Point Coordinates）都可以用由 a 轴、b 轴、c 轴构成的坐标系来表示。注：只有立方晶系、四方晶系、正交晶系为直角坐标系，其他晶系为非直角坐标系。将格点向坐标轴上平行投影，如图 2-23（a）所示，在 a 轴、b 轴、c 轴上的截距分别为 x、y、z，比值 x/a、y/b、z/c 就是格点的坐标。一般情况下，格点的坐标记为 (x, y, z)，简记为 $x\,y\,z$（注：在简记符号中，x、y、z 之间用空格隔开）。

图 2-23（a）中的格点"1"位于晶胞 ab 面的面心上，将该点平行投影到坐标轴上，在坐标轴上的截距分别为 $0.5a$、$0.5b$、$0c$，该格点的坐标记为 $(0.5,0.5,0)$；类似地，格点"2"在坐标轴上的平行投影的截距分别为 $1a$、$1.5b$、$1.5c$，该格点的坐标记为 $(1,1.5,1.5)$。

2.5.3　晶向与晶向指数

格点或原子在某一方向上有序排列，形成晶列或原子链。晶列具有两个基本特征。

（1）晶列上的格点具有周期性，其周期就是近邻格点的间距。

（2）晶列具有方向性，晶列的取向用晶向指数（Directional Indices）表示。

假设格点 A 的坐标为 (x_1,y_1,z_1)，格点 B 的坐标为 (x_2,y_2,z_2)，格点 A、B 之间的位移矢量表示为

$$\boldsymbol{r} = (x_2 - x_1)\boldsymbol{a} + (y_2 - y_1)\boldsymbol{b} + (z_2 - z_1)\boldsymbol{c} = u\boldsymbol{a} + v\boldsymbol{b} + w\boldsymbol{c} \qquad (2\text{-}9)$$

u、v、w 就是 AB 晶列的晶向指数，表示为 $[uvw]$。如果 u、v、w 为最小整数比，该晶向指数称为米勒晶向指数（Miller Directional Indices）。注：$[uvw]$ 符号中的 u、v、w 之间不需要用逗号或空格隔开；对于符号中含有负数的情况，如 $[-211]$ 应写为 $[\bar{2}11]$。等效晶向的晶向指数记为 $<uvw>$。例如，立方晶系中的 $[100]$、$[010]$、$[001]$、$[\bar{1}00]$、$[0\bar{1}0]$、$[00\bar{1}]$ 晶向为等效晶向，统一用 $<100>$ 表示即可。

图 2-23（a）中格点"1"的坐标为(0.5,0.5,0)，格点"2"的坐标为(1,1.5,1.5)。晶列 12 的位移矢量为 $r = 0.5a + 1b + 1.5c = 1a + 2b + 3c$，该晶列的晶向指数为[123]。想要在 Crystal Impact Diamond 软件中确定晶向，只需依次读取两个原子的坐标，将两坐标相减、约化就能得到晶向指数。

特殊地，如果起始格点为坐标系原点，只需将另一格点的坐标约化就能得到格点相对于坐标系原点的晶向指数。例如，图 2-23（a）中格点"1"的坐标为(0.5,0.5,0)，其晶向指数为[110]；格点"2"的坐标为(1,1.5,1.5)，其晶向指数为[233]。常见的晶向指数如图 2-23（b）所示。

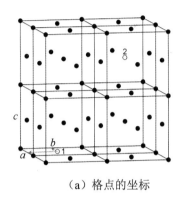 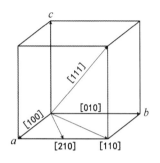

（a）格点的坐标　　　　　　　　　（b）常见的晶向指数

图 2-23　格点的坐标和常见的晶向指数

2.5.4　晶面与晶面指数

晶体中不在同一直线上的 3 个原子形成晶面（Crystal Plane），晶面可以用晶面指数(hkl)表示，等效晶面用{hkl}表示（注意，是英文的小括号和大括号，且 h、k、l 之间没有分隔符）。如果 h、k、l 为最小整数比，该晶面指数称为米勒晶面指数。晶面指数的确定方法如下：

（1）不过原点的晶面与坐标轴 a、b、c 相截，截距分别为 s、t、r，如图 2-24（a）所示。如果晶面与某一坐标轴平行，该轴上的截距为无穷大∞。如果晶面过原点，可将该晶面平行移动到晶胞内的平行晶面处。

（2）将截距取倒数得到 1/s、1/t、1/r。

（3）将其约化为最小整数，记作(hkl)。注：在某些情况下不需要对晶面指数进行约化，如(002)晶面上的原子不能用(001)晶面上的原子来描述。

要想画出图 2-24（b）中的(112)晶面，对晶面指数 1、1、2 取倒数得到 1、1、0.5。也就是(112)晶面在 a 轴、b 轴、c 轴上的截距分别为 1、1、0.5，这 3 个截点所形成的平面就是(112)晶面。

在晶体结构分析中，已知晶体结构模型和晶面上不共线的 3 个原子，求这 3 个原子所在晶面的晶面指数。在 Crystal Impact Diamond 软件中依次选取 3 个原子（得到原子的坐标），添加晶面（详见 2.4.1 节，建立晶面方程）。在弹出的对话框中给出系数 m_1、m_2、m_3，这 3 个系数对应于晶面指数(hkl)。

$$hx + ky + lz + d = 0$$

式中，

$$h = (y_2 - y_1)(z_3 - z_1) - (y_3 - y_1)(z_2 - z_1)$$
$$k = (z_2 - z_1)(x_3 - x_1) - (z_3 - z_1)(x_2 - x_1)$$
$$l = (x_2 - x_1)(y_3 - y_1) - (x_3 - x_1)(y_2 - y_1)$$
$$d = -hx_1 - ky_1 - lz_1$$

（2-10）

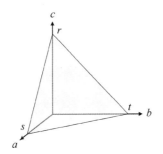

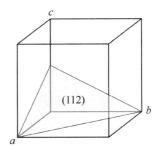

（a）晶面与坐标轴相截　　　　　　　（b）确定晶面指数

图2-24　晶面指数的确定

需要注意的是，上述确定晶面指数的过程仅适用于立方晶系、四方晶系、正交晶系（直角坐标系）。在其他晶系中，需要对得到的数值进行正交化的逆处理才能得到晶面指数。

2.6　倒易点阵

将晶体内的结构基元在三维空间中周期性排列的特征进行数学抽象得到晶格点阵，晶格点阵是客观存在的物理实体的数学表示。在衍射实验中，实验对象（光栅或样品）和实验结果（衍射图）之间存在傅里叶变换关系。傅里叶变换是位移空间和波矢空间（或衍射空间）之间的变换。如果将描述晶体结构的空间视为正空间或实空间（Real Space），样品对入射光的衍射可视为倒空间。倒空间概念的引入，有利于人们深入理解晶体衍射原理和晶体结构计算过程。

2.6.1　倒易基矢、倒易格子、倒易点阵

本节从晶胞基矢出发定义倒易基矢，构造倒易点阵。正空间或实空间就是晶体原子排布的空间。在正空间中，晶胞基矢为 $\boldsymbol{a}$、$\boldsymbol{b}$、$\boldsymbol{c}$，倒易点阵（Reciprocal Lattice）的基矢（简称倒易基矢）定义为

$$\begin{cases} \boldsymbol{a}^* = \dfrac{\boldsymbol{b} \times \boldsymbol{c}}{\boldsymbol{a} \cdot \boldsymbol{b} \times \boldsymbol{c}} \\[3mm] \boldsymbol{b}^* = \dfrac{\boldsymbol{c} \times \boldsymbol{a}}{\boldsymbol{a} \cdot \boldsymbol{b} \times \boldsymbol{c}} \\[3mm] \boldsymbol{c}^* = \dfrac{\boldsymbol{a} \times \boldsymbol{b}}{\boldsymbol{a} \cdot \boldsymbol{b} \times \boldsymbol{c}} \end{cases}$$

（2-11）

需要注意的是，和固体物理中的定义相比，式（2-11）中省略了系数 2π，这是晶体结构分析中的惯用表示方法。

在式（2-11）中，分母 $a·b×c$ 为晶胞的体积，分子 $b×c$、$c×a$、$a×b$ 的绝对值分别代表 bc 面、ca 面、ab 面的面积。因此，倒易基矢的长度正好是(100)、(010)、(001)晶面的面积除以晶胞的体积，即倒易基矢的长度就是(100)、(010)、(001)晶面的晶面间距的倒数：$a^* = 1/d_{100}$、$b^* = 1/d_{010}$、$c^* = 1/d_{001}$。由于分母 $a·b×c$ 为晶胞的体积，是标量，所以倒易基矢的方向取决于分子 $b×c$、$c×a$、$a×b$。倒易基矢的方向正好为(100)、(010)、(001)晶面的法向。

式（2-11）为矢量表示。在晶体学的数值计算中，倒易点阵的晶格参数表示为

$$\begin{cases} a^* = \dfrac{bc·\sin\alpha}{V} \\[2mm] b^* = \dfrac{ac·\sin\beta}{V} \\[2mm] c^* = \dfrac{ab·\sin\gamma}{V} \end{cases} \tag{2-12}$$

$$\begin{cases} \cos\alpha^* = \dfrac{\cos\beta·\cos\gamma - \cos\alpha}{\sin\beta·\sin\gamma} \\[2mm] \cos\beta^* = \dfrac{\cos\alpha·\cos\gamma - \cos\beta}{\sin\alpha·\sin\gamma} \\[2mm] \cos\gamma^* = \dfrac{\cos\alpha·\cos\beta - \cos\gamma}{\sin\alpha·\sin\beta} \end{cases}$$

由倒易基矢 a^*、b^*、c^* 构成的平行六面体就是三维倒易格子，简称倒格子或倒易晶胞（Reciprocal Cell）。将倒格子沿倒易基矢方向平移、扩展就形成倒易点阵。在倒易点阵中描述倒易格点的矢量，$r^* = ha^* + kb^* + lc^*$，称为倒易矢量（Reciprocal Vector），简称倒格矢。

由正空间中的晶胞构建倒易格子的基本步骤如下（见图 2-25）：

（1）由正空间中晶胞的晶格参数计算出(100)、(010)、(001)晶面的晶面间距 d_{100}、d_{010}、d_{001}。

（2）由晶面间距计算出倒易矢量的长度：$a^* = 1/d_{100}$、$b^* = 1/d_{010}$、$c^* = 1/d_{001}$。

（3）沿(100)、(010)、(001)晶面的法向分别量取长度为 a^*、b^*、c^* 的矢量，作为倒易基矢。由这 3 个倒易基矢构成的平行六面体就是倒易格子。

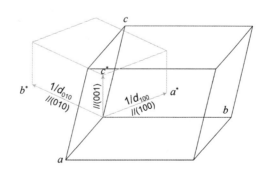

图 2-25　倒易格子的构建

2.6.2 倒易关系

为描述方便，我们将正空间中的晶胞称为正格子，将倒空间中的晶胞称为倒格子。正格子和倒格子之间存在如下的倒易关系：

（1）正格子和倒格子的同名基矢平行、异名基矢垂直，即

$$a^* \cdot a = b^* \cdot b = c^* \cdot c = 1$$

$$a^* \cdot b = a^* \cdot c = b^* \cdot c = c^* \cdot a = 0$$

（2-13）

（2）倒格子的体积和正格子的体积互为倒数。

倒格子的体积为 $V^* = a^* \cdot (b^* \times c^*)$，将式（2-11）代入该式可得

$$V^* = \frac{b \times c}{a \cdot b \times c} \cdot \left(\frac{c \times a}{a \cdot b \times c} \times \frac{a \times b}{a \cdot b \times c} \right)$$

$$= \frac{1}{V^3} (b \times c) \cdot ((c \times a) \times (a \times b))$$

$$= \frac{1}{V^2} (b \times c) \cdot a$$

$$V^* = \frac{1}{V} \qquad (2\text{-}14)$$

（3）正格子的晶向 R_{uvw} 垂直于同名指数的倒易面 $(uvw)^*$。

由晶面指数的定义可知，图 2-26 中的倒易面 $(uvw)^*$ 在倒易基矢上的截距分别为 $1/u$、$1/v$、$1/w$，那么 $(uvw)^*$ 倒易面上的两条不平行的矢量 $\overrightarrow{AB}$ 和 $\overrightarrow{AC}$ 表示为

$$\overrightarrow{AB} = \overrightarrow{OB} - \overrightarrow{OA} = b^*/v - a^*/u$$

$$\overrightarrow{AC} = \overrightarrow{OC} - \overrightarrow{OA} = c^*/w - a^*/u$$

正空间中的 $[uvw]$ 晶向表示为 $R_{uvw} = ua + vb + wc$。由于 R_{uvw} 同时垂直于 $(uvw)^*$ 倒易面上的两条不平行的矢量 $\overrightarrow{AB}$ 和 $\overrightarrow{AC}$，即

$$R_{uvw} \cdot \overrightarrow{AB} = (ua + vb + wc) \cdot (b^*/v - a^*/u) = 0$$

$$R_{uvw} \cdot \overrightarrow{AC} = (ua + vb + wc) \cdot (c^*/w - a^*/u) = 0$$

所以 $R_{uvw} \perp (uvw)^*$。

在电子衍射中，只要确定不在同一直线上的两个衍射点的晶面指数 $(h_1 k_1 l_1)$ 和 $(h_2 k_2 l_2)$，就能确定该电子衍射（等效于倒易面）的倒易面指数 $(uvw)^*$ 或带轴指数 $[uvw]$：

$$\begin{cases} u = k_1 l_2 - k_2 l_1 \\ v = -(h_1 l_2 - h_2 l_1) \\ w = h_1 k_2 - h_2 k_1 \end{cases} \qquad (2\text{-}15)$$

基于该原理，倒易面 $(uvw)^*$ 的法向正好平行于带轴 $[uvw]$。

（4）正格子的晶向 R_{uvw} 的大小等于同名指数倒易面 $(uvw)^*$ 的晶面间距的倒数 $1/d^*$。

根据第（3）条倒易关系，即正格子的晶向 R_{uvw} 垂直于同名倒易面 $(uvw)^*$ 可知，倒易面 $(uvw)^*$ 在倒易基矢上的截距垂直投影到倒易面法向上就能得到该倒易面的晶面间距 d^*。

图 2-26 中的倒易面 $(uvw)^*$ 在倒易基矢 a^* 上的截距为 $1/u$，即 $\overrightarrow{OA} = a^*/u$。$\overrightarrow{OA}$ 在倒易面法向（单位矢量 R_{uvw}/R_{uvw}）上的投影可表示为

$$d^* = \overrightarrow{OA} \cdot \boldsymbol{R}_{uvw} / R_{uvw} = \boldsymbol{a}^* / u \cdot (u\boldsymbol{a} + v\boldsymbol{b} + w\boldsymbol{c}) / R_{uvw} = 1 / R_{uvw}$$

即 $R_{uvw} = 1 / d^*$。也就是说，正格子的晶向 $\boldsymbol{R}_{uvw}$ 的大小等于同名指数倒易面 $(uvw)^*$ 的晶面间距的倒数 $1/d^*$。

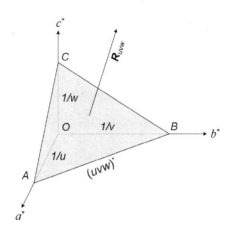

图 2-26　晶向和倒易面的关系

在电子衍射中，对电子衍射进行指标化就能得到带轴指数[uvw]。利用 2.7.4 节中的公式就能计算出[uvw]带轴的晶向长度 R_{uvw}。基于第（4）条倒易关系，带轴的晶向长度等于所属倒易面的晶面间距的倒数，由此就能得到倒易面的层间距（与电子衍射中的高阶劳厄衍射环相关）。

（5）正格子的晶面(hkl)垂直于同名指数的倒易矢量[hkl]*。

第（5）条倒易关系与第（3）条倒易关系是可逆的，此处不再证明。基于第（5）条倒易关系，在电子衍射中，只要测量出 $(h_1 k_1 l_1)$ 衍射点-透射斑-$(h_2 k_2 l_2)$ 衍射点的夹角，就等效于测出了晶面 $(h_1 k_1 l_1)$ 和 $(h_2 k_2 l_2)$ 之间的夹角。

（6）正格子的晶面(hkl)的晶面间距 d_{hkl} 等于同名指数倒易矢量长度的倒数 $1/r_{hkl}^*$。

第（6）条倒易关系与第（4）条倒易关系是可逆的，此处不再证明。基于第（6）条倒易关系，在电子衍射中，只要测量出(hkl)衍射点与透射斑的间距，就等效于测出了(hkl)晶面的晶面间距的倒数；在 X 射线衍射中，只要测量出(hkl)衍射峰的衍射角（类似于衍射矢量），就等效于测出了(hkl)晶面的晶面间距。

上述倒易关系可用于正格子和倒格子的晶面指数或晶向指数转换，以及晶面间距、晶面夹角、晶向长度、晶向夹角等晶体学计算，详细内容见 2.7 节。

2.7　常见晶体学计算方法

2.7.1　晶胞的正交化

由晶胞基矢定义的坐标系称为晶体学坐标系。晶体学坐标系不总为直角坐标系，立方晶系、四方晶系和正交晶系为直角坐标系，而六角晶系、三角晶系、单斜晶系和三斜晶系为非直角坐标系。为方便起见，在进行晶体学计算时通常采用直角坐标系。

假设晶胞的晶格参数为 a、b、c、α、β、γ，晶体学坐标系用 a-b-c 表示，正交化后的坐标系用 x-y-z 表示（见图 2-27）。我们令 x 轴平行于 a 轴，y 轴在 ab 面内且垂直于 a 轴，z 轴垂直于 xy 面。根据晶轴间的几何关系可知，正交基矢的三维坐标为

$$\begin{bmatrix} x \\ y \\ z \end{bmatrix} = \begin{bmatrix} a & 0 & 0 \\ b\cdot\cos\gamma & b\cdot\sin\gamma & 0 \\ c\cdot\cos\beta & -c\cdot\sin\beta\dfrac{\cos\beta\cdot\cos\gamma - \cos\alpha}{\sin\beta\cdot\sin\gamma} & \dfrac{V}{ab\cdot\sin\gamma} \end{bmatrix} \tag{2-16}$$

式中，$V = abc\sqrt{1 - \cos^2\alpha - \cos^2\beta - \cos^2\gamma + 2\cos\alpha\cdot\cos\beta\cdot\cos\gamma}$，为晶胞体积。式（2-16）为通式，可用于六角晶系、三角晶系、单斜晶系和三斜晶系的正交化处理。

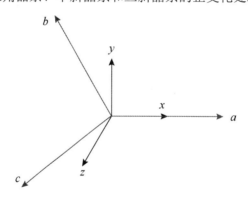

图 2-27　晶胞的正交化示意图

2.7.2　正格子和倒格子的转换

在晶体学计算中，经常遇到正格子和倒格子的转换问题。假设有一个转换矩阵 M，倒格子的基矢经过转换矩阵 M 的作用可转换为正格子的基矢，即

$$\begin{bmatrix} a \\ b \\ c \end{bmatrix} = M \begin{bmatrix} a^* \\ b^* \\ c^* \end{bmatrix} \tag{2-17}$$

为了计算出转换矩阵 M，在式（2-17）的等号左右两侧乘以行矩阵 $[a \ \ b \ \ c]$，有

$$\begin{bmatrix} a \\ b \\ c \end{bmatrix} [a \ \ b \ \ c] = M \begin{bmatrix} a^* \\ b^* \\ c^* \end{bmatrix} [a \ \ b \ \ c]$$

即

$$\begin{bmatrix} aa & ab & ac \\ ba & bb & bc \\ ca & cb & cc \end{bmatrix} = M \begin{bmatrix} a^*a & a^*b & a^*c \\ b^*a & b^*b & b^*c \\ c^*a & c^*b & c^*c \end{bmatrix}$$

因为正格子和倒格子的同名基矢平行、异名基矢垂直，所以转换矩阵 M 可表示为

$$M = \begin{bmatrix} aa & ab & ac \\ ba & bb & bc \\ ca & cb & cc \end{bmatrix}$$

$$= \begin{bmatrix} a^2 & ab \cdot \cos\gamma & ac \cdot \cos\beta \\ ba \cdot \cos\gamma & b^2 & bc \cdot \cos\alpha \\ ca \cdot \cos\beta & cb \cdot \cos\alpha & c^2 \end{bmatrix} \tag{2-18}$$

反过来，已知正格子的晶格参数，要计算倒格子的晶格参数，只需对正格子的基矢用 M 的逆矩阵 M^{-1} 进行操作即可：

$$M^{-1} = \begin{bmatrix} a^*a^* & a^*b^* & a^*c^* \\ b^*a^* & b^*b^* & b^*c^* \\ c^*a^* & c^*b^* & c^*c^* \end{bmatrix}$$

$$= \frac{1}{A} \begin{bmatrix} \dfrac{\sin^2\alpha}{a^2} & \dfrac{\cos\alpha \cdot \cos\beta - \cos\gamma}{ab} & \dfrac{\cos\alpha \cdot \cos\gamma - \cos\beta}{ac} \\ \dfrac{\cos\beta \cdot \cos\alpha - \cos\gamma}{ba} & \dfrac{\sin^2\beta}{b^2} & \dfrac{\cos\beta \cdot \cos\gamma - \cos\alpha}{bc} \\ \dfrac{\cos\gamma \cdot \cos\alpha - \cos\beta}{ca} & \dfrac{\cos\gamma \cdot \cos\beta - \cos\alpha}{cb} & \dfrac{\sin^2\gamma}{c^2} \end{bmatrix} \tag{2-19}$$

式中，$A = 1 - \cos^2\alpha - \cos^2\beta - \cos^2\gamma + 2\cos\alpha \cdot \cos\beta \cdot \cos\gamma$。$M$ 及其逆矩阵 M^{-1} 是晶体学转换中的常用矩阵，常称为晶体的度量矩阵（Metrical Matrix）。

2.7.3　正格子和倒格子的指数转换

正格子和倒格子的晶向指数、晶面指数的转换是衍射（尤其是电子衍射）分析中经常遇到的问题。在迹线分析中，我们可以用电子衍射确定迹线的倒易矢量$(hkl)^*$，需要计算在正格子中与该倒易矢量平行且相等的晶向矢量$[uvw]$。根据 2.6.2 节中的倒易关系，该问题等效于计算(hkl)晶面的法向$[uvw]$。注：只有立方晶系才满足(hkl)晶面的法向为$[hkl]$。

已知倒易矢量 $r^* = ha^* + kb^* + lc^*$ 和晶向矢量 $r = ua + vb + wc$ 相等，即

$$ha^* + kb^* + lc^* = ua + vb + wc$$

在等号左右两侧分别点乘 a、b、c，可得

$$h = uaa + vab + wac$$
$$k = uba + vbb + wbc$$
$$l = uca + vcb + wcc$$

经整理，得

$$\begin{bmatrix} h \\ k \\ l \end{bmatrix} = M \begin{bmatrix} u \\ v \\ w \end{bmatrix} \tag{2-20}$$

同理可得

$$\begin{bmatrix} u \\ v \\ w \end{bmatrix} = \boldsymbol{M}^{-1} \begin{bmatrix} h \\ k \\ l \end{bmatrix} \quad\quad （2\text{-}21）$$

根据式（2-20）和式（2-21）可得到两条重要结论。

（1）已知晶向指数[uvw]，计算该晶向的法平面的晶面指数(hkl)，只需左乘 $\boldsymbol{M}$ 矩阵。

（2）已知晶面指数(hkl)，计算该晶面的法向的晶向指数[uvw]，只需左乘 $\boldsymbol{M}^{-1}$ 矩阵。

另外，根据 2.6.2 节中的倒易关系可得到以下两条结论。

（1）(hkl)晶面的法向平行于同名倒易矢量[hkl]*。

（2）[uvw]晶向平行于同名倒易面(uvw)*的法向。

2.7.4　晶向长度、晶向夹角的计算

1．晶向长度的计算

已知晶向矢量 $\boldsymbol{r} = u\boldsymbol{a} + v\boldsymbol{b} + w\boldsymbol{c}$，该晶向矢量的模为

$$r_{uvw}^2 = \boldsymbol{r} \cdot \boldsymbol{r} = (u\boldsymbol{a} + v\boldsymbol{b} + w\boldsymbol{c}) \cdot (u\boldsymbol{a} + v\boldsymbol{b} + w\boldsymbol{c})$$

$$= \begin{bmatrix} u & v & w \end{bmatrix} \boldsymbol{M} \begin{bmatrix} u \\ v \\ w \end{bmatrix} \quad\quad （2\text{-}22）$$

由此可得，晶向长度的计算公式为

$$r_{uvw}^2 = u^2 a^2 + v^2 b^2 + w^2 c^2 + 2uv \cdot ab \cdot \cos\gamma + 2uw \cdot ac \cdot \cos\beta + 2vw \cdot bc \cdot \cos\alpha \quad （2\text{-}23）$$

2．晶向夹角的计算

已知两个晶向 $[u_1 v_1 w_1]$ 和 $[u_2 v_2 w_2]$，这两个晶向之间的夹角余弦为

$$\cos\theta = \frac{\boldsymbol{r}_1 \cdot \boldsymbol{r}_2}{r_1 r_2}$$

$$= \frac{1}{r_1 r_2} \begin{pmatrix} u_1 & v_1 & w_1 \end{pmatrix} \boldsymbol{M} \begin{pmatrix} u_2 \\ v_2 \\ w_2 \end{pmatrix} \quad\quad （2\text{-}24）$$

式中，r_1、r_2 分别为晶向 $[u_1 v_1 w_1]$ 和 $[u_2 v_2 w_2]$ 的长度，可用式（2-23）进行计算。将 $\boldsymbol{M}$ 矩阵代入式（2-24），可得到两个晶向之间的夹角余弦，即

$$\cos\theta = \frac{1}{r_1 r_2} \left\{ u_1 u_2 a^2 + v_1 v_2 b^2 + w_1 w_2 c^2 + (u_1 v_2 + v_1 u_2) ab \cdot \cos\gamma + \right.$$

$$\left. (u_1 w_2 + w_1 u_2) ac \cdot \cos\beta + (v_1 w_2 + w_1 v_2) bc \cdot \cos\alpha \right\} \quad （2\text{-}25）$$

2.7.5　晶面间距、晶面夹角的计算

1．晶面间距的计算

2.6.2 节介绍过晶面(hkl)的晶面间距 d_{hkl} 等于同名倒易矢量长度的倒数 $1/r_{hkl}^*$。

已知倒易矢量 $\boldsymbol{r}_{hkl}^* = h\boldsymbol{a}^* + k\boldsymbol{b}^* + l\boldsymbol{c}^*$，该矢量的模为

$$r^*_{hkl} \cdot r^*_{hkl} = (ha^* + kb^* + lc^*) \cdot (ha^* + kb^* + lc^*)$$

$$= \begin{bmatrix} h & k & l \end{bmatrix} M^{-1} \begin{bmatrix} h \\ k \\ l \end{bmatrix} \tag{2-26}$$

由此可得，晶面 (hkl) 的晶面间距 d_{hkl} 的计算公式为

$$1/d^2_{hkl} = h^2 a^{*2} + k^2 b^{*2} + l^2 c^{*2} + 2hka^*b^* \cos\gamma^* + 2hla^*c^* \cos\beta^* + 2klb^*c^* \cos\alpha^* \tag{2-27}$$

例题：已知蓝晶石的晶格参数 $a = 7.126\text{Å}$，$b = 7.852\text{Å}$，$c = 5.572\text{Å}$，$\alpha = 89.99°$，$\beta = 101.11°$，$\gamma = 106.03°$，求晶面 $(2\bar{3}1)$ 的晶面间距。

解：根据晶格参数得到蓝晶石的转换矩阵 M，即

$$M = \begin{bmatrix} 50.7799 & -15.451 & -7.65109 \\ -15.451 & 61.6539 & 0.00763605 \\ -7.65109 & 0.00763605 & 31.0472 \end{bmatrix}$$

其逆矩阵为

$$M^{-1} = \begin{bmatrix} 0.0222108 & 0.00556553 & 0.00547213 \\ 0.00556553 & 0.0176142 & 0.00136721 \\ 0.00547213 & 0.00136721 & 0.0335572 \end{bmatrix}$$

将 M^{-1} 代入式（2-26）可得

$$\frac{1}{d^2_{2\bar{3}1}} = \begin{bmatrix} 2 & -3 & 1 \end{bmatrix} \begin{bmatrix} 0.0222108 & 0.00556553 & 0.00547213 \\ 0.00556553 & 0.0176142 & 0.00136721 \\ 0.00547213 & 0.00136721 & 0.0335572 \end{bmatrix} \begin{bmatrix} 2 \\ -3 \\ 1 \end{bmatrix}$$

由此可得

$$d_{2\bar{3}1} = 2.09507\text{Å}$$

2. 晶面夹角的计算

已知两个晶面 $(h_1k_1l_1)$ 和 $(h_2k_2l_2)$，求这两个晶面之间的夹角。根据 2.6.2 节介绍的第（5）条倒易关系可知，两个晶面之间的夹角等于同名倒易矢量之间的夹角。类似于式（2-24），可以写出两个倒易矢量之间的夹角余弦，即

$$\cos\theta = \frac{r^*_1 \cdot r^*_2}{r^*_1 r^*_2}$$

$$= \frac{1}{r^*_1 r^*_2}(h_1 \quad k_1 \quad l_1) M^{-1} \begin{pmatrix} h_2 \\ k_2 \\ l_2 \end{pmatrix} \tag{2-28}$$

将 M^{-1} 代入式（2-28），可得到两个晶面之间的夹角余弦，即

$$\cos\theta = d_1 d_2 \left[h_1 h_2 a^{*2} + k_1 k_2 b^{*2} + l_1 l_2 c^{*2} + (k_1 l_2 + k_2 l_1) \cdot b^* c^* \cdot \cos\alpha^* + \right.$$
$$\left. (l_1 h_2 + l_2 h_1) \cdot c^* a^* \cdot \cos\beta^* + (h_1 k_2 + h_2 k_1) \cdot a^* b^* \cdot \cos\gamma^* \right] \tag{2-29}$$

式中，d_1、d_2 分别为晶面 $(h_1k_1l_1)$ 和 $(h_2k_2l_2)$ 的晶面间距。

2.7.6　六角晶系、三角晶系中的指数转换

1. 三指数和四指数的转换

一般情况下，我们用米勒指数或三指数来表示晶向和晶面，但用三指数标定六角晶系的衍射图却无法体现六角对称性。例如，图 2-28 给出了六角晶系中典型晶向的晶向指数，当用三指数表示时，虽然[100]、[110]、[010]、[210]、[120]、[$\bar{1}$10]为等效晶向，但在形式上无法体现六角对称性。

为了让指数和晶体的对称性相互吻合，除晶轴 a、b、c 外引入了另一个晶轴，即 d 轴。a轴、b 轴、d 轴在同一平面内且互成 120°角，如图 2-28 所示。这样 a 轴、b 轴、d 轴等长且呈三次旋转对称分布。引入 d 轴后，三指数变成了四指数，即米勒-布喇菲指数（Miller-Bravais Indices）。

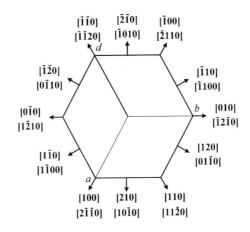

图 2-28　六角晶系中的三指数和四指数

三指数晶面指数用(hkl)表示，四指数晶面指数用($hkil$)表示，其中

$$i = -(h+k) \tag{2-30}$$

当用三指数表示时，(120)、($\bar{3}$10)、($\bar{3}$20)、(1$\bar{3}$0)、(2$\bar{3}$0)晶面在指数上毫无关系，一旦用四指数来表示，分别写为(12$\bar{3}$0)、($\bar{3}$120)、($\bar{3}$210)、(1$\bar{3}$20)、(2$\bar{3}$10)，就知道它们属于同一晶面族{12$\bar{3}$0}。

三指数晶向指数用[uvw]表示，四指数晶向指数用[$UVTW$]表示，这两种晶向指数的转换关系为

$$\begin{cases} u = U - T \\ v = V - T \\ w = W \end{cases} \tag{2-31}$$

$$\begin{cases} U = (2u - v)/3 \\ V = (2v - u)/3 \\ T = -(u + v)/3 \\ W = w \end{cases} \tag{2-32}$$

2．三角晶胞和六角晶胞中的指数转换

为计算方便，三角结构的衍射图大多用六角结构来计算。图 2-29 给出了六角晶胞和三角晶胞的几何关系。三角晶胞的体对角线作为六角晶胞的 c_H 轴，三角晶胞三个晶轴 a_R、b_R、c_R（为等轴）的端点围成的三角形平移到三角晶胞的原点上形成六角晶胞的底，三角形的边为六角晶胞的 a_H 轴。由此，三角晶胞可以转换为六角晶胞：

$$\begin{cases} a_H = a_R\sqrt{2(1-\cos\alpha)} \\ c_H = a_R\sqrt{3(1+2\cos\alpha)} \end{cases} \tag{2-33}$$

反过来，六角晶胞也可以转换为三角晶胞：

$$\begin{cases} a_R = \dfrac{1}{3}\sqrt{\left(3a_H^2 + c_H^2\right)} \\ \cos\alpha = \dfrac{2c_H^2 - 3a_H^2}{2\left(c_H^2 + 3a_H^2\right)} \end{cases} \tag{2-34}$$

六角晶胞的晶面指数为 $(hkl)_H$，三角晶胞的晶面指数为 $(hkl)_R$，两者存在如下关系：

$$\begin{bmatrix} h \\ k \\ l \end{bmatrix}_H = \begin{bmatrix} 1 & \bar{1} & 0 \\ 0 & 1 & \bar{1} \\ 1 & 1 & 1 \end{bmatrix}\begin{bmatrix} h \\ k \\ l \end{bmatrix}_R \tag{2-35}$$

$$\begin{bmatrix} h \\ k \\ l \end{bmatrix}_R = \frac{1}{3}\begin{bmatrix} 2 & 1 & 1 \\ \bar{1} & 1 & 1 \\ \bar{1} & \bar{2} & 1 \end{bmatrix}\begin{bmatrix} h \\ k \\ l \end{bmatrix}_H \tag{2-36}$$

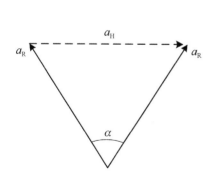

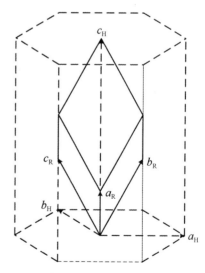

（a）六角晶胞（$a_H = b_H$，c_H）　　　　　（b）三角晶胞（$a_R = b_R = c_R$，α）

图 2-29　六角晶胞和三角晶胞的几何关系

2.7.7　晶体衍射中的其他转换

在晶体衍射中，经常涉及晶体在不同坐标系中的晶向指数和晶面指数的转换，如晶胞和原胞的转换或各相之间的取向关系[28-29]。假设样品存在两个物相，一个物相用基矢 $\boldsymbol{a}_1$、$\boldsymbol{a}_2$、

a_3描述，另一个物相用基矢b_1、b_2、b_3描述，两个物相的基矢存在如下关系：

$$\begin{cases} b_1 = s_{11}a_1 + s_{12}a_2 + s_{13}a_3 \\ b_2 = s_{21}a_1 + s_{22}a_2 + s_{23}a_3 \\ b_3 = s_{31}a_1 + s_{32}a_2 + s_{33}a_3 \end{cases} \tag{2-37}$$

用矩阵表示为

$$\begin{bmatrix} b_1 \\ b_2 \\ b_3 \end{bmatrix} = \begin{bmatrix} s_{11} & s_{12} & s_{13} \\ s_{21} & s_{22} & s_{23} \\ s_{31} & s_{32} & s_{33} \end{bmatrix} \begin{bmatrix} a_1 \\ a_2 \\ a_3 \end{bmatrix} \tag{2-38}$$

简记为$[b] = S[a]$。

1. 晶面指数的转换

如果两个物相存在平行晶面，即$(HKL)//(hkl)$，说明其同名倒易矢量相等，有

$$Hb_1^* + Kb_2^* + Lb_3^* = ha_1^* + ka_2^* + la_3^* \tag{2-39}$$

将式（2-37）依次乘以式（2-39），可得

$$\begin{bmatrix} H \\ K \\ L \end{bmatrix} = \begin{bmatrix} s_{11} & s_{12} & s_{13} \\ s_{21} & s_{22} & s_{23} \\ s_{31} & s_{32} & s_{33} \end{bmatrix} \begin{bmatrix} h \\ k \\ l \end{bmatrix} \tag{2-40}$$

简记为$[H] = S[h]$，表明要想将第一个物相的晶面指数转换为第二个物相的晶面指数，需要左乘矩阵S。

2. 晶向指数的转换

如果两个物相存在平行晶向，即$[UVW]//[uvw]$，有

$$Ub_1 + Vb_2 + Wb_3 = ua_1 + va_2 + wa_3 \tag{2-41}$$

其矩阵形式为

$$\begin{bmatrix} b_1 & b_2 & b_3 \end{bmatrix} \begin{bmatrix} U \\ V \\ W \end{bmatrix} = \begin{bmatrix} a_1 & a_2 & a_3 \end{bmatrix} \begin{bmatrix} u \\ v \\ w \end{bmatrix} \tag{2-42}$$

将式（2-38）转置，可得

$$\begin{bmatrix} b_1 & b_2 & b_3 \end{bmatrix} = \begin{bmatrix} a_1 & a_2 & a_3 \end{bmatrix} S^T \tag{2-43}$$

将式（2-43）代入式（2-42）可得

$$\begin{bmatrix} u \\ v \\ w \end{bmatrix} = S^T \begin{bmatrix} U \\ V \\ W \end{bmatrix}$$

$$\begin{bmatrix} U \\ V \\ W \end{bmatrix} = \begin{bmatrix} S^T \end{bmatrix}^{-1} \begin{bmatrix} u \\ v \\ w \end{bmatrix} \tag{2-44}$$

简记为$[U] = \begin{bmatrix} S^T \end{bmatrix}^{-1}[u]$，表明要想将第一个物相的晶向指数转换为第二个物相的晶向指数，需要左乘矩阵S的转置矩阵的逆矩阵$\begin{bmatrix} S^T \end{bmatrix}^{-1}$。

例题：已知金具有面心立方结构，其晶格参数 $a = b = c = 4.0786\text{Å}$。计算晶胞中的(220)晶面和[113]晶向在其原胞中的晶面指数与晶向指数。

解：面心立方结构的晶胞基矢 $\boldsymbol{a}$、$\boldsymbol{b}$、$\boldsymbol{c}$ 和原胞基矢 $\boldsymbol{a}_1$、$\boldsymbol{a}_2$、$\boldsymbol{a}_3$ 之间的转换关系为

$$\begin{cases} \boldsymbol{a}_1 = \dfrac{1}{2}(\boldsymbol{b} + \boldsymbol{c}) \\[2mm] \boldsymbol{a}_2 = \dfrac{1}{2}(\boldsymbol{a} + \boldsymbol{c}) \\[2mm] \boldsymbol{a}_3 = \dfrac{1}{2}(\boldsymbol{a} + \boldsymbol{b}) \end{cases}$$

因此，晶胞转换为原胞的转换矩阵为

$$\boldsymbol{S} = \frac{1}{2}\begin{bmatrix} 0 & 1 & 1 \\ 1 & 0 & 1 \\ 1 & 1 & 0 \end{bmatrix}$$

根据式（2-40）可得，(220)晶面在原胞中的晶面指数为(112)，即

$$\frac{1}{2}\begin{bmatrix} 0 & 1 & 1 \\ 1 & 0 & 1 \\ 1 & 1 & 0 \end{bmatrix}\begin{bmatrix} 2 \\ 2 \\ 0 \end{bmatrix} = \begin{bmatrix} 1 \\ 1 \\ 2 \end{bmatrix}$$

要想求[113]晶向在原胞中的晶向指数，需要先求出 $\left[\boldsymbol{S}^{\mathrm{T}}\right]^{-1}$，即

$$\left[\boldsymbol{S}^{\mathrm{T}}\right]^{-1} = \begin{bmatrix} -1 & 1 & 1 \\ 1 & -1 & 1 \\ 1 & 1 & -1 \end{bmatrix}$$

根据式（2-44）就能计算出[113]晶向在原胞中的晶向指数为$[33\bar{1}]$，即

$$\begin{bmatrix} -1 & 1 & 1 \\ 1 & -1 & 1 \\ 1 & 1 & -1 \end{bmatrix}\begin{bmatrix} 1 \\ 1 \\ 3 \end{bmatrix} = \begin{bmatrix} 3 \\ 3 \\ \bar{1} \end{bmatrix}$$

小结

　　由于晶体具有三维周期平移性，只需用晶体的最小可重复单元就能代表整个晶体的结构。晶胞就是晶体的最小可重复单元，用晶格参数表示晶胞的形状，用原子种类、原子位置、原子占有率、原子位移参数描述晶胞内的原子。由于晶体具有对称性，晶胞内原子的占据、排列特征也需满足晶体对称性的要求。

　　晶体的对称元素包括宏观对称元素和微观对称元素。宏观对称元素包括对称中心（i）、镜面（m）、旋转轴（1、2、3、4、6）、旋转反演轴（$\bar{3}$、$\bar{4}$、$\bar{6}$）4 种。这些宏观对称元素相互组合可形成 32 种点群，点群已广泛用于拉曼散射、红外吸收谱的表征，以及晶格振动、电子能带理论、非线性光学的分析等。32 种点群按对称性的高低可划分到七大晶系中，七大晶系分别为立方晶系、六角晶系、三角晶系、四方晶系、正交晶系、单斜晶系、三斜晶系。

微观对称元素包含平移轴、螺旋轴（2_1、3_1、3_2、4_1、4_2、4_3、6_1、6_2、6_3、6_4、6_5）、滑移面（a、b、c、d、n）。将宏观对称元素和微观对称元素相互组合可形成 230 种空间群。空间群可以用国际符号表示，第 1 位为大写字母，代表点阵中心的类型（P 为原胞，F 为面心，I 为体心，A 和 B 为侧心，C 为底心，R 为菱心），后 3 位分别代表 3 个主对称轴的对称元素。

只要描述了晶胞的形状、晶胞内的原子，再经过三维周期平移就能形成晶体。之后，利用晶体学软件建模、学习简单立方、体心立方、面心立方、六角密排、密排、金刚石、闪锌矿等结构。为了描述晶体中原子所在的点、线、面，本章还介绍了格点的坐标、晶向、晶面的表示方法。

为便于理解衍射理论，本章介绍了倒易空间的概念。从晶胞出发定义了倒易基矢，通过三维平移操作就能构建三维倒易点阵。正格子和倒格子存在倒易关系，利用倒易关系可以计算晶向长度、晶向夹角、晶面间距、晶面夹角等。

晶体结构是晶体衍射分析、表征的基础，需予以重视。

思考题

1．晶体有哪些特性？这些特性和晶体结构有哪些关联？

2．描述晶体结构的三要素是什么？利用这三要素如何在晶体学软件中建立晶体结构模型？如何构建多面体？

3．常见晶体结构的特征有哪些？最近邻原子数是多少？如何计算原子的体积占有率？

4．如何表示晶体中的格点、晶向、晶面？如何在晶体学软件中构建晶向、晶面？

5．为什么要在六角晶系、三角晶系中引入米勒–布喇菲指数来表示晶向、晶面？

6．如何构建倒易点阵？正格子和倒格子之间有哪些倒易关系？

7．晶体的宏观对称元素有哪些？如何在 CrystalMaker 软件中学习、识别这些宏观对称元素？

8．请查阅文献、网络资源，简要介绍晶体点群在材料表征中的应用，如拉曼散射、晶格振动、电子能带理论、非线性光学等。

9．晶体的微观对称元素有哪些？如何在 CrystalMaker 软件中学习、识别这些微观对称元素？

10．国际晶体学表中包含哪些晶体学信息？这些信息在晶体结构分析中有什么作用？

11．晶体学信息文件（cif 文件）包含哪些晶体结构信息？如何利用 cif 文件构建晶体结构模型？

第3章

X 射线衍射原理

本章主要介绍 X 射线衍射原理，它是理解 X 射线衍射、掌握衍射实验技术和衍射数据分析的基础。首先，介绍 X 射线的电磁波属性。其次，基于 X 射线的电磁波属性介绍电子对 X 射线的散射和原子对 X 射线的散射，以及晶体对 X 射线的散射。之后，介绍劳厄方程和布拉格方程。X 射线与原子的相互作用是种典型的衍射现象。为了理解 X 射线衍射原理，劳厄从 X 射线和原子链的衍射出发，提出了劳厄方程；布拉格父子把 X 射线与晶面的衍射比作镜面反射，提出了布拉格方程。这两个方程是理解原子对 X 射线的衍射和晶体衍射的基础。最后，通过构建艾瓦德球来理解粉末衍射过程。

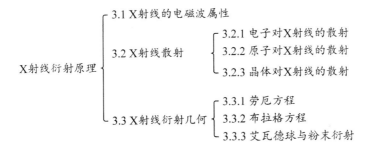

3.1　X 射线的电磁波属性

X 射线是种电磁波，其波长在 0.1～100Å 范围内，如图 3-1 所示。有机物和无机物中原子的间距在 0.5～2.5Å 范围内。当 X 射线入射到材料上时，由于 X 射线的波长与材料中原子的间距匹配，发生衍射现象。因此，X 射线与原子的相互作用称为 X 射线衍射（X-Ray Diffraction，XRD）。

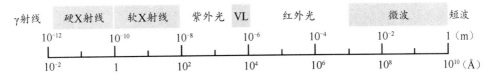

图 3-1　电磁波谱中的 X 射线

X射线是种电磁波，是交变振荡的电场、磁场。当X射线入射到材料上时，其电场分量将作用到材料中的原子上，会对原子核周围的电子云施加交变振荡的电场（注：磁场分量也会作用到原子核上，只是因为原子核太重了，对原子核几乎没影响）。随着电场强度的交替改变，电子云会被加速或减速，发生受迫振荡，同时向四周辐射电磁波（该过程类似于天线广播：在天线上接交流电，天线上的电荷会在交变电场的作用下发生受迫振荡，向四周发射电磁波）。因此，X射线散射可以理解为原子核周围的电子云受迫振荡并辐射X射线的过程。由于散射X射线和入射X射线有相同的频率与波长，所以X射线散射是种相干散射（Coherent Scattering）。

在X射线散射中，当入射X射线的波长与原子的间距相匹配时会出现X射线衍射现象。在X射线衍射实验中，原子间距为D（约为10^{-10}m），X射线光源和样品的间距为L_1（约为1m），样品和X射线探测器的间距为L_2（约为1m）。X射线光源、样品、X射线探测器三者满足$L_1/D \approx L_2/D \approx 10^{10}$，所以X射线衍射是种典型的夫琅禾费衍射（Fraunhofer Diffraction）。在夫琅禾费近似下，入射X射线可以用平面波来描述，被散射的X射线是向外传播的球面波（在远场处也可以视为平面波）。

3.2 X射线散射

3.2.1 电子对X射线的散射

为简单起见，假设电子（散射体）是静止不动的，且散射强度与散射角无关（是各向同性的）。根据夫琅禾费近似，X射线（平面波）入射到电子上会以球面波的形式散射开来。也就是说，单个电子散射X射线，其散射强度在各个方向上都是一样的，如图3-2（a）所示。如果X射线被多个电子散射，总散射振幅是各球面散射波相互干涉的结果，散射强度取决于各球面散射波之间的相位差（Phase Difference）φ。相位差又称相角（Phase Angle）或相移（Phase Shift）。

例如，在图3-2（b）中等间距分布着5个电子（间距为a），它们以2θ角散射X射线。那么，散射波和入射波的光程差为$a-x$，相位差为$\varphi = 2\pi(a-x)/\lambda$。根据几何关系$x = a \cdot \cos 2\theta$和$2\sin^2\theta = 1 - \cos 2\theta$可知，相位差为

$$\varphi = \frac{2\pi}{\lambda}a(1-\cos 2\theta)$$
$$= \frac{4\pi}{\lambda}a \cdot \sin^2\theta$$

(3-1)

由N个原子（假设每个原子周围只有1个电子）等间距排列形成的一维周期结构（或原子链），其散射强度正比于干涉函数（Interference Function），即

$$I(\varphi) \propto \frac{\sin^2(N\varphi)}{\sin^2\varphi}$$

(3-2)

在散射振幅随相位差变化的曲线中［见图3-2（b）下半部分］，有一系列周期性分布的强峰，以及强峰之间的弱峰。其中，强峰是由散射波的相长干涉引起，而强峰之间的弱峰是因各散射波相互叠加时相位差不为零，导致没能完全消光而引起的。

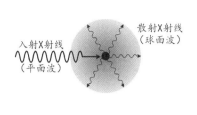

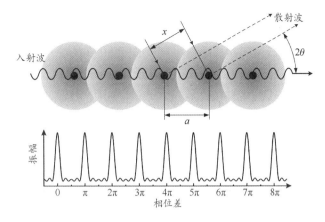

（a）单个电子散射 X 射线　　　　　（b）5 个等间距分布的电子散射 X 射线

图 3-2　电子对 X 射线的散射

在原子链中，随着原子数 N 的增加，强峰变得越来越强，弱峰则被逐渐削弱。当原子链中的原子数 N 趋于无穷时，在相位差为 π 的整数倍处散射强度为 $I(\varphi = n\pi) \propto N^2$，在其他散射角处散射强度为 $I(\varphi \neq n\pi) \approx 0$。在实际晶体中，即使是指甲盖大小的晶体也包含约 10^{23} 个原子，其衍射峰的峰位取决于相位差（正比于原子排列的周期），峰强近似为 δ 函数。

电子的间距 a 决定了相位差 φ，相位差 φ 决定了散射峰的峰位（$\varphi = n\pi$），电子的数目 N 决定了散射强度（$I \propto N^2$）。

3.2.2　原子对 X 射线的散射

3.2.1 节介绍了电子对 X 射线的散射，本节主要介绍原子对 X 射线的散射，如图 3-3（a）所示。当波长为 λ、波矢为 s_0 的 X 射线入射到原子上时，有一部分 X 射线几乎径直地穿过电子云（散射角 $2\theta = 0°$），形成透射波。透射波的波矢与入射波的波矢相同，其强度正比于核外电子数。

另一部分 X 射线被电子云以 2θ 的散射角散射，散射波的波矢为 s'。由于散射角 $2\theta > 0°$，r 与散射矢量 $s' - s_0$ 的夹角为 ϕ，所以散射波和入射波之间的光程差为 $\delta = r \cdot (s' - s_0)$。由于 $|s' - s_0| = 2\sin\theta / \lambda$，光程差为 $\delta = r \cdot (s' - s_0) = 2r \cdot \cos\phi \cdot \sin\theta / \lambda$，由此引起的相位差为 $4\pi \cdot r\cos\phi \cdot \sin\theta / \lambda$。一个电子散射 X 射线的散射振幅为 $A_e \exp(4\pi i \cdot r\cos\phi \cdot \sin\theta / \lambda)$，那么原子对 X 射线的散射振幅就是原子核外所有电子的散射振幅之和，即

$$A = A_e \sum_{j=1}^{z} \exp(4\pi i \cdot r_j\cos\phi_j \cdot \sin\theta / \lambda) \tag{3-3}$$

式中，A_e 为一个电子的散射振幅。定义原子散射因子（Atomic Scattering Factor）为

$$f = \frac{A}{A_e} = \sum_{j=1}^{z} \exp(4\pi i \cdot r_j\cos\phi_j \cdot \sin\theta / \lambda) \tag{3-4}$$

在量子力学中，原子核周围的电子云用电子密度分布函数（Electron Density Distribution Function）$\rho(r)$ 来表示，电子密度在原子核处最大，偏离原子核则迅速衰减。位移矢量用 r 表示，衍射矢量用 s 表示，衍射矢量的大小为 $|s| = |s' - s_0| = 2\sin\theta / \lambda$（注：在某些教材中，衍射矢量的大小也表示为 $|k| = 4\pi \sin\theta / \lambda$）。因此，式（3-4）又可写为

$$f(s) = \int_{-\infty}^{+\infty} \rho(r) \exp[2\pi i(r \cdot s)] dr \tag{3-5}$$

原子散射因子代表原子对 X 射线的散射能力，它以一个电子的散射能力为单位。由于原子散射因子是散射矢量大小 $2\sin\theta / \lambda$ 的函数，即随着散射角 2θ 的增大，原子对 X 射线的散射能力以指数形式衰减。另外，原子散射因子还取决于核外电子数，核外电子数越多，原子散射 X 射线的能力越强。例如，在图 3-3（b）中，Ti^{2+} 的核外电子比 Ti^{4+} 多 2 个，Ti^{2+} 对 X 射线的散射能力比 Ti^{4+} 强。

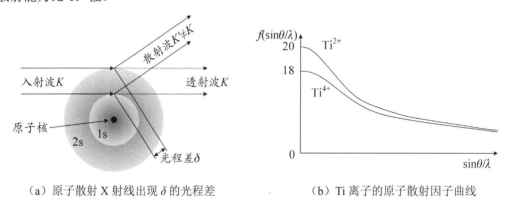

（a）原子散射 X 射线出现 δ 的光程差　　　　（b）Ti 离子的原子散射因子曲线

图 3-3　原子对 X 射线的散射

3.2.3　晶体对 X 射线的散射

干涉函数可以用于描述等间距分布的散射点对入射波的散射。假设有一个由 N 个同种原子等间距（间距为 a）排列构成的原子链，其原子散射因子为 $f(s)$，那么该原子链对 X 射线的散射强度为

$$I(\varphi) \propto f^2(s) \frac{\sin^2 N\varphi}{\sin^2 \varphi} = f^2(s) \frac{\sin^2 Nh\pi}{\sin^2 h\pi} \tag{3-6}$$

由式（3-6）可以看出，当原子链中的原子数 $N \to \infty$ 时，在相位差正好为 $h\pi$（h 为整数）处原子链对 X 射线产生强散射，散射强度正比于 $f^2(s)$。

类似地，三维晶体（三个方向的周期分别为 N_1、N_2、N_3）对 X 射线的强散射仅出现在相位差正好为 $h\pi$、$k\pi$、$l\pi$（h、k、l 为整数）处，散射强度为

$$I(\varphi) \propto f^2(s) \frac{\sin^2 N_1 h\pi}{\sin^2 h\pi} \frac{\sin^2 N_2 k\pi}{\sin^2 k\pi} \frac{\sin^2 N_3 l\pi}{\sin^2 l\pi} \tag{3-7}$$

如果三维晶体中包含多种原子，此时原子散射因子 $f(s)$ 需要用结构因子 $F(hkl)$ 来替换，它表征整个晶胞内的原子对 X 射线的散射能力。假设三维晶体在三个方向上的晶胞数为 U_1、U_2、U_3，而相位差或散射矢量大小是晶面间距 d 的函数（$|s| = 2\sin\theta / \lambda = 1/d$），可以用晶面指数 h、k、l 表示，那么式（3-7）又可写为

$$I(hkl) \propto F^2(hkl) \frac{\sin^2 U_1 h\pi}{\sin^2 h\pi} \frac{\sin^2 U_2 k\pi}{\sin^2 k\pi} \frac{\sin^2 U_3 l\pi}{\sin^2 l\pi} \tag{3-8}$$

在实验中测得的衍射强度是相对值，需引入比例系数 C。在发生强散射时干涉函数可简化为 $U_1^2 U_2^2 U_3^2$。因此，式（3-8）可写为 $I(hkl) \propto K \cdot F^2(hkl)$，其中 $K = C \cdot U_1^2 U_2^2 U_3^2$。

考虑到 X 射线衍射仪会引起衍射峰的展宽（仪器展宽），晶粒尺寸、晶格应变也会引起衍射峰的展宽（样品展宽），所以还需要引入峰形函数 $G(\theta)$（含仪器展宽和样品展宽），那么发

生强散射时的散射强度为

$$I(hkl) \propto K \cdot G(\theta) \cdot F^2(hkl) \tag{3-9}$$

式（3-9）为布拉格衍射峰（Bragg Diffraction）的普适峰强公式，详细内容见 5.3 节，此外不详细介绍。

3.3　X 射线衍射几何

3.3.1　劳厄方程

晶体衍射几何，即入射波和衍射波之间的几何关系是由 M. von Laue（1914 年荣获诺贝尔物理学奖）首先提出的。晶体是原子在三维空间中周期性排列形成的，晶体也可以看成是大量的原子链在 x 轴、y 轴、z 轴方向以不同的周期排列形成的，即在 x 轴方向有周期为 a 的原子链，在 y 轴方向有周期为 b 的原子链，在 z 轴方向有周期为 c 的原子链。现以 x 轴方向的原子链为例，当一束 X 射线照射到原子链上时，会被原子链散射，如图 3-4 所示。

假设入射波和衍射波与原子链的夹角分别为 ψ_1、φ_1，入射波和衍射波之间的光程差为 $AB - CD = a(\cos\psi_1 - \cos\varphi_1)$。当光程差正好为入射波波长的整数倍时发生相长干涉，即 $a(\cos\psi_1 - \cos\varphi_1) = h\lambda$，其中 h 为整数。也就是说，当一束 X 射线照射到原子链上时，只要入射波与原子链的夹角满足上述方程，其衍射波和原子链的夹角就形成三维的衍射锥（Diffraction Cone），如图 3-4 所示。

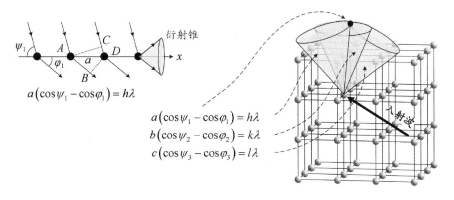

图 3-4　劳厄方程示意图

（X 射线照射到原子链上形成衍射锥，对于三维晶体，仅在三个衍射锥的交点处才能观察到强衍射现象）

类似地，X 射线照射到三维晶体上，在 x 轴、y 轴、z 轴方向发生强衍射的条件为

$$\begin{cases} a(\cos\psi_1 - \cos\varphi_1) = h\lambda \\ b(\cos\psi_2 - \cos\varphi_2) = k\lambda \\ c(\cos\psi_3 - \cos\varphi_3) = l\lambda \end{cases} \tag{3-10}$$

该方程称为劳厄方程（Laue Equations），其中 a、b、c 为 x 轴、y 轴、z 轴方向原子链的周期，ψ_i、φ_i 为入射波和衍射波与各原子链的夹角，$\cos\psi_i$、$\cos\varphi_i$ 为夹角余弦，h、k、l 为整数。对于三维晶体，在每个方向上只要满足劳厄方程就能形成衍射锥，但是仅在三个衍射锥的交点处，即同时满足 x 轴、y 轴、z 轴方向的劳厄方程时，才能观察到强衍射现象。

劳厄方程表明，当 X 射线照射到晶体上时，能在某些特定的方向发生强衍射。仅当原子链的周期、入射波和衍射波与原子链的夹角、X 射线的波长满足劳厄方程时才能观察到强的衍射现象。

3.3.2　布拉格方程

劳厄方程表明，晶体发生强衍射与原子链的周期、入射波和衍射波与原子链的夹角、X 射线的波长有关。但劳厄方程中入射波和衍射波与原子链的夹角之间没有便于人们理解的、简单的关系。为便于理解，1912 年布拉格父子（1915 年荣获诺贝尔物理学奖）将 X 射线衍射简化为镜面反射，用可见光代替 X 射线，用镜面来代替晶体中的晶面。与可见光不同的是，X 射线具有很强的穿透性，它不仅能被样品表面的晶面散射，还会被样品内部众多的平行晶面散射，如图 3-5（a）所示。

假设(hkl)晶面的晶面间距为 d_{hkl}，X 射线被(hkl)晶面及其平行晶面散射后产生 $PN+NQ$ 的光程差。根据图 3-5（a）中的几何关系，光程差 $PN + NQ = 2d_{hkl} \cdot \sin\theta$。仅当光程差为入射波波长的整数倍时才出现相长干涉，即 $PN + NQ = n\lambda$，其中衍射级数 n=0, ±1, ±2 等，有

$$2d_{hkl} \cdot \sin\theta_{hkl} = n\lambda \tag{3-11}$$

为方便表示，通常将式（3-11）中的 n 移到方程左侧，由于 $d_{hkl} / n = d_{nh,nk,nl}$，式（3-11）可简写为

$$2d \cdot \sin\theta = \lambda \tag{3-12}$$

式（3-12）就是著名的布拉格方程（Bragg Equation）或布拉格定律（Bragg's Law）。布拉格方程将 X 射线衍射看成是镜面反射，入射角等于反射角，使人们更加形象、直观地理解 X 射线衍射。布拉格方程表明，在 X 射线衍射实验中出现的衍射峰，其峰位取决于所测晶体的晶面间距 d 和入射波波长 λ。注：在式（3-12）中，当衍射级数 n 较大时，(nh nk nl)平面上可能没有原子，不再是具有物理意义的晶面。

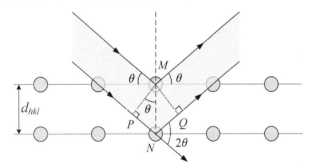
（a）正空间中的布拉格衍射

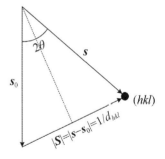
（b）倒空间中的布拉格衍射

图 3-5　布拉格衍射的原理示意图

布拉格方程推导简单、易于理解，所以有很多学者习惯用反射来表示衍射。虽然布拉格方程在描述晶体衍射方面很形象且易于理解，但它也会误导读者，使读者误认为晶体衍射是晶体反射过程。在实际的 X 射线衍射中，X 射线不被晶面或镜面反射，而是被分布在晶面上的原子的核外电子散射。

对于晶体材料，由于晶体中的原子在三维空间中有序排列，其衍射仅在一些特殊的衍射角处才能观察到，可以用布拉格方程描述。对于非晶材料或无序材料，由于原子排列是无序

的，在各个方向都能探测到衍射信号，而且各衍射波也不会出现强烈的相长干涉，所以不能用布拉格方程表示。无序材料中的这种衍射常称为弥散散射（Diffusion Scattering）。对弥散散射进行分析，能得到原子对分布函数（Atomic Pair Distribution Function），该函数可用于表征无序材料中的原子分布特征[30-32]。

3.3.3 艾瓦德球与粉末衍射

1. 倒易空间中的布拉格衍射

布拉格方程是理解晶体衍射的基本公式，它表明当 X 射线照射到晶体上时，发生强衍射时的衍射角是由 X 射线的波长和晶面间距共同决定的。对布拉格方程进行适当变换，可得

$$2d \cdot \sin\theta = \lambda \rightarrow |\boldsymbol{S}| = \frac{2\sin\theta}{\lambda} = \frac{1}{d} \tag{3-13}$$

根据正格子和倒格子之间的倒易关系可知，(hkl)晶面的晶面间距的倒数$1/d_{hkl}$正好为同名倒易矢量 $\boldsymbol{S}$ 的长度。图 3-5（b）所示为倒易空间中的布拉格衍射，入射波的波矢为$\boldsymbol{s}_0$，衍射波的波矢为 $\boldsymbol{s}$，衍射矢量 $\boldsymbol{S} = \boldsymbol{s} - \boldsymbol{s}_0$。由于布拉格散射是弹性散射，即$|\boldsymbol{s}_0| = |\boldsymbol{s}| = 1/\lambda$，所以衍射矢量的长度$|\boldsymbol{S}|$可表示为

$$\sin\theta = \frac{|\boldsymbol{S}|}{2}/|\boldsymbol{s}_0| \rightarrow |\boldsymbol{S}| = |\boldsymbol{s} - \boldsymbol{s}_0| = |\boldsymbol{r}_{hkl}^*| = 2\sin\theta/\lambda = 1/d_{hkl} \tag{3-14}$$

式（3-14）为倒易空间中的布拉格方程。式（3-14）表明，当一束 X 射线照射到晶体上时，仅当衍射波正好指到(hkl)倒易格点时，(hkl)晶面正好满足布拉格衍射条件，该晶面能发生布拉格衍射。此时，衍射矢量正好是(hkl)晶面的倒易矢量$\boldsymbol{r}_{hkl}^*$，其长度为(hkl)晶面的晶面间距的倒数$1/d_{hkl}$。

为了更加直观、图形化地理解倒空间中的布拉格衍射，我们进行如下操作 [见图 3-6（a）]：

- X 射线衍射仪确定了 X 射线的波长 λ，以 $1/\lambda$ 为半径画一个球壳，称该球为艾瓦德球（Ewald Sphere），球壳厚度取决于入射光的单色性。
- 从球心向球壳上的倒易原点 O 画一个矢量，作为入射波的波矢 $\boldsymbol{s}_0$；从球心向球壳画另一个矢量，作为衍射波的波矢 $\boldsymbol{s}$。
- 当衍射波的端点正好落在(hkl)倒易格点上或(hkl)倒易格点正好与艾瓦德球相截时，该晶面满足布拉格衍射条件。

2. 粉末衍射

多晶粉末样品由无数个粒径较小的小单晶组成，这些小单晶在三维空间中随机分布。每个小单晶都有自己的一套倒易点阵，纯相多晶粉末样品的倒易点阵就是无数套全同的倒易点阵以倒易原点为参考点，在倒易空间中以不同的角度分布的。如果多晶中小单晶的数目趋于无穷且在三维空间中随机分布，那么多晶的(hkl)晶面在倒易空间中形成半径为$1/d_{hkl}$的倒易球壳，该球壳上的每个点对应于某个小单晶的(hkl)倒易格点。每个小单晶有一系列晶面间距不同的晶面，多晶的这些晶面在倒空间中形成一系列同心的、半径为$1/d_{hkl}$的倒易球壳（类似于"卷心菜"）。

当艾瓦德球与多晶的倒易球壳相截时，其截面为一系列同心的圆环，如图 3-6（b）所示。这些圆环就是二维多晶衍射环，如图 3-6（c）所示，每个环对应于无数个不同晶粒具有相同晶面间距的晶面。如果粉末样品中的晶粒数较少，晶粒在三维空间中的分布不随机，即具有

择优取向。此时，衍射环将由有限个数的、离散的衍射点组成，不再是连续的圆环。例如，单晶可以看作是由无数个小晶粒沿相同方向生长形成的大单晶，此时仅形成点状的单晶衍射。

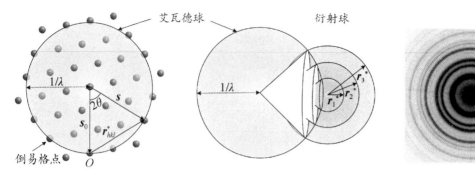

（a）倒易格点与艾瓦德球相截　　（b）艾瓦德球与多晶的倒易球壳相截　　（c）二维多晶衍射环

图 3-6　粉末衍射的形成

小结

本章从 X 射线的电磁波属性出发介绍了电子对 X 射线的散射，进而介绍了原子的核外电子对 X 射线的散射，引出原子散射因子的概念。原子散射因子用来表征原子对 X 射线的散射能力。根据干涉函数就能得到三维晶体对 X 射线的散射。

为了描述在何处出现强的 X 射线衍射，劳厄、布拉格父子先后推导出了劳厄方程和布拉格方程。布拉格方程表明，当 X 射线照射到晶体上时，布拉格衍射的衍射角不仅取决于 X 射线的波长，还取决于晶面间距。布拉格将晶面看成镜面，将 X 射线衍射简化为镜面反射，这样就能比较直观地理解 X 射线衍射过程。

粉末样品中的每个小晶粒都有一套自己的倒易格点。当粉末样品中的晶粒数趋于无穷且各晶粒在三维空间中随机分布时，具有相同长度倒易矢量的倒易格点将形成格点密度均匀分布的倒易球壳。当艾瓦德球（其半径取决于 X 射线的波长）与倒易球壳相截时，就能形成二维多晶衍射环，其一维投影就是一维的 X 射线粉末衍射。

思考题

1. 为什么将晶体的 X 射线散射称为 X 射线衍射？
2. 请查阅文献说明 X 射线衍射和电子衍射的区别。
3. 原子散射因子在 X 射线衍射中的作用是什么？原子散射因子受哪些因素的影响？
4. 什么是劳厄衍射？劳厄方程的作用是什么？
5. 布拉格方程的作用是什么？如何理解衍射角、晶面间距、X 射线的波长三者间的关系？
6. 如何区分 X 射线衍射（Diffration）、X 射线散射（Scattering）、X 射线反射（Reflection）？

第4章
X射线粉末衍射的实验技术

在第3章介绍过，当X射线照射到晶体上时，X射线中交变振荡的电场分量将迫使原子的核外电子加速或减速，使电子云发生受迫振荡，同时发射出X射线（形成散射波）。当X射线的波长与晶体中的原子间距相匹配时，就会发生X射线衍射现象。由于晶体中的原子在三维空间中是周期性排列的，周期性排列的原子会在某些角度上强烈散射X射线，发生布拉格衍射现象。

在X射线粉末衍射实验中，为了记录高质量的X射线衍射数据，不仅需要高亮度且单色性好的X射线光源，还需要高灵敏、高效率地探测X射线。同时，还要求X射线光源、样品、X射线探测器三者具有合理的衍射几何。本章首先介绍X射线的产生、调节、探测，以及X射线的聚焦衍射几何。其次重点介绍X射线粉末衍射实验，主要包括实验方案的制订、粉末样品的制备、实验参数的设置、衍射数据的评估等内容。

尽管国内有大量高性能的X射线衍射仪，但仪器性能的发挥在很大程度上取决于仪器使用者对仪器的结构和功能的理解，以及粉末样品的制备细节、实验参数的设置等因素。对于仪器管理者，只有充分理解X射线衍射仪的结构、工作原理，并将相关知识应用到仪器的日常维护中，才能使仪器保持良好的状态，并能长期、稳定的运行。

4.1　X射线衍射仪的结构和功能

4.1.1　X射线的产生

产生X射线的方法主要有两种。一种方法是采用X射线光管（X-Ray Tube）产生X射线，即用高能电子轰击金属阳极靶产生X射线。该方法易于实现，已广泛用于常规衍射实验中。其缺点是产生X射线的效率比较低，产生的X射线的亮度不高。另一种方法是采用同步辐射（Synchrotron Radiation）源，使运动速度接近光速的带电粒子在磁场中沿环形轨道运动时辐射出X射线。同步辐射源产生的X射线的亮度很高，但同步辐射源造价非常高。本节主要介绍采用X射线光管产生X射线的方法，读者若对同步辐射方法感兴趣，可参阅相关文献[17, 33]。

常用的X射线光管有两种：一种是密封X射线光管；另一种是旋转阳极靶X射线光管。

1. 密封X射线光管

密封X射线光管的核心部件是灯丝（Filament）和阳极靶（Anode），如图4-1所示。加热灯丝，以热发射的方式从灯丝上发射出电子。这些电子被聚焦杯（一种静电透镜）聚焦，并在几十千伏的高压下加速形成聚焦的高能电子。高能电子轰击阳极靶，打出阳极靶内原子的内壳层电子并在内壳层留下空穴。外壳层的电子回填到内壳层的空穴上，同时以X射线的方式释放能量。

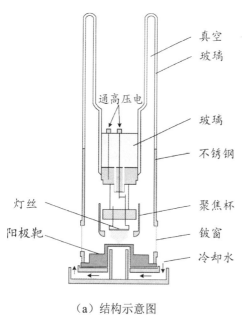

（a）结构示意图

（b）实物图

图4-1　密封X射线光管

为防止电子的湮灭及灯丝和阳极靶的氧化，需要将上述装置整体密封在真空管中形成密封X射线光管（Sealed X-Ray Tube）。为了能打出足够亮度的X射线，在阴极和阳极靶之间施加 20～60kV 的高压。高能电子轰击阳极靶打出 X 射线的效率非常低，不到 1%，大部分的能量都转换为热能。这就要求阳极靶不仅要耐高温、有良好的导电和导热性，还要外接冷却水。因此，在 X 射线衍射仪工作时应确保冷却水正常工作，以免烧坏阳极靶。在常规衍射实验中，常用的阳极靶材有 Cu、Mo、Cr、Fe、Co、Ag、W 等，可按实验需求自行选配。

为了能将 X 射线尽可能无损地从 X 射线光管中发射出来，需要在 X 射线光管上开设 4 个圆孔形铍窗。其中两个铍窗平行于灯丝方向，得到线焦斑（Line-Focused Beam）。线焦斑的典型尺寸为长 8～12mm、宽 0.1～0.2mm，由于辐射面积大，常用于粉末衍射中；另外两个铍窗垂直于灯丝方向，得到点焦斑（Point-Focused Beam）。点焦斑的典型直径为 0.1～1mm，亮度较高，可用于单晶衍射中。

由 X 射线光管产生的 X 射线，其波长是由能级间距决定的[34]，可通过式（4-1）计算出来：

$$\frac{1}{\lambda} = R\left(Z - S_M\right)^2 \left(\frac{1}{n_1^2} - \frac{1}{n_2^2}\right) \tag{4-1}$$

式中，R 为里德伯常数（$1.0973 \times 10^7 \mathrm{m}^{-1}$）；$Z$ 为阳极靶的原子序数；S_M 为电子的屏蔽常数（Kα 为 0，Kβ 为 1）；n_1 和 n_2 为内、外壳层的主量子数。

由 X 射线光管产生的 X 射线，其强度可用式（4-2）来估算：

$$I(\lambda) = K \cdot i \left(V - V_e\right)^n \tag{4-2}$$

式中，$K = 4.25 \times 10^8$，是个常数；V_e 为阳极靶材料的临界激发电压；i、V 为密封 X 射线光管的管流和管压；指数 n 一般取 1.6，当 $V/V_e > 2$ 时，n 逐渐趋于 1。

由式（4-2）可知，提高管流和管压，即提高 X 射线光管的功率是提高 X 射线亮度的主要方法。但随着管压的增高，电子在阳极靶中的穿透能力也将增强，X 射线从阳极靶内往外射出时的吸收效应也随之增强，即 X 射线强度也将减弱。另外，提高密封 X 射线光管的功率，阳极靶将面临熔化、难冷却的问题，甚至会缩短 X 射线光管的寿命。

为提高 X 射线的亮度，人们还发展了微聚焦密封 X 射线光管（Micro-Focus Sealed X-Ray Tube）。它能将 X 射线的束斑聚焦到几十微米的范围内，适用于微区衍射。相比常规密封 X 射线光管，微聚焦密封 X 射线光管的能量密度更集中、产生的 X 射线更亮。

2. 旋转阳极靶 X 射线光管

在密封 X 射线光管中，高能电子长时间打在阳极靶的某个位置上，使阳极靶局部受热（典型功率为 0.5～3kW）。为防止阳极靶熔化，不能通过提高输入功率的方法来提高 X 射线的亮度。旋转阳极靶（Rotating Anode）在用冷却水冷却的同时还会高速旋转（转速为 2000～6000r/min），如图 4-2 所示。阳极靶高速旋转的好处是，阳极靶的某个位置被高能电子轰击较短的时间后就能在较长的时间内不被电子轰击，得以有效散热。

旋转阳极靶 X 射线光管的输入功率可提高到 15～18kW，在某些实验中可提高到 50～60kW，所产生的 X 射线的亮度是密封 X 射线光管的 20 多倍。

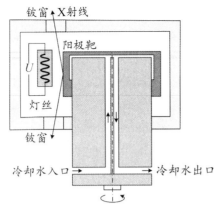

（a）结构示意图　　　　　　　　　　（b）实物图

图4-2　旋转阳极靶X射线光管

3．X射线的特点

由X射线光管发射出来的X射线是一种"白光"，其典型特征是在连续背底上叠加3个较强的特征峰，如图4-3（b）所示。

（1）连续背底。

高能电子轰击阳极靶，这些电子向原子核逼近时由于受原子核的排斥而不断减速，入射电子在减速的同时发射出X射线。这些射线通常称为韧致X射线（Bremsstrahlung X-Ray），Bremsstrahlung在德语中有制动、刹车的意思。电子减速是一个连续的过程，所发射出的X射线的能量也是连续的。因此，韧致X射线在X射线光谱中形成连续背底。

（2）3个较强的特征峰。

原子核周围的电子壳层由里往外依次被命名为K、L、M、N、O、P、Q等，对应于主量子数 n 为1、2、3、4、5、6、7等，如图4-3（a）所示。当高能电子轰击阳极靶时，由于电子的能量很高，它不仅能穿透外壳层的电子，还能轰击内壳层电子。例如，K壳层的电子被高能电子轰走后在K壳层留下空穴。外壳层的电子，如M壳层的电子将回填到K壳层的空穴上，同时发射出Kβ射线。由于M壳层和K壳层间的能级差较大，Kβ峰出现在光谱的左侧；电子从M壳层回填到K壳层，发射X射线的能力较弱，所以Kβ峰的强度相对较低。

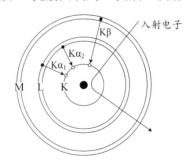
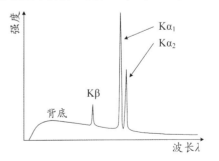

（a）电子轰击阳极靶产生X射线　　　　（b）X射线的3个较强的特征峰
　　　　　　　　　　　　　　　　　　　　（Kβ峰、Kα₁峰、Kα₂峰）

图4-3　X射线的产生示意图

电子从 L 壳层回填到 K 壳层也能发射 X 射线，被命名为 Kα 射线。其中，$2p_{1/2} \rightarrow 1s_{1/2}$ 的电子跃迁产生 Kα₁ 射线，$2p_{3/2} \rightarrow 1s_{1/2}$ 的电子跃迁产生 Kα₂ 射线。这两种电子跃迁的能级差比 M→K 电子跃迁的能级差小得多，所以在 X 射线光谱中 Kα 峰位于 Kβ 峰的右侧。$2p_{1/2} \rightarrow 1s_{1/2}$ 电子跃迁的能量略大于 $2p_{3/2} \rightarrow 1s_{1/2}$，所以在 X 射线光谱中 Kα₁ 峰略靠左。这三种电子跃迁激发 X 射线的能力也不一样，Kα₁ 峰的强度约为 Kα₂ 峰的 2 倍，约为 Kβ峰的 5 倍。

在进行衍射数据分析前，应提前设置好 Kα₁ 和 Kα₂ 的峰强比。例如，在 MDI Jade 软件中，单击菜单"Edit"→"Preferences…"，在弹出的窗口的"Instrument"面板中选择阳极靶材的元素，软件将自动更新 Kα₁、Kα₂、K_average 和 Kβ 的波长；在"K-a₁/a₂ Ratio"处设置 Kα₁ 与 Kα₂ 的峰强比。

阳极靶材决定了各壳层的能级差，所以阳极靶材决定了 X 射线的波长。表 4-1 给出了 6 种常用阳极靶所产生的 X 射线，其平均波长在 0.560~2.292Å 范围内。其中，铜靶和钼靶最为常用，铜靶常用于粉末衍射，钼靶常用于单晶衍射。

表 4-1　6 种常用阳极靶所产生的 X 射线

阳极靶	波长/Å				β 滤波片	Kβ峰的吸
材料	Kα	Kα₁	Kα₂	Kβ	材料	收效率
Cr	2.29105	2.28975（3）	2.293652（2）	2.08491（3）	V	99.4%
Fe	1.93739	1.93608（1）	1.94002（1）	1.75664（3）	Mn	99.2%
Co	1.79030	1.78900（1）	1.79289（1）	1.62082（3）	Fe	98.9%
Cu	1.54187	1.5405929（5）	1.54441（2）	1.39225（1）	Ni	98.4%
Mo	0.71075	0.7093171（4）	0.71361（1）	0.63230（1）	Zr	96.8%
Ag	0.56083	0.55941	0.56380	0.49707	Pd	96.0%

注：Kα的平均波长为 $\frac{2}{3}\lambda_{K\alpha_1} + \frac{1}{3}\lambda_{K\alpha_2}$。

在一般情况下，当 X 射线衍射仪安装好后，阳极靶也就固定了，没有选择的余地。但我们可以根据实验目标或实验要求，选择在装有所需阳极靶的 X 射线衍射仪上测试，即根据实验目标或实验要求选择 X 射线衍射仪。在相同的衍射角范围内，X 射线的波长越短，所测倒易空间的范围就越大，解析原子的分辨率就越高。例如，铜靶 Kα₁ 的波长为 1.5406Å，典型衍射角范围为 10°~80°，由布拉格方程 $1/d = 2\sin\theta / \lambda$ 可得，$1/d$ 在 0.1131~0.8345Å⁻¹ 范围内。银靶 Kα₁ 的波长为 0.5594Å（约为铜靶的 1/3），在相同的衍射角范围内，可测到 0.3120~2.2980Å⁻¹ 范围，衍射范围约为铜靶的 3 倍。这种短波长的 X 射线适用于倒易空间重构、高分辨原子对分布函数的分析。短波长的 X 射线的缺点是，在相同的衍射角范围内测得的衍射峰更多，描述每个衍射峰的数据点变少，衍射峰的分辨率降低，如图 4-4 所示。因此，长波长的 X 射线能记录高分辨的衍射数据，但衍射范围较窄；短波长的 X 射线能记录大衍射范围内的衍射数据，但衍射数据的分辨率比较低。

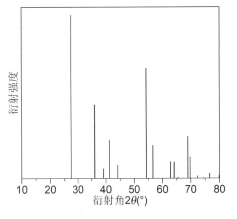
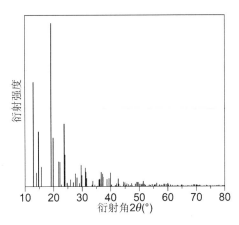

（a）铜靶 X 射线衍射仪上测得的衍射数据　　　（b）银靶 X 射线衍射仪上测得的衍射数据

图 4-4　不同阳极靶材料的 X 射线衍射仪测得的衍射数据的比较

4.1.2　X 射线的调节

在 4.1.1 节介绍过，从 X 射线光管中发射出来的 X 射线是"白光"，除连续背底外，还有 3 个较强的特征峰。按波长从小到大排列，这 3 个特征峰分别是 Kβ 峰、Kα₁ 峰、Kα₂ 峰，其强度比约为 0.2：1：0.5。如果将这束"白光"直接照到样品上，每个晶面都将产生 3 个布拉格衍射峰。这 3 个布拉格衍射峰靠得比较近，可能出现峰重叠现象，在高角区中峰重叠现象尤为严重，会导致难以分峰。因此，在将 X 射线照射到样品上之前需要先对 X 射线进行调节。

1. 滤除 Kβ 射线

由于 Kβ 射线的波长相距 Kα₁、Kα₂ 较远，可以选用吸收边正好在 Kβ 射线附近的 β 滤波片（β-Filter）来选择性地吸收 Kβ 射线，如图 4-5 所示。为了能有效吸收 Kβ 射线，要求 β 滤波片的原子序数要比阳极靶材的原子序数略小。表 4-1 中列出了 6 种常用阳极靶的 β 滤波片。例如，铜靶（$z=29$）可以用镍（$z=28$）作为 β 滤波片，钼靶（$z=42$）可以用铌（$z=41$）或锆（$z=40$）作为 β 滤波片。

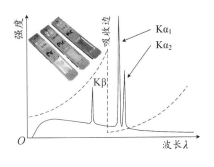

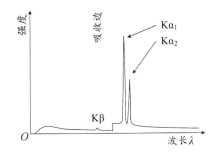

（a）吸收前（虚线为 β 滤波片的吸收峰）　　　　　　（b）吸收后

图 4-5　β 滤波片对 Kβ 的吸收

β 滤波片的厚度 t 可用滤波后 Kα₁ 和 Kβ 的峰强比来确定。理想情况下，Kα₁ 和 Kβ 的峰强比为 5：1，那么经 β 滤波片的过滤后其峰强比变为

$$\frac{I_{K\alpha_1}}{I_{K\beta}} = 5\frac{\exp(-\mu_\alpha t)}{\exp(-\mu_\beta t)} \tag{4-3}$$

式中，μ_α、μ_β 为 β 滤波片对 Kα 和 Kβ 的线性吸收系数。式（4-3）表明，经 β 滤波片的过滤后 $K\alpha_1$ 和 Kβ 的峰强比是由 β 滤波片的材质与厚度共同决定的。

β 滤波片虽然结构简单（就是一个金属片），但能在很大程度上削弱 Kβ（不能完全吸收）。其缺点是，在滤除 Kβ 的同时也会吸收部分 Kα，即经过 β 滤波片的吸收后 $K\alpha_1$、$K\alpha_2$ 的峰强也会有所减弱。

2. 单晶单色器

从 X 射线光管中发射出来的 X 射线在滤除 Kβ 射线后还剩下 $K\alpha_1$ 和 $K\alpha_2$ 射线。由于 $K\alpha_2$ 和 $K\alpha_1$ 射线的波长很接近，不能用类似于 β 滤波片的方式滤除 $K\alpha_2$ 射线。

要想滤除 $K\alpha_2$ 射线只保留 $K\alpha_1$ 射线，需要用到单晶单色器（Single Crystal Monochromator）。将高质量的石墨、硅、锗或氯化锂的单晶片置于光路中，当入射光与单晶片的夹角满足布拉格方程 $2d \cdot \sin\theta = \lambda$ 时就能发生很强的布拉格衍射，如图 4-6 所示。由于入射光是近似点光源发射出的发散的光束，入射光经单晶片的散射后，其衍射束的束斑将被放大。入射光中包含 $K\alpha_1$（短波长）和 $K\alpha_2$ 射线（长波长），这束光被单晶单色器的 (hkl) 晶面散射后，长波长的 $K\alpha_2$ 射线其衍射角较大，而短波长的 $K\alpha_1$ 射线其衍射角较小。也就是说，一束"白光"照射到单晶片上，不同波长的 X 射线在衍射束中按衍射角的大小分布。只需在衍射束方向上的合适位置插入狭缝就能得到所需波长的 X 射线。

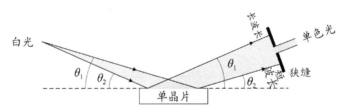

图 4-6　单晶单色器的原理示意图

单晶单色器可安装在入射光路上（Pre-Sample Monochromator），也可安装在衍射光路上（Post-Sample Monochromator）。例如，将石英或单晶硅的 (111) 晶面安装在入射光路上，能有效剥离 $K\alpha_2$ 射线，但所得 X 射线的亮度会明显减弱（狭缝仅让一小部分"白光"通过）。如果将单晶单色器（如石墨单晶单色器）安装在衍射光路上，它随 X 射线探测器同步转动，机械稳定性较差，只能用于滤除 Kβ 射线。

3. 准直器

准直器（Collimation），顾名思义就是让发散的光平直化的仪器。狭缝就是一种最简单的准直器。假设 X 射线的线宽为 S，在距光源 L 的地方插入宽为 D 的狭缝，如图 4-7 所示。经狭缝的准直后 X 射线的发散角（单位为°）为

$$\alpha \cong \frac{180}{\pi}\frac{D+S}{L} \tag{4-4}$$

在 X 射线衍射仪中，X 射线的线宽 S、光源和狭缝的间距都是固定的。只需在距光源 L 处插入不同宽度的狭缝就能调节入射光的发散角，所以这种狭缝又称发散狭缝（Divergence

Slit）。发散狭缝越窄（D 越小），准直后光的发散度越小、平行性越好。发散狭缝用于调节垂直于 X 射线衍射仪轴向的面内的发散角。

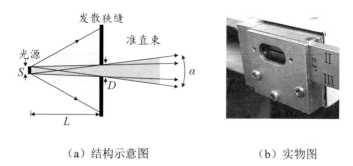

（a）结构示意图　　　　　　　　　　（b）实物图

图 4-7　发散狭缝

平行于 X 射线衍射仪轴向的发散度可以用索罗狭缝（Soller Slit）来调节。索罗狭缝是一组等间距、平行的金属片，如图 4-8 所示。在索罗狭缝中，每两片近邻的金属片类似于发散狭缝，起准直作用，同时要让尽可能多的光通过狭缝。假设在图 4-8 中索罗狭缝两近邻金属片的间距为 d，金属片的长度为 l，那么准直后的发散度（单位为°）为

$$\alpha \cong \frac{180}{\pi} \frac{2d}{l} \tag{4-5}$$

也就是说，索罗狭缝近邻金属片的间距越小，金属片越长，其准直效果越好。索罗狭缝既可以安装在入射光路上，也可以安装在衍射光路上，它能有效减小 X 射线的轴向发散度，以及衍射峰的非对称性。

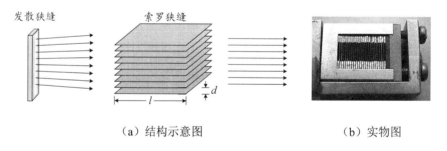

（a）结构示意图　　　　　　　　　　（b）实物图

图 4-8　索罗狭缝

此外，位于 X 射线探测器前方的接收狭缝（Receiving Slit），让衍射束聚焦到 X 射线探测器上，以提高衍射数据的分辨率。

4.1.3　X 射线的探测

X 射线探测器（X-Ray Detector）是 X 射线衍射仪的重要组成部分，用于收集 X 射线光子并将其转换为电信号。根据探测信号的特征可将 X 射线探测器分为点探测器、线探测器、面探测器。点探测器需逐点扫描来探测衍射信号，探测效率比较低；线探测器和面探测器的位置是固定的，其探测效率较高，又称位敏探测器（Position-Sensitive Detector，PSD）。

1. 点探测器

点探测器（Point Detector）主要有三种：气体计数器、闪烁晶体计数器和固体探测器。

（1）气体计数器

气体计数器（Gas Counter）的结构比较简单，是一个充有惰性气体的计数管，如图 4-9（a）所示。在计数管的中间装有一根金属丝作为阳极，计数管的外壳作为阴极。在计数管的一端开一个窗口（采用 X 射线高透薄膜密封），让 X 射线入射进来。管内的惰性气体可以是氩气、氪气或甲烷、丁烷等烷烃的混合气体。

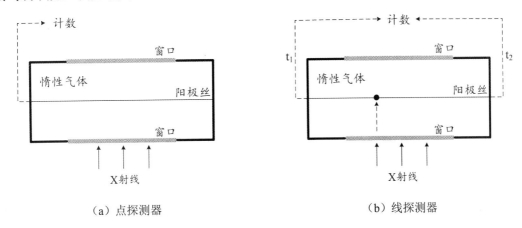

（a）点探测器　　　　　　　　　　（b）线探测器

图 4-9　点探测器和线探测器的结构示意图

当高能 X 射线进入计数管后，会与气体碰撞并使气体原子电离，同时产生相同数量的光电子。在计数管两端加一个电场，气体的阳离子奔向阴极，而电离产生的光电子奔向阳极丝，从而产生电信号。这样气体计数器就能以电信号的方式输出、显示。

气体计数器的分辨率比较高。由于 Kα 和 Kβ 射线的波长不同、能量有差异，Kβ 射线对惰性气体的电离能力比 Kα 射线高（电信号强），所以输出电脉冲信号的高低可以用于剥离 Kβ 射线和其他背底 X 射线光子。

为提高量子效率，计数管的窗口一般采用 X 射线高透薄膜密封。由于计数管中的惰性气体会从窗口中慢慢外溢，气体计数器的寿命一般仅为两年。气体计数器的另一个缺点是探测高通量、高能（短波长）X 射线的效率比较低。

（2）闪烁晶体计数器

闪烁晶体计数器（Scintillation Crystal Counter），由闪烁晶体和光电倍增管组成，如图 4-10（a）所示。X 射线光子透过铍窗进入闪烁晶体，会被闪烁晶体吸收同时激发出可见光光子。可见光光子进入光阴极后被吸收，发出光电子。光电子经过光电倍增管的放大后输出。

为了能高效地探测 X 射线，要求闪烁晶体具有如下性质：①能高效吸收 X 射线，避免 X 射线光子透过而漏计；②能将 X 射线光子高效率地转变为可见光光子；③闪烁晶体的闪烁与熄灭要足够快，以保证高效率地计数；④光阴极材料要与可见光光子的波长匹配，这样才能将可见光光子高效率地转变为光电子。

典型的闪烁晶体有掺铊的碘化物单晶 NaI(Tl)、CsI(Tl) 等。光阴极材料一般是铯、锑的金属间化合物。

（3）固体探测器

固体探测器（Solid-State Detector）由掺有锂的高质量单晶硅、锗加工而成，常称为 Si(Li)

或 Ge(Li)固体探测器,如图 4-10 (b) 所示。X 射线入射到固体探测器上,在 PN 结的本征区激发出电子-空穴对,且电子-空穴对的数目与 X 射线的能量成正比。这些电子-空穴对在外加电压的驱动下往两端的 N 区和 P 区漂移,形成电脉冲信号。由于电子-空穴对的数目由 X 射线的能量决定,所以测出电脉冲信号就能知道 X 射线的能量。

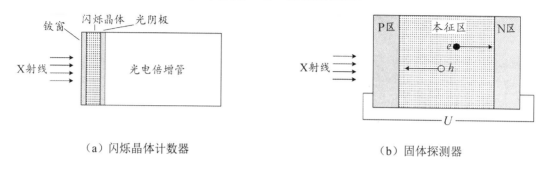

（a）闪烁晶体计数器　　　　　　　　　　　（b）固体探测器

图 4-10　闪烁晶体计数器和固体探测器的结构示意图

为了降低固体探测器的噪声和锂原子的迁移率,固体探测器需要用液氮或电制冷(约 80K)。因此,装有固体探测器的仪器在运行前需确保固体探测器制冷正常。

固体探测器的优点是分辨率高,并且能有效过滤 Kβ 和韧致 X 射线。因此,固体探测器所记录的衍射数据能保持很好的 Kα1 和 Kα2 射线的峰强比,其背底噪声也很低。在装有固体探测器的 X 射线衍射仪中不必再用 β 滤波片滤除 Kβ 射线。

固体探测器的主要缺点是线性范围比较窄,只能到 8×10^4 个/秒,这在实验中表现为强的衍射峰被削为"平顶"的衍射峰。

2. 线探测器

线探测器(Linear Detector)是一种位敏探测器,它可以看成是气体计数器外加了探测 X 射线光子的位置,即测定衍射角的功能。线探测器不仅能记录 X 射线衍射的强度,还能记录衍射角。因此,线探测器不仅能大大缩短收集粉末衍射数据的时间,还能得到和气体计数器一样高质量的衍射数据。

线探测器是如何记录衍射角的呢?当 X 射线照射到线探测器上时,使氙气电离形成氙离子,同时产生电子。电子在外加电场的作用下加速奔向阳极丝并放电(视为线性运动),由此产生脉冲电流,如图 4-9 (b) 所示。在点探测器中仅能在阳极丝的一端测脉冲电流,而在线探测器中阳极丝的两端都能用来测脉冲电流。由于同一电脉冲信号传递到阳极丝两端的时间不同,根据这个时间差就能确定脉冲发生的位置,即可测定衍射角。

在线探测器中,在阳极丝两端测脉冲电流存在时间差(死时间),所以每次只能收集一个 X 射线光子,即线探测器的收集速率比较低。为了减小死时间以提高收集速率,可以在惰性气体中混入少量甲烷(如 90%Ar：10%CH₄)。如果觉得收集速率还不够高,可以在计数管中引入多根阳极丝或微带阳极丝。每根阳极丝或微带阳极丝都可以独立测定衍射角,所以这种探测器的探测效率比简单的线探测器要高得多。

3. 面探测器

在 X 射线发展早期,人们用 X 射线底片(X-Ray Photographic Film)来收集 X 射线粉末

衍射数据，底片就是一种典型的面探测器（Area Detector）。现代的面探测器有成像板和 CCD 探测器。

（1）成像板

成像板（Image Plate）由日本科学家发明，在塑料板上涂上一层铕掺杂的磷光涂层制成。X 射线入射到磷光涂层上会使 Eu^{2+} 电离成 Eu^{3+}，铕离子的状态由 X 射线的强度决定。当衍射数据记录结束后，用一束激光（红光）在成像板上进行光栅扫描，这时 Eu^{3+} 得到一个电子恢复为 Eu^{2+}，同时发射出与入射光等比例强度的可探测的光电子，再经过放大、输出即可读取衍射数据。成像板相对比较便宜，还能重复使用。它的动态范围比较宽（约为 $10^3 \sim 10^4$），明显宽于传统的底片。其缺点是需要用激光在成像板上进行光栅扫描来读取衍射数据，一般为 1～10min/张，较为耗时。

（2）CCD 探测器

CCD（Charge-Coupled Device，电荷耦合器件）探测器由磷光体层和 CCD 组成。X 射线入射到磷光体层上被转换为可见光，可见光被 CCD 捕获来记录、输出衍射信号。CCD 类似于数码相机，将光信号转换为电信号。为了能进行大面积、大衍射范围的测量，磷光体层的面积可能是 CCD 的数倍。当磷光体层把 X 射线转换为可见光后，还需要使用光纤将可见光缩放到 CCD 尺寸。CCD 是一种半导体器件，为减小随机热噪声，CCD 需要在制冷状态下运行。

成像板、CCD 探测器都属于二维的面探测器。由于这些面探测器的探测面积比较大，能记录部分甚至整个德拜-谢乐粉末衍射环，可用于择优取向、织构和粒度分析。

4.1.4　X 射线的聚焦衍射几何

X 射线光源、样品、X 射线探测器三者按一定的方式排布才能获得高强度、高分辨的衍射数据，这三者排布形成的光路称为 X 射线的聚焦衍射几何（Focusing Diffraction Geometry）。在 X 射线衍射仪中最常用的聚焦衍射几何是 Bragg-Brentano（B-B）衍射几何，它不仅能获得较高的衍射强度，还具有较高的分辨率。Bragg-Brentano 衍射有两种衍射模式：反射模式和透射模式。在反射模式中，将粉末样品压成平板样品（Flat Plate Sample）；在透射模式中，可将粉末样品装入玻璃毛细管制成圆柱状样品（Cylindrical Sample）或平板样品。

1. 反射模式

在 Bragg-Brentano 衍射中最常用的衍射是反射模式，其原理示意图如图 4-11（a）所示。X 射线光源和 X 射线探测器位于测角仪的圆周上，平板样品上表面的中心线正好过测角仪的圆心。X 射线光源、样品、X 射线探测器三者构成聚焦圆。当 X 射线光源在测角仪上转动 θ 角时，样品中的某个晶面正好满足布拉格衍射条件，其衍射线必将经过以测角仪的圆心和聚焦圆的圆心的连线为轴的镜面对称的位置上，X 射线探测器需要反向转动 θ 角，形成 θ-θ 扫描方式。

为提高仪器的分辨率，在光路中还需加入合适的光学器件。X 射线从 X 射线光管发射出来后需要依次经过 β 滤波片、索罗狭缝、发散狭缝，以滤除入射光中的 Kβ 射线，并调节轴向发散度和面内发散度。之后，X 射线才能照射到样品上。其衍射线中可能含有样品台、狭缝的杂散射信号，还需经过发散狭缝、索罗狭缝的调节。接收狭缝正好位于 X 射线探测器的前端，接收狭缝越小，仪器分辨率越高，但衍射强度越弱。

需要注意的是，在 Bragg-Brentano 衍射中，只有位于测角仪圆心的样品，其衍射线才正好处于聚焦状态。偏离测角仪圆心的样品，其衍射角也将发生偏离，该现象常称为样品位移（Sample Displacement），详见 4.2.2 节。

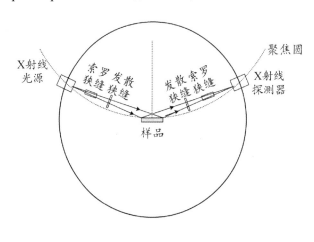

（a）原理示意图　　　　　　　　　　　（b）Bruker D8 Advance 衍射仪

图 4-11　反射模式 X 射线的聚焦衍射几何

2. 透射模式

透射模式既可测平板样品，也可测圆柱状样品，其原理示意图如图 4-12 所示。在透射模式中探测的是透射光，它要求平板样品足够薄或圆柱状样品足够细，让衍射光尽可能地透过样品。将粉末样品压制成平板样品，会人为加重样品的择优取向效应。在圆柱状样品内，粉末颗粒的分布随机性更高，能有效减小择优取向对衍射强度的影响。

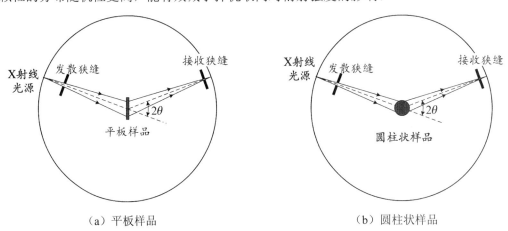

（a）平板样品　　　　　　　　　　　　（b）圆柱状样品

图 4-12　透射模式 X 射线的聚焦衍射几何

在透射模式中，样品高度偏离 X 射线衍射仪轴心会使衍射角发生偏移。一般情况下，样品沿 z 轴方向偏离 X 射线衍射仪轴心使衍射角发生偏移的程度要比沿 x 轴、y 轴方向明显得多。因此，透射模式下的仪器分辨率通常比反射模式略低。

4.2　X 射线粉末衍射实验

　　装配了高性能的 X 射线衍射仪并不一定能得到高质量、高分辨的衍射数据。在实验前应明确实验目标是定性的物相识别，还是定量物相分析、晶格参数精修、晶体结构解析、晶体结构精修等。根据实验目标制备满足要求的粉末样品、设置合适的实验参数后方可开展实验。

4.2.1　实验方案的制订

　　在做 X 射线粉末衍射实验之前，不仅要明确实验目标，还应当有一套清晰的实验方案，这样才能做到胸有成竹、有的放矢。要知道重复实验在很多情况下都是一件很痛苦的事。比如，用水热法或 CVD（化学气相沉积）法合成的样品，一般量都很少，可能不到 0.2g，勉强够做一次 X 射线粉末衍射实验。加之，在制备 X 射线粉末样品以及样品回收的过程中会有样品的损失（甚至污染样品），显然该样品已不够重复实验，还需重新合成样品。根据实验目标的不同，将 X 射线粉末衍射实验分为三种情况，如图 4-13 所示。

图 4-13　三种典型的 X 射线粉末衍射实验

1. 快速实验

　　在材料制备工艺优化的过程中，我们主要关注的是在不同合成条件下目标物相是否已生成、主相是什么、杂相是什么等问题，这涉及样品的定性物相分析（Qualitative Phase Analysis）。定性物相分析，即物相识别，用于解决材料“是什么”的问题。物相识别有助于调节合成参数、优化合成工艺，进而合成出高质量的目标样品。

　　物相识别是将实验测得的衍射峰的峰位、峰强与标准 PDF 卡片的峰位、峰强进行匹配，不需要非常准确的峰位、峰强信息，通常只需要几分钟或十几分钟的快速实验即可。铜靶 X 射线衍射仪的衍射角范围一般为 10°～80°（注：PDF 卡片中的最大衍射角约为 90°）。

2. 慢扫实验

　　如果我们关注不同合成条件，如反应温度、反应时间、溶液浓度、掺杂量等对产物的影响，就需要对产物进行定量物相分析（用于解决材料中各物相的相含量“是多少”的问题），需要准确的峰位、峰强信息；如果我们关注某一物相的结晶度，以及由层错、孪晶等缺陷引起的晶格应变，就需要提取准确的峰形参数；如果我们想确定不同合成条件下晶格参数的变化规律，就需要提取准确的峰位信息。这些分析需要有准确的峰位、峰强、峰宽，以高质量的衍射数据为前提。

　　慢扫实验一般需要几十分钟到几小时不等，取决于 X 射线探测器的性能。衍射角的范围取决于实验目标，比如通过指标化确定晶格参数主要利用低角区的衍射峰（具有大晶面间距、低指数的衍射峰都出现在低角区），一般衍射角在 5°～60°范围内即可。对于大分子、大晶胞，低指数的衍射峰将出现在小角区，此时考虑选用波长较长的 X 射线，如铬靶（同一个衍射峰，仪器波长越长，衍射角就越大，越有利于收集高分辨的衍射数据）。如果要精修晶格参数，则需要高指数的衍射峰（晶格参数对高指数的衍射峰更敏感），此时衍射角的范围大致在 $10°\sim 90°$，甚至到 $130°$。如果利用峰形分析来确定晶体缺陷，一般只需对某个或某几个衍射峰进行长时间慢扫即可，衍射角范围在几度到十几度不等。

3. 精细实验

如果合成了某个新材料，或者关注不同合成条件下原子的分布、原子配位环境的变化或键长、键角的改变，就需要进行晶体结构解析（Structure Solution）和晶体结构精修（Structure Refinement）。它们以高精度的衍射数据为前提，需要对衍射数据进行全谱拟合以提取准确的峰位、峰强、峰宽等信息。此时，需要几小时或十几小时的精细扫描，衍射角的范围一般为 $10°\sim 130°$。如果样品为有机物、聚合物，或仅含轻元素（散射能力较弱），则高角区的衍射非常弱（接近背底），一般衍射角在 $10°\sim 80°$ 范围内即可。

以上讲的几种实验方案（见图 4-13），还需具体问题具体分析。如果自己实验室有所需的 X 射线衍射仪，在机时允许的条件下建议收集高精度、大范围的衍射数据，以满足不同实验目标的数据分析需求。但如果需要去外单位测试，待测样品还很多，此时就需权衡实验条件和测试费用的问题。

4.2.2 粉末样品的制备

粉末样品的压制细节往往容易被忽视，但它会影响到衍射峰的峰位、峰强。不规范地制备粉末样品可能得到不可靠的、不可重复的衍射图。高质量的粉末样品的制备是得到高质量衍射数据的前提。3.3.3 节介绍过，仅当粉末样品中颗粒的数目趋于无穷且这些颗粒在三维空间中随机分布时，才能形成倒易格点分布均匀、连续的衍射球壳，才能收集到准确的衍射峰。

1. 确保粉末样品中颗粒的数目趋于无穷

假设待测的粉末样品为小圆片，圆片的直径为 D，厚度为 h。该圆片是由直径为 d 的粉末颗粒紧密堆积（无间隙）而成，那么小圆片中粉末颗粒的数目为

$$N = 1.1108 \frac{D^2 h}{d^3} \tag{4-6}$$

在典型实验中，小圆片的直径约为 10mm，厚度约为 2mm，粉末颗粒的数目 N 和直径 d 之间的关系如图 4-14 所示。当颗粒的直径为 50μm 时，该小圆片内包含约 1.8×10^6 个颗粒；当颗粒的直径减小到 10μm 时，该小圆片内包含约 2.2×10^8 个颗粒。此时，我们可近似认为粉末颗粒的数目已趋于无穷。

为了实现在 X 射线辐照的范围内粉末颗粒的数目趋于无穷，可以通过减小粉末颗粒的粒径来实现。我们可以在研钵中手动研磨样品，也可以借助球磨机自动研磨样品。不同硬度的材料研磨时间不同，通常将样品研磨到面粉状且无明显的颗粒感（人眼分辨率约为 100μm），就可近似认为满足粉末颗粒的数目趋于无穷的条件。如果是分散性较好的粉末样品，在扫描电子显微镜或光学显微镜下观察到其粒度在几微米量级。此时，也可不用研磨，直接压制粉末样品即可。

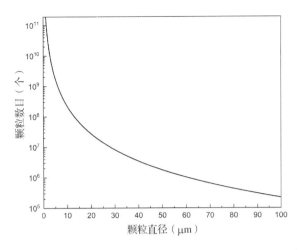

图 4-14　圆片状样品中粉末颗粒的数目和直径之间的关系

2．确保粉末颗粒的随机分布

如果粉末样品在三维空间中不是随机分布，而是择优生长，这将影响到衍射峰的峰强。如果在扫描电子显微镜下观察到偏离球状的形貌，如线状、棒状、平板状、片状等，那么该材料的某些晶面易于朝向 X 射线（类似于"向阳面"），相应的衍射峰将增强，而"背阴面"对应的衍射峰将减弱。

例如，$NbSe_2$ 材料长成六角片状，如图 4-15 所示。在压制粉末样品时，六角片状的样品易于平躺在样品槽中，使得(00l)晶面以更大的概率暴露在 X 射线下，对应的衍射峰明显增强。相反，(101)、(102)、(103)等晶面处于 X 射线的"背阴面"，对应的衍射峰明显减弱。因此，在择优取向的影响下，$NbSe_2$ 材料的粉末衍射图的峰强与标准 PDF 卡片出现明显偏差。

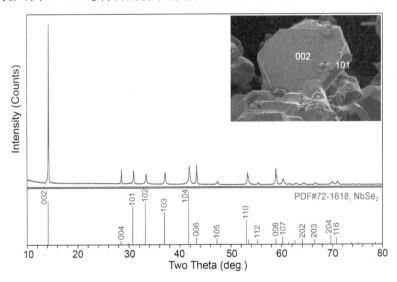

图 4-15　$NbSe_2$ 材料的择优取向对衍射强度的影响（与标准 PDF 卡片对比）

显然，在制备 X 射线粉末样品时需尽量减弱择优取向效应，否则分析含有择优取向的衍射数据，如定量物相分析、晶体结构解析、晶体结构精修等，所得结果很可能是不合理的。为了尽量减弱择优取向对粉末衍射数据的影响，可对样品进行充分研磨（该过程类似于水冲刷石块形成鹅卵石，石块的棱角会被打磨平），然后用微孔筛进行筛选（小颗粒将透过筛孔，而大颗粒或有择优取向的颗粒仍留在筛中）。在实验中，也可选用透射模式或以一定的速率旋转样品，这样也能减弱择优取向效应。

　　只有当粉末样品中颗粒的数目趋于无穷且这些颗粒在三维空间中随机分布，所测得的衍射数据才能表征样品的平均结构信息。相反，样品局域偏析或分布不均的混合物相（如原矿或混合物），如果未经充分研磨，同一样品进行不同次测试所得衍射图都可能不同。

3. 典型的粉末样品制备场景

　　在充分研磨粉末样品后需要将样品转移到样品台上。在 Bragg-Brentano 衍射仪的反射模式中最常用的样品台就是由玻璃或金属制成的方形或圆形的样品槽，如图 4-16 所示。下面介绍几种典型的粉末样品制备场景。

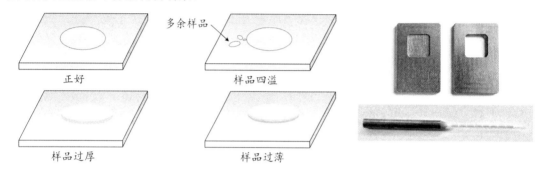

（a）粉末样品压制时的典型情况　　　　　　（b）平板样品槽和圆柱状样品

图 4-16　粉末样品的制备

　　（1）如果样品足够多，最好把样品填满整个样品槽，并用干净的玻璃片压实，使样品的上表面正好与样品槽的上表面齐平；黏附在样品槽四周的多余样品应清理干净。所压制的样品，其上表面应正好与样品槽的上表面齐平，样品不能过厚，也不能过薄，否则样品高度会引起衍射峰的左右偏移，甚至会引起衍射强度异常。注：如果粉末样品没有压平，则会引入较大的表面粗糙度。样品的表面粗糙度会影响衍射强度，在晶体结构精修中可能会出现负的全局结构因子。

　　（2）如果样品少，在保证样品的上表面与样品槽的上表面齐平的前提下，应使样品尽可能地靠近槽心（X 射线衍射仪的轴心），否则样品偏离 X 射线衍射仪的轴心也会引起衍射峰的左右偏移。

　　（3）如果样品非常少，也可以将样品用酒精分散后喷洒在样品槽的背面，所喷洒的样品应尽量集中在槽心处。

　　（4）有些块材的质地很硬，难以制成粉末，也可以切取小块，将新鲜表面一侧朝下放在空心样品槽中（保证样品的上表面与样品槽的上表面齐平），再用橡皮泥粘牢进行测试。

　　（5）如果样品易于氧化、潮解或不稳定，最好在手套箱中研磨样品，并将研磨好的粉末压制到带密封组件的样品槽中。待密封好后再从手套箱中取出进行测试。

　　（6）对于有择优取向的样品，压实样品的过程会加重择优取向效应。此时，可以把粉末样品分散到黏滞性好的有机溶剂（如火棉胶）中，充分搅拌后喷洒或涂抹在样品槽中，待样品固化后再进行测试。

4．样品的尺寸

（1）样品的长度、宽度

当样品过少、不够填满整个样品槽时，X 射线可能会照射到不被样品覆盖的样品槽上，在衍射图中必将包含样品槽的衍射信号。如果样品槽为玻璃，在衍射图中会出现玻璃的非晶鼓包；如果样品槽为晶体材料（如铝、铜等），则在衍射图中可能会出现很强的布拉格衍射峰（来自样品槽），这必将影响后期的数据分析。

由于 X 射线要经过发散狭缝的准直，样品的最小长度就是发散狭缝的长度，如图 4-17（a）所示。样品的最小宽度就是 X 射线在样品上的投影宽度。假设 X 射线经过发散狭缝的准直后，其发散角为 β，X 射线光源到 X 射线衍射仪轴心的距离为 R（X 射线衍射仪的半径），衍射角为 θ。根据图 4-17（b）中的几何关系可得，X 射线在样品上的投影宽度为

$$L = L_1 + L_2 = \frac{R\sin\dfrac{\beta}{2}}{\sin\left(\theta+\dfrac{\beta}{2}\right)} + \frac{R\sin\dfrac{\beta}{2}}{\sin\left(\theta-\dfrac{\beta}{2}\right)} \cong \frac{\beta R}{\sin\theta} \tag{4-7}$$

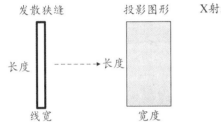

（a）X 射线经过发散狭缝后的投影图形

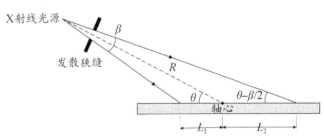

（b）X 射线在样品上的投影宽度

图 4-17　发散狭缝对样品长度、宽度的要求

例如，Bruker D8 Advance 衍射仪的半径为 350mm，X 射线经过发散狭缝的准直后得到的光斑尺寸为 0.3mm×11mm。如果发散角为 0.07°，测量范围为 10°～90°，那么 X 射线在样品上的投影宽度范围为 4.9～0.6mm，此时样品的最小宽度为 4.9mm；如果发散狭缝较大，发散角为 0.1°，测量范围仍为 10°～90°，那么 X 射线在样品上的投影宽度范围为 7.0～0.9mm，此时样品的最小宽度为 7mm。由此可知，在同一台 X 射线衍射仪上，最小样品宽度是由发散狭缝的宽度和最小衍射角决定的。发散狭缝的宽度越大（β 越大）、起始角越小，样品的最小宽度就越宽。

在实验中，如果样品比较少，应选用较窄的发散狭缝。将样品压制成长条状，样品的长度略大于发散狭缝的宽度，样品的最小宽度可由式（4-7）计算出。发散狭缝越窄，样品的最小宽度就越小（所需样品就越少）。选用较窄的发散狭缝不仅能有效屏蔽样品槽的衍射信号，还能有较高的分辨率，其缺点是衍射的强度较低。

（2）样品的厚度

当 X 射线照射到样品上时，如果样品较薄，在衍射图中可能出现样品槽的衍射信号。因此，在 Bragg-Brentano 衍射的反射模式下，粉末样品有最小厚度的要求。假设 99.9%的入射光被样品吸收，此时衍射图中不会出现样品槽的衍射信号。根据光吸收原理，有

$$\frac{I_t}{I_0} = \exp\left(\frac{-2\mu_{\text{eff}}t}{\sin\theta}\right) = 1 - 99.9\% \tag{4-8}$$

式中，μ_{eff} 为样品的线性吸收系数（单位为 cm^{-1}，还需考虑样品中的孔隙）；t 为样品的厚度（单位为 mm）。解式（4-8）就能估算出样品的最小厚度：

$$t \cong \frac{3.45}{\mu_{\text{eff}}}\sin\theta_{\max} \tag{4-9}$$

假设样品为铝，其线性吸收系数为 127.96cm^{-1}，测量的结束角 $2\theta = 90°$，则样品的最小厚度约为 0.2mm（考虑到样品中存在孔隙，样品的最小厚度比该值略大）。对于常规样品，尤其是含有重元素的样品，1mm 厚、压实的薄片足以屏蔽样品槽的衍射信号。对于有机物或聚合物，它们只含 H、C、N、O 等轻元素，吸收系数较小，需要较厚的样品才能屏蔽样品槽的衍射信号。

相反，在 Bragg-Brentano 衍射的透射模式下，要求 X 射线能尽可能多地透过样品。如果样品是有机物或聚合物，X 射线能穿过常规圆柱状样品。如果样品中含有重元素，需要选用合适管径的毛细管制备圆柱状样品。需要注意的是，毛细管越细，管内的粉末颗粒越少，衍射信号的统计性就越差。

5. 样品位移

X 射线衍射还与样品的相对厚度有关，它会使衍射峰整体左右偏移，严重时会导致衍射的强度异常。样品上表面偏离 X 射线衍射仪的轴心而引起的衍射峰左右偏移的现象称为样品位移（Sample displacement）。

在 Bragg-Brentano 聚焦衍射几何中，样品上表面偏离 X 射线衍射仪轴心的距离为 s，如图 4-18（a）所示。根据几何关系可得，样品位移 s 与衍射角偏差 $\Delta 2\theta$ 的关系为

$$\Delta 2\theta = -\frac{2s}{R}\cos\theta \tag{4-10}$$

式中，R 为 X 射线衍射仪的半径。假设 X 射线衍射仪的半径为 350mm，不同的样品位移产生的衍射角 2θ 的偏移如图 4-18（b）所示。从图中可以看出，低角区的衍射峰易受样品位移的影响。当样品位移为 0.2mm 时，低角区的衍射峰相对于理想情况偏移了 0.06°。因此，在压制粉末样品时，要用玻璃片（或毛玻璃片）压实样品，并使样品的上表面与样品槽的上表面齐平。另外，在把压制好的样品安放到 X 射线衍射仪上时应严格调节样品高度，使样品槽的上表面正好抵到或卡到 X 射线衍射仪轴心上。

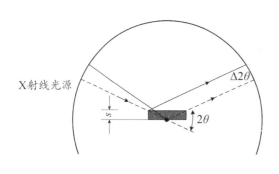

（a）几何关系

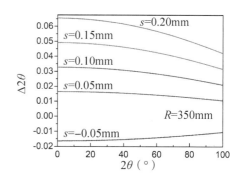

（b）样品位移效应

图 4-18　样品位移

4.2.3　实验参数的设置

在压制好粉末样品后，需要设置实验参数来记录衍射数据。衍射数据的质量好坏不仅取决于粉末样品，还取决于实验参数的设置。本节简要介绍一下实验参数的设置。

1. 波长的选择

入射 X 射线的波长是由 X 射线光管决定的。X 射线波长的选择就需要更换 X 射线光管或选用所需波长的 X 射线衍射仪。铜靶产生的 X 射线，波长较为适中，是最常用的 X 射线。铬靶、铁靶、钴靶产生的 X 射线，波长较长，所记录的衍射峰的衍射角 2θ 相对较大、衍射强度相对较高，能记录高分辨的衍射数据，但在相同的 2θ 范围内所记录的衍射峰的数目较少。钼靶产生的 X 射线，波长相对较短，能记录大量的衍射峰，但分辨率相对低一些。因此，X 射线波长的选择取决于实验目标，以及不同分析方法对数据的要求。

另外，还需考虑样品中是否含有某些元素，其吸收边正好与阳极靶产生的 X 射线重合。如果有，则这些元素会吸收入射光，这个阳极靶就不适合测试这种样品。例如，钴元素的 K 吸收边约为 1.61Å，而铜靶所产生的 X 射线波长约为 1.54Å，所以铜靶产生的 $K\alpha_1$ 和 $K\alpha_2$ 几乎都被样品中的钴元素吸收了。铁靶和钴靶适合用于记录含钴、铁元素样品的衍射数据。

X 射线照射到某些样品上还可能产生 X 射线荧光。这些 X 射线荧光向四周发射，一般只会增强衍射数据的背底，不会出现额外的衍射峰。

2. 单晶单色器

在入射光路和衍射光路中都可以使用单晶单色器。例如，在入射光路中用 β 滤波片来滤除 Kβ 射线；用单晶单色器来滤除 $K\alpha_2$ 射线。经过单晶单色器的作用，在衍射图中只含 $K\alpha_1$ 的衍射峰，或者含 $K\alpha_1$ 和 $K\alpha_2$ 的衍射峰，这样能大大降低衍射峰的重叠，有利于后期的数据分析。

β 滤波片的结构简单、价格便宜，比较常用。单晶单色器相对比较昂贵，同时它还会使 X 射线的亮度减弱数倍，需要更长的收集时间。

3. 入射束狭缝

在实验中应根据样品尺寸、X 射线的聚焦衍射几何来选择合适的狭缝。例如，在 Bragg-Brentano 衍射的反射模式中，要求在测试的衍射角范围内，X 射线在样品上的投影不能超出样品。这就需要选择合适的发散狭缝，使 X 射线在样品槽上的投影光斑总照射在样品上。在实验前把样品尺寸和最小衍射角 θ 代入式（4-7），计算出发散角 β（单位为°）。发散角通常用发散狭缝的宽度（单位为 mm）表示，如果 X 射线光源到发散狭缝的距离为 r（单位为 mm），那么发散狭缝的宽度和发散角之间可用 β（mm）$= r \times \beta$（°）/ 57.3 来转换。值得注意的是，X 射线的亮度近似与发散狭缝的宽度成正比，发散狭缝越窄，X 射线的亮度就越低。

索罗狭缝用来调节轴向发散度，它可以削弱低角区布拉格衍射峰的非对称展宽。较宽的索罗狭缝对应于较大的轴向发散度，会导致衍射峰的低角区部分的"尾巴"大而高角区部分的"尾巴"小，即非对称展宽（会降低分辨率）。高角区的衍射峰中仍有非对称展宽，只是不明显而已。

4. 衍射束狭缝

在衍射束中插入宽度合适的接收狭缝能提高仪器的分辨率。接收狭缝越窄，仪器分辨率越高。但是接收狭缝越窄，进入 X 射线探测器的衍射信号就越弱（X 射线的强度近似正比于接收狭缝的宽度）。因此，在实验中应权衡仪器分辨率和衍射强度，选用宽度合适的接收狭缝。

在现代 X 射线衍射仪中通常配有可变狭缝（Variable Slits），如发散狭缝、索罗狭缝、接收狭缝等。在实验中，软件将自动改变狭缝的宽度，使得在测试过程中 X 射线总是照射到相同的样品区域上，这样不仅能平均化样品的择优取向效应，还能增强高角衍射的强度。但软件在自动改变狭缝宽度时也在校正衍射强度，会在衍射数据中引入额外的校正误差。在定量物相分析、晶体结构解析、晶体结构精修等分析中最好不用可变狭缝。

5. X 射线衍射仪的功率

加速电压（单位为 kV）和光管电流（单位为 mA），即管压和管流，是 X 射线衍射仪的主要参数，每台 X 射线衍射仪都有额定功率。在实验中所设定的管压应略高于从阳极靶中打出 X 射线效率最高时的管压，例如，铜靶的最佳管压约为 45kV。由于每个阳极靶的最佳管压是固定的，在低于额定功率的前提下应选用尽可能高的管流，因为 X 射线的强度正比于管流。

管压和管流的设定还需考虑 X 射线光管的寿命。一般情况下，X 射线光管的寿命为几千小时，大约能工作 1 年。但如果实验设定的功率低于额定功率的 75%，这在一定程度上就能延长 X 射线光管的寿命。

6. 步进扫描与连续扫描

步进扫描和连续扫描是 X 射线衍射仪的两种典型的扫描模式，用来定义 X 射线光源、样品、X 射线探测器的移动特征。

（1）步进扫描

在衍射实验中，X 射线光源、样品、X 射线探测器不动，而测角仪间歇性地转动，这种扫描方式就称为步进扫描（Step Scan）。步进扫描的基本过程：测角仪转动到某个位置 2θ→在计数时间 t 内测量衍射强度→计数时间结束后保存衍射角和衍射强度→测角仪转动到下一个位置 $2\theta+\Delta2\theta$→继续上述过程。

在步进扫描中，需要设置步长 $\Delta2\theta$ 和计数时间 t。步长在整个实验中是固定值，通常取 $0.01°\sim0.05°$。铜靶的典型步长为 $0.02°$，钼靶的典型步长为 $0.01°$。短步长能提高扫描分辨率（但不会提高仪器分辨率）但实验耗时长，长步长实验耗时短但分辨率会低一些。一般情况下，为了能较好地描述衍射峰，每个衍射峰至少需要测 $8\sim12$ 个数据点。

计数时间是在每一步中探测 X 射线所用的时间，一般为常数。计数时间越长，所探测到的 X 射线的统计性就越好，但实验耗时就越长。

（2）连续扫描

连续扫描（Continuous Scan）是测角仪按一定的扫描速率连续转动，同时周期性地保存衍射角和计数率。连续扫描的基本过程：从某一角度 2θ 开始，测角仪根据设定好的扫描速率开始转动，同时 X 射线探测器开始探测 X 射线→在步长 $\Delta2\theta$ 范围内，X 射线探测器不断累计 X 射线→当测角仪转动到 $2\theta+\Delta2\theta$ 时保存衍射角和计数率，计数率重置为零→进入下一个循环。

在连续扫描中，实验变量是步长 $\Delta2\theta$ 和扫描速率 r。连续扫描中步长的设置与步进扫描相同，此处不再赘述。扫描速率 r 和步进扫描中的计数时间 t 可相互转化，$r=60\times\Delta2\theta/t$。

例如，连续扫描的扫描速率为 $r = 0.1(°)/min$，步长为 $\Delta 2\theta = 0.02°$，那么相同步长的步进扫描中计数时间为 12 秒/步。

在现代 X 射线衍射仪中，步进扫描和连续扫描得到的数据几乎是一样的，没有明显区别。一般认为步进扫描的角度误差略小一些，适用于晶格参数的准确测定。连续扫描常用在快速实验中，步进扫描常用在慢扫实验或精细实验中。

7. 扫描范围

在衍射实验中通常需要设置扫描范围（Scanning Range），即衍射的起始角和结束角。从数据分析角度考虑，扫描范围越宽，衍射图中所含的衍射峰就越多，所得到的分析结果就越可靠。但在衍射实验中，我们还需考虑仪器、样品、扫描时间、测试费用、实验目标等诸多因素的影响，一般设置扫描范围为 10～80°。

（1）起始角

衍射的起始角取决于样品的第一个衍射峰，一般从第一个衍射峰之前几度开始扫描。也就是说，测量时除了需要完整地记录第一个衍射峰，还需要记录第一个衍射峰之前的部分背底数据。例如，图 4-19 为板钛矿相二氧化钛的 X 射线衍射图，第一个衍射峰（很弱）在 19°附近，那么起始角可设置为 15°。而板钛矿相二氧化钛在 1～15°范围内没有衍射峰，所以在这个范围内不用测量。这样不仅可以节约实验时间，还可以减少测试费用。

对于已知结构的材料，通常也可以从第一个较强的衍射峰开始扫描。例如，由于图 4-19 中板钛矿相二氧化钛的第一个衍射峰非常弱，即使从 20°开始扫描也不会影响物相识别、定量物相分析的准确性，对定量物相分析、晶格参数的确定，甚至对晶体结构精修等的影响也很小。因此，对于已知结构的材料，最好在实验前查看该结构的 PDF 卡片，根据 PDF 卡片中衍射峰的特征来确定起始角。

对于未知结构的材料，如果要通过指标化确定材料的晶格参数，低角区的衍射峰是很关键的，在仪器允许的条件下应从尽量小的角度开始扫描。例如，Bruker D8 Advance 衍射仪的最小衍射角可到 1°，而有些 X 射线衍射仪则不支持扫描 1～5°的低角区。当衍射角较小时（如小于 10°），X 射线在样品上的照射区域可能超出样品，直接照射到样品台上，以致出现极强的背底信号。另外，X 射线衍射实验一般不会设置起始角小于 1°，因为此时会有大量的入射 X 射线直接照射到 X 射线探测器上，这很可能会烧坏 X 射线探测器。因此，对于未知结构的材料，建议从仪器允许的最小角度开始花两三分钟进行快速扫描（如扫描速率为 5～10°/min），测到第一个衍射峰出现为止。之后，再从第一个衍射峰开始进行精细扫描。

（2）结束角

最大可测量的衍射角是由 X 射线衍射仪的结构决定的，比如在实验时 X 射线光管和 X 射线探测器相向转动，当转动到某一角度 θ_{max} 时，X 射线光管就会碰到 X 射线探测器。典型的现代 X 射线衍射仪的最大可测量的衍射角可达 140°～160°，不会到 180°。

结束角的设置主要取决于实验目标。例如，要进行物相识别，只需记录到 5～9 个较强的衍射峰即可。对于铜靶 X 射线衍射仪，结束角为 50°～70°就足以进行物相识别。如果要精确确定晶格参数或进行晶体结构精修，需要测量高角衍射数据。此时，我们可以先从 50°～80°开始快速扫描（如扫描速率为 5～10°/min）到仪器的极限角度，再从衍射图中找到最后一个可识别的衍射峰作为测量的结束角。如果是含 C、H、O、N 等轻元素的有机物或聚合物，这些元素对X射线的散射能力很弱，其高角衍射信号大多湮没在背底信号中，就没必要去测量高角衍射数据了。

另外，结束角还取决于X射线衍射仪的波长，如图4-19（b）所示。将板钛矿相二氧化钛在装有铬靶（$\lambda = 2.2897$Å）的X射线衍射仪上测试，$2\theta = 120°$时的数据等效于在装有铜靶（$\lambda = 1.54056$Å）的X射线衍射仪上71°测得的数据，等效于在装有钼靶（$\lambda = 0.7093$Å）的X射线衍射仪上31°测得的数据。也就是说，X射线衍射仪的波长越短，衍射数据就越向低角区压缩。在相同角度范围内，X射线衍射仪的波长越大，所测得的衍射峰就越少。

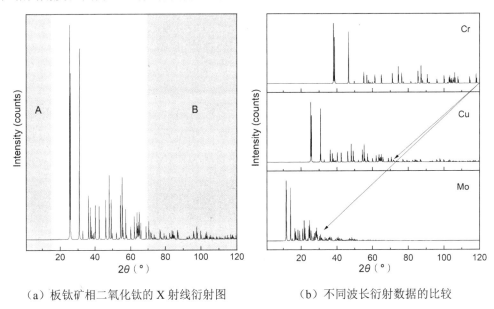

（a）板钛矿相二氧化钛的X射线衍射图　　　　（b）不同波长衍射数据的比较

图4-19　衍射角、阳极靶对X射线衍射数据的影响

4.2.4　实验数据的评估

对衍射数据进行评估最直观的方法就是观察数据是否平滑、是否有"毛刺"等。图4-20给出了同一样品在同一仪器上用相同的步长（$\Delta 2\theta = 0.02°$）分别以10°/min和3°/min进行扫描得到的衍射图。显然，图4-20（a）中噪声比较明显，背底中出现大量"毛刺"，数据也不太平滑；图4-20（b）中数据较为平滑，其信噪比较高。

从统计角度考虑，假设探测到N个X射线光子，这些光子的分布可用泊松分布表示，$\sigma = \sqrt{N}$，则每次探测的误差ε与置信度有关，$\varepsilon = Q\sigma / N \times 100\% = Q / \sqrt{N} \times 100\%$。当置信度为50%、90%、99%、99.9%时对应的Q值分别为0.67、1.64、2.59、3.09。也就是说，要想在50%的置信度下在强度测量中有3%的误差，需要探测约500个X射线光子；要想在99%的置信度下在强度测量中有3%的误差，需要探测约7500个X射线光子；要想在50%、99%的置信度下在强度测量中有1%的误差，计数率分别高达4500、67000。以上分析仅考虑统计误差，没有考虑系统误差和随机误差，所以实际的实验数据对计数率的要求比上述要求要高。

为了把控数据库中的衍射数据质量，ICDD对粉末衍射数据有如下要求：

- 相对强度高于50%的衍射峰，其计数率不低于50000。
- 相对强度为5%的衍射峰，其计数率不低于5000。

为了获得高质量的衍射数据，在X射线衍射仪功率恒定的情况下可以降低扫描速率或延长每一步的计数时间，也可以增大发散狭缝的宽度，但需要权衡利弊：

- 降低扫描速率或延长每一步的计数时间会使实验时间成倍增加。对于不稳定的样品，这是不可取的。
- 增大发散狭缝的宽度能提高衍射强度，同时 X 射线在样品上的照射面积也会增大。此时，X 射线很可能照射到样品台上，在衍射图中会出现样品台的衍射信号。
- 增大接收狭缝的宽度能提高衍射强度，但会降低分辨率。
- 增大 X 射线衍射仪的输入功率能提高衍射强度，但会缩短 X 射线光管的寿命。

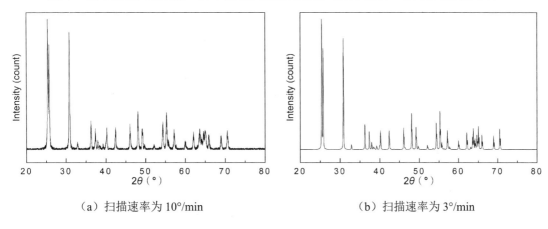

（a）扫描速率为 10°/min　　　　　（b）扫描速率为 3°/min

图 4-20　同一样品在同一仪器上以不同扫描速率扫描得到的衍射图

4.3　X 射线衍射仪的日常维护

4.3.1　实验环境和冷却水

1．实验环境

良好的实验环境是 X 射线衍射仪长期、稳定运行的前提。实验室应配备空调和除湿机，确保室内温度在 15～25℃范围内，相对湿度在 20～50%范围内。温度过高易导致电子元器件烧坏，湿度过高会导致电子元器件受潮，从而影响仪器的正常使用。要保持实验室干净、整洁，以免灰尘吸附到电子元器件上。

2．冷却水

冷却水的主要作用是冷却阳极靶。为了有效地冷却阳极靶，建议水温在 15～20℃范围内。为了让室内水冷机高效制冷，建议室温不应高于 25℃。如果采用室外水冷机，夏天应避免太阳直射，冬天谨防结冰。应每天检查水箱是否漏水，水温、水压是否正常。应定期添加冷却水（建议用去离子水或蒸馏水），不能使用自来水，以免管道结垢。

4.3.2　升降管流、管压和 X 射线光管老化

1．管流不能高于灯丝的饱和加热电流，否则会缩短灯丝寿命

在样品测试之前，需要将管流、管压升到工作状态。当管流从零逐渐升高时，灯丝慢慢

被加热。当灯丝加热到2000～2700K时，灯丝就能发射出电子，且随着管流的升高，电子束的电流密度也随着升高。当管流升高到某个值时，电子束的电流密度达到饱和，该电流称为灯丝的饱和加热电流。因此，在实验中，当管流低于灯丝的饱和加热电流时，通过提高管流可以提高X射线的亮度。但是，当管流高于灯丝的饱和加热电流时，继续升高管流对提高X射线的亮度是无益的。另外，管流越高，灯丝温度越高，灯丝就越容易氧化、熔化，灯丝寿命将大幅缩短。

2. 缓慢升降管流、管压

灯丝的加热或冷却总会伴随"热胀冷缩"，产生热应力。在升降管流时，建议分步操作，并在每一步保持数分钟以充分释放灯丝上的热应力。如果长期快速升降管流，灯丝寿命可能大幅缩短。通常，在升降管流时也会同时升降管压，缓慢升降管流、管压不仅能提高管流、管压的稳定度，还有利于延长灯丝寿命（注：在实际操作中，单击"升""降"按钮就能自动升降管流、管压。在软件控制下先升管压、再升管流，或者先降管流、再降管压）。

3. X射线光管老化

在每天测试结束后，要将X射线衍射仪设置为待机状态。如果是新的X射线光管，或者X射线衍射仪连续数天处于关机状态，就需要对X射线光管进行老化。在软件的控制下，用1～2个小时按一定的步长逐步将管压升到几十千伏，以检查X射线光管的高压稳定性，改善X射线光管内的真空度。

4.3.3 光路合轴

在测试前需确保X射线衍射仪处于良好的合轴状态，否则仪器零点可能存在较大的漂移，峰形会出现明显的非对称特征，衍射强度也会出现异常。

首先，微调X射线光管的位置使X射线沿光路入射。换上标样，撤出光路中的所有准直器（狭缝、滤波片等）。此时，由于X射线的能量很高，直接照射到X射线探测器上可能会烧坏探测器，所以在光路中插入铜滤波片，在滤除大部分能量后再照射到X射线探测器上。实时采集标样的某个特征峰，如单晶硅的(111)衍射峰，并微调X射线光管的位置螺丝，直到衍射峰的强度最强为止。

之后，在光路中插入发散狭缝、索罗狭缝、接收狭缝等。

最后，对标样的某个特征峰进行慢扫，并对其衍射峰进行拟合。通过软件或硬件校正，使得拟合的峰位与标准PDF卡片中的峰位重合，即实现了仪器零点的校正。

4.3.4 标准样品

在X射线衍射仪的维护、常规实验中经常用到标准样品（Standard Sample），简称标样。例如，在仪器维护过程中需要用标样进行光路合轴、仪器零点校正；在指标化、晶格参数精修、晶体结构解析和晶体结构精修等之前需要用标样来制作角度校正曲线；在计算晶粒尺寸、分析晶格应变之前需要用标样制作仪器半高宽曲线。

什么样的材料能作为标样？所选用的标样应该具有较高的对称性、较小的晶胞体积，因为具有高对称性的晶体衍射峰比较少、衍射强度比较高，小晶胞能产生强的衍射峰。在理想情况下，一个晶胞里仅含一两个原子，且为重原子，这样高角区的衍射就会比较强。标样的吸收效应不应太强，否则吸收效应会削弱某些衍射峰。标样要结构稳定（在室温下能长期保存）、纯度高、粒径（几微米）和形貌（最好为球形）均匀、无明显应力、无毒，并且能批量制备。

典型的标样有 Si、Ni、ZnO、CeO_2、Al_2O_3、Cr_2O_3、Y_2O_3、LaB_6。这些标样可以从美国国家标准与技术局（National Institute of Standards and Technology，NIST）购买，但其价格非常贵。简单地，将单晶硅在酒精中充分研磨所得到的硅粉也可作为标样。

4.3.5　制作角度校正曲线

准确测定衍射峰的峰位是准确确定晶格参数的前提。仪器零点的校正仅用某一衍射角处的衍射峰进行校正，只能校正固定衍射角的偏差。为了校正不同衍射角处的衍射峰的峰位偏差，需要进行如下操作：

- 收集标样的衍射数据：在较宽的扫描范围（如 5～120°）内对标样进行慢扫，得到标样的衍射数据。
- 制作角度校正曲线：在 MDI Jade 软件中对标样的衍射数据进行拟合，提取所有衍射峰的峰位→添加标样的标准 PDF 卡片→单击菜单"Analyze/Theta calibration..."，在弹出的对话框中单击"Internal"面板，如图 4-21 所示。在①处选择校正类型"Correction Type"，"Zero Offset"为仪器零点（常数项），"Linear Fit"为线性拟合，"Parabolic Fit"为二次多项式拟合。选择好校正类型后，单击②处的"Calibrate"按钮进行拟合、校正，再单击③处的"Save"按钮，保存校正曲线。
- 调用角度校正曲线进行角度校正：单击菜单"Analyze/Theta calibration..."，在"External"面板中的④处选择校正方式"Overlay the Calibrated Pattern"或"Replace the Original with the Calibrated"，如图 4-21 所示。如果需要在打开数据时就自动校正，则在⑤处勾选"Calibrate Patterns on Loading Automatically"。最后单击"Apply"按钮。

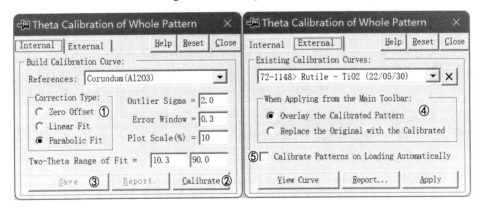

图 4-21　角度校正曲线的制作与调用（MDI Jade 软件）

4.3.6　制作仪器半高宽曲线

在分析晶粒尺寸、晶格应变时，需要从衍射峰中剥离仪器展宽部分的贡献；在进行晶体结构精修时，需要设置峰形参数。制作仪器半高宽曲线的方法如下：

- 收集标样的衍射数据：在较宽的扫描范围（如 5～120°）内对标样进行慢扫，得到标样的衍射数据。
- 制作仪器半高宽曲线：在 MDI Jade 软件中进行全谱拟合，单击菜单"Analyze"→"FWHM

Curve Plot",制作仪器半高宽曲线。

- 保存仪器半高宽曲线：单击菜单"File"→"Save"→"FWHM Curve of Peaks"，保存仪器半高宽曲线。

在分析晶粒尺寸、晶格应变时，软件将自动调用仪器半高宽曲线。在进行晶体结构精修前，先查看仪器的半高宽参数。如图 4-22 所示，单击菜单"Edit"→"Preferences"，在"Instrument"面板中的①处选择"Constant FWHM"，在②处勾选"Tan(T)"。之后，在①处选择已制作好的仪器半高宽曲线，单击"View FWHM Curve"按钮就能显示仪器半高宽曲线。在 MDI Jade 软件中，仪器半高宽曲线定义为 $FWHM = f_2\tan^2\theta + f_1\tan\theta + f_0$（常规半高宽的定义为 $FWHM = U\tan^2\theta + V\tan\theta + W$）。因此，在③处显示的参数"f0""f1""f2"就对应于半高宽参数 W、V、U（单位为°）。

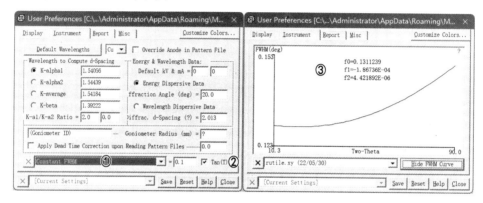

图 4-22 半高宽曲线的制作（MDI Jade 软件）

这些参数可近似作为 FullProf 软件中的高斯峰宽参数，而在 GSAS 软件中，峰宽参数的单位为百分度，MDI Jade 软件中的半高宽参数要乘以 100（$100U$、$100V$、$100W$）才能作为 GSAS 软件中的近似峰宽参数。

4.3.7 X射线的防护

X 射线看不见也摸不着，即使已经暴露在 X 射线下，我们也感觉不到。因此，一提到 X 射线或辐射，很多人就感到疑惑，甚至会恐慌。例如，日本福岛核泄漏事件引起了很多人的恐慌，有的人在安检、拍胸片或做 CT 扫描等时也会害怕。因此，我们有必要增强 X 射线安全意识、了解相关的防护知识。

X 射线的能量是通过电离辐射的形式传递到材料上，会引起化学键的断裂。对于活体组织而言，化学键的断裂会引起细胞的结构和功能的改变。对于人体而言，X 射线会出现随机效应和非随机效应两种。例如，长时间、大剂量的电离辐射可能会引起基因变异、癌变。随着人体对 X 射线的累计吸收剂量的增加，基因变异和癌变的概率会增大，但这些事件的发生并没有明确的时间表和确定的累计剂量。电离辐射还会导致不孕不育、皮肤红斑及溃烂、白内障等，症状的严重程度会随辐射剂量的增加而加重。

人体不同器官对 X 射线的累计效应是有差异的，如表 4-2 所示。人们每天都会受到各种宇宙射线的辐射，在人体内存在一定的累计剂量（本底剂量）。从表 4-2 中可以看出，平常人们在医院中进行的少量、常规的 CT 扫描或 X 射线胸片、口腔 X 射线照相对人体并无明显影响，但需要避免短期内多次、不间断扫描。处于妊娠期应及时告知医生、遵医嘱，以免造成胎儿畸形、智力低下等问题。

表 4-2　常见 X 射线辐射对人体器官的影响[17]

扫描方式、部位	近似的有效辐射剂量 /msv	与地球本底剂量比较	致癌程度
CT 扫描腹部和盆腔	15	5 年	轻
重复两次 CT 扫描腹部和盆腔	30	10 年	中
CT 扫描结肠	10	3 年	轻
静脉注射肾盂照相	3	1 年	轻
脊椎 X 射线照相	1.5	6 月	很轻
CT 扫描脊椎	6	2 年	轻
CT 扫描头部	2	8 月	很轻
CT 扫描胸腔	7	2 年	轻
胸部 X 射线照相	0.1	10 天	非常轻
口腔 X 射线照相	0.005	1 天	可忽略
冠状动脉成像	16	5 年	轻

通常，X 射线衍射仪有严格的 X 射线屏蔽措施。仪器在出厂前都需要进行严格的辐射剂量检测，只有满足相关国家标准才能出厂。此外，在实验室中还可以采取以下防护措施：

- 在 X 射线衍射仪旁粘贴"电离辐射"警示牌，提醒大家测试期间请勿靠近。离辐射源越远，X 射线衰减越多，辐射剂量就越低。
- 在进行衍射实验测试期间，粘贴"实验进行中，请勿强行开门"的标识。大多数 X 射线衍射仪，如果仪器的屏蔽门没有关好，是不会发射出 X 射线的。在仪器运行期间，如果强行打开仪器的屏蔽门，X 射线会自动停止。
- 为屏蔽杂散 X 射线，仪器的屏蔽门用铅玻璃制成。但缝隙或接口处仍可能有少量杂散 X 射线泄露。因此，出于安全考虑，需要用特制的铅板或铅玻璃把工作区（实验人员活动区域）和仪器隔开。
- 长期从事衍射实验的相关人员每年定期进行个人 X 射线有效剂量的检测。

小结

本章首先介绍了 X 射线衍射仪的主要结构（测角仪），在测角仪上按 X 射线的聚焦衍射几何安装了 X 射线光管、样品、X 射线探测器。在 X 射线光管中，高能电子轰击阳极靶打出 X 射线。所打出的 X 射线是"白光"，需要用 β 滤波片滤除 Kβ 射线，还可选配单晶单色器滤除 Kα₂ 射线。经过滤波后的 X 射线还需要经过发散狭缝和索罗狭缝的准直才能照射到样品上。X 射线被样品散射后经过索罗狭缝、接收狭缝的准直进入 X 射线探测器。在 X 射线粉末衍射中，Bragg-Brentano 是最常用的聚焦衍射几何。Bragg-Brentano 聚焦衍射几何有两种衍射模式：反射模式和透射模式。

在实验前需要结合自己的实验目标制订实验方案，常见的实验方案有三种。快速实验用于物相识别，慢扫实验可用于定量物相分析、晶粒尺寸和晶格应变分析、结晶度分析等，精细实验可用于晶体结构解析与晶体结构精修。另外，还需要根据实验目标选择合适波长的 X 射线衍射仪。

在开展 X 射线粉末衍射实验时，需要仔细制备粉末样品。不规范地制备样品可能引起衍射峰的偏离，得到不可靠的衍射强度。如果是具有择优取向的样品、带衬底的薄膜样品、微量物相样品等，尤需注意制样过程。测试前需要按实验方案设置起始角、结束角、步长或扫描速率。

在常规衍射仪的日常维护中，要缓慢升降管流、管压，以免缩短灯丝寿命。要定期开展光路合轴，做好仪器零点校正。在定量分析前需要制作角度校正曲线、仪器半高宽曲线。如果要长期开展 X 射线粉末衍射实验，需定期做好实验室 X 射线泄露检测。在做好 X 射线防护的同时，还应定期进行个人 X 射线累计剂量的检测。

思考题

1．X 射线如何产生？怎样才能提高 X 射线的强度？

2．X 射线的波长由什么决定？如何命名 X 射线？

3．β 滤波片、单晶单色器的工作原理是什么？它们在 X 射线的调节中起什么作用？

4．在 Bragg-Brentano 聚焦衍射几何中，反射模式和透射模式有什么区别？其优缺点分别是什么？

5．为什么要在 X 射线粉末衍射实验前制订实验方案？常见的实验方案有哪些？

6．在压制粉末样品时需要注意哪些问题？该如何避免制样对衍射数据的影响？

7．对于特殊样品，如具有择优取向的样品、带衬底的薄膜样品、微量物相样品等，该如何测试？

8．常见的实验参数有哪些？它们对实验数据有什么影响？

9．在开、关 X 射线衍射仪时有哪些注意事项？什么时候需要做 X 射线光管老化？

10．如何标定 X 射线衍射仪？如何制作角度校正曲线？该曲线的作用是什么？

11．如何制作仪器半高宽曲线？该曲线的作用是什么？

12．如何做好 X 射线防护？

第5章
X射线粉末衍射的理解

第4章介绍了X射线粉末衍射的实验技术，由于实验目标不同，所采取的实验方案也不同，从而得到一系列的衍射数据。得到衍射数据后，需要将衍射数据可视化、图形化，以便观察衍射图中衍射峰的峰位、峰强、峰宽的特征。如果是系列衍射数据，则能观察各衍射峰的峰位、峰强、峰宽随实验变量的变化。结合衍射图中衍射峰的峰位、峰强、峰宽与晶体结构的关系，我们不仅能描述衍射图的特征，还能读懂衍射图中由衍射峰的峰位、峰强、峰宽引起的晶体结构变化特征。

5.1　X射线粉末衍射概述

在 3.3.3 节中介绍过 X 射线衍射仪由 X 射线光管、样品、X 射线探测器三部分组成。我们用半径为 $1/\lambda$ 的艾瓦德球来表示 X 射线（入射光），用一系列半径为 $1/d_{hkl}$ 的同心衍射球壳来表示由不同晶面组成的粉末样品。粉末样品中小晶粒的晶面定义了衍射球壳的半径，粉末样品中小晶粒的数目决定了衍射球壳所含的倒易格点的数目，粉末样品中的小晶粒在三维空间中随机分布决定了这些倒易格点在衍射球壳上的分布特征。

例如，单晶样品（只有一个晶粒且晶粒在三维空间中的取向是确定的），其衍射球壳不再是完整的球壳，而是由离散的、对称分布的倒易格点组成的。图 5-1 所示为五重孪晶，它由 5 个结构相同的晶粒在三维空间中按一定角度分布而形成。每个晶粒产生一套点状衍射图，该孪晶的衍射图就是各部分晶粒衍射图的叠加。也就是说，如果构成粉末样品的晶粒足够多，这些晶粒在三维空间中随机分布，那么粉末样品的各衍射球壳上的倒易格点就能随机、均匀分布，形成倒易格点连续、均匀分布的衍射球壳，即同一衍射球壳上的倒易格点密度处处相等。由这种衍射球壳产生的二维衍射就是环状的衍射图，如图 5-1（c）中的虚线圆环所示。相反，如果构成粉末样品的晶粒不够多，并且在三维空间中不随机分布（存在择优取向），那么衍射球壳上的倒易格点将分布不均匀，在衍射球壳的某些位置上分布很密，而另一些位置上分布比较稀疏，由此形成的二维衍射图就是由一些离散衍射点构成的圆环，如图 5-1（c）中的亮点所示。

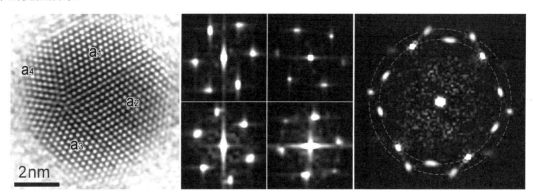

（a）五重孪晶的高分辨图像　　（b）a_1~a_4 各孪晶产生的衍射点　　（c）由五重孪晶形成的衍射图

图 5-1　五重孪晶

当艾瓦德球与衍射球壳相截时，正好满足布拉格衍射条件：

$$\frac{1}{\lambda}2\sin\theta=\frac{1}{d}\qquad\qquad(5\text{-}1)$$

用等号左边的 $1/\lambda$ 构造艾瓦德球，用等号右边的 $1/d$ 构造衍射球壳，$2\sin\theta$ 表示衍射的几何关系。在多晶粉末衍射中，每个满足布拉格衍射条件的晶面都对应于立体角为 4θ 的衍射锥。由不同晶面的衍射锥在 X 射线探测器上的投影就能得到二维同心衍射环或一维衍射峰。

5.2　X 射线粉末衍射图的模拟

为了更好地理解 X 射线粉末衍射与晶体结构的关系，本节主要介绍如何利用 MDI Jade 软件[35]模拟 X 射线粉末衍射图。X 射线粉末衍射图的模拟包括两个步骤：一是利用晶体结构数据计算 PDF 卡片；二是利用 PDF 卡片模拟 X 射线粉末衍射图。

学习内容	利用晶体结构数据计算 PDF 卡片，利用 PDF 卡片模拟 X 射线粉末衍射图					
结构数据	Rutile.cif					
晶体结构	空间群：$P4_2/mnm$。晶格参数：$a = b = 4.60099$Å，$c = 2.96339$Å					
	Type	x	y	z	Occ.	B_{iso}
	Ti1	0	0	0	1	0.14
	O1	0.3047	0.3047	0	1	0.09

5.2.1　利用晶体结构数据计算 PDF 卡片

（1）打开软件：打开 MDI Jade 软件，单击菜单"Options"→"Calculate Pattern…"，弹出"Calculate XRD Powder Pattern"窗口，如图 5-2 所示。MDI Jade 软件的安装步骤见 6.1 节。

（2）建立晶体结构模型：有两种方法。第一种方法：从"Phase"面板中的①处直接导入 cif 文件。在本例中，单击①处的 图标，打开晶体结构数据文件"Rutile.cif"即可。

第二种方法：若没有 cif 文件，但已知晶体结构数据，可在"Calculate XRD Powder Pattern"窗口中输入晶体结构数据进行建模。在本例中，在②处设置空间群"P42/mnm"，在③处设置晶格参数 $a = b = 4.60099$Å 和 $c = 2.96339$Å。切换到"Atoms"面板，在④处设置晶胞内的原子（包括原子 ID、原子种类 S.F.、原子占有率 Fill、原子坐标 xyz、各向同性原子位移参数 Biso、各向异性原子位移参数 U 等）。这样，就在 MDI Jade 软件中建立了晶体结构模型。

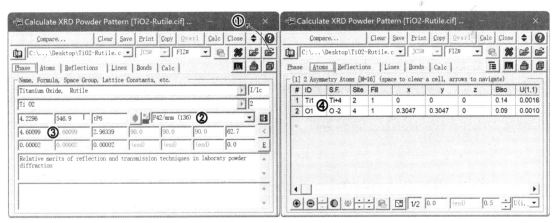

图 5-2　在 MDI Jade 软件中建立晶体结构模型

（3）设置校正参数：在图 5-3 中的"Calc"面板中的①处勾选、设置 LP 校正（洛伦兹-极化校正）；在②处勾选"Overall Temperature Factor"，设置全局原子位移参数；勾选③处，设置平板样品的吸收校正；勾选④处，设置择优取向校正（可校正两个择优取向轴，分别设置择优取向轴 hkl 和择优取向因子）；在⑤处勾选生成带仪器展宽函数的 PDF 卡片；在⑥处设置衍射角的范围。在本例中，采用默认参数即可。

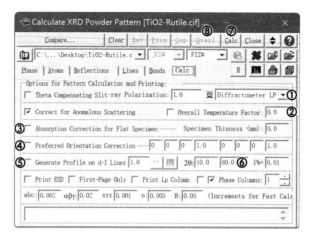

图 5-3　设置校正参数、计算 PDF 卡片（MDI Jade 软件）

（4）计算、叠加 PDF 卡片：设置好校正参数后，在⑦处单击 "Calc" 按钮计算 PDF 卡片，在⑧处单击 "Overlay" 按钮将 PDF 卡片叠加到衍射图中。

5.2.2　利用 PDF 卡片模拟 X 射线粉末衍射图

（1）叠加 PDF 卡片：有两种方法，一种是利用晶体结构数据或 cif 文件计算、叠加 PDF 卡片（见 5.2.1 节）；另一种是通过物相检索、物相识别找到所需的 PDF 卡片，然后单击 ⛰ 图标叠加 PDF 卡片（见 7.2 节）。

（2）模拟 X 射线粉末衍射图：单击菜单 "Analyze" → "Simulate Pattern…"，弹出 "Pattern Simulation from d-I Lists" 窗口，如图 5-4 所示。在①处选择峰形函数 "Pearson-VII" 或 "pseudo-Voigt"，设置 Pearson-VII 函数的指数因子 "Exponent" 或 Pseudo-Voigt 函数的混合因子 "Lorentzian" 及峰的不对称因子 "Skewness"。如果含 $K\alpha_2$ 衍射峰，则在②处勾选 "K-alpha2 Present"。如果含非晶鼓包，则在③处勾选 "Add Amorphous(%)"，并设置非晶鼓包的峰位、峰宽。在④处设置晶粒尺寸（单位为 Å），在⑤处设置晶格应变，在⑥处设置衍射角的范围、步长。设置好参数后，在⑦处单击 "Create" 按钮，模拟 X 射线粉末衍射图。

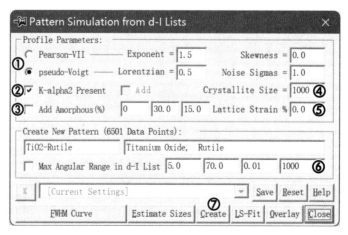

图 5-4　利用 PDF 卡片模拟 X 射线粉末衍射图（MDI Jade 软件）

从步骤（2）可以看出，MDI Jade 软件可以模拟晶粒尺寸、晶格应变、非晶鼓包等衍射特征。如果有多个物相（叠加了多张 PDF 卡片），可以在 PDF 卡片叠加工具中设置相含量（Wt%）、各相的晶粒尺寸（XS），以模拟不同相含量、不同晶粒尺寸对 X 射线粉末衍射的影响。

5.3　X 射线粉末衍射与晶体结构

在 X 射线粉末衍射图中，除连续、平滑的衍射背底以外，在某些衍射角 2θ 处还会出现布拉格衍射峰。对 X 射线粉末衍射进行分析，需要充分理解衍射图中的背底、衍射峰的峰位、峰强、峰宽与晶体结构的关系。为方便记忆，我们把背底及衍射峰的峰位、峰强、峰宽与晶体结构、样品属性、仪器参数的关系归纳在表 5-1 中。

表 5-1　衍射特征与晶体结构、样品属性、仪器参数的关系

衍射特征		晶体结构	样品属性	仪器参数
衍射峰	峰位	晶面间距 晶格参数	样品吸收	仪器零点 样品位移 X 射线波长
	峰强	原子种类 原子坐标 原子占有率 原子位移参数	择优取向 样品吸收	衍射几何 X 射线极化
	峰宽	结晶度 晶格应变 晶体缺陷	晶粒尺寸	仪器展宽
背底				X 射线探测器噪声

5.3.1　背底

在 X 射线粉末衍射实验中，背底（Background）是不可避免的。即使使用零背底的样品槽，也会产生背底。背底源于 X 射线与样品、样品台、空气等的弹性或非弹性散射，还可能源于 X 射线荧光、X 射线探测器噪声等。如果使用非晶样品槽（如玻璃样品槽），当粉末样品过少时 X 射线会穿过样品照射到样品槽的槽底，这时在衍射图中通常还能看到宽化的非晶鼓包。如果使用金属或陶瓷样品槽（如铝制样品槽），当粉末样品过少时 X 射线也会穿过样品照射到样品槽的槽底，这时在衍射图中还能看到样品槽的衍射峰。

背底会影响衍射峰的峰强，尤其对高角区宽化的衍射峰影响较大。背底的校正直接影响晶体结构解析和晶体结构精修的准确性。对于衍射数据，一般采用以下两种方法处理背底。

（1）背底点+函数插值

在衍射峰两侧的波谷处取背底点（Background Points），基于所取的背底点进行线性、多项式或三次样条函数插值得到背底曲线（Background Curve）。对于衍射峰比较少、重叠不严重的衍射图，该方法能快速、准确地评估背底曲线。但衍射峰重叠严重时，背底点可能位于重叠峰上，该方法不易评估背底曲线。

在进行物相识别时，可先从衍射图中扣除背底，再进行寻峰、物相检索。但在定量分析中，如定量物相分析、晶格参数的确定、晶体结构解析、晶体结构精修等，不能预先扣除背底。扣除背底会降低衍射图的整体强度，从而降低数据的信噪比。

（2）经验公式拟合

利用最小二乘法，用含有若干可精修参数的经验公式拟合衍射数据，得到背底曲线。典型的背底函数是

$$I_{BG} = \sum_{j=1}^{N} B_j \left(\frac{2\theta_i}{2\theta_0} - 1 \right)^j \tag{5-2}$$

式中，B_j 为精修参数；$2\theta_0$ 为给定的角度，该角度对应的衍射强度为 B_0。根据背底点的衍射角 $2\theta_i$ 和衍射强度 I_{BG} 利用最小二乘法就能计算出精修参数 B_j。用经验公式拟合背底，在精修时不断修正背底参数和晶体结构参数，使计算衍射图不断逼近实验衍射图，解决了第一种方法所面临的困难。如果在晶体结构精修中遇到复杂背底，建议先手动添加背底点，再用经验公式进行拟合，这样能极大地增加背底曲线的可靠性。

5.3.2 峰位与晶胞大小

当晶体的某一晶面(hkl)正好满足布拉格衍射条件时，会在某一衍射角 2θ 处产生布拉格衍射峰。在 X 射线粉末衍射图中确定了衍射峰的峰位（可采用寻峰、峰拟合的方法），根据布拉格公式 $2d \cdot \sin\theta = \lambda$ 就能确定晶面间距 d。晶面间距是由晶胞大小，即晶格参数 a、b、c、α、β、γ 决定的。因此，布拉格衍射峰的峰位由 X 射线的波长和晶格参数共同决定。

1．X 射线的波长

同一样品用具有不同阳极靶的 X 射线衍射仪在相同的衍射角范围内测量，所得衍射峰的峰位、数目是不同的。根据布拉格公式 $2d \cdot \sin\theta = \lambda$，X 射线的波长越长，(hkl)衍射峰的峰位 2θ 就越大；在相同的扫描范围内，X 射线的波长越长，所测到的衍射峰就越少。

2．晶格参数

晶体的(hkl)晶面的晶面间距 d_{hkl} 是由晶格参数 a、b、c、α、β、γ 决定的，可表示为

$$\frac{1}{d_{hkl}^2} = \left[\frac{h^2}{a^2}\sin^2\alpha + \frac{k^2}{b^2}\sin^2\beta + \frac{l^2}{c^2}\sin^2\gamma + \frac{2kl}{bc}(\cos\beta \cdot \cos\gamma - \cos\alpha) + \right.$$
$$\left. \frac{2hl}{ac}(\cos\alpha \cdot \cos\gamma - \cos\beta) + \frac{2hk}{ab}(\cos\alpha \cdot \cos\beta - \cos\gamma) \right] / \tag{5-3}$$
$$(1 - \cos^2\alpha - \cos^2\beta - \cos^2\gamma + 2\cos\alpha \cdot \cos\beta \cdot \cos\gamma)$$

如果用倒易晶格参数 a^*、b^*、c^*、α^*、β^*、γ^* 表示，式（5-3）可写为

$$\frac{1}{d_{hkl}^2} = h^2 a^{*2} + k^2 b^{*2} + l^2 c^{*2} + 2hk \cdot a^* b^* \cdot \cos\gamma^* + 2hl \cdot a^* c^* \cdot \cos\beta^* + 2kl \cdot b^* c^* \cdot \cos\alpha^* \tag{5-4}$$

从以上分析中可以看出，对于给定的晶体（或只要制备好样品），其晶面间距 d 就是确定的，对应的衍射峰的峰位 2θ 也是确定的。这些衍射峰的峰位 2θ 会随 X 射线波长 λ 的不同而左右整体移动。

图 5-5 所示为金红石相二氧化钛的 X 射线粉末衍射图，X 射线粉末衍射图的模拟过程详见 5.2 节。为了更好地理解衍射峰的峰位与晶格参数的关系，我们将晶格参数 a 从 4.501Å 逐

渐增大到 4.701Å。由于金红石相为四方结构，当 $a=b$ 逐渐增大时，$(h00)$、$(hh0)$晶面的晶面间距逐渐增大，对应的衍射峰逐渐向左移。类似地，如果将晶格参数 c 逐渐增大，则$(00l)$晶面的晶面间距逐渐增大，对应的衍射峰也将向左移。由此可以看出，衍射峰的峰位是由晶格参数决定的。反之，利用衍射峰的峰位也可以确定晶格参数，详细内容见第 8 章。例如，在系列样品中，如果观察到衍射峰有规律地左右移动，说明实验变量对晶格参数有影响。

此外，衍射峰的峰位还受 X 射线衍射仪的状态、样品位置的影响，在此称其为系统误差 $\Delta 2\theta$。也就是说，在实验中观察到的衍射峰的峰位就是理想的峰位和系统误差之和，即 $2\theta_{obs} = 2\theta_{calc} + \Delta 2\theta$。在 Bragg-Brentano 聚焦衍射几何中，产生系统误差的主要因素包括以下几部分。

（1）仪器零点

X 射线衍射仪的光路没合轴好会引起仪器零点误差（Zero-Offset 或 Zero Shift），它会使衍射图中的所有衍射峰都整体、等量地左右偏移。仪器零点误差为常数项，不是衍射角的函数，它在各衍射角处的偏移量都是恒定的。

在 X 射线粉末衍射实验中，仪器零点可通过光路合轴来校正，也可用内标法或外标法进行校正。例如，在待测样品中加入少量标样，通过标样的衍射峰来校正仪器零点（内标法）。或者，在实验前预先测标样的衍射，制作角度校正曲线，用角度校正曲线来校正样品的衍射峰（外标法）。仪器零点校正和角度校正曲线的制作，详细内容见 4.3 节。

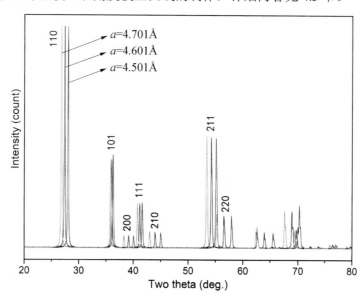

图 5-5　金红石相二氧化钛的 X 射线粉末衍射图

（2）样品位移

样品的几何位置偏离聚焦圆（样品高度 z 偏离样品槽的上表面，样品位置 x、y 偏离 X 射线衍射仪的轴心）会引起衍射峰的系统偏移，该参数称为样品位移参数（Sample Displacement）。在 Bragg-Brentano 衍射的反射模式中，X 射线衍射仪的半径为 R，样品上表面偏离 X 射线衍射仪轴心的距离为 s，由此引起的衍射角偏差（单位为 rad）为

$$\Delta 2\theta = -\frac{2s}{R}\cos\theta \tag{5-5}$$

样品位移参数仅适用于校正 Bragg-Brentano 衍射的反射模式中的样品位移。

（3）透射度

在 Bragg-Brentano 衍射的透射模式中，X 射线穿过样品的程度（处在样品的不同厚度处）也会引起衍射角的偏差，对该偏差的校正称为透射度校正（Transparency Correction）。假设样品的线性吸收系数为 μ，X 射线衍射仪的半径为 R，那么 X 射线穿过样品的程度引起的衍射角的偏差（单位为 rad）为

$$\Delta 2\theta = \frac{1}{2\mu R}\sin 2\theta \tag{5-6}$$

在 Bragg-Brentano 衍射的透射模式中，如果样品的厚度超出 $50\sim100\mu m$ 的范围，X 射线穿过样品引起的衍射角偏差会比较明显。对于有机物或聚合物等具有低吸收能力的样品，X 射线穿过样品引起的衍射角偏差也比较明显，在分析时需对此项进行精修或在实验时减小样品的厚度都能有效减小衍射角偏差。相反，对于含重元素的强吸收的样品，此项的影响可以忽略。

（4）轴向发散度

假设 X 射线衍射仪的半径为 R，在平行于光轴方向样品的长度为 h，那么入射光的轴向发散度引起的衍射角偏差为

$$\Delta 2\theta = -\frac{h^2 K_1}{3R^2}\frac{1}{\tan 2\theta} - \frac{h^2 K_2}{3R^2}\frac{1}{\sin 2\theta} \tag{5-7}$$

式中，K_1、K_2 为精修参数。在实验中，选用宽度较小的索罗狭缝可以有效减小轴向发散度引起的衍射角偏差，所以在数据分析时此项的影响可以忽略。

（5）面内发散度

假设 X 射线衍射仪的半径为 R，入射光的面内发散度为 α，由于样品是平板样品，使得偏离 X 射线衍射仪轴心的样品也会引起衍射角的偏差：

$$\Delta 2\theta = -\frac{\alpha^2}{K_3}\frac{1}{\tan\theta} \tag{5-8}$$

式中，K_3 为精修参数。在常规 X 射线粉末衍射实验中，此项的影响很小，通常可以忽略。

综上所述，在实验中观察到的衍射峰的峰位包括由晶格参数决定的峰位 $2\theta_{calc}$ 和系统误差两部分，可写为

$$2\theta_{obs} = 2\theta_{calc} + p_1 + p_2\cos\theta + p_3\sin 2\theta + \frac{p_4}{\tan\theta} + \frac{p_5}{\tan 2\theta} + \frac{p_6}{\sin 2\theta} \tag{5-9}$$

式中，p_1 为仪器零点；p_2 为样品位移（cos 项）；p_3 为透射度（sin 项）；p_4 为面内发散度；p_5 和 p_6 为轴向发散度引起的角度偏移系数。在实验中，通过严格合轴或内标法可以有效减小 p_1，使用宽度较小的索罗狭缝和发散狭缝可以有效减小 p_4、p_5、p_6。只要进行了上述操作，在分析时就不用再对这些参数进行精修。在 Bragg-Brentano 衍射的反射模式中，需要对 p_2 进行精修；在 Bragg-Brentano 衍射的透射模式中，需要对 p_3 进行精修。

为了能更好地理解仪器零点、样品位移、透射度引起的衍射角偏差，图 5-6 给出了这三者的模拟图。仪器零点引起的衍射角偏差为常数项，不随衍射角改变；样品位移引起的衍射角偏差随衍射角的增大以余弦形式减小；透射度引起的衍射角偏差随衍射角的增大以正弦形式先增大后减小。

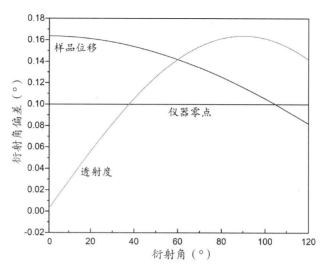

图 5-6　仪器零点、样品位移、透射度引起的衍射角偏差

5.3.3　峰强与晶胞内的原子

通常峰强有两种表示方法。一种是峰高（Peak Height），即扣除背底后的衍射峰的最大值。用峰高来表示峰强很直观，但会受仪器展宽的影响（同一样品在不同仪器上测出的相对峰高有差异）。另一种是衍射峰的积分强度（Integrated Intensity），即衍射峰 Y_i^{obs} 扣除背底 b_i 后剩余部分的积分面积：

$$I_{hkl} = \sum_{i=1}^{j} Y_i^{\text{obs}} - b_i \qquad (5\text{-}10)$$

用衍射峰的积分强度来表示峰强尽管不太直观，但几乎不受仪器展宽的影响。本节我们用衍射峰的积分强度来表示峰强。

峰强不仅取决于晶胞内的原子（结构因子 F_{hkl}），还受诸多因素的影响，包括择优取向因子 P_{hkl}、吸收效应 A_θ、动力学消光 E_{hkl}、洛伦兹因子 L_θ、极化因子 P_θ、多重因子 M_{hkl}、比例因子 S，可表示为

$$I_{hkl} = \left| F_{hkl} \right|^2 \times P_{hkl} \times A_\theta \times E_{hkl} \times L_\theta \times P_\theta \times M_{hkl} \times S \qquad (5\text{-}11)$$

1. 结构因子

结构因子（Structure Factor）F_{hkl} 是由晶胞内的原子决定的。假设晶胞内有 n 个原子，每个原子的原子散射因子为 $f(s)$，原子坐标为 (x, y, z)，原子占有率为 O，原子位移参数为 $t(s)$，那么 (hkl) 晶面的结构因子可表示为（注：$s = \sin\theta / \lambda$，为衍射矢量的长度，其作用与衍射角 2θ 类似）

$$F_{hkl} = \sum_{i=1}^{n} O_i t_i(s) f_i(s) \exp\left[2\pi i \left(hx_i + ky_i + lz_i \right) \right] \qquad (5\text{-}12)$$

（1）原子散射因子与原子种类

原子散射因子（Atomic Scattering Factor）表征材料中某种原子或离子对 X 射线的散射能力，它取决于核外电子云或电子密度分布 $\rho(\boldsymbol{r})$：

$$f(s) = \int_{-\infty}^{+\infty} \rho(\boldsymbol{r}) \exp\left[2\pi i (\boldsymbol{r} \cdot \boldsymbol{s}) \right] \mathrm{d}\boldsymbol{r} \qquad (5\text{-}13)$$

显然，原子序数越大，核外电子越多，原子对 X 射线的散射能力就越强。例如，在图 5-7（a）中，Au 的原子序数比 Cu 大，Au 散射 X 射线的能力比 Cu 强。另外，具有不同价态的离子，核外电子越多，它对 X 射线的散射能力就越强。例如，Fe^{2+} 的核外电子比 Fe^{3+} 多 1 个，其散射 X 射线的能力略强于 Fe^{3+}。在晶体结构解析过程中，根据电子密度分布图中电子密度的差异可以确定原子种类、区分不同类型的原子或离子。

另外，原子散射因子是衍射矢量 s 的函数。随着衍射矢量（或衍射角）的增大，原子或离子对 X 射线的散射能力逐渐衰减（呈指数衰减）。因此，低角区的衍射峰比较强，而高角区的衍射峰比较弱。

（2）原子坐标

原子坐标（Atomic Coordinates）是原子在晶胞内沿 a、b、c 方向的相对坐标 (x, y, z)，且 $0 \leqslant x, y, z \leqslant 1$。一旦确定了晶体的对称性（空间群），原子坐标就可以用等效点位（Wyckoff Positions）来描述。等效点位分为一般等效点位（General Positions）和特殊等效点位（Special Postions）。在进行晶体结构精修时，位于一般等效点位上的原子可以沿 x、y、z 方向任意移动，而位于特殊等效点位上的原子由于受晶体对称性的限制只能沿 x、y、z 的某一个或两个方向移动，甚至不能移动。

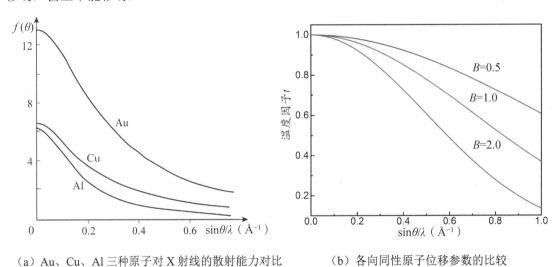

（a）Au、Cu、Al 三种原子对 X 射线的散射能力对比　　（b）各向同性原子位移参数的比较

图 5-7　原子散射因子与原子位移参数示意图

（3）原子占有率

原子占有率（Atomic Occupancy）是原子占据某个位置的概率，一般用 g 来表示。对于完整晶体，原子占有率取 0 或 1；对于无序晶体，原子占有率的取值范围为 0~1。例如，在无序材料 Au_xCu_{1-x} 中，金的含量可从 1（纯金）到 0（纯铜）变化。这种合金的母体是铜结构，在铜原子所在位置上还有部分金原子。如果某个位置同时被多种原子占据，在进行晶体结构精修时应对其进行约束，以确保 $\sum_{i=1}^{m} g_i = 1$。

在进行晶体结构精修时，原子占有率还有另一种表示方法，即原子占据晶胞内某个位置的概率（晶胞内的原子数）。晶胞占有率 O 和原子占有率 g 之间的转换关系为

$$O = g \times M / m \tag{5-14}$$

式中，M 为该晶体一般等效点位的多重因子；m 为该晶体特殊等效点位的多重因子。例如，在材料 $SrFe_2As_{2-x}P_x$ 中[4]，当 $x = 0.7$ 时出现 $T_c = 27K$ 的超导电性。$x = 0.7$ 说明在 As 位置上 As 原子占有率为 $(2-0.7)/2 = 0.65$，P 原子占有率为 $0.7/2 = 0.35$，在 As 原子位置上 As 原子和 P 原子的占有率之和为 1。该材料的空间群为 I4/mmm，化学式单元数 $z = 2$，该空间群的一般等效点位为 32o（$M = 32$），As 原子和 P 原子位于 4e 的特殊等效点位（$m = 4$）。因此，该晶胞内 As 原子有 $O_{As} = \left(0.65 \times \dfrac{32}{4} \right) / 2 = 2.6$ 个，而 P 原子有 $O_P = \left(0.35 \times \dfrac{32}{4} \right) / 2 = 1.4$ 个，即在该晶胞内共有 4 个原子占据 As 原子位置，As 原子有 2.6 个，P 原子有 1.4 个。在进行晶体结构精修时，不同的软件采用不同的原子占有率，需予以区分。

为便于理解，我们用 MDI Jade 软件模拟了金红石相二氧化钛中氧空位对衍射强度的影响，如图 5-8（a）所示。在计算 $TiO_{1.6}$ 的 PDF 卡片时，我们将 O 原子占有率设为 0.8（O 位于 4f，一般等效点位为 16k）。从图 5-8（a）中可以看出，氧空位样品的(101)衍射峰和(110)衍射峰的峰强明显增强，而(111)衍射峰的峰强则明显减弱。

在化学掺杂等实验中，我们可以通过类似的模拟（改变原子种类、原子占有率等参数）来定性分析或预测衍射数据。

（4）原子位移参数

当温度高于绝对零度时，晶体中的原子在平衡位置(x, y, z)附近不断振动。原子偏离所在晶面的振动（偏离量为 u）会引起原子对 X 射线的散射能力的衰减，即

$$f' = f \cdot \exp\left[-8\pi^2 u^2 \frac{\sin^2\theta}{\lambda^2} \right] \tag{5-15}$$

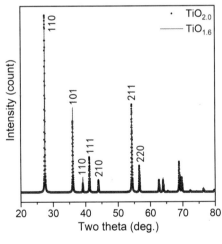

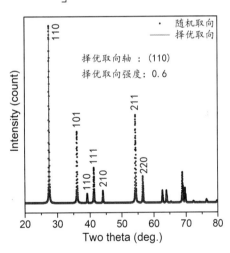

（a）氧空位对衍射强度的影响　　　　　　（b）择优取向对衍射强度的影响

图 5-8　金红石相二氧化钛中原子占有率、择优取向对衍射强度的影响

将式（5-15）中的衰减部分定义为温度因子（Temperature Factor）t_j，有

$$t_j = \exp\left[-8\pi^2 \boldsymbol{u}^2 \frac{\sin^2\theta}{\lambda^2} \right] = \exp\left[-\boldsymbol{B}_j \frac{\sin^2\theta}{\lambda^2} \right] \tag{5-16}$$

式中，$\boldsymbol{B}_j = 8\pi^2 \boldsymbol{u}^2$ 就是第 j 个原子的原子位移参数（Atomic Displacement Parameters，ADP）。在式（5-16）中，原子在各方向上的振动幅度都是一样的，所以将 B 称为各向同性原子位移

参数（Isotropic ADP）或 B_{iso}。B 必须为正值，否则将没有物理意义。在室温下，离子晶体、过渡金属化合物典型的 B 取值在 $0.5\sim1\text{Å}^2$ 范围内；其他无机物或配位化合物的 B 取值在 $1\sim3\text{Å}^2$ 范围内；有机物或未成键的原子或分子的 B 取值范围可能高达 $3\sim10\text{Å}^2$。显然，原子位移参数越大，高角区的原子散射能力衰减就更快，如图 5-7（b）所示。

需要注意的是，在式（5-16）中定义的 $\boldsymbol{B}_j$ 不仅包含原子热运动引起的散射衰减，还包括化学成键、吸收效应、择优取向、孔隙等因素导致电子密度异常而引起的散射衰减。也就是说，在晶体结构精修中，如果吸收效应、择优取向、孔隙等因素没有校正或精修，将导致晶胞内所有原子的 B（或全局原子位移参数 $B_{overall}$）为负值。因此，在进行晶体结构精修时，如果全局原子位移参数 $B_{overall}$ 为负值，需要精修吸收效应、择优取向、孔隙等参数。

在固体物理中，我们用简谐振动来描述原子的振动过程。在简谐近似中，温度因子可表示为

$$t_j = \exp\left[-\frac{1}{4}\left(B_{11}^j h^2 a^{*2} + B_{22}^j k^2 b^{*2} + B_{33}^j l^2 c^{*2} + 2B_{12}^j hka^*b^* + \right.\right.$$
$$\left.\left. 2B_{13}^j hla^*c^* + 2B_{23}^j klb^*c^*\right)\right] \tag{5-17}$$

或

$$t_j = \exp\left[-2\pi^2\left(U_{11}^j h^2 a^{*2} + U_{22}^j k^2 b^{*2} + U_{33}^j l^2 c^{*2} + 2U_{12}^j hka^*b^* + \right.\right.$$
$$\left.\left. 2U_{13}^j hla^*c^* + 2U_{23}^j klb^*c^*\right)\right] \tag{5-18}$$

在式（5-17）和式（5-18）中，定义各向异性原子位移参数（Anisotropic ADP）为

$$\boldsymbol{B}_j = \begin{bmatrix} B_{11} & B_{12} & B_{13} \\ B_{12} & B_{22} & B_{23} \\ B_{13} & B_{23} & B_{33} \end{bmatrix} \text{ 或 } \boldsymbol{U}_j = \begin{bmatrix} U_{11} & U_{12} & U_{13} \\ U_{12} & U_{22} & U_{23} \\ U_{13} & U_{23} & U_{33} \end{bmatrix} \tag{5-19}$$

在各向异性原子位移参数中，用 3 个主轴的 U_{11}、U_{22}、U_{33} 来描述原子热振动椭球，由交叉项 U_{12}、U_{13}、U_{23} 表示椭球的形状和取向，共 6 个参数。

在晶体学数据交流中，为节省篇幅，通常用等效各向同性位移参数来表示原子位移参数，即 $U_{iso} = (U_{11} + U_{22} + U_{33})/3$ 或 $B_{iso} = (B_{11} + B_{22} + B_{33})/3$。$U$ 因子和 B 因子的转换关系为 $B = 8\pi^2 U \approx 79U$。典型地，重原子的 U 取值在 $0.005\sim0.02\text{Å}^2$ 范围内，轻原子的 U 取值在 $0.02\sim0.06\text{Å}^2$ 范围内。

2．择优取向

在做 X 射线粉末衍射实验时，要求粉末样品中的晶粒形状是各向同性的，这些晶粒在三维空间中才能随机分布。如果样品存在择优取向（Preferred Orientation），如存在层状或针状晶粒，其衍射强度会偏离标准粉末衍射。4.2.2 节中介绍过，在制备粉末样品时采用适当的方法能减弱择优取向效应，但无法消除该效应。

在压制粉末样品时，如果晶粒是片状或层状晶粒，这些片状或层状晶粒倾向于平躺在样品槽中，如图 5-9（a）所示。于是，平行或近似平行于样品槽的晶粒数将远比垂直于样品槽的晶粒数多。此时，这些片或层(hkl)的法向就称为择优取向轴（Preferred Orientation Axis），该轴平行于倒易空间中的某一倒易矢量 $\boldsymbol{r}_{hkl}^{*\mathrm{T}}$。因此，平行于择优取向轴的倒易格点所产生的衍射被明显增强，而垂直于择优取向轴的倒易格点所产生的衍射被明显减弱。

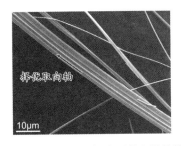

（a）片状样品近似平躺在样品槽中　　　（b）纳米线近似随机地平躺在样品槽中

图 5-9　样品的择优取向

如果是针状晶粒（如纳米线、纳米棒等），在压制成粉末样品时针状晶粒也会近似平躺在样品槽中，如图 5-9（b）所示。此时，针状晶粒的择优取向轴就是针状晶粒的长轴，它近似随机地平躺在样品槽中（如果测试时样品绕样品槽的法向旋转，随机性会更好）。该择优取向轴也平行于倒易空间中的某一倒易矢量 r_{hkl}^{*T}，因此，平行于 r_{hkl}^{*T} 的倒易格点所产生的衍射被明显减弱，而垂直于 r_{hkl}^{*T} 的倒易格点所产生的衍射被明显增强。

（1）March-Dollase 函数

在片状或针状样品中，平行或垂直于择优取向轴的倒易格点所产生的衍射将被明显增强或减弱，其他衍射峰强度异常的程度会弱一些（取决于平行或垂直于择优取向轴的程度）。为了描述各衍射峰强度异常的程度，Dollase 引入了择优取向因子[36]：

$$P_{hkl} = \frac{1}{N}\sum_{i=1}^{N}\left(\tau^2\cos^2\phi_{hkl}^i + \frac{1}{\tau}\sin^2\phi_{hkl}^i\right)^{-3/2} \tag{5-20}$$

该函数称为 Mard-Dollase 函数。式中，ϕ_{hkl} 是(hkl)衍射峰的倒易矢量 r_{hkl}^* 和择优取向轴的倒易矢量 r_{hkl}^{*T} 的夹角；N 为(hkl)晶面的等效倒易格点数；$\tau = T_\perp / T_\parallel$，为择优取向精修参数，是垂直于择优取向轴和平行于择优取向轴的布拉格衍射峰的比值。择优取向因子 P_{hkl} 正比于(hkl)衍射球壳上的倒易格点的密度，也正比于(hkl)晶面平行于样品面的数目。对于 Bragg-Brentano 衍射中的平板样品，$\tau<1$，用来描述片状样品的择优取向；$\tau>1$，用来描述针状样品的择优取向；$\tau=1$，表示随机取向的粉末样品。

在利用 March-Dollase 函数进行择优取向校正时，需要预先设定择优取向轴的米勒指数(hkl)和择优取向精修参数 τ 的初始值。择优取向轴的米勒指数一般取衍射图和标准 PDF 卡片之间强度差异最大的衍射峰的米勒指数。根据 SEM 中晶粒的形貌（片状或棒状）来设置择优取向精修参数 τ 的初值。

March-Dollase 函数只有一个精修参数，计算量小，因而在 Rietveld 晶体结构精修中比较常用。值得注意的是，March-Dollase 函数假定晶粒是轴对称的，只适用于择优取向较弱的层状、棒状样品，不能描述复杂的择优取向现象。

为便于理解，我们用 MDI Jade 软件模拟了金红石相二氧化钛中(110)择优取向轴对衍射强度的影响，如图 5-8（b）所示。在图 5-3 中勾选 "Preferred Orientation Correction"，设置择优取向轴为(110)，择优取向参数为 0.6。从图 5-8（b）中可以看出，当(110)为择优取向轴，且 $\tau=0.6$ 时，(110)衍射峰的峰强明显增强。通过类似的模拟，可以定性分析择优取向轴和择优取向强度。在制备粉末样品时应尽量减弱择优取向效应，否则将明显影响到衍射强度，最终影响到定量物相分析的准确性。

（2）球谐函数

在 X 射线粉末衍射实验中，为了提高样品的统计性，可将样品以其板面（样品槽）的法向为轴进行转动。转动样品等效于在每个晶粒中引入极轴（Pole Axis），极轴密度（Pole Axis Density）$W(\theta,\varphi)$ 定义为单位体积的晶粒的极轴落入立体角 $\mathrm{d}\Omega$ 的概率，即

$$W(\theta,\varphi)=(\mathrm{d}V/V)(\mathrm{d}\Omega/4\pi) \tag{5-21}$$

对于随机取向的粉末样品，极轴密度 $W(\theta,\varphi)=1$。如果样品以样品面的法向为轴转动，那么 (hkl) 衍射峰的时间平均的积分强度为

$$I_{\mathrm{obs}}^{hkl}=\left(P^{hkl}\frac{\sin\alpha}{2\pi}\right)\int_{\mathrm{circle}(\alpha)}W(\theta,\varphi)\mathrm{d}s \tag{5-22}$$

式中，P^{hkl} 为比例系数；α 为布拉格衍射矢量和极轴的夹角。极轴密度可用对称化的球谐函数 $Y_{\lambda\mu}$ 展开[37]，即

$$W(\theta,\varphi)=\sum_{\lambda\mu}C_{\lambda\mu}Y_{\lambda\mu}(\theta,\varphi) \tag{5-23}$$

将式（5-23）代入式（5-22）中积分，可得

$$I_{\mathrm{obs}}^{hkl}=P^{hkl}\sum_{\lambda\mu}C_{\lambda\mu}Y_{\lambda\mu}(\theta_{hkl},\varphi_{hkl})P_{\lambda}(\cos\alpha) \tag{5-24}$$

式中，$P_{\lambda}(\cos\alpha)$ 为勒让德多项式；$(\theta_{hkl},\varphi_{hkl})$ 是 (hkl) 晶面的法向在晶体坐标系中的取向。在 Bragg-Brentano 衍射的反射模式中，如果样品以样品面的法向为轴转动，那么 $\alpha=0$，$P_{\lambda}(\cos\alpha)=1$。对于 Bragg-Brentano 衍射的透射模式中的平板样品或 Debye-Scherrer 衍射中的柱状样品，$\alpha=\pi/2$，$P_{\lambda}(\cos\alpha)<0.5$。

在进行晶体结构精修时，精修参数为球谐函数的系数 $C_{\lambda\mu}$。球谐函数的级数高达 16 项，同时受晶体的劳厄对称性的约束。一般从较低的级数开始精修，逐步增大球谐函数的级数，直到精修最佳为止（选用尽可能低的级数进行精修）。如果择优取向效应比较弱，二、三级球谐函数就能较好地校正择优取向；对于复杂的择优取向，一般六级球谐函数就足以校正择优取向。

3. 吸收效应

如图 5-10 所示，一束 X 射线照射到样品表面的 O 处，由于没有样品的吸收，其衍射束的强度与入射束的强度相同。如果 X 射线照射到 O 处并一直进入样品的 P 处才发生衍射，那么 X 射线在样品内的 $OP+PQ$ 处将被样品吸收，其衍射束要比在 O 处直接衍射弱一些。

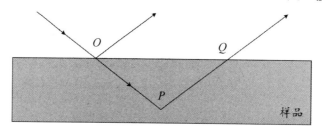

图 5-10　样品的吸收效应

假设入射光的强度为 I_0，光程差为 x，样品的线性吸收系数为 μ，那么经样品吸收后 X 射线的强度为

$$I = I_0 e^{-\mu x} \tag{5-25}$$

X 射线粉末衍射中的吸收效应取决于 X 射线的聚焦衍射几何和样品属性。在 Bragg-Brentano 反射模式下的平板样品，只要样品足够厚、样品中的原子足够"重"，在各衍射角处 X 射线都难以穿透样品，衍射强度就不受吸收效应的影响。而在 Bragg-Brentano 透射模式下的平板样品，如果样品比较厚且含"重"原子，那么吸收效应对衍射强度的影响会很明显。

在 Bragg-Brentano 聚焦衍射几何中最常见的吸收效应是由样品的表面粗糙度引起，即表面粗糙度效应（Surface Roughness Effect）。粉末样品的表面粗糙度会引起粉末颗粒的堆积密度随样品深度发生改变，即表层样品堆积比较稀松，而内部样品堆积比较致密。表面粗糙度效应会明显减弱低角区的衍射强度，如果没校正表面粗糙度效应，在精修时会出现负的原子位移参数。

Pitschke、Hermann 和 Mattern 给出了样品表面粗糙度的归一化校正函数[38]：

$$A_\theta = \frac{1 - A_{B1}\left(\dfrac{1}{\sin\theta} - \dfrac{A_{B2}}{\sin^2\theta}\right)}{1 - A_{B1} + A_{B1}A_{B2}} \tag{5-26}$$

Suortti 提出了另一个经验公式用来校正由样品的表面粗糙度引起的吸收效应[39]：

$$A_\theta = \frac{A_{B1} + \left(1 - A_{B1}\right)\exp\left(-\dfrac{A_{B2}}{\sin\theta}\right)}{A_{B1} + \left(1 - A_{B1}\right)\exp\left(-A_{B2}\right)} \tag{5-27}$$

上述两个函数中的精修参数是 A_{B1} 和 A_{B2}，两个函数都能很好地校正表面粗糙度效应。其中，式（5-27）更适合校正 $2\theta < 20°$ 的表面粗糙度效应。

4．动力学消光

在 X 射线粉末衍射中，动力学消光主要有两种：一种是发生在同一晶粒内的初级消光（Primary Extinction），如图 5-11（a）所示。当 X 射线入射到晶粒上时，满足布拉格衍射条件的(hkl)晶面将散射 X 射线（沿 X 射线探测器的方向）。然而，散射束在离开晶粒前又碰到了另一(hkl)晶面，再次发生布拉格衍射。经两次或多次散射后，进入 X 射线探测器的 X 射线要比单次散射的 X 射线弱。在 X 射线粉末衍射中，初级消光现象不太明显。如有需要，可用如下函数校正：

$$E_{hkl} = E_B \sin^2\theta + E_L \cos^2\theta \tag{5-28}$$

式中，E_B 和 E_L 为精修参数。另一种是次级消光（Secondary Extinction），常发生在马赛克晶体中，如图 5-11（b）所示。当 X 射线被某一晶粒散射后，散射束在离开样品前还可能会碰到另一晶粒再次发生布拉格衍射，使得进入 X 射线探测器的 X 射线明显减弱。次级消光在常规粉末样品中不常见，故不予考虑。

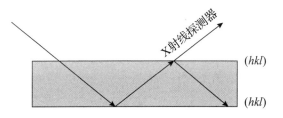

（a）发生在同一晶粒内的初级消光

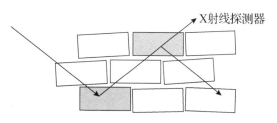

（b）发生在不同晶粒内的次级消光

图 5-11　动力学消光

5. 洛伦兹-极化因子

（1）洛伦兹因子

由于实验中的入射 X 射线并非严格的平行、单色光，X 射线在样品上的辐照面积会随衍射角改变（衍射角越大，辐照面积越小）。这等效于改变了衍射球壳上的倒易格点密度，使倒易矢量较小的格点与艾瓦德球相截的概率变大，衍射强度增强；倒易矢量较大的格点与艾瓦德球相截的概率变小，衍射强度减弱。

另外，具有不同倒易矢量的衍射球壳与艾瓦德球相截会得到不同半径的德拜环，这些半径不同的德拜环都需要穿过具有固定宽度的接收狭缝。德拜环的半径越小，通过接收狭缝的比例越大，衍射强度也就越强。

上述两个因素对衍射强度的影响称为洛伦兹因子（Lorentz Factor），表示为

$$L_\theta = \frac{1}{\cos\theta\sin^2\theta} \tag{5-29}$$

（2）极化因子

由于 X 射线是电磁波，X 射线被散射后会出现部分极化（Polarization）的现象。部分极化的 X 射线可看成平行于衍射仪光轴 $A_{/\!/}$ 和垂直于衍射仪光轴 $A_\perp$ 两部分。这两束部分极化的 X 射线在衍射波矢方向上的投影分别为 1 和 $\cos^2 2\theta$，其综合效应为

$$P_\theta \propto \frac{1+\cos^2 2\theta}{2} \tag{5-30}$$

如果有单晶单色器，则单晶单色器会引入附加极化 $\cos^2 2\theta_M$，可表示为

$$P_\theta \propto \frac{1-K+K\cdot\cos^2 2\theta \cdot \cos^2 2\theta_M}{2} \tag{5-31}$$

式中，K 为极化比例。对于中子衍射，$K=0$；对于非极化且没有单晶单色器的 X 射线，$K=0.5$ 且 $\cos 2\theta_M = 1$；如果有单晶单色器或同步辐射，K 值需要通过用标样进行 Rietveld 晶体结构精修来确定。

通常将洛伦兹因子和极化因子放到一起来描述两者对衍射强度的影响，习惯上称其为洛伦兹-极化（Lorentz-Polarization，LP）因子。如果没有单晶单色器，则洛伦兹-极化因子可表示为

$$LP \propto \frac{1+\cos^2 2\theta}{\cos\theta\cdot\sin^2\theta} \tag{5-32}$$

如果有单晶单色器，且设 $K=0.5$，则洛伦兹-极化因子可表示为

$$LP \propto \frac{1+\cos^2 2\theta \cdot \cos^2 2\theta_M}{\cos\theta\cdot\sin^2\theta} \tag{5-33}$$

图 5-12 所示为洛伦兹-极化因子随衍射角变化的曲线。从图 5-12 中可以看出，在 80°～120°附近洛伦兹-极化因子对衍射强度的影响较小，但在低角区和高角区洛伦兹-极化因子对衍射强度的影响很大。有、无单晶单色器虽然只会略微改变洛伦兹-极化因子，但在晶体结构精修中务必设置正确，否则会导致异常的原子位移参数。

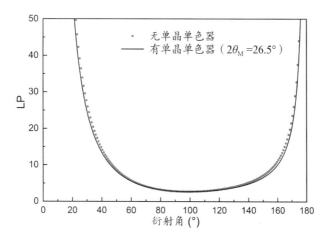

图 5-12　洛伦兹-极化因子随衍射角变化的曲线

6．多重因子

多重因子（Multiplicity Factor）M 是指具有相同晶面间距和相同结构因子，但具有不同取向的晶面数目。不同的晶系、不同的晶面，其多重因子是不同的。例如，立方晶系中的{100}晶面包含(100)、(010)、(001)、($\bar{1}$00)、(0$\bar{1}$0)、(00$\bar{1}$)6 个等效晶面，其多重因子为 6；立方晶系中的{111}面有 8 个等效晶面，其多重因子为 8。需要注意的是，不管晶体有无对称中心，其衍射图总是中心对称的，即指数相反的两个晶面(hkl)和($\bar{h}\,\bar{k}\,\bar{l}$)（称为 Friedel Pair），其衍射角相同、衍射强度也相同。

在粉末样品中，各晶粒在三维空间中随机分布，所以{hkl}等效晶面的衍射强度是(hkl)晶面衍射强度的 M 倍。

7．比例因子

在计算(hkl)峰的衍射强度时，通常只计算一个晶胞内的所有原子在(hkl)方向上的衍射强度之和。而实验测得的衍射强度是在 X 射线辐照范围内、在收集时间内的衍射强度之和。比例因子（Scale Factor）就是实验测得的衍射强度和计算的衍射强度的比值。只要实验条件相同（仪器状态和测量参数相同），同一个样品不同次测试得到的衍射强度是相同的，其比例因子是恒定的。

在进行晶体结构精修时，比例因子是实验测得的衍射强度和计算强度吻合好坏的关键精修参数。在混合物的定量物相分析中，比例因子还是确定相含量的关键参数。例如，某个混合物含有 N 个物相，每个物相的比例因子为 S_i，每个物相包含 Z_i 个化学式单元，每个化学式单元的分子量为 M_i，晶胞体积为 V_i，那么第 i 个物相的相含量（质量分数）为

$$W_i = \frac{S_i Z_i M_i V_i}{\sum_{i=1}^{N} S_i Z_i M_i V_i}$$

（5-34）

5.3.4　峰形与晶粒尺寸、晶格应变

对于理想晶体，如果 X 射线衍射仪的光路严格准直，且入射 X 射线为平行、单色光，那么只有在衍射角为 $2\theta_B$ 处才能观察到布拉格衍射（为 δ 函数），在其他位置观察不到布拉格衍

射。然而，在实际实验中，所测样品并非理想晶体，入射 X 射线有一定的发散度且不完全为单色光,这些因素会使衍射峰展宽:不仅能在 $2\theta_B$ 处观察到布拉格衍射，在 $2\theta_B$ 的附近（$2\theta_B\pm\Delta\theta$）也能观察到布拉格衍射。因此，X 射线衍射仪的本征宽度、样品展宽（晶粒尺寸、晶格应变、晶体缺陷等）共同决定了衍射峰的峰宽：

$$衍射峰的峰宽=仪器展宽+晶粒尺寸展宽+晶格应变展宽$$

在对衍射数据进行定量分析时，需要利用峰形函数拟合衍射峰，以准确提取各衍射峰的峰位、峰强、峰宽等参数。峰宽参数可用于定量分析晶粒尺寸和晶格应变。

1. 峰形函数（Profile Function）

最常见的衍射数据处理就是衍射峰的拟合，即利用峰形函数来拟合衍射峰，以提取衍射峰的峰位、峰强、峰宽等参数。在 X 射线粉末衍射中，常见的峰形函数有高斯函数、洛伦兹函数、Pseudo-Voigt 函数和 Pearson-VII 函数。

（1）高斯函数（Gaussian Function）

$$G\left(x,\Gamma_G\right)=\sqrt{\frac{4\ln 2}{\pi\Gamma_G^2}}\exp\left[-\frac{4\ln 2}{\Gamma_G^2}x^2\right] \tag{5-35}$$

式中，变量 $x=2\theta_i-2\theta_B$，$2\theta_B$ 为布拉格衍射角的计算值。高斯函数的半高宽 Γ_G 可用式（5-36）计算：

$$\Gamma_G^2=G_U\cdot\tan^2\theta+G_V\cdot\tan\theta+G_W \tag{5-36}$$

式（5-36）又称为 Caglioti Function，其中 G_U、G_V、G_W 为精修参数。参数 G_U 与晶格应变有关，在 GSAS 软件中晶格应变 $Strain=\frac{\sqrt{G_U-G_{UI}}}{100}\frac{\pi}{180}\times100\%$，$G_{UI}$ 为仪器展宽的 G_U 部分。

高斯函数曲线［图 5-13（a）中的实心点线］的主要特征是衍射峰的"头比较饱满"，峰两侧没有明显的"尾巴"。高斯函数适用于描述中子衍射、同步辐射中的衍射峰。

（2）洛伦兹函数（Lorentz Function）

$$L\left(x,\gamma_L\right)=\frac{2}{\pi\gamma_L}\frac{1}{1+\left(2x/\gamma_L\right)^2} \tag{5-37}$$

式中，变量 $x=2\theta_i-2\theta_B$，$2\theta_B$ 为布拉格衍射角的计算值。洛伦兹函数的半高宽 γ_L 为

$$\gamma_L=\frac{L_X}{\cos\theta}+L_Y\cdot\tan\theta \tag{5-38}$$

式中，L_X、L_Y 为精修参数。其中，参数 L_X 与晶粒尺寸有关，在 GSAS 软件中晶粒尺寸 $Size=\frac{180}{\pi}\frac{100K\lambda}{L_X}$，$K$ 为谢乐常数；参数 L_Y 与晶格应变有关，在 GSAS 软件中晶格应变 $Strain=\frac{L_Y}{100}\frac{\pi}{180}\times100\%$。

洛伦兹函数曲线［图 5-13（a）中的实线］的典型特点是衍射峰的"头比较尖"，峰两侧有明显的"尾巴"。洛伦兹函数在衍射数据分析中一般不单独使用。

（3）Pseudo-Voigt 函数

$$F(x)=\eta L\left(x,\gamma_L\right)+\left(1-\eta\right)G\left(x,\Gamma_G\right) \tag{5-39}$$

Pseudo-Voigt 函数是 X 射线粉末衍射中最常用的函数，它是高斯函数 $G\left(x,\Gamma_G\right)$ 和洛伦兹

函数 $L(x,\gamma_{\mathrm{L}})$ 的混合函数。混合因子 η（$0 \leqslant \eta \leqslant 1$）取决于 Pseudo-Voigt 函数的半高宽 Γ 和洛伦兹部分的半高宽 γ_{L}：

$$\eta = 1.36603(\gamma_{\mathrm{L}} / \Gamma) - 0.47719(\gamma_{\mathrm{L}} / \Gamma)^2 + 0.11116(\gamma_{\mathrm{L}} / \Gamma)^3 \tag{5-40}$$

式中，Pseudo-Voigt 函数的半高宽 Γ 与高斯函数的半高宽 Γ_{G} 和洛伦兹函数的半高宽 γ_{L} 有关：

$$\Gamma = \sqrt[5]{\Gamma_{\mathrm{G}}^5 + 2.69269\Gamma_{\mathrm{G}}^4\gamma_{\mathrm{L}} + 2.42843\Gamma_{\mathrm{G}}^3\gamma_{\mathrm{L}}^2 + 4.47163\Gamma_{\mathrm{G}}^2\gamma_{\mathrm{L}}^3 + 0.07842\Gamma_{\mathrm{G}}\gamma_{\mathrm{L}}^4 + \gamma_{\mathrm{L}}^5}$$

$$\Gamma_{\mathrm{G}} = \Gamma\sqrt{1 - 0.74417\eta - 0.24781\eta^2 - 0.00810\eta^3} \tag{5-41}$$

$$\gamma_{\mathrm{L}} = \Gamma\left(0.72928\eta + 0.19289\eta^2 + 0.07783\eta^3\right)$$

当 $\eta = 0$ 时，Pseudo-Voigt 函数为高斯函数；当 $\eta = 1$ 时，Pseudo-Voigt 函数为洛伦兹函数。通过精修混合因子可得到既含高斯函数特征又含洛伦兹函数特征的衍射峰，如图 5-13（b）所示。

利用式（5-40）和式（5-41）可将 Pseudo-Voigt 函数拟合的 Γ、η 转换为 Γ_{G}、γ_{L}。例如，我们在 MDI Jade 软件中拟合某一低角区的单峰，得到峰宽 FWHM=0.09°、混合因子 Shape=0.398，那么 Γ_{G}=0.073°、γ_{L}=0.0293°。在 Rietveld 晶体结构精修中，这两个值可近似作为 G_W 和 L_X 的初值。

需要注意的是，MDI Jade 软件和 FullProf 软件中峰宽参数的单位为度（°），而 GSAS 软件中峰宽参数的单位为百分度。因此，从 MDI Jade 软件中得到峰宽 FWHM 和混合因子 Shape 后，利用式（5-40）和式（5-41）将其转换为 Γ_{G}、γ_{L}。由此得到 FullProf 软件中 Pseudo-Voigt 函数的峰宽初值：$U = 0$，$V = 0$，$W \approx \Gamma_{\mathrm{G}}$，Eta_0 $\approx$ Shape，$X = 0$，$Y \approx \gamma_{\mathrm{L}}$。或者得到 Thompson-Cox-Hastings pseudo-Voigt 函数的峰宽参数：$U = 0$，$V = 0$，$W \approx \Gamma_{\mathrm{G}}$，$X = 0$，$Y \approx \gamma_{\mathrm{L}}$。不同软件之间峰宽参数的转换关系如表 5-2 所示。

表 5-2　不同软件之间峰宽参数的转换关系

参数	软件		
	GSAS 或 Jana	FullProf	MDI Jade
高斯峰宽	G_U、G_V、G_W、G_P	U、V、W、I_G	FWHM、Shape
洛伦兹峰宽	L_X、L_Y	X、Y	
峰的不对称因子	S/L	S_L	Skewness
	H/L	D_L	

（4）Pearson-VII 函数

$$\mathrm{PVII}(x) = \frac{\Gamma(\beta)}{\Gamma(\beta) - 1/2} \frac{2\sqrt{2^{1/\beta} - 1}}{\sqrt{\pi}H}\left(1 + \frac{4\sqrt{2^{1/\beta} - 1}}{H^2}x^2\right)^{-\beta} \tag{5-42}$$

Pearson VII 函数是 X 射线粉末衍射中另一种常用的峰形函数。当 $\beta = 1$ 时，Pearson-VII 函数为洛伦兹函数；当 $\beta = \infty$ 时，Pearson-VII 函数为高斯函数。通过精修指数 β，可得到变形的洛伦兹函数，如图 5-13（c）所示。

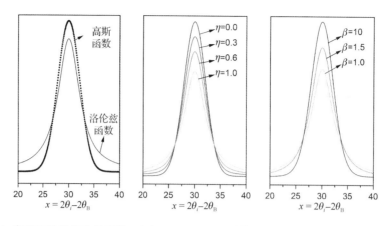

（a）高斯函数和洛伦兹函数 （b）Pseudo-Voigt 函数 （c）Pearson-VII 函数

图 5-13　4 种典型的峰形函数

2. 仪器展宽

X 射线衍射仪引起衍射峰的展宽称为仪器展宽（Instrumental Broadening），仪器展宽与衍射角的变化关系称为仪器展宽函数或仪器分辨函数（Instrument Resolution Function）。在对衍射数据进行峰宽分析前需要预先制作半高宽曲线，得到仪器展宽函数。为得到仪器展宽函数，可进行如下操作。

（1）测量标样的衍射数据

购置的 X 射线衍射仪通常配有标样。如果没有标样，则需要自行制备标样（应尽量减小标样中的样品展宽）。将结构稳定的纯相样品在高温下长时间退火，高温退火有助于减少或消除样品中的缺陷、晶格应变，使样品长成近似的理想晶体。将退火后的样品进行湿法研磨，制备粉末样品，湿法研磨有助于减少研磨过程中人为引入的晶格应变。

X 射线衍射仪须严格合轴，粉末样品须压平、压实。之后，在较宽的衍射角范围（如 10°～120°）内进行慢扫，得到标样的衍射数据。

（2）拟合衍射峰

在 MDI Jade 软件中添加背底，依次拟合每个衍射峰，具体操作详见 6.8 节。

（3）制作半高宽曲线

单击菜单"Analyze"→"FWHM Curve Plot"，制作半高宽曲线；单击菜单"File"→"Save"→"FWHM Curve of Peaks"，保存半高宽曲线。

（4）查看半高宽参数

单击菜单"Edit"→"Preferences"，在弹出的窗口中单击"Instrument"面板，如图 5-14 所示。在"Instrument"面板中的①处选择"Constant FWHM"，在②处勾选"Tan(T)"。之后，在①处选择已制作好的半高宽曲线，单击"View FWHM Curve"按钮就能显示半高宽曲线。在 MDI Jade 软件中，半高宽曲线定义为 $\Gamma_{\mathrm{G}}^2 = f_2 \tan^2 \theta + f_1 \tan \theta + f_0$。与式（5-36）比较，在③处显示的参数"f0""f1""f2"对应于参数 G_W、G_V、G_U（单位为°）。

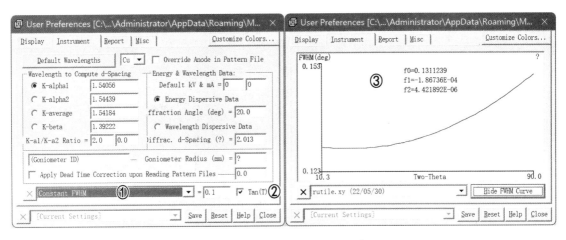

图 5-14 查看仪器的半高宽参数

3. 晶粒尺寸的计算

1918 年，谢乐指出衍射峰的峰宽 β（单位为 rad）与晶粒尺寸 L 成反比，提出了谢乐公式（Scherrer equation）：

$$\beta(2\theta) = \frac{K\lambda}{L \cdot \cos\theta} \tag{5-43}$$

一般情况下，实验中测得的峰宽 β 的单位为°，在用谢乐公式进行分析时，需要将其转换为 rad，所以用式（5-43）计算出的晶粒尺寸还需乘以 $180/\pi \approx 57.296$，单位为 Å。图 5-15（a）给出了不同晶粒尺寸的金红石相二氧化钛的衍射图，表明在相同测试条件下晶粒尺寸越小衍射峰就越宽。

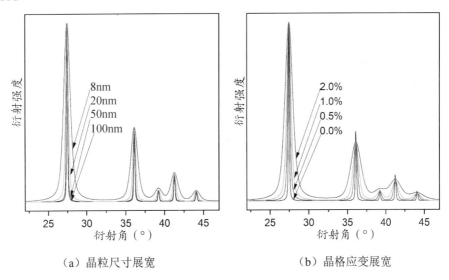

（a）晶粒尺寸展宽 （b）晶格应变展宽

图 5-15 峰宽效应（以金红石相二氧化钛为例）

在利用谢乐公式计算晶粒尺寸时需要注意以下几个问题：

（1）晶粒尺寸（Crystallite Size）

用谢乐公式计算得到的晶粒尺寸是指衍射畴的尺寸（Size of the Diffracting Domains），等效于透射电镜中的晶粒尺寸，如图 5-16（a）中的插图；也可以看作所测(hkl)晶面的厚度。该晶粒尺寸与颗粒尺寸是不同的，需予以区分。

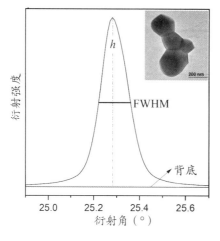

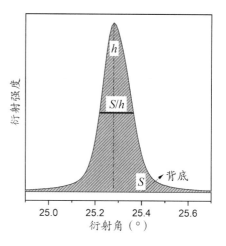

（a）半高宽（插图为 TEM 中的晶粒、畴界）　　　　（b）积分宽度

图 5-16　峰宽的两种确定方法

（2）峰宽（Peak Width）

峰宽有两种确定方法：一种是半高宽（Full Width at Half Maximum，FWHM），即峰高 h（峰强-背底）一半处的宽度，如图 5-16（a）所示；另一种是积分宽度（Integral Breadth），即衍射峰的积分面积 S 除以峰高 h（峰强-背底），如图 5-16（b）所示。峰宽的确定方法不同，所计算出的晶粒尺寸会有略微不同。相对而言，用半高宽确定的晶粒尺寸比用积分宽度得到的结果要准确一些。

（3）谢乐常数 K

晶粒可近似描述为球形、立方体状、四面体状、八面体状、柱状、棒状、片状等。在谢乐公式中，用谢乐常数（又称形状因子）K 来描述晶粒的形状，详细内容请查阅 Langford 和 Wilson 的文章[40]。为简单起见，当用半高宽来确定晶粒尺寸时，K 取 0.94；当用积分宽度来确定晶粒尺寸时，K 取 0.89。

在进行晶粒尺寸分析前，需要在 MDI Jade 软件中进行相关设置：单击菜单"Edit"→"Preferences…"，在弹出的窗口中单击"Report"面板。勾选"Estimate Crystallite Sizes from FWHM's"，在输入框中设置谢乐常数。如果用拟合法来确定晶粒尺寸，可在"Profile Parameters & Refinement Options"窗口中勾选"FWHM"或"Breadth"来确定晶粒尺寸，在"XS"处就会显示各拟合峰的晶粒尺寸。

4．晶格应变（Lattice Strain）

样品内的位错、层错、畴界、晶界、表面、间隙杂质等会引起晶格应变，在纳米材料中一般会有较大的晶格应变。晶格应变会引起衍射峰的展宽，如图 5-15（b）所示。晶格应变 ε 与峰宽 β（单位为 rad）之间的关系可描述为

$$\beta(2\theta) = 4\varepsilon \cdot \tan\theta \tag{5-44}$$

如果 X 射线粉末衍射中既含晶粒尺寸展宽，又含晶格应变展宽。此时，逐一拟合衍射峰，并用 Williamson Hull 图示法进行分析：

$$\beta \cdot \cos\theta = \frac{K\lambda}{L} + 4\varepsilon \cdot \sin\theta \qquad (5\text{-}45)$$

在 Williamson Hull 图中，横坐标为 $\sin\theta$，纵坐标为 $\beta \cdot \cos\theta$。对图中曲线进行线性拟合，y 轴的截距与晶粒尺寸有关，斜率与晶格应变有关。如果拟合后得到的是过原点的直线，说明样品只有晶格应变展宽；如果拟合后得到的是水平线，说明样品只有晶粒尺寸展宽。如果得到的晶粒尺寸、晶格应变为负值，说明衍射峰可能没拟合好，或者半高宽曲线没有校正好。

5.4　X 射线衍射图的表示

经过一系列的衍射数据分析，如物相识别、定量物相分析、Rietveld 晶体结构精修等，我们需要对分析结果按科技论文规范进行绘图。绘图时要做到简洁、清晰、明了，同时能将分析结果尽可能地展现给读者。本节介绍三种典型的 X 射线衍射图的表示方式。

5.4.1　含 PDF 卡片的多曲线绘图

在分析出各衍射图的物相之后，多条衍射曲线通常按堆积图方式绘制。为便于读者快速比对、识别衍射峰，我们还需要在衍射图的下方叠加各物相的 PDF 卡片，并标注主要衍射峰的晶面指数。

本节我们以二氧化钛在高温下的相变过程（锐钛矿相→金红石相）为例介绍如何在 Origin 软件中绘制含 PDF 卡片的多曲线衍射图。

学习内容	绘制含 PDF 卡片的多曲线衍射图
实验数据	1.txt、2.txt……6.txt
软件	MDI Jade、Origin、Excel、记事本等

1. 导入 X 射线衍射数据

- 在 Origin 软件[41]中，单击菜单"File"→"Import"→"Multiple ASCII…"，在弹出的对话框中找到衍射数据，选中"1.txt"，按住 Shift 键，再选中"6.txt"。这样，就能选中 6 条衍射数据。
- 单击"Add Files"按钮添加衍射数据，勾选"Show Options Dialog"，单击"OK"按钮。
- 在弹出的对话框中，将"1st File Import Mode"设置为"Start New Books"，即导入第 1 条衍射数据时新建工作簿；将"Mult-File (except 1st) Import Mode"设置为"Start New Columns"，即导入其他数据时在已添加数据的右侧添加新的数据列；将"Data Structure"设置为"Delimited-Multiple Characters"，在"Multiple Delimiters"输入框中输入 4 个空格，即衍射角和衍射强度之间的分隔符为 4 个空格。注：在批量导入数据时，导入第 1 条衍射数据时新建工作簿，其他数据依次添加到右侧；每个数据文件包含两列数据，第一列为衍射角，第二列为衍射强度，两列数据之间用 4 个空格隔开（分隔符由数据决定）。

注：在导入衍射数据前，先将实验数据用记事本打开，删除"文件头"，明确衍射角和衍射强度两列数据之间的分隔符。

2．绘制 X 射线衍射图（堆积图）

- 按住 Ctrl 键，依次选中各数据的衍射角（列），右击、选择右键菜单"Set As"→"X"，将其设为"X"（设置横坐标）。
- 选中 6 条衍射数据，单击 ⬛Stacked Lines by Y Offsets 图标绘制堆积图。
- 双击坐标轴，设置坐标轴的范围，横、纵坐标轴的范围分别为 20～80、−2000～66500。设置横、纵坐标的标题和单位：衍射角（°）、衍射强度（计数率）。
- 双击曲线，设置线宽为 1，设置各曲线的颜色，效果如图 5-17 所示。

注：如果不同曲线的衍射强度差异很大，可预先对各列衍射强度进行归一化，也可以单击 ⬛Stack... 图标绘制堆积图。

3．导入 PDF 卡片数据

- 在 MDI Jade 软件中进行物相识别，双击 PDF 卡片，在弹出的对话框中单击"Lines"面板，单击 ⬛ 图标复制 PDF 卡片数据。
- 在 Origin 软件中新建工作簿，粘贴已复制的 PDF 卡片数据。整理出锐钛矿相和金红石相 PDF 卡片中的数据列"2-Theta""I（f）"。

注：Windows 系统中的记事本软件不能复制列数据，建议使用 Notepad++软件[42]或 UltraEdit 软件[43]整理 PDF 卡片中的数据列"2-Theta""I（f）"。

4．绘制 PDF 卡片（堆积图）

- 按住 Ctrl 键，依次选中锐钛矿相和金红石相 PDF 卡片的衍射角（列），右击、选择右键菜单选项"Set As"→"X"，将其设为"X"。
- 选中锐钛矿相和金红石相的 PDF 卡片数据，单击 ⬛Stack... 图标绘制堆积图。
- 在弹出的对话框中，将"Plot Type"设置为"Scatter"，将"Layer Order"设置为"Top to Bottom"，单击"OK"按钮。
- 双击坐标轴，设置坐标轴的范围，横坐标轴的范围为 20～80。设置横坐标的标题和单位：衍射角（°）。
- 双击曲线，在"Symbol"面板中设置"Size"为 0；在"Drop Lines"面板中勾选"Vertical"，设置线宽"Width"为 1，效果如图 5-17 所示。

5．将 PDF 卡片叠加到 X 射线衍射图上

- 在 PDF 卡片中，选中锐钛矿相的图层，右击、选择右键菜单选项"Copy"，将其粘贴到 X 射线衍射图中。
- 在 PDF 卡片中，选中金红石相的图层，右击、选择右键菜单选项"Copy"，将其粘贴到 X 射线衍射图中。此时，X 射线衍射图中有 3 个图层：图层 1 为 X 射线衍射图，图层 2、图层 3 分别为锐钛矿相和金红石相的 PDF 卡片。
- 在 X 射线衍射图中，设置图层 1 的图层属性"Layer properties"。在"Display"面板中，设置"Fixed Factor"为 1。在"Size/Speed"面板中，设置"Units"为"% of Page"；设置 Left、Top、Width、Heigh 分别为 15、10、71、75。
- 设置图层 2 的图层属性。在"Display"面板中，设置"Fixed Factor"为 1。在"Size/Speed"面板中，设置"Units"为"% of Page"；设置 Left、Top、Width、Heigh 分别为 15、75+10=85、71、8。
- 设置图层 3 的图层属性。在"Display"面板中，设置"Fixed Factor"为 1。在"Size/

Speed"面板中，设置"Units"为"% of Page"；设置 Left、Top、Width、Heigh 分别为
15、75+10+8=93、71、8。

- 添加 X 射线衍射图中各曲线的烧结温度，添加 PDF 卡片各主峰的晶面指数。
- 在空白处右击，选择右键菜单"Fit Page To Layers…"，效果如图 5-17 所示。

注：将多张图组合成宽窄不同的大图，其难点就是各图层位置的设置。

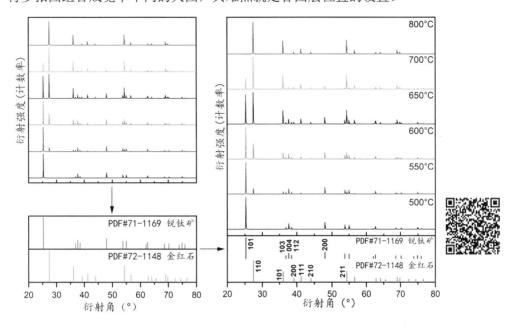

图 5-17　绘制叠加了 PDF 卡片的衍射图（扫码见彩图）

5.4.2　Rietveld 晶体结构精修结果的绘图

Rietveld 晶体结构精修是 X 射线粉末衍射实验中最常用的结构分析方法之一，精修结果
包含 X 射线粉末衍射曲线、计算出的衍射曲线、背底曲线、差分线、各结构相的布拉格衍射
峰。在展示精修结果时，需要将上述曲线画在同一张衍射图中。

本节我们以板钛矿相二氧化钛（含少量锐钛矿相二氧化钛）为例来介绍如何在 Origin 软
件中绘制 Rietveld 晶体结构精修的衍射图。

学习内容	绘制 Rietveld 晶体结构精修的衍射图
实验数据	400.prf
软件	FullProf、Origin、Excel、记事本等

1.　将*.prf 文件转换为*.xyn 文件

- 打开 FullProf 软件，单击⛰图标进入 WinPLOTR 软件。FullProf 软件的下载、安装、
  使用方法详见 9.6 节。
- 单击菜单"File"→"Open Rietveld/profile file"，在弹出的对话框中勾选"101:
  FullProfPRF file"。单击"OK"按钮，在弹出的对话框中找到并打开 400.prf 文件。
- 单击菜单"File"→"Save data as…"→"Save data as multicolumns file"，在弹出的对
  话框中勾选"1-Yobs""2-Ycalc""3-Yobs-Ycalc""4-Bragg_position"处的"X、Y"。单
  击"OK"按钮，保存为"400.xyn"文件。

2. 将*.xyn 文件导入 Origin 软件

- 用记事本软件打开*.xyn 文件，将"X_1　Yobs""X_2　Ycalc""X_3　Yobs-Ycalc"数据列复制、粘贴到 Origin 软件中。
- 将"X_4　Bragg_position"数据列复制、粘贴到 Excel 软件中。
- 在 Excel 软件中对数据列进行排序，将 Y 值为-2811.71631 的所有数据复制、粘贴到 Origin 软件中，作为锐钛矿相的布拉格衍射线；将 Y 值为-1691.22815 的所有数据复制、粘贴到 Origin 软件中，作为板钛矿相的布拉格衍射线。

注：由于该文件包含锐钛矿相和板钛矿相两个结构，锐钛矿相的 Y 值为-2811.71631，而板钛矿相的 Y 值为-1691.22815。另外，如果 Rietveld 晶体结构精修软件没给出类似的*.prf 文件，在精修文件中找到"实验数据 Y_{obs}""计算出的衍射数据 Y_{calc}""背底数据 Y_{BG}""差分线 Y_{obs}-Y_{calc}""布拉格峰 Y_{Bragg}"相关的数据列，将其复制、粘贴到 Origin 软件中即可。Windows 系统中的记事本软件不能复制列数据，建议使用 Notepad++软件[42]或 UltraEdit[43] 软件。

3. 在 Origin 软件中绘制晶体结构精修图

- 在 Origin 软件中，按住 Ctrl 键，依次选中衍射角的数据列，右击、选择右键菜单选项"Set As"→"X"，将其设为"X"。对 Y 列数据依次设置"Long Name"为"Yobs""Ycalc""Diff""Brookite""Anatase"
- 单击 Origin 软件左下角的 图标绘制点线图。
- 在点线图中双击坐标轴，设置坐标轴的范围，横、纵坐标轴的范围分别为 20～80、-5000～20000。设置横、纵坐标的标题和单位：衍射角（°）、衍射强度×10³（计数率）。
- 双击纵坐标的标尺数值，设置"Divide by Factor"为 1000。注：有的数据衍射强度高达几十万，此时建议将纵坐标的数值除以某一因子，同时需在纵坐标的标题中予以标注。
- 双击曲线，在"Group"面板中设置"Edit Mode"为"Independent"。
- 设置实验数据：选中"Yobs"曲线，在"Line"面板中设置线宽为 0；在"Symbol"面板中设置实心点●，设置"Size"为 3，颜色为黑色。
- 设置计算数据：选中"Ycalc"曲线，在"Line"面板中设置线宽为 1，颜色为红色；在"Symbol"面板中设置"Size"为 0。
- 设置差分线：选中"Diff"曲线，在"Line"面板中设置线宽为 1，颜色为灰色；在"Symbol"面板中设置"Size"为 0。
- 设置板钛矿相的布拉格衍射曲线：选中"Brookite"曲线，在"Line"面板中设置线宽为 0；在"Symbol"面板中选择竖线 |，设置"Size"为 14，颜色为红色，"Edge Thickness"为 10。
- 设置锐钛矿相的布拉格衍射曲线：选中"Anatase"曲线，在"Line"面板中设置线宽为 0；在"Symbol"面板中选择竖线 |，设置"Size"为 14，颜色为蓝色，"Edge Thickness"为 10。
- 在背底峰处添加"*"标记，效果如图 5-18 所示。

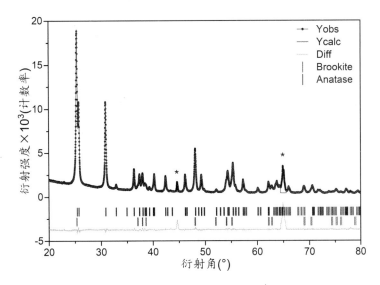

图 5-18　绘制 Rietveld 晶体结构精修的衍射图（扫码见彩图）

5.4.3　不同波长衍射数据的绘图

在进行晶体结构分析时，同一样品可能需要在不同波长的 X 射线衍射仪上测试。根据布拉格公式可知，在不同波长的 X 射线衍射仪上扫描同一倒易范围内的衍射数据，波长越短其衍射角范围就越窄，波长越长其衍射角范围就越宽。在图 5-19（c）中，金红石相二氧化钛在铜靶 X 射线衍射仪上测试，其衍射角范围为 20°～90°；在相同的倒易范围内用银靶 X 射线衍射仪测试，其衍射角范围为 7.23°～29.74°，如图 5-19（a）所示。如果按常规衍射图的绘制方法，将不同波长的衍射数据用衍射角来绘图，则无法对这些衍射数据进行有效的比对分析。

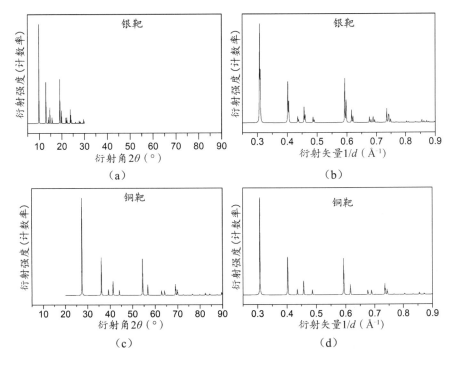

图 5-19　不同波长的衍射图

在这种情况下，我们可以根据布拉格公式将衍射图的横坐标 2θ 转换为衍射矢量 $1/d$：

$$\frac{1}{d} = \frac{2\sin\theta}{\lambda} \tag{5-46}$$

在 Origin 软件中，如果 A 列为衍射角 2θ，那么衍射矢量 $1/d$ 所在列的值可通过如下方式设置。

- 在 Origin 软件中，选中"1/d"列，在列标题"F(x)="处输入"2*sin(A/2*pi/180)/1.5406"。或者选中"1/d"列，右击、选择右键菜单"Set Column Values"（或按 Ctrl+Q 组合键），在弹出的对话框中输入"2*sin(A/2*pi/180)/1.5406"。

其中，"1.5406"为 X 射线衍射仪的波长。"A"为衍射角 2θ 所在列的 Short Name，即列标题上的大写字母（列的识别符）。由于衍射角的单位为°，而在 Origin 软件中角度的默认单位为 rad，所以"pi/180"是将°转为 rad 的系数。为方便起见，读者也可以在 Origin 软件中设置角度的默认单位：单击菜单"Tools"→"Options"，在弹出窗口的"Numeric Format"面板中的"Angular Unit"处勾选"Degree"。这样就可以直接用角度进行计算，不用输入转换系数"pi/180"。

在材料表征中，有些需要重点分析的样品，除了要做 X 射线粉末衍射实验，还要做透射电镜实验。在透射电镜实验中，不仅能得到样品的形貌图，还能得到电子衍射图。此时，将电子衍射图以透射斑为中心进行一维投影，所得的强度分布图与 X 射线衍射图也可以用上述方法进行绘图、进行比对分析[44]。

小结

本章主要介绍了 X 射线粉末衍射中的峰位、峰强、峰宽与晶体结构、X 射线衍射仪之间的关系，这些内容是衍射数据处理、分析、描述的基础。

根据布拉格公式，同一样品在不同波长的 X 射线衍射仪上测试将得到不同的衍射图。在同一 X 射线衍射仪上测试，衍射峰的峰位是由材料的晶胞大小或晶格参数决定的。另外，峰位还受仪器零点、样品位移、透射度等因素的影响。衍射峰的峰强是由晶胞内的原子决定的，因为晶胞内的原子种类、原子坐标、原子占有率、原子位移参数共同决定了结构因子（表征晶胞对 X 射线的散射能力）。衍射强度还受择优取向、吸收效应、动力学消光、洛伦兹-极化因子等因素的影响。因此，在粉末样品制备过程中应尽量减弱样品的择优取向效应，压实样品以减弱样品的吸收效应。在利用峰宽确定晶粒尺寸和晶格应变前应预先制作仪器半高宽曲线。

另外，本章还介绍了如何用 Origin 软件绘制含 PDF 卡片的多曲线衍射图、Rietveld 晶体结构精修的衍射图，以及不同波长的衍射图。

思考题

1．为什么说晶格参数决定了衍射峰的峰位？哪些因素会引起衍射峰的偏移？

2．为什么说晶胞内的原子，包括原子种类、原子坐标、原子占有率、原子位移参数决定了衍射峰的峰强？影响峰强的因素还有哪些？该如何避免其影响？

3．哪些因素会引起衍射峰的展宽？在进行峰宽分析前为什么要制作仪器半高宽曲线？

4．如何区分晶粒、晶畴、颗粒？在用谢乐公式计算晶粒尺寸时应该注意哪些问题？

5．如何用 Williamson Hull 图示法确定晶粒尺寸和晶格应变？

6．高斯函数和洛伦兹函数的峰形特点是什么？

7．Pseudo-Voigt 函数的特征是什么？如何将该函数拟合的半高宽、混合因子转换为高斯函数的半高宽和洛伦兹函数的半高宽？如何设置不同软件中的峰形参数？

8．如何用 Origin 软件绘制含 PDF 卡片的多曲线衍射图？

9．如何在 Origin 软件中绘制衍射峰拟合图、Rietveld 晶体结构精修的衍射图？

10．同一样品在不同波长的 X 射线衍射仪上测试，其衍射图有哪些不同？

11．为便于比较，在不同波长的 X 射线衍射仪上测得的数据该如何转换才能绘制在同一张衍射图上？

12．如何在 Origin 中创建绘图模板，快速绘制不同类型的衍射图？

第6章

衍射数据的基本处理

衍射数据分析的第一步就是对数据进行适当的处理，提取出可用于结构分析的信息。常见的衍射数据处理方法包括扣背底、剥离 $K\alpha_2$、平滑、寻峰、衍射峰拟合等。在材料合成过程中，通过调节实验变量能合成出一系列的样品，从而得到大量衍射数据。只有熟练掌握衍射数据的处理方法，才能高效、准确地分析衍射数据。

本章着重介绍如何利用 MDI Jade 软件进行衍射数据的处理。在学习本章内容时，我们需要理解衍射数据处理的基本原理及依据，要多问自己"做什么""怎么做""为什么这样做"，而非机械地模仿。如果数据处理不当，如"欠处理"和"过处理"，都可能分析出不合理的，甚至错误的结果。

6.1　MDI Jade 软件的介绍

MDI Jade 软件[35]是在 X 射线粉末衍射分析中最常用的软件之一，主要功能包括衍射数据的处理、物相识别、定量物相分析、晶粒尺寸和晶格应变分析、指标化确定晶格参数、晶格参数精修、Rietveld 晶体结构精修、X 射线粉末衍射图的模拟等。本书所用的软件为 MDI Jade 6.5，不同版本的软件，其界面和操作会略有不同。

学习内容	能正确安装 MDI Jade 6.5 软件、导入 PDF 卡片
软件	MDI Jade 6.5、PDF2-2004

6.1.1　安装 MDI Jade 软件

双击软件安装包"MDI Jade 6.5.exe"，将软件安装到英文路径下（如 D:\XRD\Jade）。

双击打开已安装好的应用程序"Jade 6.exe"，依次单击菜单"Analyze"→"Simulate Pattern…"、"Identify"→"Add to d-I Userfile…"、"Options"→"Calculate Pattern…"和"Options"→"WPF Refinement…"，观察是否有错误弹窗。如果在打开软件或单击上述菜单时有"Component 'THREED32.OCX' not correctly registered: file is missing or invalid"弹窗，说明系统中缺少"*.OCX"文件，需要进行如下操作：

- 补全"*.OCX"文件：将缺少的"*.OCX"文件（通常是"MSCOMCTL.OCX""MSCOMCT2.OCX""COMDLG32.OCX""THREED32.OCX""MSFLXGRD.OCX""GRID32.OCX"等）复制、粘贴到"C:\Windows\SysWOW64"（64 位系统）或"C:\Windows\System32"（32 位系统）路径下。
- 注册"*.OCX"文件：在上述路径下找到"CMD.exe"，以管理员身份运行"CMD.exe"。在弹窗中输入"regsvr32 GRID32.OCX"进行注册（带下画线部分为缺少的"*.OCX"文件的完整文件名）。

6.1.2　导入 PDF 卡片

将 PDF 卡片导入 MDI Jade 软件时，可能出现"Note: PDF index files can be created only by the power user…"弹窗，要求只有安装了 MDI Jade 软件的计算机账户才能导入 PDF 卡片。遇到上述情况，需如下操作：

- 查看 MDI Jade 的账户：在 MDI Jade 软件的安装目录下，找到"Jade 6.exe"，右击、选择右键菜单"发送到"→"桌面快捷方式"。在系统桌面上右击该快捷方式，选择右键菜单"属性"。在弹窗中单击"详细信息"面板，查看文件夹路径，如"C:\用户\Administrator\Desktop"，其中带下画线部分为账户。
- 修改注册表：在"C:\Windows\SysWOW64"（64 位系统）或"C:\Windows\System32"（32 位系统）路径下找到注册表"Regedit.exe"，以管理员身份运行"Regedit.exe"。右击"HKEY_LOCAL_MACHINE/SOFTWARE"，新建"项"并命名为"mdi"。右击"mdi"，新建"项"并命名为"license"。右击"license"，新建"字符串值"，设置"数值名称"

为"owner","值"为账户名。

- 解压 PDF 卡片：将 PDF2-2004 软件解压到英文路径下，如"D:\XRD\PDF"。
- 导入 PDF 卡片：在 MDI Jade 软件中单击菜单"PDF"→"Setup…"，弹出 PDF 卡片导入窗口，如图 6-1 所示。单击①处的按钮设置 PDF2-2004 的路径，单击②处的"Select All"按钮选择所有的数据库，单击③处的"Create"按钮导入 PDF 卡片。

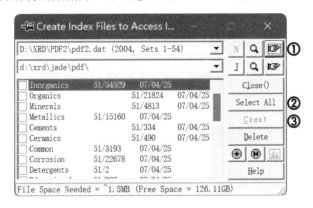

图 6-1　PDF 卡片导入窗口

6.1.3　MDI Jade 软件的界面和功能

MDI Jade 软件有上、下两个窗口，上窗口用于显示衍射图的全图，下窗口（主窗口）用于显示衍射图的局部放大图，如图 6-2 所示。在上窗口中用鼠标拖动某部分衍射图，可在下窗口中显示该部分的放大图。

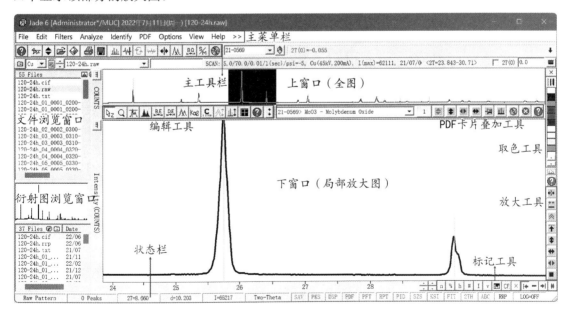

图 6-2　MDI Jade 软件的界面

MDI Jade 软件的左侧为当前文件夹下的输入文件和输出文件列表。在输入文件列表中选中某个衍射数据，就会在衍射图预览窗口中显示衍射图。在输入文件列表中双击某个衍射数据，就能在上、下两个窗口中显示衍射图。

1．主菜单栏

MDI Jade 软件的主菜单栏中包括 File、Edit、Filters、Analyze、Identify、PDF、Options、View 等菜单。

（1）File 菜单

File 菜单可实现衍射数据的读取、保存和衍射图的打印等功能。File 菜单的主要子菜单及其功能如表 6-1 所示。

表 6-1　File 菜单的主要子菜单及其功能

子菜单	功能
Patterns…	读取衍射数据
Recall File…	
Reload File…	
Read…	
Load…	
Save	保存衍射数据
Save in XML	
Print	打印衍射图
Print Setup	

（2）Edit 菜单

Edit 菜单用于复制主窗口中的衍射图或衍射数据、粘贴或截取或拼接衍射数据、合并图层、编辑或导入 d-值表、偏好设置等。Edit 菜单的主要子菜单及其功能如表 6-2 所示。

表 6-2　Edit 菜单的主要子菜单及其功能

子菜单	功能
Copy Vector Plot	复制主窗口中的衍射图为矢量图
Copy Bitmap Image	复制主窗口中的衍射图为标量图
Copy Pattern Data	复制主窗口中的衍射数据
Paste Pattern Data	粘贴衍射数据
Trim Range to Zoom	截取主窗口中的衍射数据（删除主窗口外的衍射数据）
Trim Range off Zoom	截取主窗口外的衍射数据（删除主窗口中的衍射数据）
Merge Segments	拼接不同范围的衍射数据
Merge Overlays	合并叠加的衍射数据
d-I List File Editor	d-值表的编辑
d-I List File Import	d-值表的导入
Preferences	偏好设置

（3）Filters 菜单

Filters 菜单用于平滑数据、剔除毛刺、设置样品位移参数、设置扫描步长、LP 校正等。Filters 菜单的主要子菜单及其功能如表 6-3 所示。

表 6-3　Filters 菜单的主要子菜单及其功能

子菜单	功能
Smooth Pattern	平滑数据
Remove Data Spikes	剔除毛刺
Sample Displacement	设置样品位移参数
Change Scan Stepsize	设置扫描步长
Apply LP Correction	LP 校正

（4）Analyze 菜单

Analyze 菜单可实现寻峰、拟合衍射峰、将拟合后的 d-值表添加到寻峰的 d-值表中、制作仪器半高宽曲线、计算晶粒尺寸和晶格应变、拟合背底、扣背底、剥离 Kα₂、仪器角度校正、模拟衍射图等功能。Analyze 菜单的主要子菜单及其功能如表 6-4 所示。

表 6-4　Analyze 菜单的主要子菜单及其功能

子菜单	功能
Find Peaks…	寻峰
Fit Peak Profile…	拟合衍射峰
Add Profiles to Peaks	将拟合后的 d-值表添加到寻峰的 d-值表中
FWHM Curve Plot	制作仪器半高宽曲线
Size & Strain Plot…	计算晶粒尺寸和晶格应变
Fit Background…	拟合背底
Remove Background	扣背底
Strip K-alpha2	剥离 Kα₂
Theta Calibration…	仪器角度校正
Simulate Pattern…	模拟衍射图

（5）Identify 菜单

Identify 菜单可实现基于衍射图、衍射线的物相识别（物相检索、匹配），以及个人 PDF 卡片的制作、管理等功能。Identify 菜单的主要子菜单及其功能如表 6-5 所示。

表 6-5　Identify 菜单的主要子菜单及其功能

子菜单	功能
Search/Match Setup…	物相检索、匹配的设置
Search/Match Display…	物相检索、匹配的显示
Search/Match Report…	物相检索、匹配的报告
Line-Based Search…	利用衍射线进行物相检索
Add to d-I Userfile…	用 d-值表制作个人 PDF 卡片
Userfile Manager…	个人 PDF 卡片的管理

（6）PDF 菜单

PDF 菜单是利用化学元素、化学计量、晶胞、晶体颜色、参考文献等条件进行 PDF 卡片的检索，以及 PDF 卡片库的安装。PDF 菜单的主要子菜单及其功能如表 6-6 所示。

表 6-6 PDF 菜单的主要子菜单及其功能

子菜单	功能
Retrieval…	PDF 卡片的检索
Chemistry…	基于化学元素的 PDF 卡片检索
Stoichiometry…	基于化学计量的 PDF 卡片检索
Miscellaneous…	基于多个条件约束（三强线、数据来源、PDF 卡片分类、密度范围等）的 PDF 卡片检索
Unit Cell Data…	基于晶胞的 PDF 卡片检索
Color Information…	基于晶体颜色的 PDF 卡片检索
Literature Ref…	基于参考文献的 PDF 卡片检索
Setup	PDF 卡片库的安装

（7）Options 菜单

Options 菜单的主要功能是利用晶格参数计算 d-值表、利用 d-值表计算晶格参数、晶格参数精修、指标化确定晶格参数、定量物相分析、计算衍射线（或 PDF 卡片）、晶体结构精修等。Options 菜单的主要子菜单及其功能如表 6-7 所示。

表 6-7 Options 菜单的主要子菜单及其功能

子菜单	功能
Calculate D（hkl）…	利用晶格参数计算 d-值表
Calculate Lattice…	利用 d-值表计算晶格参数
Cell Refinement…	晶格参数精修
Pattern Indexing…	指标化确定晶格参数
Easy Quantitative…	定量物相分析
Calculate Pattern…	计算衍射线（或 PDF 卡片）
WPF Refinement…	晶体结构精修

（8）View 菜单

View 菜单用于自定义曲线颜色、显示 S/M 候选列表等。View 菜单的主要子菜单及其功能如表 6-8 所示。

表 6-8 菜单 View 的主要子菜单及其功能

子菜单	功能
Customize Colors	自定义曲线颜色
S/M Hit Window.	显示 S/M 候选列表
Overlays in 3D	系列数据的 3D 显示
Scan Overlay List	已叠加的衍射数据列表
PDF Overlay List	已叠加的 PDF 卡片列表
Change Axes	设置横、纵坐标
Hide Toolbars	隐藏、显示工具栏
Dock Toolbox	设置工具栏的位置
Reports & Files	浏览报告、文件

2．工具栏

为便于快速操作，在 MDI Jade 软件中设有多种工具栏。接下来，我们简要介绍这些工具栏中的工具及其基本操作。

（1）编辑工具（Editing Toolbar）

编辑工具主要用于寻峰、背底、拟合等的快捷操作，如图 6-3 所示。

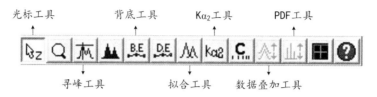

图 6-3　MDI Jade 软件中的编辑工具

常用编辑工具的操作如表 6-9 所示。

表 6-9　常用编辑工具的操作

工具	操作
光标工具	在窗口中**拖动**：局部放大
	在左侧空白处**右击**：打印报表
	在中部空白处**右击**：删除峰值表、背底曲线、拟合曲线等
	在右侧空白处**右击**：显示设置
寻峰工具	**右击**图标：设置寻峰参数
	单击图标：进入寻峰模式
	在寻峰模式下，
	在主衍射图上**单击**：添加峰
	右击峰：删除峰。
	Ctrl+**单击**：在光标处添加峰
背底工具	**右击**图标：设置背底参数
	单击图标：进入手动背底模式
	在手动背底模式下，
	在主衍射图上**单击**：添加背底点
	右击背底点：删除背底点
	拖动背底点：移动背底点
拟合工具	**右击**图标：设置衍射峰拟合参数
	单击图标：进入手动拟合模式
	在拟合模式下，
	在衍射峰上**单击**：添加拟合峰
	右击拟合峰：删除拟合峰
	拖动拟合峰：移动拟合峰
	Ctrl+上下**拖动**拟合峰：调节峰宽
	Ctrl+左右**拖动**拟合峰：调节峰的不对称因子
	Shift+上下**拖动**拟合峰：调节峰形（混合因子或指数项系数）

续表

工具	操作
Kα₂ 工具 kα₂	在主窗口中实时显示 Kα₁、Kα₂、Kβ 的衍射线
数据叠加工具	当叠加多条曲线时， 上下拖动曲线：曲线上下移动 Ctrl+～：曲线等间距上下分布 Shift+左右拖动曲线：曲线左右移动
PDF 工具	上下拖动 PDF 衍射峰：调节 PDF 衍射峰的高度 Shift+左右拖动 PDF 衍射峰：调节 PDF 衍射峰的左右偏移

（2）叠加工具（Overlay Toolbar）

叠加工具包括衍射曲线叠加工具和 PDF 卡片叠加工具，如图 6-4 所示。

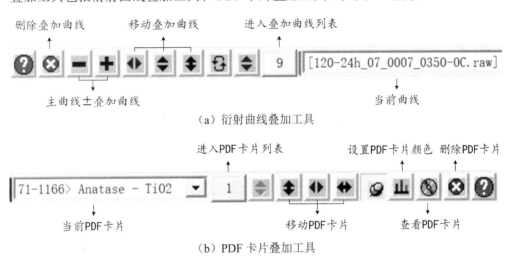

（a）衍射曲线叠加工具

（b）PDF 卡片叠加工具

图 6-4 MDI Jade 软件中的叠加工具

（3）标记工具（Annotation Toolbar）

标记工具主要用于设置标记的类型、字号、显示方式等，如图 6-5 所示。

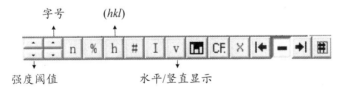

图 6-5 MDI Jade 软件中的标记工具

6.2 MDI Jade 软件中的常见衍射数据

不同的衍射仪会生成不同格式的衍射数据，如布鲁克衍射仪生成"*.raw"数据、理学衍射仪生成"*.raw""*.asc"数据、飞利浦衍射仪生成"*.raw""*.xrd"数据、西门子衍射仪生成"*.raw"数据等。这些数据尽管有的后缀相同，但其存储方式可能截然不同，只能用对应的专业软件才能打开。为方便后期的数据处理，在进行 X 射线粉末衍射实验时，除了保存原始数据外，建议保存"*.txt""*.csv""*.prn"等能用常规软件（如记事本、Excel 等）打开的数据。

在 MDI Jade 软件中，除上述格式的数据以外，还会遇到以下两种常见的衍射数据。

6.2.1 mdi、dif 格式的衍射数据

mdi 格式是 MDI Jade 软件的原始数据格式，在同一个 mdi 格式的文件中可包含多条不同的衍射数据。mdi 格式的文件只记录强度值，不记录角度值（角度值可以由起始角、步长、结束角计算出来）。"*.mdi"数据的基本格式如下：

```
11/01/89 DIF RED PAINT PIGMENT MIXTURE
20.0 0.02 4.0 CU 1.54059 78.0 2901 <1st data>
272. 295. 281. 286. 315. 307. 338. 295.
285. 288. 325. 306. 280. 306. 265. 292.
......
20.0 0.01 1.0 CU 1.54059 40.0 2001 <2nd data>
272. 295. 281. 286. 315. 307. 338. 295.
285. 288. 325. 306. 280. 306. 265. 292.
......
```

第 1 行：实验日期、数据名等（最大为 80 字节）。

第 2 行：实验参数。从左往右依次是起始角、步长、计数时间、阳极靶材料、波长、结束角、数据点数、第一条数据的名称，各参数之间用空格隔开。阳极靶用元素符号表示，不区分大小写。MDI Jade 软件根据起始角、步长自动计算衍射角，当读取到设定的结束角时停止读取衍射数据（即使还没读完所有数据点）。

从第 3 行开始为各数据点的强度或计数率。一行可以有多个数据点，也可以只有一个数据点。

另外，经 MDI Jade 软件处理的数据可保存为 dif 格式。dif 格式与 mdi 格式完全一样，只是后缀不同。

需要注意的是，如果 mdi 格式或 dif 格式的数据中只有一条曲线，要想将其转换为 FullProf 或 WinPLOTR 软件中 dat 格式的数据，只需修改 mdi 格式或 dif 格式的数据中的第二行为"起始角 步长 结束角"，删除第一行，并保存为"*.dat"即可。

6.2.2 txt、xy 格式的衍射数据

txt、xy 格式的衍射数据，第 1 行为文件头，从第 2 行开始为数据部分。数据部分的第 1

列为衍射角，第 2 列为衍射强度，两列数据之间用空格、逗号或制表符 Tab 隔开。一般情况下，一个 txt 文件仅包含一条曲线。一个 xy 文件可包含多条曲线，即数据部分的第 1 列为衍射角，从第 2 列开始的多个数据列为各曲线的衍射强度，各列数据之间用空格、逗号或制表符 Tab 隔开，形成 xyy 格式的数据。"*.txt"数据和"*.xy"数据的基本格式如下：

```
Lu-Fe-O.txt
10.00       2672
10.01       2578
10.02       2696
......
```

```
Lu-Fe-O.xy
10.06    2007    1915
10.07    1990    1913
10.08    1946    1912
......
```

6.3 导入衍射数据

MDI Jade 软件能读取多种格式的衍射数据，这些数据大致分为两类：一类是 MDI Jade 软件支持的数据，另一类是外来格式的数据。

6.3.1 MDI Jade 软件支持的数据

MDI Jade 软件支持的数据主要包括 MDI Jade 软件的原始数据"*.mdi""*.xy"，以及各衍射仪厂商定义的数据。在 MDI Jade 软件中打开这类数据的典型方法：

- 单击菜单"File"→"Patterns…"，或者按 Ctrl+O 组合键。
- 在弹出的窗口中（见图 6-6），在①处设置衍射数据的路径，在②处选择数据格式，在③处选中待分析的衍射数据。

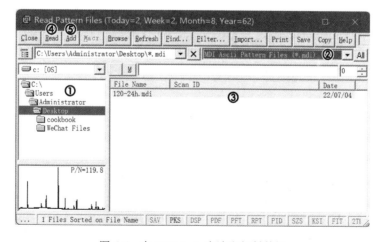

图 6-6 在 MDI Jade 中读取衍射数据

- 如果要打开新的衍射数据（清除已显示的曲线），可单击④处的"Read"按钮。如果要在已显示的衍射图上叠加其他曲线（可以叠加多条曲线），可单击⑤处的"Add"按钮。

打开这类数据的另一种方法是在文件浏览窗口中选中数据文件（可以是多个文件），直接将其拖动到 MDI Jade 软件中（前提是系统支持文件拖动）。如果同时拖入多个数据文件，第一个数据文件为主衍射图（Primary），其他数据文件为叠加衍射图（Overlays）。单击 ≫ 图标可调节各衍射图的叠加间距。

6.3.2 外来格式的数据

MDI Jade 软件不能直接打开外来格式的数据（普通 ASCII 文本文件），需要预先告知 MDI Jade 软件该数据的格式。在 MDI Jade 软件中导入外来格式的数据的主要步骤如下：

- 单击菜单"File"→"Save"→"Setup Ascii Export…"，弹出数据格式设置窗口。单击"Import"面板，如图 6-7 所示。

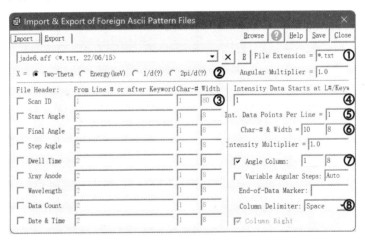

图 6-7　在 MDI Jade 软件中导入外来格式的数据

- 在①处设置外来数据的后缀，如"*.dat"或"*.txt"。
- 在②处设置横坐标的类型，如衍射角"Two-Theta"、能量"Energy (keV)"、衍射矢量"1/d(?)"或"2pi/d(?)"。
- 在③处设置文件头，包括文件名"Scan ID"、起始角"Start Angle"、结束角"Final Angle"、计数时间"Dwell Time"、阳极靶"Xray Anode"、数据点数"Data Count"等。在每个参数的右侧设置该参数在第几行、从第几列开始、列宽为多少个字符。
- 在④处设置衍射数据从第几行开始，在⑤处设置每行有多少个数据点，在⑥处设置强度数据从第几列开始、列宽为多少个字符，在⑦处设置角度数据从第几列开始、列宽为多少个字符，在⑧处设置各数据列之间的分隔符。

当上述参数设置好后，外来格式的数据就能像 MDI Jade 软件支持的数据一样打开或导入。

注意：并不是所有的 ASCII 文本文件都能导入 MDI Jade 软件中。MDI Jade 软件要求该文件只包含一条衍射数据，文件中关键字、行数要与所设参数一致。如果强度数据不是固定列宽的，在列之间必须有分隔符。

如果是包含文件头（多行）的 xy 格式的数据，将其导入 MDI Jade 软件的最简单方法就是删除文件头，设置文件后缀为"*.xy"，之后直接将数据拖入 MDI Jade 软件中即可。

在 MDI Jade 软件中导入衍射数据时的参数设置如表 6-10 所示。

表 6-10　在 MDI Jade 软件中导入衍射数据时的参数设置

选项	说明
① File Extension	设置文件后缀，如"*.dat"
② X	设置横坐标的类型：
	Two Theta：衍射角，常用于 X 射线衍射
	Energy (KeV)：常用于同步辐射
	1/d (?)：衍射矢量，等效于 $2d\sin\theta / \lambda$
	2pi/d (?)：衍射矢量，等效于 $2\pi / d$ 或 $4\pi\sin\theta / \lambda$
③ File Header	文件头：
	From Line # or after Keyword：在第几行
	Char-# Width：从第几列开始、列宽为多少个字符
④ Intensity Data Starts at L # Keyword	衍射数据从第几行开始
⑤ Int. Data Points Per Line	每行有多少个数据点
⑥ Char-# & Width	强度数据从第几列开始、列宽为多少个字符
⑦ Angle Column	角度数据从第几列开始、列宽为多少个字符
⑧ Column Delimiter	各数据列之间的分隔符：Space、Tab、Comma

6.4　背底

在 X 射线粉末衍射实验中，背底（Background）是不可避免的。即使使用零背底的样品槽，也会产生背底。背底源于 X 射线与样品、样品台、空气等的弹性或非弹性散射，还可能来自 X 射线荧光、X 射线探测器噪声等。拟合背底/扣背底是寻峰、衍射峰拟合的第一步，背底准确与否会直接影响到峰位、峰强、峰宽等参数。

6.4.1　背底曲线的特征

背底曲线是一条平滑变化的曲线（强度不会忽高忽低），该曲线正好穿过背底噪声的中心，从低角区到高角区背底曲线逐渐衰减。例如，图 6-8（a）中 20°附近的背底曲线明显低于噪声中心，而 44°附近的背底曲线明显高于噪声中心。该衍射数据的合理背底曲线如图 6-8（b）所示，该背底曲线正好穿过背底噪声的中心，是平滑变化的曲线。背底点（用于背底曲线的拟合）位于两峰之间的波谷处或噪声中心处（无衍射峰），如图 6-9 中的圆点所示。

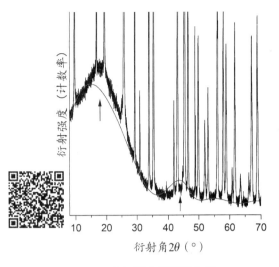
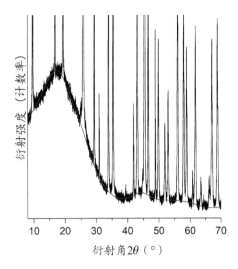

（a）不合理背底曲线　　　　　　　　　　（b）合理背底曲线

图 6-8　背底曲线的特征（扫码见彩图）

（其中黑线为衍射曲线，红线为背底曲线）

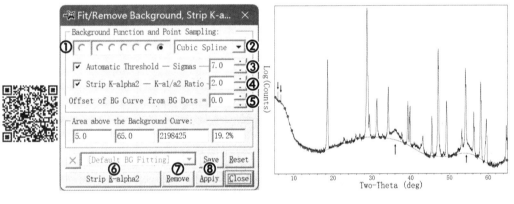

图 6-9　MDI Jade 软件中背底参数的设置及示例（扫码见彩图）

6.4.2　拟合背底

先根据衍射曲线、背底的走势设置背底点（见图 6-9 中的圆点），再对背底点进行函数拟合，利用所拟合的函数进行插值就能得到背底曲线（见图 6-9 中的红色曲线）。

在 MDI Jade 软件中常用的背底函数有三种：

（1）线性（Linear Fit）函数

$$I_{BG} = k \cdot 2\theta + b \tag{6-1}$$

（2）二次多项式（Parabolic Fit）

$$I_{BG} = a_0 + a_1 \cdot 2\theta + a_2 \cdot (2\theta)^2 \tag{6-2}$$

（3）三次多项式（Cubic Spline）

$$I_{BG} = a_0 + a_1 \cdot 2\theta + a_2 \cdot (2\theta)^2 + a_3 \cdot (2\theta)^3 \tag{6-3}$$

6.4.3 扣背底

（1）自动背底：右击 ⧈ 图标，在弹出的窗口中设置背底参数（见图 6-9）。单击⑧处的"Apply"按钮，得到背底曲线。MDI Jade 软件中背底参数的详细设置如表 6-11 所示。

表 6-11 MDI Jade 软件中背底参数的详细设置

选项	说明
快捷图标 ⧈	**右击**：弹出背底参数设置窗口，如图 6-9 所示
	单击：进入手动背底模式
	在手动背底模式下，
	在衍射图上**单击**：添加背底点
	右击背底点：删除背底点
	拖动背底点：改变背底点的位置
① Point Sampling	背底点的数目：越往左，背底点的数目越多
② Background Function	三种背底函数：Linear Fit、Parabolic Fit、Cubic Spline
③ Automatic Threshold—Sigmas	背底阈值，用来设置背底点的位置
④ Strip K-alpha2—K-a1/a2 Ratio	$K\alpha_1$ 与 $K\alpha_2$ 的峰强比，无单晶单色器的 X 射线衍射仪该值为 2。如果勾选此复选框，则在扣除背底曲线的同时剥离 $K\alpha_2$
⑤ Offset of BG Curve from BG Dots	背底曲线偏离背底点的距离
⑥ Strip K-alpha2 按钮	剥离 $K\alpha_2$
⑦ Remove 按钮	勾选④处的复选框，扣除背底和 $K\alpha_2$；不勾选，只扣除背底
⑧ Apply 按钮	不扣除背底，只添加拟合后的背底曲线

（2）手动背底：单击 ⧈ 图标，进入手动背底模式，微调背底点。

（3）扣背底：单击⑥处的"Strip K-alpha2"按钮剥离 $K\alpha_2$，单击⑦处的"Remove"按钮扣除背底曲线。注：在进行定量分析时一般不直接扣除背底曲线，而将背底曲线与其他参数一起拟合、精修。

（4）保存背底曲线：如需保存背底曲线，单击菜单"File"→"Save"→"Background Curve as *.BKG"。该背底数据的格式与"*.mdi"是完全相同的，后缀不同只是为了区分数据类型。

6.5 剥离 Kα_2

如果 X 射线衍射仪未安装单晶单色器，那么从 X 射线光管中打出来的 X 射线将包含两个不同波长的 X 射线（Kα_1 和 Kα_2）。该 X 射线打到样品上，在衍射光中也必然包含 Kα_1 和 Kα_2 两个衍射峰。由于 PDF 卡片只含 Kα_1 的 d-值表，在物相识别、指标化确定晶格参数之前需要先扣除背底和剥离 Kα_2。

对于给定的 X 射线衍射仪，如铜靶 X 射线衍射仪，Kα_1 和 Kα_2 的波长是恒定的，分别为 1.54056Å 和 1.54439Å。根据布拉格公式 $2d\sin\theta = \lambda$ 可知，随着衍射角的增大，Kα_1 和 Kα_2 的角间距也增大，如图 6-10 所示。

在 MDI Jade 软件中，为便于识别 Kα_2，设有快捷图标 $\boxed{\text{kα}}$。单击 $\boxed{\text{kα}}$ 图标，进入 Kα_2 模式。此时，在光标所在位置实时显示 Kα_1 和 Kα_2 的峰位线。下面我们来分析图 6-10 中 67°～69°范围内石英的"五指峰"。将光标移到①处，此时 Kα_2 的峰位线正好落在②处，说明②处的衍射峰为 Kα_2。类似地，将光标移到③处，Kα_2 的峰位线落在④处，说明④处的衍射峰包含 Kα_2；将光标移到④处，Kα_2 的峰位线与⑤处的衍射峰对齐，说明④处的衍射峰包含 Kα_1。经过上述分析可知，该"五指峰"只有 3 个 Kα_1 衍射峰，④处的衍射峰既含有③处的 Kα_2，也含⑤处的 Kα_1。

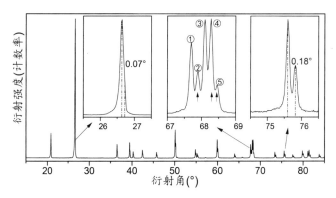

图 6-10　不同衍射角处 Kα_1 和 Kα_2 的峰位差异

在 MDI Jade 软件中如何剥离 Kα_2，请参考 6.4.3 节。

6.6　平滑

在 X 射线粉末衍射实验中，由于存在随机测量误差，在每个衍射图中都存在探测器噪声。数据平滑（Pattern Smooth）能有效抑制这些随机噪声，使衍射图看上去更加平滑、更加"好看"。如果数据平滑使用不当或平滑过度，平滑过程会使衍射峰宽化、峰强减弱，严重时甚至会把较弱的衍射峰平滑掉，如图 6-11 所示。由于平滑过程会丧失部分细节，所以在进行定量分析前不必对数据进行平滑。

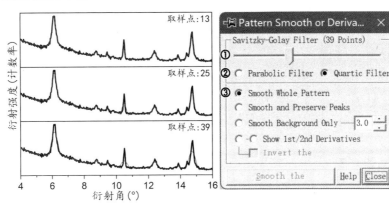

图 6-11　数据平滑、平滑参数设置（扫码见彩图）

（其中黑线为原始曲线，红线为平滑曲线）

6.6.1　平滑原理

在 MDI Jade 软件中采用 Savitzky-Golay 最小二乘法对数据进行平滑。将衍射图平均分成 m 个区域，每个区域包含 n 个数据点（平滑宽度）。依次对各区域的数据点用多项式进行拟合，利用拟合好的函数计算出各区域中间值处的强度值（该点就作为平滑后的平滑点）。衍射图中的平滑曲线就是各区域平滑点的多项式拟合曲线。

6.6.2　如何平滑

（1）右击 图标，设置平滑参数（见图 6-11），MDI Jade 软件在原始曲线上实时显示平滑曲线。MDI Jade 软件中平滑参数的详细设置如表 6-12 所示。

表 6-12　MDI Jade 软件中平滑参数的详细设置

选项	说明
快捷图标	右击：弹出平滑参数设置窗口，如图 6-11 所示
	单击：平滑数据
① Savitzky-Golay Filter 滑块	平滑宽度。平滑宽度越大，平滑程度越高
② 多项式滤波函数	Parabolic Filter：二次多项式
	Quartic Filter：四次多项式

续表

选项	说明
③ 平滑方式	Smooth Whole Pattern：平滑峰+背底
	Smooth and Preserve Peaks：平滑峰+背底（保留峰的特征）
	Smooth Background Only：平滑背底

（2）单击 ⋀ 图标，完成数据平滑（原始曲线被抹除，只显示平滑曲线）。

（3）如需保存平滑曲线，单击菜单"File"→"Save in XML"→"Derived Pattern"。注：如果数据位于中文路径下，保存"*.xml"文件可能会出错。

6.7 寻峰

寻峰（Peak Search）是物相分析、晶粒尺寸和晶格应变分析、指标化确定晶格参数、晶格参数精修等中最为常用的数据处理方法，它能快速、自动确定衍射峰的峰位、峰强、峰宽等参数。

6.7.1 寻峰原理

在 MDI Jade 软件中采用计数率统计的 Savitzky-Golay 二阶层数的方法进行寻峰。寻峰原理是在某一角度范围内对衍射数据求二阶导数，如图 6-12 所示。二阶导数的极小值就对应于衍射峰的极大值，二阶导数负值的宽度为衍射峰的半高宽。由于衍射峰的峰形函数并非严格的高斯函数或洛伦兹函数且实验数据存在噪声，通常需要对二阶导数进行 Savitzky-Golay 最小二乘法平滑。再通过设置平滑参数、背底阈值、强度阈值等参数进行寻峰。

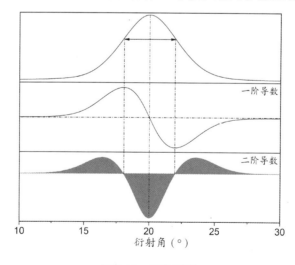

图 6-12　寻峰原理

6.7.2 如何寻峰

（1）自动寻峰：右击 ⒜ 图标，设置寻峰参数（见图 6-13）。MDI Jade 软件中寻峰参数的详细设置如表 6-13 所示。单击"Apply"按钮进行自动寻峰。

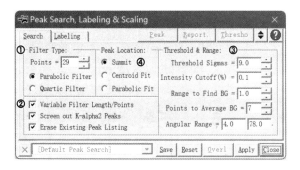

图 6-13　在 MDI Jade 软件中设置寻峰参数

表 6-13　MDI Jade 软件中寻峰参数的详细设置

选项	说明
快捷图标	右击：弹出寻峰参数设置窗口，如图 6-13 所示
	单击：进入寻峰模式
	在寻峰模式下，
	单击衍射峰：添加衍射峰（Ctrl+单击，在光标处添加衍射峰）
	右击衍射峰：删除所添加的衍射峰
① Filter Type	对二阶导数进行 Savitzky-Golay 最小二乘法平滑
	Points：平滑宽度。较大的平滑宽度适用于寻找宽峰
	Parabolic Filter：二次多项式平滑
	Quartic Filter：四次多项式平滑（建议使用）
②	Variable Filter Length/ Points：根据平均峰宽自动调节平滑宽度
	Screen out K-alpha2 Peaks：屏蔽 $K\alpha_2$ 峰
	Erase Existing Peak Listing：单击"Apply"按钮进行自动寻峰时删除已有的峰
③ Threshold & Range	Threshold Sigmas：通过二阶导数得到的候选峰还需要进行计数率统计过滤。
	值越大，峰越少
	Intensity Cutoff：设置衍射峰的峰强阈值。值越大，寻到的峰越少
④ Peak Location	三种峰位的确定方法
	Summit：五点重心拟合
	Centroid Fit：N 点重心拟合，N 为平滑宽度
	Parabolic Fit：N 点二次多项式拟合

（2）手动寻峰：单击　图标，进入手动寻峰模式。在主窗口中的衍射峰上单击，添加衍射峰（Ctrl+单击，在光标处添加衍射峰）；右击，删除衍射峰。

（3）查看 d-值表：如需查看 d-值表或峰值表，单击"Report"按钮，在弹出的"Peak Search Report"窗口中列出了各衍射峰的参数，如峰位（2θ 或 d）、峰强（Height、I%）、积分面积（Area、I%）。单击菜单"Edit"→"Preferences…"，如果在"Report"面板中勾选了"Estimate FWHM in Peak Search or Paint"，在峰值表中会显示半高宽"FWHM"和晶粒尺寸"XS"。

（4）保存 d-值表：如需保存 d-值表，在"Peak Search Report"窗口中单击"Save"按钮。其中，"*.pid"文件和"*.dsp"文件为可编辑的文本文件。

（5）标记衍射峰：如需标记衍射峰，右击▲图标，切换到"Labeling"面板，在"Peak Labeling and Scaling"处勾选标记内容，在"d-spacing Unit"处设置晶面间距的单位（Å 或 nm），在"Crystallite Size Unit"处设置晶粒尺寸的单位（Å 或 nm）等。

6.8 衍射峰拟合

在定量物相分析、晶格参数精修、晶粒尺寸和晶格应变分析等场合需要准确提取衍射峰的峰位、峰强、峰宽等参数。与寻峰相比，衍射峰拟合（Profile Fitting）操作较为烦琐，但所得的峰形参数较为准确。

6.8.1 衍射峰拟合原理

利用非线性最小二乘法，通过精修峰形参数使预设的峰形函数不断逼近实验衍射峰。在MDI Jade 软件中预设了两个函数：

（1）Pseudo-Voigt 函数

$$I(i) = I(p)\left[\frac{\eta}{1 + k\left(2\theta_i - 2\theta_p\right)^2} + (1-\eta) \times \exp\left(-0.6931k\left(2\theta_i - 2\theta_p\right)^2\right)\right] \quad (6\text{-}4)$$

式中，η 为混合因子（$0 \leqslant \eta \leqslant 1$），即图 6-14 中的"Lorentzian"参数；k 与峰的不对称因子 s 以及峰宽 FWHM 有关，即

$$k = \frac{4(1 \mp s)}{\text{FWHM}^2} \quad (6\text{-}5)$$

Pseudo-Voigt 函数中的精修参数有峰位 $2\theta_p$、峰强 $I(p)$、峰宽 FWHM、混合因子 η 和峰的不对称因子 s。要想获得高斯峰，需勾选、设置图 6-14 中的 Lorentzian = 0；要想获得洛伦兹函数，需勾选、设置 Lorentzian = 1。对于弱峰、宽化峰或对称性较好的衍射峰，需勾选、设置 Skewness = 0。

（2）Pearson-VII 函数

$$I(i) = \frac{I(p)}{\left[1 + k\left(2\theta_i - 2\theta_p\right)^2\right]^\beta} \quad (6\text{-}6)$$

式中，β 为指数项，即图 6-14 中的"Exponent"参数，用来定义峰的形状；参数 k 由峰宽 FWHM、指数项 β、峰的不对称因子 s 决定，即

$$k = 4(1 \mp s)\frac{\sqrt{\beta} - 1}{\text{FWHM}^2} \quad (6\text{-}7)$$

Pearson-VII 函数中的精修参数有峰位 $2\theta_p$、峰强 $I(p)$、峰宽 FWHM、指数项 β 和峰的不对称因子 s。要想获得高斯峰，需勾选、设置图 6-14 中的 Exponent = ∞；要想获得洛伦兹函数，需勾选、设置 Exponent = 1。对于弱峰、宽化峰或对称性较好的衍射峰，需勾选、设置 Skewness = 0。

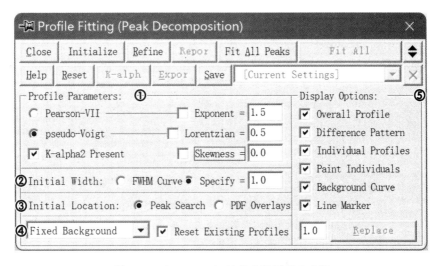

图 6-14　在 MDI Jade 软件中设置拟合参数

6.8.2　如何拟合衍射峰

（1）添加背底曲线，详见 6.4 节。

（2）设置拟合参数：右击 ⩜ 图标，设置拟合参数（见图 6-14）。MDI Jade 软件中拟合参数的详细设置如表 6-14 所示。

表 6-14　MDI Jade 软件中拟合参数的详细设置

选项	说明
快捷图标 ⩜	右击：弹出拟合参数设置窗口，如图 6-14 所示
	单击：进入衍射峰拟合模式。在该模式下，先在需要拟合的衍射峰上单击，添加峰形函数，再单击 ⩜ 图标对其拟合；右击已拟合的衍射峰可删除该拟合峰
	在衍射峰拟合模式下，
	上下拖动拟合峰：改变峰高
	左右拖动拟合峰：改变峰位
	Ctrl+上下拖动拟合峰：改变峰宽
	Ctrl+左右拖动拟合峰：改变峰的不对称因子
	Shift+上下拖动拟合峰：改变拟合函数的带尾
① Profile Parameters	峰形函数
	Pearson-VII：选择峰形函数，设置指数因子（Exponent）。勾选"Exponent"，不精修指数因子
	pseudo-Voigt：选择峰形函数，设置混合因子（Lorentzian）。勾选"Lorentzian"，不精修混合因子
	K-alpha2 Present：是否包含 $K\alpha_2$
	Skewness：设置峰的不对称因子。勾选"Skewness"，不精修峰的不对称因子

续表

选项	说明
② Initial Width	初始峰宽
	FWHM Curve：根据半高宽曲线自动设置峰宽
	Specify：自定义的固定峰宽
③ Initial Location	初始峰位
	Peak Search：由寻峰所得的 d-值表设置初始峰位
	PDF Overlays：从已叠加的 PDF 卡片中读取峰位并将其设为初始峰位
④ 背底设置	选择背底类型
	Fixed Background：用已有的背底曲线，详见 6.4 节
	Level Background：常数背底
	Linear Background：线性背底
	Parabolic Background：二次多项式背底
	3rd-Order Polynomial：三次多项式背底
	4th-Order Polynomial：四次多项式背底
⑤ Display Options	拟合峰的显示方式
	Overall Profile：显示总衍射峰
	Difference Pattern：显示差分线
	Individual Profiles：显示独立峰形
	Paint Individuals：填充衍射峰
	Background Curve：显示背底曲线
	Line Marker：显示峰位线

（3）衍射峰拟合：单击图标，进入衍射峰拟合模式。

选择拟合区域，在目标衍射峰上单击，添加峰形函数，再单击图标，拟合衍射峰。

移到下一拟合区域，继续拟合其他衍射峰。如果目标区域内有多个衍射峰，可一次性添加多个峰形函数，再对该区域进行拟合。如果在主窗口内有多个强的衍射峰且各衍射峰没有明显的叠加现象，单击“Profile Fitting (Peak Decomposition)”窗口中的“Fit All Peaks”按钮，MDI Jade 软件将自动添加峰形函数，并自动拟合所有衍射峰。

（4）查看 d-值表：右击图标，在弹出的窗口中单击“Report”按钮。在弹出的窗口中列出了各拟合峰的衍射角、d-值、峰强（Height）、峰面积（Area）、峰形参数（FWHM、Shape、Skewness、Breadth）等。如果在菜单“Edit”→“Preferences...”的“Report”面板中勾选了“Estimate Crystallite Sizes from FWHM's”，在峰值表中会显示晶粒尺寸“XS”。

如需保存 d-值表，在“Current Profile Parameters”窗口中单击“Export”按钮，将其保存为“*.fit”文件。该文件包含各拟合峰的所有参数，还可以用记事本打开、编辑。

如需保存拟合曲线，单击菜单“File”→“Save Fitted Profiles as *.DIF”，将其保存为“*.dif”文件。该文件包含原始数据、背底曲线、各拟合峰的曲线和总拟合曲线，可用于 Origin 软件绘图。

6.8.3 衍射峰拟合结果的判断

衍射峰拟合结果的好坏一般有两种判断方法：一种是观察差分线（需要在图 6-14 的“Display Options”选项中勾选“Difference Pattern”），如果差分线上下起伏，说明拟合结果较差；如果差分线为正值，说明实验峰过强，该峰处于欠拟合状态；如果差分线为负值，说明实验峰较弱，该峰处于过拟合状态。另一种是查看吻合因子 R（Agreement Factor）（又称残差因子或可信度因子），R 值越小，拟合结果越好。

例如，图 6-15 中的衍射峰仅用高斯函数拟合（在图 6-14 中勾选并设置 Lorentzian=0），$R = 14.14\%$，差分线上下起伏，说明拟合结果相对较差。其峰形参数分别为：衍射角为 9.638°，峰高为 25711，半高宽为 0.075°。用 Pseudo-Voigt 函数拟合，$R = 11.94\%$，差分线起伏有所减小，拟合结果有所改善。其峰形参数分别为：衍射角为 9.639°，峰高为 28746，峰形为 0.314，半高宽为 0.064°。由于衍射峰向右倾斜，为非对称峰。精修峰的不对称因子（不勾选 "Skewness"），R 值显著减小（5.05%），差分线起伏明显减小，说明拟合结果较好。此时，峰形参数分别为：衍射角为 9.655°，峰高为 28444，峰形为 0.312，半高宽为 0.067°，峰的不对称因子为 0.723。

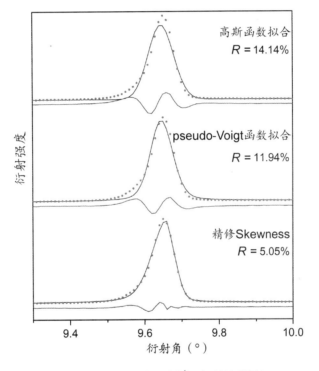

图 6-15　衍射峰拟合示意图（扫码见彩图）

（其中圆点为衍射峰，实线为拟合曲线，红线为差分线）

由这个例子可以看出，为了得到较好的拟合结果，在添加好背底曲线的同时，还需选用合适的峰形函数，并精修相关的峰形参数。

6.8.4　衍射峰拟合结果的保存

当衍射峰拟合好后，如需查看拟合结果，单击 "Profile Fitting (Peak Decomposition)" 窗口中的 "Report" 按钮。在弹出的窗口中列出了这些衍射峰的衍射角（2θ）、晶面间距（d）、峰高（Height）、积分面积（Area）、峰形（Shape）、不对称因子（Skewness）、半高宽（FWHM）、积分宽度（Breadth）、晶粒尺寸（XS）等参数。对该列表的主要操作：

列表排序：单击列标题。

保存列表：单击"Export"按钮，将其保存为"*.fit"文件。

计算晶粒尺寸、晶格应变：单击"Size & Strain Plot..."按钮，在弹出的窗口中计算晶粒尺寸、晶格应变。

保存拟合曲线（可用于 Origin 软件绘图）：单击菜单"File"→"Save"→"Fitted Profiles as *.DIF"，将其保存为"*.dif"文件。该文件包含原始数据（Raw Pattern）、背底曲线（Background）、各拟合峰（Profile N）和总拟合峰（Overall profile）。

小结

本章主要介绍了衍射数据的基本处理方法，这是衍射数据分析的基础。读者不仅需要理解数据处理的原理，还需要不断练习，以便能够熟练、快速、合理地开展数据处理。

本章首先，介绍了 MDI Jade 软件的安装、PDF 卡片的导入、衍射数据的导入等内容。很多初学者很可能卡在这一步，以致无法学习后续的数据处理、分析。其次，结合实例分别介绍了背底、剥离 $K\alpha_2$、平滑、寻峰、衍射峰拟合五种数据处理方法。在数据处理练习中，读者应多问自己为什么这样操作、为什么不能那样操作、结果合不合理、有哪些注意事项等问题。因为不恰当的数据处理必然产生不合理的分析结果，应予以足够的重视。

思考题

1. 在 MDI Jade 软件中如何导入外来格式的数据？

2. 在 MDI Jade 软件中如何导出 xy、dif 格式的数据？如何将 dif 格式的数据转换为 FullProf 或 WinPLOTR 软件中 dat 格式的数据？

3. 背底曲线的特征是什么？如何在 MDI Jade 软件中拟合背底、扣背底、保存背底曲线？

4. $K\alpha_2$ 的特征是什么？如何识别、剥离 $K\alpha_2$？为什么要剥离 $K\alpha_2$？

5. 数据平滑的原理是什么？如何在 MDI Jade 软件中平滑衍射数据？在平滑衍射数据时需要注意哪些问题？

6. 寻峰的原理是什么？如何在 MDI Jade 软件中自动寻峰和手动寻峰？如何识别 $K\alpha_2$？

7. 如何标记峰位？如何查看、保存由寻峰得到的 d-值表？

8. 衍射峰拟合的原理是什么？如何在 MDI Jade 软件中进行高斯函数拟合、洛伦兹函数拟合、Pseudo-Voigt 函数拟合？

9. 如何在 MDI Jade 软件中精修或固定 FWHM、Shape、Skewness 等参数？如何判断衍射峰拟合结果的好坏？

10. 如何查看、保存拟合得到的 d-值表？如何在 Origin 软件中绘制衍射峰拟合图？

11. 由寻峰和衍射峰拟合得到的 d-值表有哪些差异？这些差异是由哪些因素引起？

第 7 章
物相识别与定量物相分析

　　第 2 章介绍过描述晶体结构的三要素，分别是晶胞大小、晶胞内的原子、晶体的对称性。具有相同化学组分的物质，其晶体结构未必相同，它们可能生成不同的物相（Phases）。例如，用水热法制备二氧化钛，在碱性环境中能形成板钛矿结构，而在弱酸性环境下能形成锐钛矿结构。如果一个材料能用唯一的晶体结构描述，说明该材料具有单一物相（Single Phase），称为纯相（Pure Phase）。如果一个材料能用多种晶体结构描述，说明该材料含有多个物相（Multi-Phases），称为混合物（Mixture）。在混合物中，含量较多的物相称为主相（Main Phase），不期望出现的物相称为杂相（Impurity）。

　　在材料合成过程中，我们最关心的就是"是否生成目标物相""各物相的含量是多少"。这两个问题涉及材料的物相识别（Phase Identification）和定量物相分析（Quantitative Phase analysis）。为解决这两个问题，只需测一下样品的 X 射线粉末衍射，再进行物相识别和定量物相分析。定量物相分析还可以用于确定下一步的实验条件，进而优化合成工艺。

　　本章将结合实例重点介绍材料的物相识别、定量物相分析，以及晶粒尺寸、晶格应变和结晶度的确定。

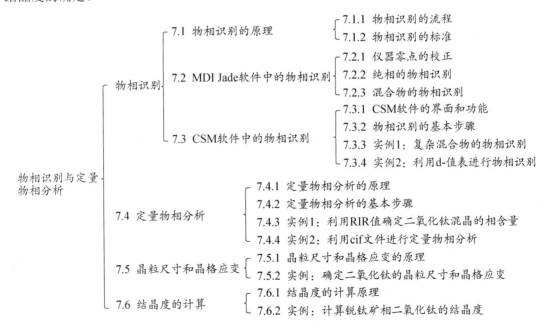

7.1 物相识别的原理

第2章介绍过，晶体结构可以用晶胞大小、晶胞内的原子、晶体的对称性三要素来描述。其中，晶胞大小（晶格参数）决定了衍射峰的峰位，晶胞内的原子（原子种类、原子位置、原子占有率、原子位移参数等）决定了衍射峰的峰强。同时，晶胞内的原子还决定了材料的化学组分。因此，具有唯一确定的晶体结构的物质就是一个物相，该物相的衍射图是唯一的，具有"指纹"的特征。由此，我们得出利用X射线粉末衍射进行物相识别的依据：

（1）任何一种物相都可以用唯一确定的晶体结构（晶格参数+晶胞内的原子）描述，它们具有唯一的衍射图（峰位+峰强）。

（2）任何两个物相的衍射图都不可能完全相同。

（3）含有多个物相的物质，其衍射图是各物相衍射图的简单叠加。

7.1.1 物相识别的流程

在进行物相识别之前，需对衍射数据进行处理，从衍射数据中提取出衍射峰的峰位和峰强，即提取d-值表（d-spacing table）。这里所说的衍射峰的峰位是指$K\alpha_1$的峰位，峰强是指不含背底的$K\alpha_1$的峰强。用所提取的d-值表在PDF卡片库中进行物相检索、匹配（Search-Match，S-M）来识别物相。如果样品存在多个物相，应先识别主相，再识别微量物相。

$$\text{衍射图} \xrightarrow{\text{数据处理}} \text{d-值表（峰位、峰强）} \xrightarrow[\text{PDF卡片库}]{\text{物相检索、匹配}} \text{物相}$$

7.1.2 物相识别的标准

用d-值表在PDF卡片库中进行物相检索后，得到一系列的候选物相。如何从候选物相中识别出正确的物相呢？

1. 纯相的物相识别

由于材料的晶格参数决定了衍射峰的峰位，晶胞内的原子又决定了衍射峰的峰强，所以识别纯相的标准是：

（1）衍射图中所有衍射峰的峰位都与PDF卡片中所有峰的峰位匹配（晶胞大小匹配），如图7-1（a）所示。

（2）衍射图中所有衍射峰的峰强都与PDF卡片中所有峰的峰强匹配（晶胞内的原子匹配），如图7-1（a）所示。

只有样品的晶胞大小、晶胞内的原子都与目标结构匹配，才能准确识别物相。基于上述标准，在文献中会经常见到这样一句话：该样品的所有衍射峰的峰位和峰强都与<u>PDF#75-1537</u>卡片匹配，说明样品形成了<u>金红石</u>结构（下画线部分为目标PDF卡片和目标结构）。

如果样品存在择优取向，择优取向会改变衍射峰的峰强。例如，图7-1（b）中板钛矿相二氧化钛(101)面的择优取向会使(101)、(111)、(211)、(002)、(112)等晶面的衍射明显增强。对于有择优取向的纯相样品，物相识别的标准如下：

（1）衍射图中所有衍射峰的峰位都与PDF卡片中所有峰的峰位匹配（晶胞大小匹配）。

（2）衍射图中衍射峰的峰强与PDF卡片的匹配程度仅作参考。

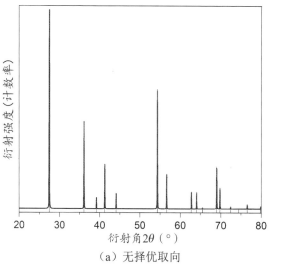
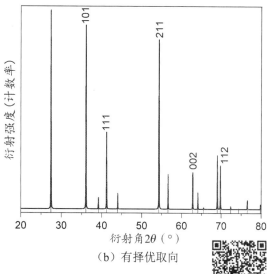

（a）无择优取向　　　　　　　　　（b）有择优取向

图 7-1　纯相的物相识别（扫码见彩图）

（其中红色竖线为 PDF 卡片峰）

2．混合物的物相识别

由于混合物的衍射图是各物相衍射图的简单叠加，所以在混合物的衍射图中衍射峰很多、很杂。对混合物进行物相识别，应遵循如下标准：

（1）混合物中某个物相的所有峰（PDF 卡片峰）都与衍射图中部分衍射峰的峰位和峰强匹配。

（2）当识别出所有物相时，衍射图中的所有衍射峰都能与各物相的标准 PDF 卡片匹配。

图 7-2 给出了金红石相（80%）和锐钛矿相（20%）混合的二氧化钛的粉末衍射图。相比纯金红石相二氧化钛的粉末衍射 ［见图 7-1（a）］，该混合物的衍射峰更多、更杂。对其物相识别时，金红石相的所有标准峰（方点）都能与衍射图中的部分衍射峰匹配，而锐钛矿相的所有标准峰（圆点）也都能与衍射图中的部分衍射峰匹配；当物相识别完后，衍射图中的所有衍射峰也正好能被这两个物相的标准峰匹配。需要注意的是，在 39°附近的衍射峰是金红石相和锐钛矿相的叠加峰。所以，该峰的衍射强度比任一物相的标准峰都强。

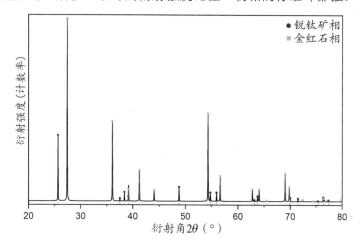

图 7-2　混合物的物相识别（扫码见彩图）

7.2 MDI Jade 软件中的物相识别

为了能快速、准确地识别物相，建议做好以下准备工作：

项目	说明
仪器	实验前需对 X 射线衍射仪进行合轴，以减小仪器零点的影响（衍射峰会整体左右偏移）
实验	对于复杂样品，如果 X 射线衍射仪未合轴，建议在样品中加入少量标样进行内标。对于铜靶 X 射线衍射仪，扫描速率为 8～10(°)/min，扫描范围在 10°～70°范围为宜
软件	安装好 MDI Jade 软件，导入 PDF 卡片，详见 6.1.2 节
其他	对于复杂样品，建议先利用 SEM 对不同形貌的晶粒进行元素分析

7.2.1 仪器零点的校正

如果 X 射线衍射仪没有标定仪器零点，仪器零点会引起衍射峰整体左右偏移，在进行物相识别时衍射峰的峰位与 PDF 卡片无法匹配。如果存在多个相似物相，则无法用未校正仪器零点的衍射数据来准确识别物相。此时，需要用样品中已知物相的 PDF 卡片校正仪器零点。

学习内容	利用已知物相的 PDF 卡片校正仪器零点
实验数据	ch7-z0 calibration.mdi

- 衍射实验：假设待测样品为二氧化钛粉末，我们在该粉末中混入少量的单晶硅粉（约 2%）。对样品进行常规测试，测试结果如图 7-3（a）所示。
- 导入衍射数据：在 MDI Jade 软件中导入衍射数据"ch7-z0 calibration.mdi"。
- 添加标样的 PDF 卡片：右击 🔘 图标，在弹出的窗口中单击 Si 元素两次（单击一次，可能含有该元素；单击两次，必含该元素），在"ICSD Patterns"数据库中检索，在弹出的对话框的候选列表中选择编号为"77-2111"的 PDF 卡片，单击 ⛰ 图标添加该 PDF 卡片。
- 确定标定峰：从图 7-3（a）中可以看出，在标准 PDF 卡片的右侧总有较弱的衍射峰，它们与标准 PDF 卡片峰的偏差是近似等间距的。我们选用低角区独立的衍射峰，如 28.8°附近的衍射峰来标定仪器零点。
- 峰形拟合：选中 28.8°附近的衍射峰，添加背底曲线、拟合该衍射峰，如图 7-3（b）所示。
- 角度校正：单击菜单"Analyze"→"Theta Calibration…"，弹出"Theta Calibration of Whole Pattern"对话框，如图 7-3 中的插图所示。在①处选择"Zero Offset"，如果角度偏差较大（如大于 0.2°），需在②处设置与之匹配的角度，在③处单击"Calibrate"按钮进行角度校正。如需查看报表，单击"Report"按钮。
- 保存数据：单击菜单"File"→"Save in XML"→"Derived Pattern"，保存为"*.xml"文件。

如果待测样品比较珍贵或还需进行其他测试，将标样粉末混入待测样品中会污染样品，此时建议用结构稳定的细金属丝（如铜丝）作为标样，这样就可以避免标样污染待测样品。如果待测样品是混合物且知道某一物相的结构，则可以利用已知物相来标定衍射数据。

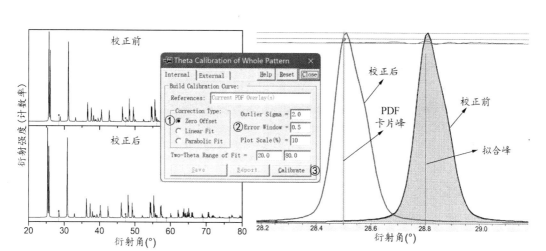

（a）仪器零点校正前后的比较　　　　（b）在 MDI Jade 软件中进行角度校正

图 7-3　仪器零点的校正

7.2.2　纯相的物相识别

在 MDI Jade 软件中有两种典型的物相识别方法：一种是基于衍射峰的物相识别（Profile Based Search/Match），另一种是基于衍射线的物相识别（Line Based Search/Match）。本节先介绍这两种物相识别方法，再介绍如何利用元素信息快速查看 PDF 卡片。

1. 基于衍射峰的物相识别

基于衍射峰的物相识别是利用主窗口中的衍射图，充分考虑衍射峰展宽对峰位和重叠峰的影响，在设定的检索条件下、在选定的数据库中检索。该方法只需扣背底和剥离 $K\alpha_2$，不需寻峰、也不用衍射峰拟合等数据处理。

（1）基于衍射峰的物相识别的步骤

- 在 MDI Jade 软件中导入衍射数据。
- 扣背底、剥离 $K\alpha_2$。
- 单击菜单"Identify"→"Search/Match Setup…"，或者右击 图标，弹出"Phase ID-Search/Match(S/M)"对话框，如图 7-4 所示。

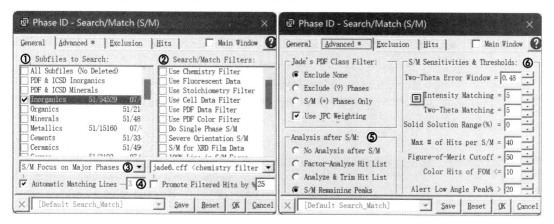

图 7-4　物相检索时的参数设置

- 在"General"面板中的①处勾选数据库，在②处设置检索条件，在③处选择检索任务，在④处设置衍射峰匹配的数目。
- 在"Advanced"面板中的⑤处选择检索后的分析项，在⑥处设置检索的灵敏度、阈值等。
- 单击"OK"按钮，弹出"Search/Match Display"对话框，从候选物相中识别出最可能的物相即可。

物相检索时的主要参数设置如所表 7-1 示。

表 7-1　物相检索时的主要参数设置

选项	说明
①Subfiles to Search （在哪些数据库中检索）	All Subfiles (No Deleted)：所有 PDF 卡片库。 PDF & ICSD Inorganics：所有无机 PDF 卡片库。 PDF & ICSD Minerals：所有矿物数据库。 上述选项无法勾选，双击就能执行。 对于常规的无机材料，Inorganics 和 ICSD Patterns 是最全的，勾选这两个数据库或双击 PDF & ICSD Inorganics 即可。
②Search/Match Filters （设置检索条件）	Use Chemistry Filter：利用化学组分检索，如图 7-5（a）所示。通过单击或双击来设置元素，Ti 为可能元素，Ti 为必含元素。若为必含元素，可在图中①处设置原子数比。 Use Cell Data Filter：利用晶胞信息检索，如图 7-5（b）所示。在图中②处设置晶轴和晶胞体积的范围，在③处设置空间群和化学式单元数，在④处设置晶系，在⑤处设置点阵中心，在⑥处设置晶胞内的原子数。 Use Stoichiometry Filter：利用化学计量检索，如图 7-5（c）所示。在图中⑦处设置各元素的原子数比。 Use PDF Data Filter：利用卡片信息检索，如图 7-5（d）所示。在图中⑧处设置三强线的范围，在⑨处设置材料密度范围。 Do Single Phase S/M：只检索纯相。 Severe Orientation S/M：样品含择优取向时勾选。 S/M for XRD Film Data：样品为薄膜时勾选。
③选择检索任务	检索主相（Major Phases）、次相（Minor Phases）和微量物相（Trace Phases）
④Automatic Matching Lines	设置衍射峰匹配的数目（1～32），默认为三强线
⑤Analysis after S/M	No Analysis after S/M：不做进一步分析。 Factor-Analyze Hit List：列出品质因子。 S/M Remaining Peaks：检索剩余的衍射峰。
⑥S/M Sensitivities & Thresholds （设置物相匹配的灵敏度、阈值）	Two-Theta Error Window：衍射角的误差窗口（0°～0.5°）。 Intensity Matching：强度匹配灵敏度（1～10）。 Two-Theta Matching：角度匹配灵敏度（1～10）。强度匹配灵敏度和角度匹配灵敏度数值越大，匹配限制就越严格，候选物相就越少。 Figure-of-Merit Cutoff：物相匹配的品质因子（0～100）。数值越小，物相越可靠，但候选物相越少。在物相检索完成后，MDI Jade 软件自动将物相按品质因子从小到大排序。

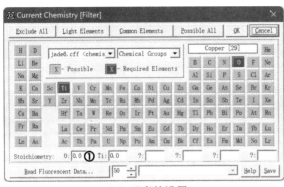

（a）元素的设置

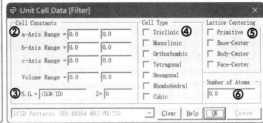

（b）晶胞的设置

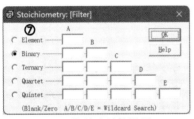

（c）化学计量的设置

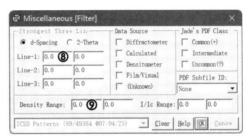

（d）其他设置

图 7-5 物相检索条件的设置

（2）实例：板钛矿相二氧化钛的物相识别

学习内容	利用 Profile Based Search/Match 方法识别纯相
实验数据	ch7-pure phase.mdi

接下来，我们用实例来介绍在 MDI Jade 软件中如何对纯相进行物相识别。

- 导入衍射数据：在 MDI Jade 软件中导入衍射数据"ch7-pure phase.mdi"。

- 扣背底、剥离 $K\alpha_2$：在利用衍射图进行物相识别时，背底会影响峰强的评估。如果未剥离 $K\alpha_2$，$K\alpha_2$ 会被误认为是需要匹配的衍射峰。因此，在进行物相识别前应先扣背底和剥离 $K\alpha_2$，如图 7-6（a）所示。

- 物相检索：单击菜单"Identify"→"Search/Match Setup…"，或者右击 图标，弹出"Phase ID - Search/Match (S/M)"对话框。在"Advanced"面板［见图 7-4（b）］中设置"Two-Theta Error Window = 0.48"和"Figure-of-Merit Cutoff = 50"，其他条件默认。在"General"面板中双击"PDF & ICSD Inorganics"，在所有无机 PDF 卡片库中检索，检索结果如图 7-6（b）所示。

- 物相识别：按上述条件检索，有 4 个候选物相。这些候选物相从上往下，品质因子逐渐增大。需要注意的是，品质因子越小（越靠上），说明该 PDF 卡片与衍射峰匹配越好。第一个候选物相（72-0100）的品质因子最小，为匹配最好的物相。勾选该卡片就能把选定的 PDF 卡片叠加到衍射图上。

对于纯相样品，物相识别过程较为简单。但对于一些复杂、未知样品，需充分利用图 7-6（b）中的工具，它们能辅助我们更好、更准确地识别物相。这些工具的基本功能如表 7-2 所示。

表7-2　物相识别窗口中的常用快捷工具图标和功能

图标	说明
山	将勾选的 PDF 卡片的峰位、峰强自动匹配衍射图，自动进行角度校正和强度匹配
◐	只显示剩余未匹配的衍射峰，适用于混合物的物相识别
山	将勾选的 PDF 卡片叠加到主窗口的衍射图中
从	将 PDF 卡片显示为衍射峰（模拟峰）或衍射线（竖线）
▥	在衍射图的下方显示等高的 PDF 衍射线
山	高亮显示当前 PDF 卡片峰

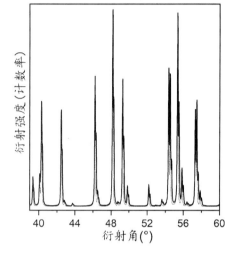

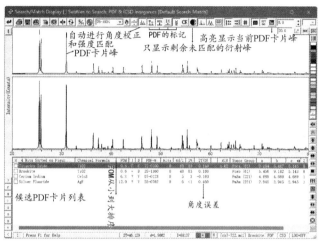

（a）扣背底、剥离 $K\alpha_2$ 前后的比较　　　　　　　（b）物相识别窗口

图 7-6　板钛矿相二氧化钛的物相识别

2. 基于衍射线的物相识别

基于衍射线的物相识别是基于寻峰或衍射峰拟合得到的 d-值表在 PDF 卡片库中检索、匹配。该方法的优点是角度的匹配误差最大可达 1°（基于衍射峰的物相识别中角度的匹配误差最大为 0.5°），适用于对仪器零点偏差较大的衍射数据进行物相识别。

基于衍射线的物相识别的步骤如下：

- 在 MDI Jade 软件中导入衍射数据。
- 寻峰或衍射峰拟合，得到 d-值表。
- 单击菜单"Identify"→"Line-Based Search..."，或者按快捷键 F11，弹出"Line-Based Search/Match"窗口，如图 7-7 所示。
- 在①处选择 PDF 卡片库，在④处设置角度的匹配误差（最大可达 1°），在⑤处设置候选列表的数目，在⑥、⑦处设置角度、强度匹配的灵敏度（1～10，值越大越灵敏），在⑧处设置最少匹配的衍射峰数，在⑨处设置品质因子的截断值。
- 若用化学元素检索，需在②处勾选"Use Chemistry"，在③处单击"Chemistry Filter..."按钮设置元素信息。
- 在参数设置好后，单击"Go"按钮进行检索。

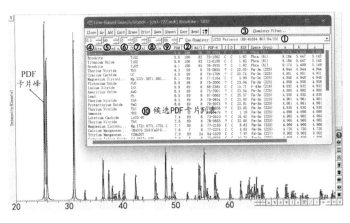

图 7-7 基于衍射线的物相识别

- 在⑩处按品质因子从小到大列出候选物相。选中某个物相，在主窗口中实时显示 PDF 卡片峰。
- 如果已识别出物相，则单击"Add"按钮将选中的 PDF 卡片叠加到主窗口的衍射图中。

3. 利用元素信息快速查看 PDF 卡片

在材料合成、工艺优化的过程中，根据所用的原料和实验条件大致能判断产物的元素信息。例如，在用水热法制备二氧化钛时，原料为钛酸四丁酯，用氢氧化钠调节 pH 值，其产物中必含 Ti 和 O 元素，也可能含 Na 元素（来自氢氧化钠）。此时，我们就可以利用元素信息快速查看 PDF 卡片，基本方法如下：

（1）设置检索条件：单击菜单"PDF"→"Chemistry..."，或者右击🌐图标，弹出"Current Chemistry"对话框，如图 7-8 所示。在①处设置化学元素（ Ti 为必含元素， Na 为可能含有的元素）。如有必含元素，则可在②处设置原子数比。在③处设置在哪个数据库中检索。

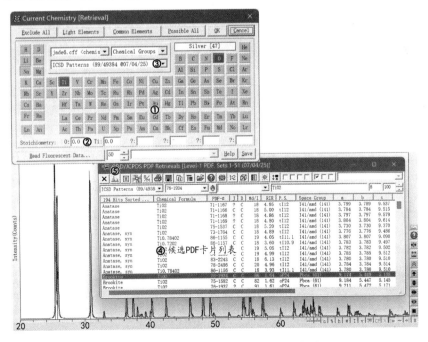

图 7-8 利用元素信息快速查看 PDF 卡片

（2）物相识别：单击"OK"按钮，在弹出的"ICDD/ JCPDS PDF Retrievals"窗口的④处列出了候选物相。当选中某个PDF卡片时，在主窗口中实时显示PDF卡片峰。如需查看PDF卡片的信息，双击PDF卡片即可；如需在衍射图上叠加PDF卡片峰，在⑤处单击 ⅢⅢ 图标即可。

例如，我们选中PDF卡片76-1934。双击PDF卡片就能查看该卡片的信息，如图7-9所示。在"Reference"面板中从上到下依次列出了PDF卡片的化学信息、实验或计算参数，以及①处的晶系、空间群、化学式单元数、晶格参数、密度等信息（注：此处给出的晶格参数、密度是PDF卡片的信息，而非自己样品的信息）；在"Lines"面板中的②处列出了PDF卡片的衍射线。如需保存或复制这些衍射线，单击③、④处的图标即可。

在5.4.1节介绍过，在绘制叠加有PDF卡片的衍射图时需要用到PDF卡片中的衍射角和衍射强度信息。建议在图7-9中单击④处的图标，将整个PDF卡片复制到剪贴板上，再粘贴到UltraEdit软件中[43]。在该软件的列模式下，依次复制出衍射角和衍射强度的数据列，并粘贴到Origin软件中画图即可。

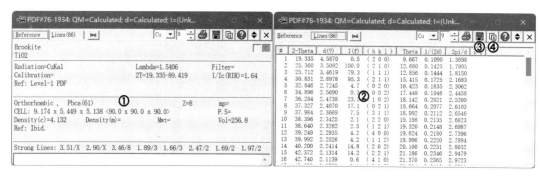

图7-9　PDF卡片76-1934的信息

7.2.3　混合物的物相识别

由于混合物含有多个物相，每个物相贡献一套衍射峰，使得衍射图中衍射峰的数目很多、很杂。如果混合物含有微量物相，如表面修饰物、合金中的析出物相，其衍射峰可能很弱，需要仔细分析。在对混合物进行物相分析前，建议先用SEM观察样品有哪些形貌（一般来说，形貌不同，结构也不同，即"物以类聚"），再用EDX分析出每种形貌的化学组分。

1. 物相识别的基本步骤（混合物）

- 在MDI Jade软件中导入衍射数据。
- 扣背底、剥离Kα_2。
- 设置检索条件，用基于衍射峰的物相识别方法进行物相识别。
- 识别出主相。
- 用主相进行内标，校正仪器零点。
- 识别次相和微量物相。

2. 实例1：二氧化钛混晶的物相识别

学习内容	利用Profile Based Search/Match方法识别混合物的物相、校正仪器零点
实验数据	ch7-mixture1.mdi

利用水热法制备二氧化钛（必含 Ti、O 元素），在弱碱条件下会生成二氧化钛混晶。为提高样品的光催化活性，在该混晶的表面沉积了少量的金颗粒（必含 Au 元素）。另外，该样品的衍射图还可能有较大的仪器零点误差。

（1）识别主相

在 MDI Jade 软件中打开衍射数据"ch7-mixture1.mdi"，先扣背底，同时剥离 Kα2。由于主相中必含 Ti、O 元素，在基于衍射峰进行物相识别时，勾选"Use Chemistry Filter"，将 Ti、O 设为必含元素。双击"PDF & ICSD Inorganics"，在所有无机 PDF 卡片库中检索，检索结果如图 7-10 所示。为方便识别，单击图 7-10 中箭头所指的图标，其中 � 图标自动校正仪器零点， 图标显示 PDF 卡片峰， 图标用于在衍射图下方显示 PDF 卡片的峰位线。需要注意的是，在候选 PDF 卡片列表中的"2T(0)"处给出了仪器零点的近似值。其中，顶部的板钛矿相（76-1934）为主相，仪器零点约为 0.14°。勾选该 PDF 卡片，关闭该窗口。

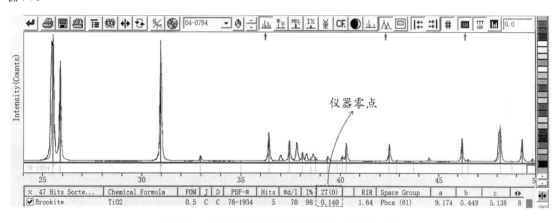

图 7-10　二氧化钛混晶的物相识别（识别主相）

（2）用主相进行仪器零点校正

接下来，用主相进行仪器零点校正。按 Ctrl 键、单击 图标，将选中的 PDF 卡片（76-1934）的零点归零。由于 30.9°的衍射峰只属于板钛矿相，我们用该衍射峰进行仪器零点校正。选择 30.9°的衍射峰，手动寻峰。单击菜单"Analyze"→"Theta Calibration…"，在弹出的对话框中勾选"Zero Offset"，单击"Calibrate"按钮进行角度校正（仪器零点为 0.15°）。单击菜单"File"→"Save in XML"→"Derived Pattern"，将角度校正后的曲线保存为"*.xml"文件（注：如果数据位于中文路径下，保存"*.xml"文件可能会出错）。

（3）先识别主相、再识别次相和微量物相

在 MDI Jade 软件中打开角度校正后的衍射数据"*.xml"。由于该曲线已扣背底，可直接进行物相识别。单击菜单"Identify"→"Search/Match Setup…"，或者按快捷键 F7，设置 Ti、O、Au 为可能含有的元素，在所有无机 PDF 卡片库中检索。

在候选 PDF 卡片列表中勾选顶部的 PDF 卡片 76-1934（板钛矿相，FOM = 0.5）。参考 30.9°的衍射峰，单击 图标调节 PDF 卡片峰的强度（设置板钛矿相的相含量），如图 7-11 所示。未匹配的衍射峰见图 7-11 中箭头所指处。其中，板钛矿相只贡献了 25.3°附近主峰的右侧部分，主峰左侧部分的物相还未识别出来。

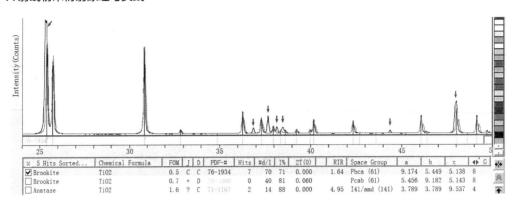

图 7-11　二氧化钛混晶的物相识别（识别出板钛矿相）

勾选 PDF 卡片 71-1167（锐钛矿相，FOM = 1.6）。参考 37°的衍射峰，单击 ⬍ 图标调节 PDF 卡片峰的强度（设置锐钛矿相的相含量），单击 ⬍ 图标调节衍射图的 Y 轴（注意这两个图标形状相同但功能不同，光标悬停有提示"Scale d-I Line Height"或"Zoom in Y"），如图 7-12 所示。此时，25.3°的主峰已完全匹配，说明该峰是由板钛矿相和锐钛矿相共同产生的衍射峰。在识别出板钛矿相和锐钛矿相后，还有两个峰未被匹配，即图 7-12 中箭头指处。

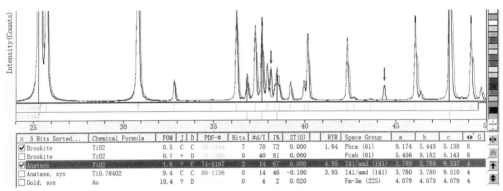

图 7-12　二氧化钛混晶的物相识别（识别出板钛矿相和锐钛矿相）

勾选金的 PDF 卡片 04-0784（FOM = 10.4）。参考 44°的衍射峰，单击 ⬍ 图标调节 PDF 卡片峰的强度（设置金的相含量），单击 ⬍ 图标调节衍射图的 Y 轴，如图 7-13 所示。此时，所有的衍射峰都与 PDF 卡片匹配，物相识别结束。

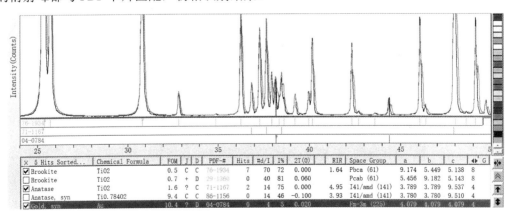

图 7-13　二氧化钛混晶的物相识别（识别出板钛矿相、锐钛矿相、金）

3．实例 2：复杂矿物的物相识别

学习内容	利用 Profile Based Search/Match 方法识别复杂矿物的物相
实验数据	ch7-Four Phases.mdi

由于矿物是在极其复杂的条件下形成，这些矿物可能含有多个物相，其化学组分还可能不均匀（同一矿区不同批次的样品，其衍射图可能不同），有时还会出现复杂的择优取向。本实例以某一复杂矿物为例，利用 MDI Jade 软件进行物相识别。

（1）在 MDI Jade 软件中打开衍射数据"ch7-Four Phases.mdi"，先扣背底，同时剥离 Kα_2。然后用 Profile Based Search/Match 方法进行物相识别，在"Advanced"面板中勾选"Analyze & Trim Hit List"，设置"Two-Theta Error Window = 0.48"。在"General"面板中双击"All Subfiles (No Deleted)"，在所有 PDF 卡片库中检索。

（2）在候选 PDF 卡片列表中勾选第一个 PDF 卡片（砷酸铝结构的 $AlAsO_4$，31-0002，FOM = 0.6），单击 图标调节 PDF 卡片峰的强度（设置 $AlAsO_4$ 的相含量），结果如图 7-14 所示。

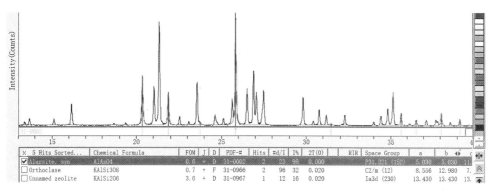

图 7-14　复杂矿物的物相识别（识别出 $AlAsO_4$）

（3）勾选第二个 PDF 卡片（正长石结构的 $KAlSi_3O_8$，31-0966，FOM = 0.7），单击 图标调节 PDF 卡片峰的强度（设置 $KAlSi_3O_8$ 的相含量），结果如图 7-15 所示。

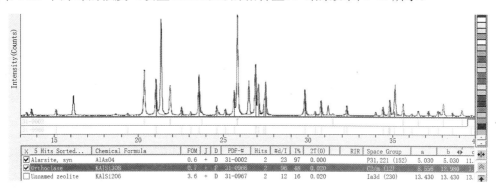

图 7-15　复杂矿物的物相识别（识别出 $AlAsO_4$ 和 $KAlSi_3O_8$）

（4）勾选第三个 PDF 卡片（白榴石结构的 $KAlSi_2O_6$，31-0967，FOM = 3.6），单击 图标调节 PDF 卡片峰的强度（设置 $KAlSi_2O_6$ 的相含量），结果如图 7-16 所示。识别出上述 3 个物相后，仍有 5 个衍射峰未被匹配上，分别为 21.33°、35.19°、43.45°、55.53°、63.14°的衍射峰。

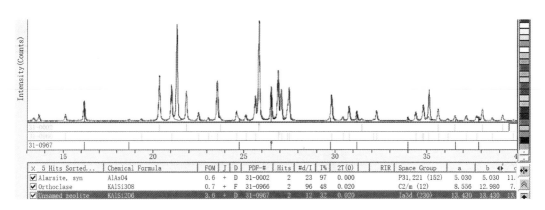

图 7-16　复杂矿物的物相识别（识别出 $AlAsO_4$、$KAlSi_3O_8$ 和 $KAlSi_2O_6$）

（5）利用 Line Based Search/Match 方法识别剩余的衍射峰。先在手动寻峰模式下逐一添加上述未被匹配的衍射峰。然后单击菜单"Identify"→"Line-Based Search…"，或者按快捷键 F11，在 Inorganics 数据库中检索。只有一个候选 PDF 卡片（$AlPO_4$，31-0028，FOM = 16）。单击"Add"按钮，添加该 PDF 卡片，结果如图 7-17 所示。此时，所有的衍射峰都被这 4 个物相（$AlAsO_4$、$KAlSi_3O_8$、$KAlSi_2O_6$ 和 $AlPO_4$）匹配，物相识别结束。

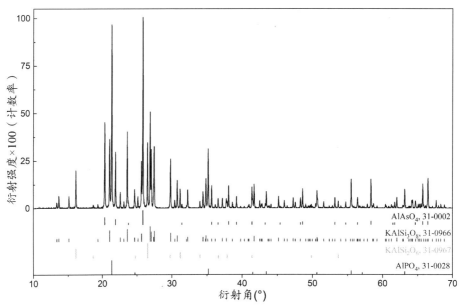

图 7-17　复杂矿物的物相识别（识别出 $AlAsO_4$、$KAlSi_3O_8$、$KAlSi_2O_6$ 和 $AlPO_4$）

7.3　CSM 软件中的物相识别

Crystallographica Search-Match（CSM）[45]是由国际衍射数据中心（International Centre for Diffraction Data，ICDD）开发的软件，该软件的主要功能是将衍射数据在 PDF 卡片库中检索、匹配来识别物相。相比 MDI Jade 软件，CSM 软件功能比较单一，但物相识别过程更加快捷、直观。

7.3.1　CSM 软件的界面和功能

CSM 软件的界面如图 7-18 所示。右侧窗口包括上、下两部分：上窗口为主窗口，显示衍射图、寻峰后的峰位线、物相匹配后的 PDF 卡片模拟衍射图；下窗口用来显示所选物相的模拟衍射图。CSM 软件的左上窗口列出已匹配的物相，左下窗口列出候选物相。

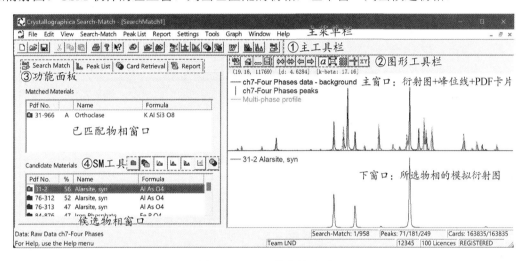

图 7-18　CSM 软件的界面

1. 主菜单栏

CSM 软件的主菜单栏中包括 File、View、Search-Match、Peak List、Settings、Graph 等菜单。

（1）File 菜单

File 菜单可实现衍射数据的读取、保存、打印等功能。File 菜单的主要子菜单及其功能如表 7-3 所示。

表 7-3　File 菜单的主要子菜单及其功能

子菜单	功能
New	新建 "*.csm" 文件
Open	打开 "*.csm" 文件
Close	关闭当前文件（不保存）
Save 或 Save as…	保存为 "*.csm" 文件

子菜单		功能
Import	Profile Data...（🖼️）	导入衍射数据
（导入外来数据）	Peak Data...（🖼️）	导入衍射峰的 d-值表
Export	Ka2 Stripped...	导出剥离 $K\alpha_2$ 后的衍射数据
（导出数据）	Background Subtracted...	导出扣除背底后的衍射数据
	Peak List...	导出 d-值表

CSM 的外来衍射数据（Profile Data）是不含文件头的 xy 格式的数据，即第一列为衍射角，第二列为衍射强度，两列数据之间用空格隔开。该数据的后缀为"*.dat"或"*.txt"。

衍射峰的 d-值表数据（Peak Data）列出衍射峰（不含 $K\alpha_2$）的峰位和峰强。d-值表是不含文件头的 xy 格式的数据，即第一列为衍射峰的衍射角，第二列为衍射峰的衍射强度，两列数据之间用空格隔开。该数据的后缀为"*.pks"、"*.dat"或"*.txt"。

（2）View 菜单

View 菜单用于设置 CSM 软件的界面、工具栏、状态栏等。

（3）Search-Match 菜单

Search-Match 菜单用于设置物相检索、匹配的参数，以及物相识别和结果分析等。Search-Match 菜单的主要子菜单及其功能如表 7-4 所示。

表 7-4　Search-Match 菜单的主要子菜单及其功能

子菜单	功能
Search-Match（🖼️）	根据设定参数执行物相检索、匹配
Setting...（🖼️）	设置物相检索、匹配的参数
Multi-Phase Powder...	设置已匹配物相的模拟衍射图的参数
Analyse Match...	给出匹配程度分析报表
Match Material	将选中的 PDF 卡片的模拟衍射图匹配到样品的衍射图上

（4）Peak List 菜单

Peak List 菜单用于自动寻峰、手动寻峰。其主要子菜单及其功能如表 7-5 所示。

表 7-5　Peak List 菜单的主要子菜单及其功能

子菜单	功能
Peak Search（🖼️）	根据设定的参数自动寻峰
Set Threshold...	设置自动寻峰的阈值
Add Peaks Using Graph	手动添加衍射峰
	添加峰：在衍射图上移动峰位线到目标峰，右击峰位线，选择右键菜单选项"Add Peak Here"。
	删除峰：右击峰位线，选择右键菜单选项"Delete"

（5）Settings 菜单

Settings 菜单用于设置数据处理时的各种参数。其主要子菜单及其功能如表 7-6 所示。

表 7-6　Settings 菜单的主要子菜单及其功能

子菜单	功能
Data...	设置衍射图的峰形参数、仪器零点等
Radiation...	设置阳极靶的类型、有无 $K\alpha_2$ 等
Search-Match...	设置 Search-Match 参数
	Search Range：SM 的角度范围
	Figure of Single Phase/Multi Phases：纯相或混合物的品质因子
	Allow Zero Error：勾选，考虑仪器零点
	Auto Residual：勾选，自动识别剩余衍射峰
	Apply Restriction：勾选，应用检索条件
	Trust Intensity：勾选，强度严格匹配
	Intensity Weight：勾选，检索时考虑强度权重
Restrictions...	设置检索条件
	Sub-Files 面板：设置数据库、卡片等级
	Lattice 面板：设置晶系、晶格参数、材料密度及容忍因子
	Space Group 面板：设置空间群
	Colour 面板：设置晶体颜色
	Must Include 面板：设置必含元素
Powder Simulation...	设置 PDF 卡片衍射图的模拟参数

（6）Graph 菜单

Graph 菜单用于设置衍射图、背底、衍射峰、PDF 卡片等的显示方式。

2．工具栏

CSM 软件的主工具栏和图形工具栏如图 7-19 所示。

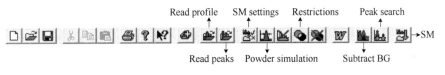

（a）主工具栏

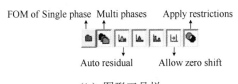

（b）图形工具栏

图 7-19　CSM 软件的主工具栏和图形工具栏

7.3.2　物相识别的基本步骤

CSM 软件支持衍射图和衍射峰的 d-值表两种数据，这两种数据的物相识别的方法略有不同。本节分别简要介绍这两种数据的物相识别步骤。

1．衍射图的物相识别步骤

（1）导入衍射数据：单击 ![icon] 图标，导入衍射数据。

（2）设置仪器参数：单击菜单"Settings"→"Data…"，在弹出的对话框中的①处设置仪器半高宽参数，在②处设置仪器零点（见图 7-20）。单击菜单"Settings"→"Radiation…"，在弹出的对话框中设置阳极靶的类型、有无 $K\alpha_2$。

（3）设置检索条件：单击菜单"Settings"→"Search-Match…"，在弹出的对话框中的③处勾选检索条件。单击菜单"Settings"→"Restrictions…"（或单击●图标），设置检索条件。

（4）寻峰：单击菜单"Peak List"→"Set Threshold…"，在弹出的对话框中设置寻峰阈值。单击菜单"Peak List"→"Peak Search"（或单击▦图标），进行寻峰。

（5）物相识别：单击菜单"Search-Match"→"Search-Match"（或单击▧图标），进行物相检索，从候选物相窗口中识别出所需物相。

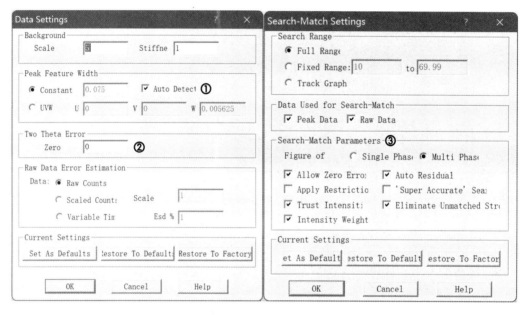

图 7-20　CSM 软件中的"Data Settings"对话框和"Search-Match Settings"对话框

2. 衍射峰的物相识别步骤

（1）导入 d-值表：单击▦图标，导入 d-值表。

（2）设置仪器参数：单击菜单"Settings"→"Radiation…"，在弹出的对话框中设置阳极靶的类型、有无 $K\alpha_2$。

（3）设置检索条件：单击菜单"Settings"→"Search-Match…"，在弹出的对话框中勾选检索条件。单击菜单"Settings"→"Restrictions…"，设置检索条件。

（4）物相识别：单击菜单"Search-Match"→"Search-Match"，进行物相检索，从候选物相窗口中识别出所需物相。

7.3.3　实例 1：复杂混合物的物相识别

学习内容	熟悉在 CSM 软件中进行物相识别的基本过程
实验数据	ch7-mixture1.txt，铜靶

本节我们用 CSM 软件来对 7.2.3 节中的二氧化钛混晶进行物相分析。实验数据来自铜靶 X 射线衍射仪，但仪器零点和仪器半高宽参数未知。

（1）导入数据：在 CSM 软件中导入衍射数据"ch7-mixture1.txt"。

（2）设置阳极靶：单击菜单"Settings"→"Radiation…"，在弹出的对话框中选择铜靶，勾选 $K\alpha_2$。

（3）设置 SM 参数：单击菜单"Settings"→"Search-Match…"，在弹出的对话框中勾选检索条件，勾选"Multi Phase"，"Allow Zero Error""Auto Residual""Apply Restriction""Trust Intensity""Intensity Weight"。

（4）寻峰：在默认寻峰参数下单击 图标，进行寻峰。

（5）设置元素检索条件：单击主工具栏中的 图标，在弹出的对话框中的"Must Include"面板中勾选"At Least One"和"Only Selected Elements"，并在元素周期表中选择元素"Ti"和"O"。单击"确定"按钮，软件将自动检索物相，并在候选物相窗口中显示仅含"Ti"和"O"元素的物相。

（6）物相匹配：由于在第（3）步中勾选了"Multi Phase"选项，候选物相从上到下按品质因子从大到小排列（值越大，品质越好，置顶物相通常就是最佳匹配物相）。右击板钛矿相"76-1934"，选择右键菜单"Match Material"，将该物相与衍射图匹配，如图 7-21（a）所示。软件将自动更新候选物相列表，右击锐钛矿相"84-1286"，选择右键菜单"Match Material"，将该物相与衍射图匹配，如图 7-21（b）所示。到此，所有的衍射峰都已经被所识别的物相匹配，物相识别过程结束。

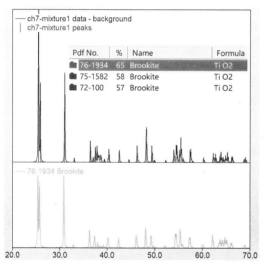

（a）物相检索后的前三个候选物相

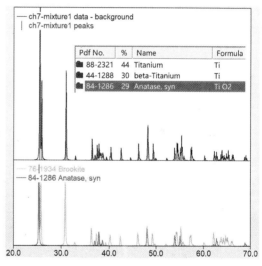

（b）匹配"76-1934"后更新的候选物相列表

图 7-21　用 CSM 软件对二氧化钛混晶的物相识别

7.3.4　实例 2：利用 d-值表进行物相识别

学习内容	利用 CSM 软件对 d-值表进行物相识别
实验数据	ch7-Four Phases.mdi

CSM 软件的优点是能快速、准确地识别物相，其缺点是数据处理功能较弱，尤其是手动扣背底、剥离 $K\alpha_2$、寻峰等功能有待增强。在复杂背景、衍射峰重叠严重的衍射数据中，有必要先提取 d-值表，再进行物相识别。在本实例中，我们利用 MDI Jade 软件提取 d-值表，再利

用 CSM 软件进行物相识别。

（1）提取 d-值表：将数据"ch7-Four Phases.mdi"导入 MDI Jade 软件，扣背底、剥离 Kα₂、寻峰，在"Peak Search Report"窗口中将寻峰结果保存为"*.pid"文件。

（2）整理 d-值表：在 UltraEdit 软件中编辑"*.pid"文件，只保留两列数据，一列为衍射角，另一列为衍射强度。将编辑后的文件保存为"*.dat"。

（3）导入 d-值表：在 CSM 软件中单击主工具栏中的 📖 图标，导入格式为"*.dat"的 d-值表，如图 7-22（a）所示。

（4）设置阳极靶：单击菜单"Settings"→"Radiation…"，在弹出的对话框中选择铜靶。由于在第（1）步的数据处理中已剥离 Kα₂，所以不要勾选 Kα₂。

（5）设置 SM 参数：单击菜单"Settings"→"Search-Match…"，在弹出的对话框中勾选检索条件，勾选"Multi Phase""Allow Zero Error""Auto Residual""Apply Restriction""Trust Intensity""Intensity Weight"选项。

（6）单击主工具栏中的 📖 图标进行物相检索，前五个候选物相如图 7-22（c）所示。

（7）物相识别：在候选物相列表中右击"31-966"物相，选择右键菜单"Match Material"，将该物相与衍射数据匹配，候选物相列表将自动更新，如图 7-22（d）所示。右击"31-2"物相，选择右键菜单"Match Material"，将该物相与衍射数据匹配，候选物相列表将自动更新，如图 7-22（e）所示。右击"31-967"物相，选择右键菜单"Match Material"，将该物相与衍射数据匹配，候选物相列表将自动更新，如图 7-22（f）所示。到此，d-值表中的所有衍射峰均已匹配［见图 7-22（b）］，物相识别结束。

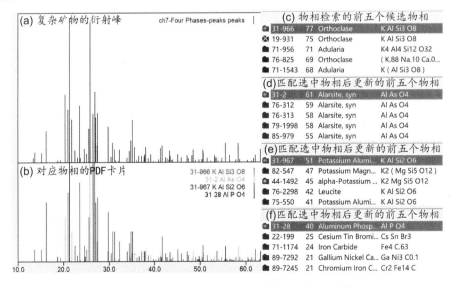

图 7-22　利用 d-值表在 CSM 软件中识别复杂矿物

7.1～7.3 节用多个实例介绍了如何用 MDI Jade 软件和 CSM 软件进行物相识别。物相识别是材料合成、制备、加工过程中最常用的衍射数据分析方法。在衍射实验中，我们往往会遇到各种复杂的衍射数据。在分析衍射数据前，应通过相关测试技术获得样品尽可能多的信息，如晶粒的形貌、化学组分、材料密度等。对于复杂背底，或者当衍射峰多、杂且重叠严重时，建议先利用 MDI Jade 软件提取 d-值表，再利用 CSM 软件进行物相识别。

7.4　定量物相分析

在材料合成、制备、加工过程中，为了优化合成工艺、提高材料的生产效率，需要确定各物相的相含量随实验变量变化的曲线。定量物相分析（Quantitative phase analysis）的目的是确定样品中各物相的相含量。定量物相分析的精度取决于仪器的状态、粉末样品的特征，以及实验和分析过程的严谨性。要想进行精确的定量物相分析，需预先对 X 射线衍射仪进行严格合轴，并用标样对其进行角度校正。在粉末样品制备过程中，需仔细研磨样品，尽量消除样品的择优取向、吸收效应。在做衍射实验时，需采用小步长进行长时间慢扫，以得到高质量的衍射数据。

7.4.1　定量物相分析的原理

1．相含量与衍射强度的关系

5.3.3 节中介绍过，一个物相的(hkl)晶面的衍射强度 I_{hkl} 取决于该物相的结构因子$|F_{hkl}|^2$，同时还受 X 射线衍射仪的洛伦兹因子 L_θ 和极化因子 P_θ（同一台 X 射线衍射仪，洛伦兹-极化因子 LP 恒定），以及样品的择优取向因子 P_{hkl}、吸收效应 A_θ、动力学消光 E_{hkl} 等因素的影响。由于样品的动力学消光效应很弱，可忽略不计。假如线性吸收系数为 μ，那么辐照体积为 V 的物相在 R 处产生的衍射强度为

$$I_{hkl} = CK \frac{V}{2\mu} = \left(\frac{1}{32\pi R} \frac{e^4 \lambda^3}{m^2 c^4} I_0 \right) \left(L_\theta \cdot P_\theta \cdot P_{hkl} \cdot |F_{hkl}|^2 \right) \frac{V}{2\mu} \tag{7-1}$$

式中，e 为单位电荷，m 为电子质量，c 为光速，λ 为 X 射线的波长，C 是与样品无关的参数。在混合物中，物相 i 在混合物中所占的体积分数 V_i 取决于该物相的衍射强度 I_i，有

$$I_i = CK_i \frac{V_i}{2\mu} \tag{7-2}$$

式中，μ 为混合物对 X 射线的线性吸收系数。线性吸收系数 μ 与混合物的密度 ρ 和质量吸收系数 μ_m 有关，即

$$\mu = \rho \cdot \mu_m = \rho \sum_i (w_i \cdot \mu_{mi}) \tag{7-3}$$

式中，w_i 为物相 i 的质量分数，μ_{mi} 为物相 i 的质量吸收系数。因此，混合物中某一物相的衍射强度 I_i 与其体积分数 V_i、质量分数 w_i 的关系为

$$I_i = CK_i \frac{V_i}{2\rho \sum_i (w_i \cdot \mu_{mi})}$$

$$I_i = CK_i \frac{w_i}{2\rho_i \sum_i (w_i \cdot \mu_{mi})} \tag{7-4}$$

2．定量物相分析的原理

假设混合物中有 i、j 两个物相，两个物相的衍射强度比值为

$$\frac{I_i}{I_j} = \frac{K_i}{K_j} \times \frac{w_i}{w_j} \qquad (7\text{-}5)$$

（7-5）式表明，各相的衍射强度取决于混合物中各相的相含量，但衍射强度与相含量之间并非为简单的正比例关系。只要确定了（7-5）式中的系数 $K_{ij} = K_i / K_j$，就能利用各相衍射峰的峰强比来确定相含量。

为了确定系数 $K_{ij} = K_i / K_j$，需将纯相 i 和纯相 j 按质量比 $1:1$ 混合（ $w_i : w_j = 1:1$ ）制作新的混合样品，再由该混合样品中各相主峰的强度比来确定系数 K_{ij}。一旦确定了系数 K_{ij}，就能用原混合物中各相的衍射强度比来确定相含量，即

$$\frac{w_i}{w_j} = K_{ji} \frac{I_i}{I_j}, \quad K_{ji} = \frac{1}{K_{ij}} \qquad (7\text{-}6)$$

为了便于进行定量物相分析，粉末衍射标准联合委员会（JCPDS）约定以刚玉 $\alpha\text{-}Al_2O_3$ 为参考物质，将待测物与刚玉按 $1:1$ 的质量比混合进行粉末衍射实验，把待测物的主峰与刚玉的(113)主峰的强度比 $I:I_c$ 作为参考强度比（Reference Intensity of Ratio，RIR），并将 RIR 值列为多晶 X 射线粉末衍射的基本参数收录到 PDF 卡片库中。如果从 PDF 卡片库中检索到 i 物相和 j 物相的 RIR 值，就能确定系数 K_{ij}，即

$$K_{ij} = \frac{\mathrm{RIR}_i}{\mathrm{RIR}_j} \qquad (7\text{-}7)$$

如果某个混合物中含有 N 个物相（不含非晶相），只要从 PDF 卡片库中检索出各相的 RIR 值，就能确定各相的质量分数，即

$$w_i = \frac{I_i / \mathrm{RIR}_i}{\sum_{i=1}^{N}\left(I_i / \mathrm{RIR}_i\right)}$$

$$w_i = \frac{I_i}{K_{ij}\sum_{i=1}^{N}\left(I_i / K_{ij}\right)} \qquad (7\text{-}8)$$

3．误差的来源

利用上述方法进行定量物相分析会出现一定的误差（一般在 5%左右），误差主要来源于以下几个方面：

（1）PDF 卡片的选用：在物相识别过程中可能会检索到多个相似的 PDF 卡片，由于晶体结构存在略微的差异，这些 PDF 卡片的 RIR 值也略有不同。在选择 PDF 卡片时，应选用与实验曲线匹配最好（尤其是峰强匹配最好）的 PDF 卡片。如果多张 PDF 卡片都与衍射图匹配得很好，可选用高质量的 PDF 卡片（在 PDF 卡片列表中的 "J" 列或 PDF 卡片的右上角显示绿色的 "+" 或 "c"）或 RIR 值较为平均的 PDF 卡片。

（2）衍射峰拟合：添加背底、衍射峰拟合过程会影响到拟合结果（峰强和积分面积）。对于复杂背底，需仔细核对背底点，再用 Cubic Spline 函数对背底点进行拟合。在衍射峰拟合时，需合理运用 "Height" "2-Theta" "FWHM" "Shape" "Skewness" 的约束条件，拟合好每个衍射峰（尤其是重叠峰）。积分宽度会影响衍射峰的积分面积（可单击菜单 "Edit" →

"Preferences…"进行设置），进而引起定量物相分析的误差。

（3）重叠峰：在进行定量物相分析时尽量选用单峰。如果某个衍射峰既属于 A 物相又属于 B 物相，软件无法确定该衍射峰在各相中所占的比例，从而引起较大的分析误差。

7.4.2　定量物相分析的基本步骤

（1）X 射线粉末衍射实验：仔细研磨、压制粉末样品，尽量减弱样品的择优取向效应。实验前应对 X 射线衍射仪进行严格合轴，实验时采用小步长进行长时间慢扫。扫描范围一般为 10°～60°，因为高角区的衍射峰重叠严重，通常会引起较大的误差。

（2）物相识别：准确识别出各个物相，并记录各物相的 RIR 值。

（3）衍射数据处理：添加背底、衍射峰拟合，得到各单峰（非重叠峰）的积分强度。

（4）衍射峰的指认：将已拟合的单峰（非重叠峰）指认给各物相。

（5）计算相含量：利用已指认的衍射峰的积分强度、RIR 值计算相含量。

7.4.3　实例 1：利用 RIR 值确定二氧化钛混晶的相含量

学习内容	利用 RIR 值确定混合物的相含量
实验数据	ch7-quantitative phase analysis.mdi

本节以二氧化钛混晶（80%的锐钛矿相和 20%的金红石相）为例来介绍在 MDI Jade 软件中如何进行定量物相分析。基本操作过程如下：

（1）导入衍射数据：在 MDI Jade 软件中导入衍射数据"ch7-quantitative phase analysis.mdi"。

（2）物相识别：由于定量物相分析需要用到 RIR 值，在物相识别时建议在 ICSD Patterns 数据库中检索。所得物相的 PDF 卡片编号分别为 71-1167（锐钛矿相，RIR=4.95）和 75-1748（金红石相，RIR=3.61）。

（3）拟合：根据 PDF 卡片的峰位逐一拟合衍射峰。为提高拟合质量，建议拟合所有衍射峰（包括重叠的衍射峰）。在本实例中，拟合后的吻合因子 $R = 1.3\%$。

（4）衍射峰的指认：为便于进行衍射峰的指认，建议将拟合好的衍射峰按衍射角进行排序（在"Profile Fitting(Peak Decomposition)"窗口中单击"Report"按钮，在弹出的窗口中单击"2-Theta"列的标题进行排序）。

单击菜单"Options"→"Easy Quantitative…"，弹出"Quantitative Analysis from Profile-Fitted Peaks"窗口，如图 7-23 所示。在①处选择某一物相，在②处勾选或指认属于该物相的衍射峰（单峰），勾选或指认后的衍射峰显示在③处。

注意：在衍射峰的指认过程中，仅指认单峰（只属于某一物相），不指认重叠峰（既属于 A 相也属于 B 相），否则定量物相分析结果会出现较大误差。高角区的衍射峰的峰强较弱、重叠严重，在进行定量物相分析时可忽略不计。在本实例中，我们忽略了衍射角高于 65°的衍射峰，指认结果如表 7-7 所示。

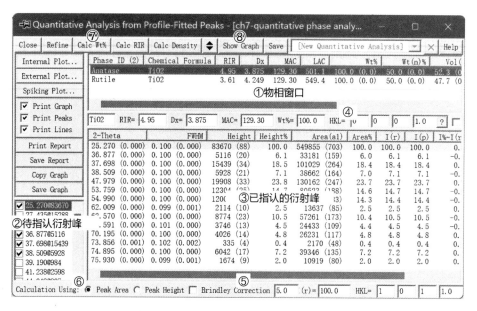

图 7-23　MDI Jade 软件中的定量物相分析

表 7-7　二氧化钛混晶定量物相分析所指认的衍射峰

Anatase phase			Rutile phase		
Two Theta	Peak Height	Peak Area	Two Theta	Peak Height	Peak Area
25.270	83670	549855	27.435	15288	100439
36.877	5116	33181	36.079	6699	43350
37.698	15439	101029	39.190	984	6297
38.509	5928	38662	41.238	2598	16708
47.979	19908	130162	44.042	907	5856
53.759	12304	80523	54.319	7342	48056
54.990	12002	78570	56.624	2125	13885
62.009	2114	13637	64.045	975	6252

（5）计算相含量：如果样品存在择优取向或较强的吸收效应，可在图 7-23 中的④处设置择优取向和择优取向强度；在⑤处输入平均粒径进行吸收效应校正；在⑥处选择定量物相分析方法为积分强度 "Peak Area" 或峰高 "Peak Height"；在⑦处单击 "Calc Wt%" 按钮计算相含量；在⑧处单击 "Show Graph" 按钮显示定量物相分析的结果。单击 "Save" 按钮保存定量物相分析的结果。

在本实例中，我们未进行择优取向、吸收效应的校正，选用积分强度进行定量物相分析。锐钛矿相和金红石相的质量百分比分别为 80.1 (0.2) 和 19.9 (0.1)。如果选用峰高进行定量物相分析，这两个物相的质量百分比分别为 80.0 (0.2) 和 20.0 (0.0)，如图 7-24 所示。

此外，我们也可以用式（7-8）进行相含量的简单估测。锐钛矿相的 RIR 值为 4.95，最强峰的峰高、积分强度分别为 83670 和 549855；金红石相的 RIR 值为 3.61，最强峰的峰高、积分强度分别为 15288 和 100439。如果用峰高来计算，则锐钛矿相的相含量为 (83670/4.95)/(83670/4.95+15288/3.61)×100% ≈ 79.97%。

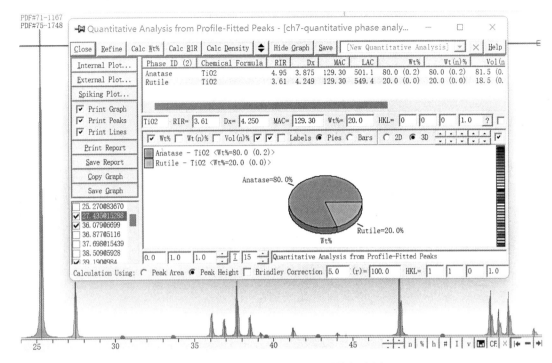

图 7-24　二氧化钛混晶的定量物相分析

7.4.4　实例 2：利用 cif 文件进行定量物相分析

在某些情况下（结构比较新，数据库未及时更新），在所有数据库中都无法检索到含 RIR 值的目标 PDF 卡片。此时，可以通过查阅文献等途径得到或整理出目标结构的 cif 文件，再用 cif 文件计算出所需的 PDF 卡片（含 RIR 值）。根据晶体结构计算 PDF 卡片的步骤如下：

（1）导入 cif 文件或进行晶体结构建模：单击菜单"Options"→"Calculate Pattern…"，在弹出的窗口中单击📂图标导入 cif 文件，或者在该窗口中输入晶体结构数据（在"Name"面板中输入空间群、晶格参数，在"Atoms"面板中输入晶胞内的原子）。

（2）设置参数：在"Calc"面板中设置洛伦兹-极化因子、吸收效应、择优取向等参数，并设置衍射角范围。参数设置可参考 5.2.1 节。

（3）计算、叠加 PDF 卡片：单击"Calc"按钮计算 PDF 卡片，单击"Overlay"按钮将所得 PDF 卡片叠加到衍射图上。

在计算出含 RIR 值的 PDF 卡片后即可按 7.4.3 节的方法进行定量物相分析，分析过程此处不再赘述。

利用 RIR 值进行定量物相分析，其精度约为 5%。要想得到高精度的定量物相分析结果，建议采用 Rietveld 晶体结构精修方法，详细内容见 9.5 节和 9.6 节。

7.5 晶粒尺寸和晶格应变

在材料合成过程中，合成变量（如原料浓度、反应温度、反应时间、压强等）会影响晶粒的生长。通过分析不同生长阶段的晶粒尺寸，可以优化晶体的合成工艺。在很多功能材料中，晶体缺陷、晶格应变等微结构会影响，甚至决定了材料的性能。本节将介绍如何利用 X 射线粉末衍射确定晶粒尺寸和晶格应变。

7.5.1 确定晶粒尺寸和晶格应变的原理

在实验中观察到的衍射峰，其峰宽是由 X 射线衍射仪的本征宽度、样品展宽（晶粒尺寸、晶格应变、晶体缺陷等）共同构成的。因此，从衍射图中剥离了 X 射线衍射仪的本征宽度后，才能用峰宽确定晶粒尺寸和晶格应变。

晶粒尺寸 L 与峰宽 β 成反比关系（谢乐公式），即

$$\beta(2\theta) = \frac{K\lambda}{L \cdot \cos\theta} \tag{7-9}$$

式中，系数 K 为谢乐常数。晶格应变 ε 与峰宽 β 之间的关系为

$$\beta(2\theta) = 4\varepsilon \cdot \tan\theta \tag{7-10}$$

如果 X 射线粉末衍射中既含晶粒尺寸 L 展宽，又含晶格应变 ε 展宽，可用 Williamson Hull 图示法进行分析：

$$\beta \cdot \cos\theta = \frac{K\lambda}{L} + 4\varepsilon \cdot \sin\theta \tag{7-11}$$

在 Williamson Hull 图中，横坐标为 $\sin\theta$，纵坐标为 $\beta \cdot \cos\theta$。对图中曲线进行线性拟合，y 轴的截距与晶粒尺寸有关，斜率与晶格应变有关。如果拟合后得到的是过原点的直线，说明样品只有晶格应变展宽；如果拟合后得到的是水平线，说明样品只有晶粒尺寸展宽。如果得到的晶粒尺寸、晶格应变为负值，说明衍射峰可能没拟合好，或者仪器半高宽曲线没有校正好。

7.5.2 实例：确定二氧化钛的晶粒尺寸和晶格应变

学习内容	利用 X 射线粉末衍射确定晶粒尺寸和晶格应变
实验数据	ch7-size and strain.mdi

本实例所用的样品是用溶胶凝胶法制备的凝胶经 500℃烧结 4h 后得到的锐钛矿相二氧化钛粉末。确定晶粒尺寸和晶格应变的基本步骤如下：

（1）测量标样的粉末衍射，制作仪器半高宽曲线，细节可参考 5.3.4 节。

（2）测量二氧化钛的粉末衍射。

（3）拟合衍射峰：在 MDI Jade 软件中导入衍射数据"ch7-size and strain.mdi"，添加背底，逐一拟合衍射峰。由于衍射峰较宽，峰的不对称因子"Skewness"并不明显。在拟合衍射峰时，建议勾选、设置"Skewness = 0"，不精修该因子。

（4）设置参数：单击菜单"Edit"→"Preferences…"，切换到"Report"面板。如果在步骤（3）中未进行衍射峰拟合，而用寻峰的方法确定半高宽，需勾选"Estimate FWHM in Peak

Search or Paint"，并设置参数 SF（默认值为 0.85）。MDI Jade 软件将根据公式 FWHM = SF×Area / Height 确定衍射峰的半高宽。

设置谢乐常数：勾选"Estimate Crystallite Sizes from FWHM's"复选框，设置谢乐常数（一般来说，用半高宽确定晶粒尺寸，谢乐常数取 0.94；用积分宽度确定晶粒尺寸，谢乐常数取 0.89。）

设置解卷因子：切换到"Misc"面板，设置解卷因子"Deconvolution"。解卷因子 D 取值范围为 1～2（默认值为 2），如果衍射峰接近高斯函数，则解卷因子趋于 2。样品展宽可用 $FW(S)^D = FWHM^D - FW(I)^D$ 计算出，其中 FWHM 为拟合得到的衍射峰的半高宽，$FW(I)$ 为仪器展宽。在本例中，由于大多数衍射峰的峰形函数偏向洛伦兹型（Shape ≈ 0.7），解卷因子设为 1.3（近似满足 $D = -1 \times Shape + 2$）。

（5）查看晶粒尺寸（各晶面的厚度）：单击菜单"View"→"Reports & Files"→"Peak Profile Report…"，弹出"Current Profile Parameters & Refinement Options"窗口，如图 7-25 所示。

在①处勾选是用半高宽"FWHM"还是用积分宽度"Breadth"来计算晶粒尺寸，晶粒尺寸（严格来说是各晶面的厚度）显示在②处的"XS"列中，默认单位为 Å。在本例中，我们用积分宽度来计算晶粒尺寸，晶粒尺寸为 15～16nm。

（6）计算平均晶粒尺寸和晶格应变：单击图 7-25 中③处的"Size & Strain Plot…"按钮，或者单击菜单"View"→"Reports & Files"→"Size & Strain Plot…"，弹出"Estimate Crystallite Size & Strain from Peak Broadening"窗口，如图 7-26 所示。在本例中，对前 8 个衍射峰进行线性拟合，线性相关度为 0.962。y 轴的截距为 0.41676（单位为°），根据式（7-11）就能计算出平均晶粒尺寸为 $0.89 \times 1.54056 / (0.41676 \times \pi / 180) \div 10 \approx 18.8nm$；其斜率为 0.24337（单位为°），晶格应变为 $100\% \times (0.24337 \times \pi / 180) / 4 \approx 0.106\%$。

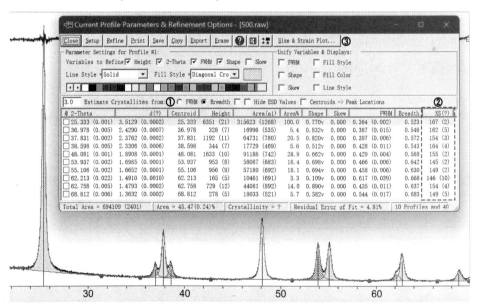

图 7-25　拟合衍射峰确定二氧化钛的晶粒尺寸

（7）保存计算结果：单击"Export"按钮，将计算结果保存为"*.szs"文件。该文件为文本文件，可用 Origin 软件进行数据处理、画图。

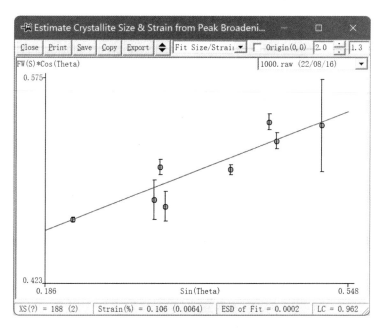

图 7-26　利用 Williamson Hull 图示法计算晶粒尺寸和晶格应变

7.6　结晶度的计算

在材料生长过程中，在长时间的高温退火下排列无序的原子逐渐趋于有序，形成晶体。相反，在高能激光、电子束、微波的辐射下，材料会从晶态逐渐转变为非晶态。结晶度（Crystallinity）就是用于描述样品结晶的完全程度的参数。

7.6.1　结晶度的计算原理

晶体中的原子在三维空间中周期排列，对 X 射线有强烈的散射，能产生强且锐的布拉格衍射峰。非晶中的原子在三维空间中的分布只具有短程序，仅产生宽化的弥散衍射（Diffusing Diffraction）。大多数纳米晶的晶粒小、缺陷浓度高，有大量的表面和界面（处于表面和界面上的原子排列相对无序），也会引起衍射峰的宽化。

根据全倒易空间 X 射线散射守恒原理（Full-Reciprocal-Space X-Ray Scattering Conservation Principle），对于给定的原子集合体，不管是晶态还是非晶态，在相同强度的 X 射线照射下，它在整个倒易空间中的散射强度都是守恒的。根据该原理，可利用 X 射线粉末衍射计算材料的结晶度。计算结晶度的方法有如下两种[46]：

1. 绝对结晶度的计算

（1）纯相法

要测定某样品的绝对结晶度，需准备该物质的纯晶态样品 c_0 或纯非晶态样品 a_0。

① 在较大的衍射角范围内测出纯晶态样品 c_0 的衍射图，逐一拟合布拉格衍射峰，得到全部布拉格衍射峰的总积分强度（求和），记为 I_{c_0}。

② 在相同的衍射角范围内测出纯非晶态样品 a_0 的衍射图，逐一拟合弥散衍射，得到全部弥散衍射的总积分强度（求和），记为 I_{a0}。

③ 在相同的衍射角范围内测出待测样品的衍射图，逐一拟合布拉格衍射峰，得到布拉格衍射部分的总积分强度 I_c；然后逐一拟合弥散衍射，得到弥散散射部分的总积分强度 I_a。

④ 计算绝对结晶度：

$$X_c = \frac{I_c}{I_{c0}} \times 100\%$$

$$= \left(1 - \frac{I_a}{I_{a0}}\right) \times 100\%$$

（7-12）

该方法适用于从晶态物质出发观察材料的非晶化过程，或者从非晶态物质出发观察材料的晶化过程。在步骤①～③中，要保证入射光的强度相同、衍射体积相同，否则会引起误差。由于该方法使用纯晶态样品或纯非晶态样品，常称为纯相法。

（2）差异法

如果无法得到纯晶态样品或纯非晶态样品，也可用差异法来计算绝对结晶度。假设在非纯态样品中，结晶相的含量 X_c 正比于布拉格衍射峰的总积分强度 I_c，非晶相的含量 X_a 正比于弥散衍射的总积分强度 I_a，即

$$X_c = CI_c, \quad X_a = AI_a$$

（7-13）

那么绝对结晶度为

$$X_c = \frac{I_c}{I_c + kI_a}$$

（7-14）

式中，系数 $k = A/C$，对于同一个样品，该系数为常数。

假设有两个非纯态样品（可以用同一样品在不同反应条件下进行原位测试），第一个样品的绝对结晶度和非晶度分别为 X_{c1}、X_{a1}，第二个样品的绝对结晶度和非晶度分别为 X_{c2}、X_{a2}。这两个样品的绝对结晶度和非晶度之差为

$$\Delta X_c = X_{c2} - X_{c1} = C(I_{c2} - I_{c1})$$

$$\Delta X_a = X_{a2} - X_{a1} = A(I_{a2} - I_{a1})$$

（7-15）

由于 $\Delta X_c = -\Delta X_a$，加之 $k = A/C$，所以有

$$k = \frac{I_{c2} - I_{c1}}{I_{a2} - I_{a1}}$$

（7-16）

式（7-16）表明，利用两个非纯态样品之间布拉格衍射峰的峰强差异和弥散衍射的强度差异，就能求出系数 k。将系数 k 代入式（7-14）就能计算出绝对结晶度。

2．相对结晶度的计算

假设样品从非晶态到晶态的转变过程中化学组分相同、无择优取向，那么晶相和非晶相对 X 射线的散射能力近似相同，即系数 $k = 1$。因此，式（7-14）可简化为

$$X_c = \frac{I_c}{I_c + I_a}$$

（7-17）

式（7-17）表明，布拉格衍射峰的总强度与总积分衍射强度的比值就是相对结晶度。

7.6.2　实例：计算锐钛矿相二氧化钛的结晶度

学习内容	利用 X 射线粉末衍射确定材料的绝对结晶度和相对结晶度
实验数据	ch7-crystallinity-0.mdi，ch7-crystallinity-1.mdi，ch7-crystallinity-2.mdi

在利用水热法合成锐钛矿相二氧化钛时，随着反应的进行，产物从非晶态逐渐转变为晶态。假设现有三个样品，其中两个为非纯态样品 A、B，另一个为完全反应后的纯晶态样品 C，如图 7-27 所示。可按如下方法计算结晶度。

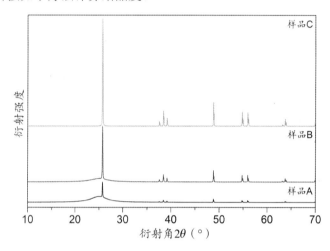

图 7-27　晶化过程中二氧化钛的模拟衍射图（衍射强度已标定）

（1）用纯相法计算绝对结晶度

① X 射线粉末衍射实验：称取一定量的样品 A，在一定的衍射角范围内收集 X 射线衍射数据"ch7-crystallinity-0.mdi"。类似地，称取相同量的样品 B、C，在相同的衍射角范围内收集 X 射线衍射数据"ch7-crystallinity-1.mdi"和"ch7-crystallinity-2.mdi"。

为了保证样品 A、B、C 的总衍射强度相同，应确保衍射体积相同，即样品质量相同。另外，还需保持仪器状态相同，即入射光的强度相同。

② 衍射强度标定：如果没按步骤①进行严格实验，各样品的总衍射强度会有差异，需要根据全倒易空间 X 射线散射守恒原理对衍射强度进行标定。

计算总衍射强度：在 Origin 软件中，分别画出三个样品 A、B、C 的衍射曲线。选中样品 A 的曲线，单击菜单"Analysis"→"Mathematics"→"Integrate"，在弹出的窗口中勾选"Integration Result"复选框，得到积分面积 I_{A0}=20038.44。类似地，得到 B、C 曲线的积分面积 I_{B0}=7309.08、I_{C0}=3790.785。

衍射强度标定：根据全倒易空间 X 射线散射守恒原理，这三条曲线应有相同的总衍射强度。现以 A 曲线的衍射强度为基准，对 B、C 曲线的衍射强度进行标定。B 曲线上各数据点的衍射强度为 $I_B = I_B \times I_{A0} / I_{B0}$，C 曲线上各数据点的衍射强度为 $I_C = I_C \times I_{A0} / I_{C0}$。衍射强度标定后的衍射图如图 7-27 所示。

③ 拟合样品 C（纯晶态样品）的所有布拉格衍射峰，得到积分强度 I_{C0}。在本例中，样品 C 的拟合结果如图 7-28 所示，I_{C0}=969961。

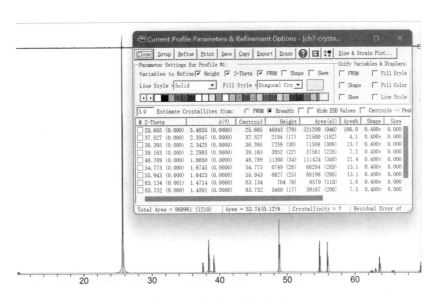

图 7-28　样品 C 的拟合结果

④ 拟合样品 A、B（非纯态样品）的所有布拉格衍射峰和弥散衍射，得到积分强度 I_{A0}。在本例中，样品 A 的拟合结果如图 7-29 所示，其总积分面积为 1267420，非晶鼓包的积分面积为 1135945，那么布拉格衍射峰的积分强度为 1267420-1135945=131475。样品 B 的拟合结果如图 7-30 所示，其总积分面积为 1147373，非晶鼓包的积分面积为 673546，那么布拉格衍射峰的积分强度为 1147373-673546=473827。

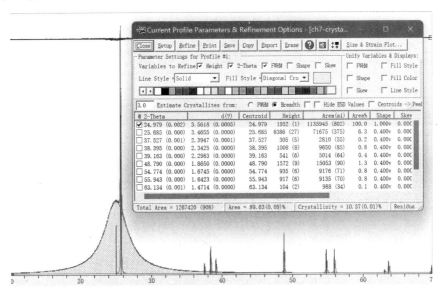

图 7-29　样品 A 的拟合结果

⑤ 根据式（7-12）计算绝对结晶度。在本例中，样品 A 的绝对结晶度为 131475/969961×100% ≈ 13.55%，样品 B 的绝对结晶度为 473827/969961×100% ≈ 48.85%。

（2）用差异法计算绝对结晶度

样品 A 和样品 B 为非纯态样品，如果在实验中无法得到纯态样品，也可以用这两种非纯

态样品计算系数 k，得到绝对结晶度。

X射线粉末衍射实验和衍射强度标定过程请参考（1）中的步骤①和②，此处不再赘述。

① 拟合样品 A 的所有布拉格衍射峰和弥散衍射，得到布拉格衍射峰的总积分强度 I_{c1} 和弥散衍射的总积分强度 I_{a1}。在本例中，样品 A 的拟合结果如图7-29所示，其总积分面积为1267420，非晶鼓包的积分面积为1135945，那么布拉格衍射峰的积分强度为1267420-1135945 = 131475。

② 拟合样品 B 的所有布拉格衍射峰和弥散衍射，得到布拉格衍射峰的总积分强度 I_{c2} 和弥散衍射的总积分强度 I_{a2}。在本例中，样品 B 的拟合结果如图7-30所示，其总积分面积为1147373，非晶鼓包的积分面积为673546，那么布拉格衍射峰的积分强度为1147373-673546 = 473827。

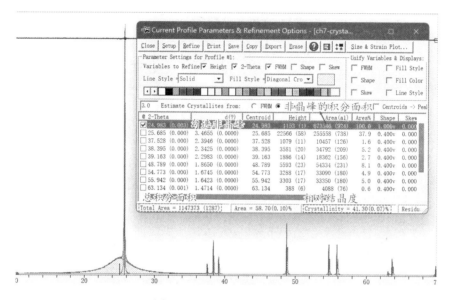

图 7-30　样品 B 的拟合结果

③ 计算系数 k：根据式（7-16）计算系数 $k = (473827-131475)/(673546-1135945) \approx -0.74$（取绝对值0.74）。

④ 根据式（7-14）计算绝对结晶度。

样品 A 的布拉格衍射的总积分强度为131475，弥散散射的总积分强度为1135945，其绝对结晶度为 $131475/(131475+0.74\times1135945)\times100\% \approx 13.53\%$。

样品 B 的布拉格衍射的总积分强度为473827，弥散散射的总积分强度为673546，其绝对结晶度为 $473827/(473827+0.74\times673546)\times100\% \approx 48.74\%$。

上述计算表明，用差异法计算得到的绝对结晶度与用纯相法计算得到的绝对结晶度是一致的。两个结果的略微差异主要源于拟合中的略微差异。

（3）计算相对结晶度

接下来计算样品 A 和样品 B 的相对结晶度。由于相对结晶度的计算只与衍射曲线有关，不必像纯相法那样进行严格的 X 射线粉末衍射实验和衍射强度标定。

① 拟合衍射曲线

拟合样品 A 的所有布拉格衍射峰和弥散衍射，得到布拉格衍射峰的总积分强度 I_{c1} 和弥散衍射的总积分强度 I_{a1}。在本例中，样品 A 的拟合结果如图7-29所示，其总积分面积为1267420，非晶鼓包的积分面积为 1135945，那么布拉格衍射峰的积分强度为 1267420-1135945 = 131475。

拟合样品 B 的所有布拉格衍射峰和弥散衍射，得到布拉格衍射峰的总积分强度 I_{c2} 和弥散衍射的总积分强度 I_{a2}。在本例中，样品 B 的拟合结果如图 7-30 所示，其总积分面积为 1147373，非晶鼓包的积分面积为 673546，那么布拉格衍射峰的积分强度为 1147373-673546 = 473827。

② 根据式（7-17）计算相对结晶度

样品 A 的相对结晶度为 100%×131475/1267420 ≈ 10.37%。

样品 B 的相对结晶度为 100%×473827/1147373 ≈ 41.30%。

在 MDI Jade 软件中拟合好布拉格衍射峰和弥散衍射后，只需在"Current Profile Parameters & Refinement Options"窗口中勾选弥散衍射（软件自动将半高宽大于 3°的衍射峰识别为非晶峰），软件就会自动计算相对结晶度。

结果表明，计算得到的相对结晶度与绝对结晶度有较大差异，这是由系数 k 引起的（在计算相对结晶度时假定系数 $k=1$，而 k 的实际值为 0.74）。虽然计算得到的相对结晶度和绝对结晶度可能存在一些差异，但计算相对结晶度无需纯晶态样品或纯非晶态样品，也无须对衍射强度进行标定，所以计算相对结晶度是比较受欢迎的方法。

小结

本章主要介绍物相识别和定量物相分析的原理及方法，物相识别和定量物相分析是材料表征中使用最多的分析方法，读者不仅要理解其原理，还要能熟练、合理地分析衍射数据。尤其需要注意的是，在进行衍射数据分析时如果没有深刻领悟分析原理，仅根据实例按部就班、机械地分析，很可能得出不合理的分析结果。

本章先介绍了物相识别的原理，并结合实例分步介绍了如何利用 MDI Jade 软件进行纯相、混合物的物相识别，以及如何利用 CSM 软件进行复杂混合物的物相识别、如何利用 d-值表进行物相识别。对于特殊样品，如具有择优取向的样品、带衬底的薄膜样品、微量物相样品等，应充分领悟物相识别原理，灵活运用物相匹配的标准进行物相识别。另外，在进行物相分析前还应尽可能多地了解材料属性，如利用 SEM 观察样品的形貌、利用 EDX 测定不同形貌样品的元素含量、测定样品密度等。在进行物相检索时，应根据材料属性设置合适的检索条件，以便成功识别物相。

其次介绍了定量物相分析的原理、步骤，并结合实例分步介绍了在 MDI Jade 软件中如何利用 RIR 值和 cif 文件进行定量物相分析。由于定量物相分析是基于衍射强度的分析，对于具有择优取向的样品，在制样时需要仔细研磨、筛选样品，在测试时让样品台按一定速率转动，这些措施都能尽可能地减弱择优取向效应。在指认衍射峰时，只能指认独立的衍射峰，不能将多相重叠的衍射峰既指认给 A 物相又指认给 B 物相，这样会引入很大的分析误差。另外，在指认衍射峰时并不是指认的衍射峰的数目越多定量分析就越准确。高角区的衍射峰可能受全局原子位移参数的影响，峰强衰减很明显，衍射峰还可能相互叠加，指认这些衍射峰参与定量物相分析也会引入很大的分析误差。

之后，介绍了晶粒尺寸和晶格应变。晶粒尺寸和晶格应变的分析是基于峰宽的分析，在分析前应根据标样制作仪器半高宽曲线、设置好解卷因子。

最后结合实例介绍了绝对结晶度和相对结晶度的计算。

需要注意的是，要想得到准确的定量分析结果，应充分理解定量分析的原理，并结合材料实际制订实验方案，按定量分析要求开展实验。

思考题

1. 物相识别的依据是什么？

2. 物相识别的标准是什么？

3. 在 MDI Jade 软件中如何进行物相识别？

4. 在对具有择优取向的样品、带衬底的薄膜样品、微量物相样品进行物相识别时，该注意哪些问题？

5. 为什么要定期校正仪器零点？如果衍射数据有较大的仪器零点，该如何校正？在物相识别中该如何处理？

6. 在对存在多个物相的样品进行物相识别时，该注意哪些问题？

7. 在 CSM 软件中如何进行物相识别？

8. 定量物相分析的原理是什么？在定量物相分析中该注意哪些问题？

9. 请结合文献说明定量物相分析的作用。

10. 计算晶粒尺寸和晶格应变的原理是什么？在用 MDI Jade 软件分析晶粒尺寸和晶格应变时该注意哪些问题？

11. 结晶度计算的原理是什么？在 MDI Jade 软件中如何计算绝对结晶度和相对结晶度？

12. 请查阅文献，归纳、整理定量物相分析在材料表征中的应用。

13. 请查阅文献，归纳、整理晶粒尺寸、晶格应变、结晶度在材料生长及材料结构与性能等方面的应用。

第8章

晶格参数和空间群的确定

第 2 章介绍过，晶体是由原子在三维空间中周期性排列形成的。原子的周期性排列特征可以用 a、b、c 三个基矢来描述，由这三个基矢构成的平行六面体称为晶胞或单胞（Unit Cell）。晶胞的形状用晶胞的三个棱边（a、b、c）和夹角（α、β、γ）来描述，这六个参数称为晶格参数（Lattice Parameters）。晶格参数是晶体的重要物理量，与材料的物理、化学性质紧密相关。在晶体中，原子位置是相对于晶胞来定义的，晶格参数必然影响原子的键长、键角、键能，进而影响材料的熔点、沸点、硬度等性质。

另外，晶体具有一定的对称性，晶体的对称性决定了原子占据晶胞内的哪些等效点位。也就是说，晶格参数和晶体的对称性共同决定了晶胞内原子占据的位置及其排列特征。

本章我们从衍射数据出发，结合实例重点介绍指标化确定晶格参数、晶格参数精修的方法，再介绍如何利用系统消光规律确定空间群。确定晶格参数和空间群是进行晶体结构解析的必要环节，所以本章内容又是第 9 章的预备知识。

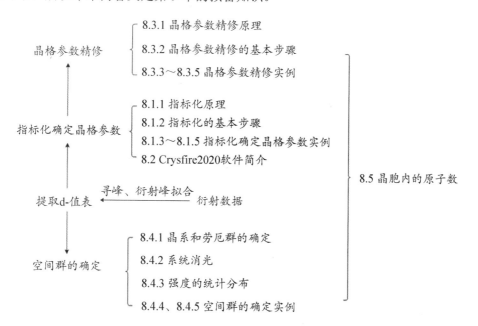

8.1 指标化确定晶格参数

8.1.1 指标化原理

晶体中的原子在三维空间中是周期性排列的，晶胞是描述晶体中原子排列的最小可重复单元，如图 8-1 所示。不共线的三个原子位于同一晶面上，晶面可以用晶面指数(hkl)来表示。根据倒易关系，实空间中的(hkl)晶面与倒空间中的(hkl)倒易格点一一对应，(hkl)晶面正好位于同名倒易矢量$[hkl]^*$的中垂线上，倒易初基胞就是描述倒易格点排列的最小可重复单元。将三维倒易格点向一维径向投影，如果结构因子不为零，就能得到 X 射线衍射峰。例如，将金的{111}、{200}、{220}、{311}三维倒易格点进行一维投影就能得到图 8-1 中的 X 射线衍射图。

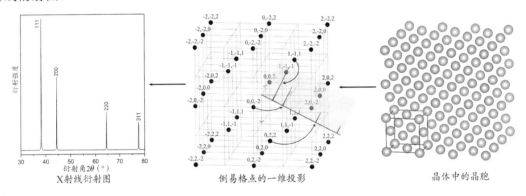

图 8-1　指标化问题

然而，将三维倒易格点进行一维投影后，有关倒易矢量之间的夹角（等效于晶面夹角）的信息完全丢失，只剩下倒易矢量长度的信息。因此，在 X 射线衍射图中，衍射峰的峰位取决于倒易矢量的长度 $2\sin\theta/\lambda$，正好等于晶面间距的倒数 $1/d$。倒易矢量长度的平方 Q 和倒易晶胞参数 a^*、b^*、c^*、α^*、β^*、γ^* 之间的一般关系（倒易矢量方程）为

$$Q = 1/d_{hkl}^2 = h^2 a^{*2} + k^2 b^{*2} + l^2 c^{*2} + 2hka^*b^*\cos\gamma^* + 2hla^*c^*\cos\beta^* + 2klb^*c^*\cos\alpha^* \quad (8\text{-}1)$$

由每个衍射峰可以建立一个倒易矢量方程。对于三斜晶系，如果有六个不等效的衍射峰，就能建立由六个倒易矢量方程构成的方程组。只要对每个方程或每个衍射峰设置合适的晶面指数(hkl)，就可以从倒易矢量方程组中解析出倒易晶胞参数 a^*、b^*、c^*、α^*、β^*、γ^*。根据倒易关系就能计算出晶格参数 a、b、c、α、β、γ，该过程称为指标化（Pattern Indexing）。

1. 晶格参数的计算

不同晶系具有不同的对称性，因此计算晶格参数的方法也各有不同。下面按晶系逐一简要介绍[47]。

（1）立方晶系

在立方晶系中，晶格参数 $a = b = c$，$\alpha = \beta = \gamma = 90°$，有

$$a = d_{hkl} \cdot \sqrt{h^2 + k^2 + l^2} \quad (8\text{-}2)$$

在立方晶系中，只需一个衍射峰，对其设置合适的晶面指数(hkl)就能确定晶格参数。

（2）四方晶系

在四方晶系中，晶格参数 $a = b \neq c$，$\alpha = \beta = \gamma = 90°$，有

$$\frac{1}{d_{hkl}^2} = \frac{h^2 + k^2}{a^2} + \frac{l^2}{c^2} \tag{8-3}$$

在四方晶系中，需要两个衍射峰构建方程组，并对其设置合适的晶面指数(hkl)才能确定晶格参数：

$$\begin{cases} \dfrac{1}{d_{h_1k_1l_1}^2} = \dfrac{h_1^2 + k_1^2}{a^2} + \dfrac{l_1^2}{c^2} \\ \dfrac{1}{d_{h_2k_2l_2}^2} = \dfrac{h_2^2 + k_2^2}{a^2} + \dfrac{l_2^2}{c^2} \end{cases} \tag{8-4}$$

令 $x = \dfrac{1}{a^2}$，$y = \dfrac{1}{c^2}$，$w_1 = \dfrac{1}{d_{h_1k_1l_1}^2}$，$w_2 = \dfrac{1}{d_{h_2k_2l_2}^2}$，有

$$\begin{cases} \left(h_1^2 + k_1^2\right)x + l_1^2 y = w_1 \\ \left(h_2^2 + k_2^2\right)x + l_2^2 y = w_2 \end{cases} \tag{8-5}$$

解此方程组就能得到四方晶系的晶格参数 a 和 c。

（3）六角晶系

如果是菱方晶胞（a_R、α_R），需将其转换为六角晶胞（a_H、c_H）：

$$\begin{cases} a_H = a_R \sqrt{2\left(1 - \cos\alpha_R\right)} \\ c_H = a_R \sqrt{3\left(1 + 2\cos\alpha_R\right)} \end{cases} \tag{8-6}$$

六角晶系的晶格参数为 $a = b \neq c$，$\alpha = \beta = 90°$，$\gamma = 120°$，有

$$\frac{1}{d_{hkl}^2} = \frac{4}{3} \cdot \frac{h^2 + hk + k^2}{a^2} \cdot \frac{l^2}{c^2} \tag{8-7}$$

在六角晶系中，也需要两个衍射峰构建方程组，并对其设置合适的晶面指数(hkl)才能确定晶格参数：

$$\begin{cases} \dfrac{1}{d_{h_1k_1l_1}^2} = \dfrac{4}{3} \cdot \dfrac{h_1^2 + h_1k_1 + k_1^2}{a^2} + \dfrac{l_1^2}{c^2} \\ \dfrac{1}{d_{h_2k_2l_2}^2} = \dfrac{4}{3} \cdot \dfrac{h_2^2 + h_2k_2 + k_2^2}{a^2} + \dfrac{l_2^2}{c^2} \end{cases} \tag{8-8}$$

令 $x = \dfrac{1}{a^2}$，$y = \dfrac{1}{c^2}$，$w_1 = \dfrac{1}{d_{h_1k_1l_1}^2}$，$w_2 = \dfrac{1}{d_{h_2k_2l_2}^2}$，有

$$\begin{cases} \dfrac{4}{3}\left(h_1^2 + h_1k_1 + k_1^2\right)x + l_1^2 y = w_1 \\ \dfrac{4}{3}\left(h_2^2 + h_2k_2 + k_2^2\right)x + l_2^2 y = w_2 \end{cases} \tag{8-9}$$

解此方程组就能得到六角晶系的晶格参数 a 和 c。在上述计算过程中，三角晶系也按六角晶系来计算。要想将六角晶胞（a_H、c_H）转换为菱方晶胞（a_R、α_R），可按式（8-10）转换：

$$\begin{cases} a_{\mathrm{R}} = \dfrac{1}{3}\sqrt{3a_{\mathrm{H}}^2 + c_{\mathrm{H}}^2} \\ \sin\dfrac{\alpha_{\mathrm{R}}}{2} = \dfrac{3}{2\sqrt{3 + \left(c_{\mathrm{H}}/a_{\mathrm{H}}\right)^2}} \end{cases} \tag{8-10}$$

（4）正交晶系

正交晶系的晶格参数为 $a \neq b \neq c$，$\alpha = \beta = \gamma = 90°$，有

$$\frac{1}{d_{hkl}^2} = \frac{h^2}{a^2} + \frac{k^2}{b^2} + \frac{l^2}{c^2} \tag{8-11}$$

在正交晶系中，需要三个衍射峰构建方程组，并设置合适的晶面指数(hkl)才能确定晶格参数：

$$\begin{cases} 1/d_{h_1k_1l_1}^2 = h_1^2/a^2 + k_1^2/b^2 + l_1^2/c^2 \\ 1/d_{h_2k_2l_2}^2 = h_2^2/a^2 + k_2^2/b^2 + l_2^2/c^2 \\ 1/d_{h_3k_3l_3}^2 = h_3^2/a^2 + k_3^2/b^2 + l_3^2/c^2 \end{cases} \tag{8-12}$$

令 $x = \dfrac{1}{a^2}$，$y = \dfrac{1}{b^2}$，$z = \dfrac{1}{c^2}$，$w_1 = \dfrac{1}{d_{h_1k_1l_1}^2}$，$w_2 = \dfrac{1}{d_{h_2k_2l_2}^2}$，$w_3 = \dfrac{1}{d_{h_3k_3l_3}^2}$，有

$$\begin{cases} h_1^2 x + k_1^2 y + l_1^2 z = w_1 \\ h_2^2 x + k_2^2 y + l_2^2 z = w_2 \\ h_3^2 x + k_3^2 y + l_3^2 z = w_3 \end{cases} \tag{8-13}$$

解此方程组就能得到正交晶系的晶格参数 a、b、c。

（5）单斜晶系

单斜晶系的晶格参数为 $a \neq b \neq c$，$\alpha = \gamma = 90°$，$\beta \neq 90°$，有

$$\frac{1}{d_{hkl}^2} = \frac{h^2}{a^2 \cdot \sin^2\beta} + \frac{k^2}{b^2} + \frac{l^2}{c^2 \cdot \sin^2\beta} - \frac{2hl \cdot \cos\beta}{ac \cdot \sin^2\beta} \tag{8-14}$$

在单斜晶系中，需要四个衍射峰构建方程组，并设置合适的晶面指数(hkl)才能计算出晶格参数，但计算过程较为复杂。一般采用特殊衍射线进行分步计算。

① 利用$(0k0)$衍射峰求出 $b = k \cdot d_{0k0}$。

② 利用$(hk0)$衍射峰求出 $a \cdot \sin\beta$。

$$\frac{1}{d_{h_1k_10}^2} = \frac{h_1^2}{a^2 \cdot \sin^2\beta} + \frac{k_1^2}{b^2} \tag{8-15}$$

③ 利用$(00l)$衍射峰求出 $c \cdot \sin\beta = l \cdot d_{00l}$。

④ 利用(hkl)衍射峰，并将 b、$a \cdot \sin\beta$、$c \cdot \sin\beta$ 代入式（8-14）求出 $\cos\beta$。

⑤ 计算出单斜晶系的晶格参数 a、b、c 和 β。

（6）三斜晶系

在三斜晶系中，晶胞各参数没有特殊关系。需要六个衍射峰构建方程组，但方程组的计算过程非常复杂，在此不进行详述。

2．典型的指标化算法

TREOR 算法、DICVOL 算法、ITO 算法是常用的三种指标化算法，大部分指标化算法已集

成到 MDI Jade、Crysfire[48]、WinPLOTR[49]等软件中。下面简要介绍这三种典型的指标化算法。

（1）TREOR 算法

TREOR 算法[50]又称试错法（Trial Methods），它从立方晶系开始，按对称性的高低依次对各晶系逐一进行指标化。在对每个晶系进行指标化时，TREOR 算法将低角区的衍射峰作为基线（Basis Lines），赋予这些基线(hkl)指数、构建方程组、计算出可能的晶格参数。

在 X 射线衍射图中，(hkl)衍射峰与(hkl)倒易格点对应，其倒易矢量是由倒易晶胞参数 a^*、b^*、c^*、α^*、β^*、γ^* 和(hkl)指数决定的，有

$$Q_{hkl} = h^2 A_{11} + k^2 A_{22} + l^2 A_{33} + hk A_{12} + hl A_{13} + kl A_{23} \tag{8-16}$$

式中，$Q_{hkl} = \dfrac{1}{d_{hkl}^2} = \left(\dfrac{2\sin\theta_{hkl}}{\lambda}\right)^2$。式（8-16）可用矩阵表示

$$\boldsymbol{Q} = \boldsymbol{MA} \tag{8-17}$$

式中，

$$\boldsymbol{M} = \begin{bmatrix} h^2 & hk & hl \\ kh & k^2 & kl \\ lh & lk & l^2 \end{bmatrix}$$

$$\boldsymbol{A} = \begin{bmatrix} a^{*2} & a^*b^* & a^*c^* \\ b^*a^* & b^{*2} & b^*c^* \\ c^*a^* & c^*b^* & c^{*2} \end{bmatrix} \tag{8-18}$$

在开始进行指标化时，根据晶系对称性的高低选取低角区的衍射峰作为基线。例如，在立方晶系中，选左侧的第一个衍射峰作为基线，尝试赋予(100)指数。根据式（8-16）或式（8-17）计算出晶格参数。用得到的晶格参数计算出测试范围内所有衍射线的 Q 值，计算出 de Wolff 品质因子 M_{20}[51]和 Smith-Snyder 品质因子 F_N[52]，分析观察峰和计算峰的匹配程度。

de Wolff 品质因子 M_{20} 定义为

$$M_{20} = \frac{Q_{20}}{2\langle\varepsilon\rangle N_{20}} \tag{8-19}$$

式中，M_{20} 为用 20 个观察峰的 Q 值计算得到的品质因子；Q_{20} 为第 20 个观察峰的 Q 值；N_{20} 是计算到 Q_{20} 时衍射线的数目；$\langle\varepsilon\rangle = \dfrac{1}{N}\sum\limits_{i=1}^{N}\left|2\theta_i^{\text{obs}} - 2\theta_i^{\text{calc}}\right|$ 为这 20 条衍射线的平均偏差。一般来说，在前 20 个衍射峰中，如果未被指标化的衍射峰不超过 2 个且 $M_{20} > 10$，说明所得到的晶胞是可信的。

Smith-Snyder 品质因子 F_N 定义为

$$F_N = \frac{N}{N_{\text{poss}}} \frac{1}{\left|\overline{\Delta 2\theta}\right|} \tag{8-20}$$

式中，N 为观察峰的数目；N_{poss} 为计算到第 N 个衍射线的 Q 值时衍射线的数目；$\left|\overline{\Delta 2\theta}\right| = \dfrac{1}{N}\sum\limits_{i=1}^{N}\left|2\theta_i^{\text{obs}} - 2\theta_i^{\text{calc}}\right|$ 为观察峰和计算峰的绝对偏差的平均值。F_N 越大，所得晶胞的可信度就越高。一般来说，可信的晶胞要求 $F_N > 10$、$\left|\overline{\Delta 2\theta}\right| < 0.02°$，且计算出的衍射线的数目 N_{poss} 略大于或等于观察峰的数目。

如果所得晶胞的品质因子较小，则赋予基线其他的(hkl)指数后再进行指标化。如果某晶系赋予基线的(hkl)指数达到某一设定值(hkl)$_{max}$，所得晶胞的品质因子仍较差，则跳到另一晶系进行指标化。

TREOR 算法指标化有两大缺点：①如果选定的 N 条基线中有杂峰，TREOR 算法将无法计算出正确的晶胞。②对于低对称的晶系，由于作为基线的衍射峰比较多，需要长时间、大量试错迭代。例如，对 20 个衍射峰进行指标化，如果基线数为 3，需迭代 6840 次；如果基线数为 6，迭代数将急剧飙升，高达 2.8×10^7 次。因此，TREOR 算法对立方晶系、四方晶系、六角晶系、正交晶系比较友好，而单斜晶系、三斜晶系则非常耗时。

（2）DICVOL 算法

DICVOL 算法[53]又称连续二分法（Successive Dichotomy）。DICVOL 算法是在正空间中，以晶胞形状（晶胞的邻边和轴间夹角，或者晶格参数）为变量，改变一定步长计算出衍射线，分析计算出的衍射线和观察峰之间的偏差。如果偏差小于某个阈值，说明存在可能解，继续用二分法逐步缩小搜索空间。

假设为立方晶系，其唯一的变量为 a (=b=c)。现让变量 a 从最小值 a_0 按步长 $p = 0.5$Å 逐步增大到最大值 a_{max}，那么第 n 步和第 n+1 步之间的搜索空间为 $\left[a_0 + np, a_0 + (n+1)p \right]$。由此计算出的 Q 值为

$$Q_n = \frac{h^2 + k^2 + l^2}{\left[a_0 + np \right]^2}, \quad Q_{n+1} = \frac{h^2 + k^2 + l^2}{\left[a_0 + (n+1)p \right]^2}$$

如果计算出的衍射线和所有实验峰的偏差都很小，说明目标晶胞正好位于该搜索空间内，满足关系：

$$Q_{n+1} - \Delta Q_i \leqslant Q_i \leqslant Q_n + \Delta Q_i$$

式中，ΔQ_i 为容忍因子。此时，将该搜索空间一分为二，继续在 $\left[a_0 + np, a_0 + np + p/2 \right]$、$\left[a_0 + np + p/2, a_0 + (n+1)p \right]$ 空间内搜索，挑选在容忍因子范围内的新的搜索空间。一直到步长 p 与实验误差一致为止，如晶格参数 a、b、c 的步长 p<0.0002，角度 α、β、γ 的步长 p<0.01°。如果在该晶系中没搜索到合适的晶胞，则跳到对称性较低的晶系，继续用二分法搜索合适的晶胞。

DICVOL 算法对杂峰有较好的容忍性，能很好地指标化立方晶系、四方晶系、六角晶系、正交晶系，但在指标化单斜晶系、三斜晶系时会非常耗时。

（3）ITO 算法

ITO 算法[54]又称晶带指标法（Zone-Indexing Methods），它首先由 Runge 提出，随后由 Ito、de Wolff 等逐渐完善、发展起来。在 X 射线粉末衍射中，每个衍射峰对应于倒易空间中的一个倒易矢量，由三个非共面的倒易矢量构成倒易晶胞。ITO 算法试图在低角区找到三个衍射峰作为倒易晶胞的棱边，再用另外三个衍射峰来确定倒易晶胞的轴间夹角。为了找到倒易晶胞的棱边，ITO 算法尝试从低指数的衍射峰中寻找晶带（Crystallographic Zone），即倒易面，如图 8-2（a）所示。选两个倒易面（倒易面 AOB、AOC）的交线 OA 作为 a^* 轴，底面上的最短边 OB 作为 b^* 轴，另一个面上的最短边 OC 作为 c^* 轴，这样就构建出了三维倒易初基胞，如图 8-2（b）所示。

ITO 算法的第一步是从低角区的衍射峰中寻找晶带。假设从低角区的衍射峰中选择某两

个衍射峰的衍射矢量作为基矢 $\boldsymbol{Q}_1$ 和 $\boldsymbol{Q}_2$，那么该晶带上的其他衍射矢量 $\boldsymbol{Q}_{m,n}$ 的长度满足关系：

$$Q_{m,n} = m^2 Q_1 + n^2 Q_2 + mnR \tag{8-21}$$

式中，$R = 2\sqrt{Q_1 Q_2}\cos\varphi$，$\varphi$ 为基矢 $\boldsymbol{Q}_1$ 和 $\boldsymbol{Q}_2$ 之间的夹角。另外，由衍射峰的 Q 值可以计算出两矢量间的夹角：

$$R = \left(Q_{m,n} - m^2 Q_1 - n^2 Q_2\right) / mn \tag{8-22}$$

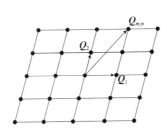
（a）晶带上各衍射矢量之间的关系

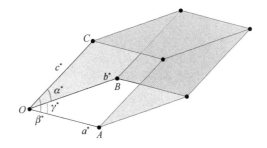
（b）由两个相交晶带构建三维倒易初基胞

图 8-2　利用晶带构建三维倒易晶胞

找到不共面的两个晶带后，选择两个晶带（倒易面 AOB、AOC）的交线 OA 作为 a^* 轴，底面上的最短边 OB 作为 b^* 轴，另一个面上的最短边 OC 作为 c^* 轴，其晶面指数分别为(100)、(010)、(001)，由这三个衍射峰就能确定倒易初基胞的棱边：

$$Q_{100} = a^{*2}，\quad Q_{010} = b^{*2}，\quad Q_{001} = c^{*2} \tag{8-23}$$

接着利用 $(0kl)$ 和 $(0k\bar{l})$、$(h0l)$ 和 $(h0\bar{l})$、$(hk0)$ 和 $(h\bar{k}0)$ 衍射峰计算出倒易初基胞的轴间夹角：

$$\cos\alpha^* = \frac{Q_{0kl} - Q_{0k\bar{l}}}{4kl \cdot b^* c^*}$$

$$\cos\beta^* = \frac{Q_{h0l} - Q_{h0\bar{l}}}{4hl \cdot a^* c^*} \tag{8-24}$$

$$\cos\gamma^* = \frac{Q_{hk0} - Q_{h\bar{k}0}}{4hk \cdot a^* b^*}$$

如果未能成功计算出倒易初基胞的轴间夹角，说明所选的三个衍射峰 Q_{100}、Q_{010}、Q_{001} 并不是一级衍射。此时，将这三个衍射峰假设为高阶衍射$(h00)$、$(0k0)$、$(00l)$，再求解轴间夹角。

由于原胞选择具有不唯一性，成功构建出倒易初基胞后还需将其约化为 Niggli 约化胞[55]，并根据 Niggli 约化胞与 44 种布喇菲点阵之间的对应关系确定晶胞[19]。有关原胞的约化、Niggli 约化胞和布喇菲点阵的关系见文献[55-57]。

ITO 算法的优点是对所有晶系都很友好且耗时较短；其缺点是构建出的倒易初基胞未必具有较高的对称性，还需对其进行约化处理。

8.1.2　指标化的基本步骤

（1）合成纯相样品

指标化过程就是利用衍射峰的峰位计算晶格参数的过程。如果对含有杂峰的数据进行指标化，将得到错误的晶格参数。因此，在合成样品时应不断优化合成工艺，尽量合成出纯相样品。

（2）衍射实验

① 测标样的 X 射线衍射，制作角度校正曲线，详见 4.3 节。

② 测样品的 X 射线衍射，用步骤①中的角度校正曲线对衍射数据进行角度校正。在做衍射实验时，建议从尽可能低的角度开始慢扫，目的是尽量收齐低角区的衍射数据，得到高信噪比的衍射图。如果只进行指标化，结束角设为 50°~60°即可。

（3）提取 d-值表

为了得到准确的 d-值表，建议用衍射峰拟合的方法提取 d-值表，详见 6.8.2 节。如果样品中含有少量杂相，建议在衍射图拟合好后删除弱峰和峰宽差异较大的衍射峰。这些弱峰和峰宽差异较大的衍射峰通常与杂相有关。

（4）设置指标化方法、指标化参数

在 MDI Jade 软件中，单击菜单"Options"→"Pattern Indexing…"，弹出"Pattern Indexing - Seek Miller Indices & Unit Cell"窗口，如图 8-3 所示。

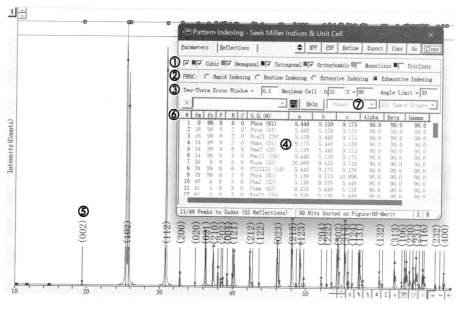

图 8-3　指标化方法、指标化参数的设置

（其中"*"处为实验峰，竖线对应计算出的衍射线）

在图 8-3 中①处勾选需要指标化的晶系。根据衍射峰分布的特征、衍射峰的数目近似判断晶体的对称性。例如，立方晶系的晶体，衍射峰的数目很少，各衍射峰近似等间距分布；四方晶系、六角晶系，衍射峰相对较多，衍射峰偏向"一小堆一小堆"的分布。晶体的对称性越低，衍射峰的数目就越多，衍射峰的分布就越不规则。如果是未知晶系，建议勾选"Cubic""Hexagonal""Tetragonal""Orthorhombic"4 个晶系，通常只需数分钟就能指标完这些晶系。如果这些晶系未能指标上，再勾选"Monoclinic"单斜晶系，谨慎勾选"Triclinic"三斜晶系，指标化单斜晶系和三斜晶系非常耗时。

在②处勾选指标化算法。其中，"Rapid Indexing"和"Routine Indexing"只对前两个峰中的某一个峰进行指标化（设其为基线），指标化速度很快，适用于指标化各向异性较弱的晶胞。"Extensive Indexing"对前 3 个峰中的某一个峰进行指标化，"Exhaustive Indexing"对前 4 个峰中的某一个峰进行指标化，这两种方法指标化速度比较慢，适用于指标化各向异性较强的晶胞。指标化之前需确保低角区的第一个峰不是杂峰，否则会得到错误的晶胞。

在③处设置角度误差"Two-Theta Error Window"（等效于 DICVOL 算法中的容忍因子）、晶胞边长的最大值"Maximum Cell"（值越大越耗时）、品质因子的截止值"fm-Cutoff"（值越大候选晶胞就越多），以及指标化的角度范围"Angle Limit"（限定衍射峰的数目）。MDI Jade 软件默认对前 9 个衍射峰进行指标化，也可以用"Angle Limit"来设置指标化衍射峰的数目。

（5）指标化结果的判断

设置好指标化方法、指标化参数后，单击"Go"按钮开始指标化，在④处实时显示计算出来的候选晶胞。在④处选择某一晶胞，在⑤处的衍射图上就会叠加由所选晶胞计算出的衍射线。要想显示衍射线的晶面指数，单击图 8-3 中右下角的 [h] 图标。

指标完后，④处的候选晶胞将按品质因子从小到大自动排序。判断指标化结果最简单的方法就是观察实验峰和计算出的衍射线是否匹配，最好是一对一匹配。如果存在结构消光，计算出的衍射线会略多于实验峰。另外还可以用⑥处的品质因子"fm"（0～99，值越小越好）、Smith-Snyder 品质因子"fn"（0～99，值越大越好）、未被指标上的实验峰的数目"P"（值越小越好）、未被指标上的计算出的衍射线的数目"R"（值越小越好）等指标来判断。

另外，MDI Jade 软件在指标化的同时还能得出可能的空间群。在选中某个晶胞后，在⑦处可能存在多个具有相同劳厄对称性、相同消光特征的空间群。由于消光特征相同，无法用 X 射线衍射技术区分这些空间群。

正确的晶胞应满足：从衍射图上看，由该晶胞计算出的衍射线与实验峰能一一匹配（若存在结构消光，计算出的衍射线略多于实验峰）。从参数上看，"fm"要尽量小，"fn"要尽量大，"P"和"R"要尽可能为零。如果存在多个相似的晶胞，应选择晶体的对称性尽量高、晶胞体积尽量小的晶胞。

8.1.3　实例 1：纯相样品的指标化（MDI Jade 软件）

学习内容	利用 MDI Jade 软件指标化纯相样品，熟悉指标化的整个过程
实验数据	ch8-indexing-pure phase.mdi

（1）导入数据：将衍射数据"ch8-indexing-pure phase.mdi"导入 MDI Jade 软件。

（2）提取 d-值表：对衍射数据进行仔细拟合、分峰，得到 49 个衍射峰，其结果如图 8-3 所示。

（3）指标化：在 MDI Jade 软件中，单击菜单"Options"→"Pattern Indexing…"，弹出"Pattern Indexing - Seek Miller Indices & Unit Cell"窗口。假设我们不知道该晶体所属晶系，所以在该窗口中勾选"Cubic""Hexagonal""Tetragonal""Orthorhombic"4 个晶系，勾选"Exhaustive Indexing"，设置"Two-Theta Error Window = 0.5""Maximum Cell = 25""fm-Cutoff = 99""Angle Limit = 39"。当"Angle Limit = 39"时，有 11 个衍射峰参与指标化。整个指标化过程耗时 4～5 分钟，指标化结果如图 8-3 所示。

（4）结果分析：指标化结果表明，候选的所有晶胞都为正交晶系。其中，前 6 个晶胞有相同的体积（$V = 256.9\text{Å}^3$），这些晶胞的晶格参数都相同，只是不同空间群晶轴的取法不同，即 a、b、c 出现互换的情况。第一个候选晶胞（$Pbca$，$a = 5.448\text{Å}$，$b = 5.139\text{Å}$，$c = 9.175\text{Å}$），其品质因子"fm"最小（为 0），"fn"最大（为 99）。参与指标化的前 11 个衍射峰都被指标上（"P"为 0），由晶格参数计算出的前 11 个衍射线也都被指标上（"R"为 0）。

另外，整张衍射图共分峰、拟合出 49 个衍射峰，由该晶胞计算出的衍射线共有 52 个。

两者的差异主要源于分峰、拟合过程，64°附近的重叠峰未能完全分峰、剥离开。综上所述，第一个候选晶胞就是正确的晶胞。

8.1.4　实例2：少峰情况（MDI Jade 软件）

学习内容	少峰或忽略弱峰对指标化结果的影响
实验数据	ch8-indexing-pure phase.mdi

在数据分析过程中，常常会遇到弱峰或重叠峰。在指标化时，可能忽略了部分弱峰，而有的重叠峰可能没有完全分峰，使得部分衍射峰未参与指标化。那么，少峰情况会影响指标化结果吗？

（1）导入衍射数据：将衍射数据"ch8-indexing-pure phase.mdi"导入 MDI Jade 软件。

（2）提取 d-值表：在本例中，为了实现少峰情况，人为删除了一些弱峰，如图 8-4 中"？"处的弱峰。

（3）指标化：为便于比较，指标化参数的设置与 8.1.3 节相同。在 "Pattern Indexing - Seek Miller Indices & Unit Cell" 窗口中勾选 "Cubic" "Hexagonal" "Tetragonal" "Orthorhombic" 4 个晶系，勾选"Exhaustive Indexing"，设置"Two-Theta Error Window = 0.5""Maximum Cell = 25" "fm-Cutoff = 99"。在指标化正交晶系时，需要 11 个衍射峰参与指标化，所以 MDI Jade 软件将 "Angle Limit" 扩大到 40°。注：在 40°之前，我们人为忽略了一个重要的衍射峰（第一个衍射峰，位于 19°附近），以及 34°附近的衍射峰。另外，在 40°以后还忽略了多个弱峰。整个指标化过程耗时接近 10 分钟（相比而言，耗时更长了），指标化结果如图 8-4 所示。

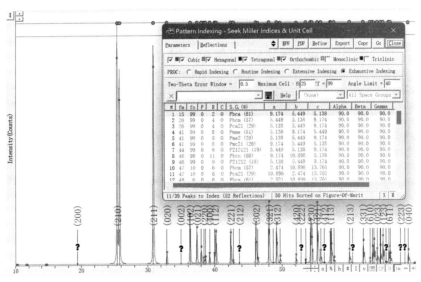

图 8-4　指标化时少峰的情况

（其中"*"处为实验峰，"？"处为被忽略的弱峰，竖线对应计算出的衍射线）

（4）结果分析：指标化结果表明，候选的所有晶胞也都是正交晶系，前 6 个晶胞有相同的体积（$V = 256\text{Å}^3$）。第一个候选晶胞（Pbca，$a = 9.174\text{Å}$，$b = 5.449\text{Å}$，$c = 5.138\text{Å}$），其品质因子"fm"最小（为15），"fn"最大（为99）。参与指标化的前 11 个衍射峰都被指标上（"P"为0），但由晶格参数计算出的前 11 个衍射线中有 2 条衍射线未被指标上（"R"为2）。未被指标上的衍射线正好就是被忽略的那两个弱峰（19°和34°附近的衍射峰）。另外，整张衍射图共分峰、拟合了 39 个衍射峰（与 8.1.3 节中的实例相比，忽略了 10 个衍射峰），由该晶胞计算出的衍射线共有 52 条。通过仔细比对可知，计算出的衍射线和拟合后的衍射峰的主要差异源于被忽略的衍射峰和未完全分峰的重叠峰。

由这个实例可以看出，如果我们无法确认某些弱峰是来自主相还是杂相，在指标化时可以忽略这些弱峰（除非样品存在超结构、调制结构等情况）。忽略低角区的少数弱峰往往也能得到正确的晶胞，但指标化耗时可能有所延长。另外，由于高角区的衍射峰并未参与指标化，所以忽略"Angle Limit"之后的衍射峰并不影响指标化结果。

8.1.5　实例 3：含有杂峰的情况（MDI Jade 软件）

学习内容	杂峰对指标化结果的影响
实验数据	ch8-indexing-impurty.mdi

指标化是指利用实验中观察到的衍射峰，通过赋予合适的晶面指数(hkl)计算出晶格参数。如果样品中含有杂相，所测得的衍射数据必然含有杂相的衍射峰。本节将分析杂峰对指标化结果的影响。

（1）导入衍射数据：在本例中，我们在板钛矿相二氧化钛中掺入约 5%的杂相，衍射数据为"ch8-indexing-impurty.mdi"，其衍射图如图 8-5 所示。

（2）提取 d-值表：假设我们并不知道哪些衍射峰属于杂相（杂峰在图 8-5 中标"？"指处的 21.3°、25.6°、53.9°、67.2°），通过拟合、分峰共得到 54 个衍射峰。

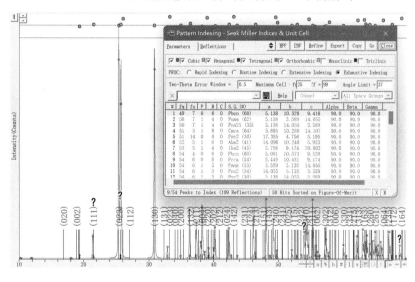

图 8-5　指标化时含有杂峰的情况

（其中"*"处为实验峰，"？"处为杂峰，竖线对应计算出的衍射线）

（3）指标化：为便于比较，指标化参数的设置与 8.1.3 节和 8.1.4 节相同。MDI Jade 软件自动设置"Angle Limit = 37"，前 9 个衍射峰参与指标化。

（4）结果分析：指标化结果表明，虽然候选晶胞都属于正交晶系，但其中任何一个晶胞的衍射线都无法与实验峰匹配。例如，第一个候选晶胞，其空间群为 *Pbcn*，$a = 5.138$Å，$b = 10.528$Å，$c = 9.416$Å，$V = 509.3$Å^3，这与板钛矿相二氧化钛的晶胞（*Pbca*，$a = 5.448$Å，

$b = 5.139Å$，$c = 9.175Å$，$V = 256.9Å^3$）相差甚远。该晶胞的品质因子"fm"比较大（为 49），"fn"比较小（为 7）。在前 9 个衍射峰中，虽然它们都能与计算出的衍射线匹配，但有 6 条衍射线未与衍射峰匹配，说明由该晶胞计算出的衍射线远多于实验峰。显然，该晶胞是不对的。

由该实例可以看出，如果有杂峰参与指标化，所得到的晶胞必然也是不对的。因此，在对新相、未知物相指标化时，如果无法确认某些弱峰是来自主相还是杂相，指标化时最好忽略这些弱峰，否则会得到错误的晶胞。

8.2　Crysfire2020 软件简介

Crysfire2004[58]是由 Robin Shirley 编写的免费软件，专门用于粉末衍射数据的指标化，被称为粉末衍射数据指标化的"瑞士军刀"。该软件集成了现有的八大经典的粉末衍射数据指标化算法，包括 TREOR[50]、ITO[54]、DICVOL[53]、TAUP[59]、KOHL[60-61]、FJZN[62]、LZON[63]、LOSHFZRF[27]。

8.2.1　Crysfire2020 软件的安装

在 Robin Shirley 编写的 Crysfire2004 软件的基础上（MS DOS），Epsom Ron Ghosh 编写了具有图形化界面的 Crysfire2020 软件。

Crysfire2020 软件的下载地址：http://mill2.chem.ucl.ac.uk/Crysfire.html。

双击软件安装包"cr2020_xxx.msi"，软件将自动解压到"C:\Program Files\cr2020"（32 位系统）或"C:\Program Files (x86)\cr2020"（64 位系统）中。解压完后，在软件安装列表中就会出现 Crysfire2020 软件的快捷图标■。双击该图标就能运行软件。

8.2.2　Crysfire2020 软件的界面、功能

双击计算机桌面上的快捷图标■，弹出 Crysfire2020 软件的界面，如图 8-6 所示。

图 8-6　Crysfire2020 软件的界面

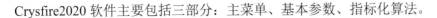

Crysfire2020 软件主要包括三部分：主菜单、基本参数、指标化算法。

1．主菜单

Crysfire2020 软件的主菜单及其功能如表 8-1 所示。

表 8-1　Crysfire2020 软件的主菜单及其功能

菜单		功能
File	New project	新建项目
	Resume project	继续上次项目
settings	Change title/wavelength etc.	设置名称"Title"、波长"Wavelength"、仪器零点"Add zero offset"、角度误差"theta-eps default"
	Change peak file	编辑 d-值表或峰位表
	Change default parameters cr2020.dfp	设置指标化参数
	Change work directory	更改工作文件夹
View	Show log file	查看指标化日志
	Show cf2020.dfp parameters	查看指标化参数
	Show cf2020.dfx extras	查看项目的基本参数（波长、仪器零点等）
	Show list of projects	查看项目列表
	Show list of project files	查看项目文件

2．基本参数

在主菜单的下方显示当前项目的基本参数，包括：Current work directory、Current project、Default title、Zero offset（仪器零点）、Dtheta（角度或 d-值误差）、Wavelength（波长）等。

要想更改上述参数，可单击菜单"settings"→"Change title/wavelength etc."。

3．指标化算法

为了充分发挥 Crysfire2020 软件的功能，下面简要介绍 TAUP 算法、ITO 算法、FJZN 算法、TREOR 算法、KOHL 算法、DICVOL 算法的特点和指标化参数。要想编辑指标化参数，可单击菜单"settings"→"Change default parameters cr2020.dfp"。

（1）TAUP 算法

TAUP 算法是在(*hkl*)指数空间中通过指数交换来寻找最优解。它与 DICVOL 算法类似，是一种非常耗时的算法。对于立方晶系、四方晶系、六角晶系、正交晶系，TAUP 算法的指标化速度还是比较快的，但对于单斜晶系和二斜晶系，TAUP 算法的指标化速度非常慢。在默认情况下，TAUP 算法不允许含有杂峰。如有需要，也可以通过参数 NBMAX 来设置杂峰数。

TAUP 算法的默认参数如表 8-2 所示。

表 8-2　TAUP 算法的默认参数

行数	TAUP 算法的默认参数
1	>TP　　taup32c　default June 2019
2	AFG CTHO
3	20, 0, 3, 6,　　6000, 5,　1.540600

TAUP 算法各行参数的含义（从左到右）如表 8-3 所示。

表 8-3　TAUP 算法各行参数的含义（从左到右）

行数	参数含义
2	本行第 1～12 列为可选字母（与顺序无关）
	Q：峰位用 $Q = 1/d^2$ 来表示。A：峰位用衍射角 2θ 来表示。A1：峰位用衍射角 θ 来表示。A4：峰位用衍射角 4θ 来表示。
	F：不输出未被指标化的晶胞
	G：不输出品质因子低于阈值的晶胞
	V：仅当晶胞的化学式单元数 z 近似为整数时，才是合理的晶胞。如果有该选项，则在第 3 行必须包含分子量、材料密度、密度误差等信息
	C、T、H、O、M、3：对立方晶系、四方晶系、六角晶系、正交晶系、单斜晶系、三斜晶系进行指标化。如果没有该选项，默认对所有晶系进行指标化
3	本行为整数或实数的数值，各数值之间用逗号隔开。
	用于指标化的衍射峰的数目：默认为值 20
	附加衍射峰（杂峰）的数目：默认为值 0
	最大退化因子：当由前几个衍射峰计算出的晶格参数出现退化方程时，再用几个其他的衍射峰来计算晶格参数，默认值为 2 或 3
	$h^2 + k^2 + l^2$ 的上限：默认值为 6
	指标化时间的上限（min）
	晶胞的最大体积（Å³）：默认值为 6000
	品质因子的阈值：默认值为 4
	如果第 2 行中有 "V"，则需给出：分子量、材料密度（g/cm³）、材料密度的误差

（2）ITO 算法

ITO 算法是在倒易空间中利用寻找晶带的方法来重构倒易晶胞，适用于对所有晶系进行指标化。要想得到最佳的晶胞，一般需要 30～40 个衍射峰。ITO 算法允许含有杂峰，如果杂峰不在前 5 个衍射峰中，这些杂峰对晶格参数几乎没有影响。

ITO 算法的默认参数如表 8-4 所示。

表 8-4　ITO 算法的默认参数

行数	ITO 算法的默认参数
1	>IT　　　ITO13R June 2019
2	10　0000003　0.0400000　1.5406000　6000.0000　0.0000000

第 2 行可以不填，ITO 算法将按默认参数指标化。ITO 算法第 2 行中的关键参数的含义如表 8-5 所示。

表 8-5　ITO 算法第 2 行中的关键参数的含义

列数	默认值	参数含义
5、6	0	正交晶系，1 为是，-1 为否
7、8	0	单斜晶系，1 为是，-1 为否

续表

列数	默认值	参数含义
9、10	0	三斜晶系，1 为是，-1 为否
21~30	1.5406	波长
51~60	0	分子量
61~70	0	材料密度

第 3 行可以没有，如有需要也可以自定义。例如，在第 1~10 行中可以定义仪器零点。

（3）FJZN 算法

FJZN 算法与 ITO 算法相似，但运行效率更高。FJZN 算法的默认参数如表 8-6 所示。

表 8-6　FJZN 算法的默认参数

行数	FJZN 的默认参数
1	>FJ　　FJZN621　CRYS2020 v1.0 Initial data from 2004 tutorial
2	9 0 0 0 0 0.　0.　1.540600　1 4 8　1　.000　.0000

第 2 行可以不填，FJZN 算法将按默认参数进行指标化。第 2 行中的参数与 ITO 算法中的相同，此处不再赘述。

（4）TREOR 算法

TREOR 算法尝试赋予衍射峰(*hkl*)指数，通过解线性方程组来确定晶格参数，它能对所有的晶系进行快速、高效的指标化。要想得到最佳的晶胞，最好有 25 个衍射峰。TREOR 算法的优点是指标化速度比较快，同时还能容忍杂峰。

TREOR 算法的默认参数如表 8-7 所示。

表 8-7　TREOR 算法的默认参数

行数	TREOR 算法的默认参数
1	>TR　　TREOR90　CRYS2020 v1.0 Initial data from 2004 tutor
2	CHOICE=3,
3	VOL=-6000,
4	MERIT=9,
5	WAVE=1.540600,

TREOR 算法各行参数的含义（从左到右）如表 8-8 所示。

表 8-8　TREOR 算法各行参数的含义（从左到右）

行数	参数含义
2	d-值表的类型：0 为 $\sin^2\theta$，1 为 $1/d^2$，2 为 θ，3 为 2θ，4 为 d
3	晶胞体积的最大值（Å³）
4	MERIT≥9，输出结果
5	波长

（5）KOHL 算法

KOHL 算法是由 Kohlbeck 的 TMO 算法演变而来的，它整合了 FZRF 的精修算法和 ITO6

的结果评估算法。在(*hkl*)指数空间中，KOHL 算法的指标化速度很快、效率很高，能快速地指标化正交晶系、单斜晶系、三斜晶系（默认指标化到三斜晶系）。KOHL 算法中的 FZRF 算法能对晶格参数进行精修，输出布喇菲格子。KOHL 算法最大的优点是，即使是三斜晶系，指标化速度也很快。同时，它也不需要高精度的 d-值表，允许衍射峰有随机的角度误差，允许有少量杂峰。

KOHL 算法的默认参数如表 8-9 所示。

表 8-9　KOHL 算法的默认参数

行数	KHOL 算法的默认参数
1	>KL　　　　　KOHL default data　June 2019　（namelist）
2	&OPA
3	IORT=1, IMON=1,
4	LUFM=0,
5	H4MAX=4, K4MAX=4, L4MAX=4

各行中的参数用逗号隔开，这些参数可按需求自行添加。KOHL 算法主要参数的含义如表 8-10 所示。

表 8-10　KOHL 算法主要参数的含义

参数	默认值	参数含义
NQ	20	参与指标化的衍射峰的数目
IORT	1	0 表示指标化单斜晶系和三斜晶系，1 表示指标化正交晶系和三斜晶系，2 表示仅指标化正交晶系，3 表示仅指标化三斜晶系
IMON	1	0 表示不指标化单斜晶系，1 表示指标化单斜晶系和三斜晶系（单斜晶系无解时），2 表示不指标化三斜晶系
LUFM	0	前 NQ 个衍射峰中未被指标化的衍射峰的数目
HM4、KM4、LM4	0、1、1	h4、k4、l4 的起始值
H4MAX、K4MAX、L4MAX	2、2、2	h4、k4、l4 的最大值

（6）DICVOL 算法

DICVOL 算法在实空间中搜索晶格参数，是一种较为耗时的算法。该算法优先指标化立方晶系、四方晶系、六角晶系、正交晶系，也可以指标化单斜晶系（指标化速度比较慢）。如果某一纯相有 20 个左右的衍射峰，该算法通常能给出很好的结果。需要注意的是，DICVOL 算法不允许有杂峰。

DICVOL91 算法的默认参数如表 8-11 所示。

表 8-11　DICVOL91 算法的默认参数

行数	DICVOL91 算法的默认参数
1	>DV　　DICVOL91　June 2019
2	20 2 1 1 1 0 0 0

行数	DICVOL91 算法的默认参数						
3	80.	80.	80.	0.	6000.	90.	130
4	1.5406000	.000	.0000	.0000			
5	1.	5.					

DICVOL91 算法各行参数的含义（从左到右）如表 8-12 所示。

表 8-12　DICVOL91 算法各行参数的含义（从左到右）

行数	参数含义
2	用于指标化的衍射峰的数目 N：默认值为 20。
	d-值表的类型（Itype）：1 为 θ（°），2 为 2θ（°），3 为晶面间距 d（Å），4 为 $Q=10000/d^2$，默认值为 2。
	立方晶系、四方晶系、六角晶系、正交晶系、单斜晶系、三斜晶系：1 表示指标化，0 表示不指标化，默认值为 1 1 1 0 0 0
3	晶格参数 a、b、c 的极大值（Å）：默认值为 80 80 80。
	晶胞体积的极小值、极大值（Å³）：默认值为 0 6000。
	晶格参数 β 的极小值、极大值：默认值为 90 130
4	衍射仪波长（Å）：默认值为 0，即铜靶的 $K\alpha_1$。
	1 个化学式单元的分子量：0 表示未知。
	材料密度（g/cm³）：0 表示未知。
	材料密度的误差：0 表示未知
5	衍射峰的角度误差（°）：默认值为 0.03。
	用于输出的最小品质因子：默认值为 5

8.2.3　实例：板钛矿相二氧化钛的指标化

在本例中，我们将简要介绍如何用 Crysfire2020 软件进行指标化，基本过程如下：

（1）提取 d-值表

在 MDI Jade 软件中，打开衍射数据 "ch8-indexing-pure phase.mdi"。通过寻峰或拟合的方式得到 d-值表（需要按 2θ 排序），并复制 d-值表。

（2）设置指标化参数

打开软件：双击▩图标，打开 Crysfire2020 软件。

建立项目：单击菜单 "File" → "New project"，在弹出的窗口中设置 "Project name" 和 "Title"。

建立 d-值表：单击 "OK" 按钮，弹出 "Create Peak file brookite1.PPP" 窗口，如图 8-7 所示。在图 8-7 中的①处粘贴步骤（1）中的 d-值表，删除文件头。在 "Use column" 文本框中输入 2θ 所在的列（默认值为 1），单击②处的 "Select column" 按钮选择 2θ 列，再单击③处的 "Save" 按钮保存 d-值表。

单击菜单 "settings" → "Change title/wavelength etc."，在弹出的窗口中设置波长 "Wavelength"、仪器零点 "Add zero offset"、角度误差 "theta-eps default"。

如有需要，可单击菜单 "settings" → "Change default parameters cr2020.dfp"，在弹出的窗

口中自定义指标化参数。

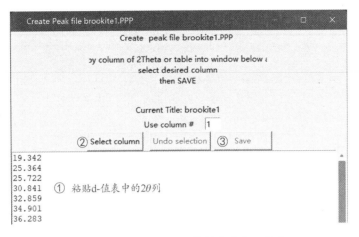

图 8-7　在 Crysfire2020 软件中建立 d-值表

（3）指标化

根据需要，可以单击 TAUP、ITO、FJZN、TREOR、KOHL、DICVOL、LZON、LOSH 等算法进行指标化。指标化结束后，单击"show summary"显示指标化结果，或者单击"show output"显示指标化的详细结果。

在本实例中，我们选用 TAUP 算法进行指标化。所得结果为正交晶系，晶格参数为 $a = 5.1377Å$、$b = 5.4480Å$、$c = 9.1738Å$、$\alpha = \beta = \gamma = 90°$。该结果与 8.1.3 节中的结果是一致的。

8.3　晶格参数精修

8.1 节介绍了指标化确定晶格参数的原理和方法。在指标化过程中，为了得到正确的晶胞，通常只选用低角区衍射较强的单峰（非重叠峰）来指标化。

晶格参数的精度取决于用于指标化的衍射峰的衍射角。晶面间距与衍射角有关，即 $d_{hkl} = \lambda / (2\sin\theta_{hkl})$，对该式求偏微分，可得

$$\frac{\Delta d}{d} = \cot\theta \cdot \Delta\theta \tag{8-25}$$

由式（8-25）可知，对于同一角度误差 $\Delta\theta$，晶面间距的相对偏差 $\Delta d / d$ 随衍射角的增大而减小。也就是说，测量高角区的衍射峰可以得到高精度的晶面间距，对其进行晶格参数精修可以得到高精度的晶格参数。因此，对低角区的衍射峰进行指标化，所得的晶格参数仅为粗略值。为了得到精确的晶格参数，需要收集高角区的衍射数据，对已确定的晶格参数进行精修。

8.3.1　晶格参数精修原理

晶格参数精修（Lattice Parameter Refinement）是利用线性最小二乘法原理，只要确定了某个衍射峰的峰位 2θ，就能建立晶面指数 (hkl) 和晶格参数（或倒易晶胞参数）的线性方程，即

$$h^2 a^{*2} + k^2 b^{*2} + l^2 c^{*2} + 2hka^* b^* \cos\gamma^* + 2hla^* c^* \cos\beta^* + 2klb^* c^* \cos\alpha^* = \frac{4\sin^2\theta}{\lambda^2} \tag{8-26}$$

式（8-26）可写为

$$S_{11}h^2 + S_{22}k^2 + S_{33}l^2 + S_{12} \cdot 2hk + S_{13} \cdot 2hl + S_{23} \cdot 2kl = \frac{4\sin^2\theta}{\lambda^2} \tag{8-27}$$

如果从衍射图中确定了一系列衍射峰的峰位 2θ，就能构建线性方程组，即

$$S_{11}h_1^2 + S_{22}k_1^2 + S_{33}l_1^2 + S_{12} \cdot 2h_1k_1 + S_{13} \cdot 2h_1l_1 + S_{23} \cdot 2k_1l_1 = \frac{4\sin^2\theta_1}{\lambda^2}$$

$$S_{11}h_2^2 + S_{22}k_2^2 + S_{33}l_2^2 + S_{12} \cdot 2h_2k_2 + S_{13} \cdot 2h_2l_2 + S_{23} \cdot 2k_2l_2 = \frac{4\sin^2\theta_2}{\lambda^2} \tag{8-28}$$

$$\vdots$$

$$S_{11}h_n^2 + S_{22}k_n^2 + S_{33}l_n^2 + S_{12} \cdot 2h_nk_n + S_{13} \cdot 2h_nl_n + S_{23} \cdot 2k_nl_n = \frac{4\sin^2\theta_n}{\lambda^2}$$

定义矩阵 $\boldsymbol{A}$、矩阵 $\boldsymbol{X}$ 和矩阵 $\boldsymbol{Y}$ 为

$$\boldsymbol{A} = \begin{bmatrix} h_1^2 & k_1^2 & l_1^2 & 2h_1k_1 & 2h_1l_1 & 2k_1l_1 \\ h_2^2 & k_2^2 & l_2^2 & 2h_2k_2 & 2h_2l_2 & 2k_2l_2 \\ \vdots & \vdots & \vdots & \vdots & \vdots & \vdots \\ h_n^2 & k_n^2 & l_n^2 & 2h_nk_n & 2h_nl_n & 2k_nl_n \end{bmatrix}$$

$$\boldsymbol{X} = \begin{bmatrix} S_{11} \\ S_{22} \\ S_{33} \\ S_{12} \\ S_{13} \\ S_{23} \end{bmatrix} \tag{8-29}$$

$$\boldsymbol{Y} = \begin{bmatrix} 4\sin^2\theta_1 / \lambda^2 \\ 4\sin^2\theta_2 / \lambda^2 \\ \vdots \\ 4\sin^2\theta_n / \lambda^2 \end{bmatrix}$$

式（8-28）矩阵表示为

$$\boldsymbol{AX} = \boldsymbol{Y} \tag{8-30}$$

解式（8-30）就能得到矩阵 $\boldsymbol{X}$，即

$$\boldsymbol{X} = \left(\boldsymbol{A}^{\mathrm{T}}\boldsymbol{A}\right)^{-1}\left(\boldsymbol{A}^{\mathrm{T}}\boldsymbol{Y}\right) \tag{8-31}$$

矩阵 $\boldsymbol{X}$ 中的元素就对应于倒易晶胞参数，再利用倒易关系就能将其转换为晶格参数。

8.3.2　晶格参数精修的基本步骤

（1）衍射实验

待测样品的衍射实验：通过步进、慢扫获得含高角衍射的高质量的衍射数据。为了得到高精度的晶格参数，需要收集高角区的衍射数据。虽然常规 X 射线衍射仪的最大衍射角可达 140°～150°，但还需根据样品的特征设置衍射角。例如，所测的高角衍射应具有较高的信噪比，且各衍射峰重叠不太严重、能分峰。

标样的衍射实验：在相同条件下测标样的衍射数据。

（2）衍射图的标定

利用标样衍射数据制作角度校正曲线，详细操作见 4.3 节，再用角度校正曲线来校正样品的衍射数据。

（3）拟合衍射峰，提取 d-值表

在 MDI Jade 软件中添加背底、拟合衍射峰。在高角衍射中，可能存在重叠峰，需要仔细分峰。如果分峰不当，也会引入角度误差。

（4）添加 PDF 卡片或设置晶格参数

对于已知结构的物相，通过物相识别添加对应的 PDF 卡片，详细操作见 7.2 节。

对于未知结构的物相，通过指标化或查阅文献得到近似结构的晶格参数，需要进行两步操作：

a. 利用晶格参数计算衍射线：在 MDI Jade 软件中，单击菜单"Options"→"Calculate D (hkl)…"，弹出"Calculate d-Spacing & Miller Indices"窗口，如图 8-8 所示。在图 8-8 中的①处选择晶系，在②处选择空间群，在③处输入晶格参数。单击"Calc"按钮，在主窗口中就会显示该晶格参数对应的衍射线，在④处列出 d-值表。如需显示衍射线的晶面指数(hkl)，只需单击右下角的 🔲 图标；如需调节衍射线的高度，单击或右击 📊 图标即可；如需观察计算出的衍射线和衍射图的差异，可适当调节③处的晶格参数。

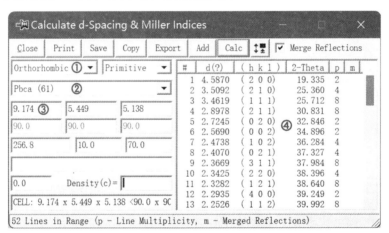

图 8-8　在 MDI Jade 软件中利用晶格参数计算衍射线

b. 利用衍射线计算晶格参数：在 MDI Jade 软件中，单击菜单"Options"→"Calculate Lattice…"，弹出"Calculate Lattice Constants from Peak Locations and Miller Indices"窗口，如图 8-9 所示。在图 8-9 中的①处选择晶系，根据步骤 a. 中计算出的衍射线和晶面指数，在②处设置前 6 个衍射峰的晶面指数，在③处将实时显示所计算出的晶格参数。

（5）晶格参数精修

在 MDI Jade 软件中，单击菜单"Options"→"Cell Refinement…"，弹出"Cell Refinement"窗口，如图 8-10 所示。

精修衍射峰：如果在步骤（4）中已经添加了 PDF 卡片，在①处选择"Use PDF Line List"，仅精修 PDF 卡片中的衍射峰；如果在步骤（4）中已经计算出了晶格参数，在①处选择"All Possible Reflections"，对所有已拟合的或已寻得的衍射峰进行精修。软件将在②处自动显示

PDF 卡片对应的晶格参数或步骤（4）中计算出的晶格参数，该值作为晶格参数精修的初值。

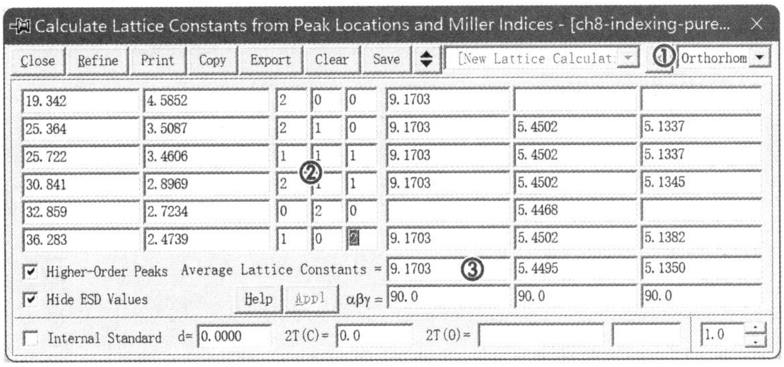

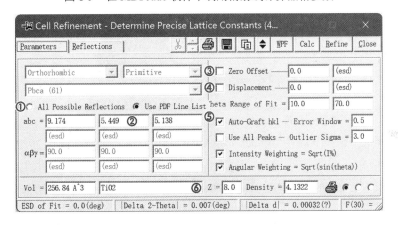

图 8-9 在 MDI Jade 软件中利用衍射线计算晶格参数

图 8-10 在 MDI Jade 软件中进行晶格参数精修

仪器零点、样品位移：如果在步骤（2）中用内标法或外标法确定了仪器零点，在③处的"Zero Offset"文本框中输入仪器零点值（不参与精修），只精修样品位移即可；如果利用角度校正曲线校正了衍射数据，则不勾选③、④处的"Zero Offset""Displacement"复选框。如果衍射角范围不太宽，如<70°～80°，建议不同时勾选③、④处的"Zero Offset""Displacement"，因为在低角区仪器零点和样品位移的耦合很强。

设置晶面指数：在⑤处勾选"Auto-Graft hkl"，在设定的误差窗口"Error Window"内软件将自动设置衍射峰的(hkl)。如果不勾选"Auto-Graft hkl"，精修时只使用初始晶格参数计算得到的(hkl)。如果晶胞较大或对称性较低，"Error Window"需要足够窄，否则在"Error Window"内可能有多条衍射线，软件在自动设置(hkl)时可能出错。

如果在步骤（3）中严格分峰、拟合，可勾选"Use All Peaks"，即用所有拟合峰进行晶格参数精修。如果衍射线和衍射峰的偏差大于"Outlier Sigma"，在该衍射峰的上方显示红点。对于弱峰或重叠峰，如果显示红点，建议删除该峰，不参与精修。

选项"Intensity Weighting = Sqrt (I%)"具有增强弱峰的功能，如果含有高角区的衍射峰，建议勾选该项。选项"Angular Weighting = Sqrt(sin(theta))"在精修时可以增加高角区的权重。

在⑥处输入化学式（用于计算分子量 M），软件将根据晶胞体积 V、化学式单元数 z 利用式（8-32）计算出材料密度 ρ，单位为 g/cm^3。

$$\rho = z \frac{M}{V} \frac{1}{0.6022} \tag{8-32}$$

设置好参数后，单击"Calc"按钮计算衍射线，单击"Refine"按钮进行晶格参数精修。当晶胞较大或对称性较低时，可多次单击"Calc"按钮和"Refine"按钮进行晶格参数精修，直到晶格参数稳定为止。

8.3.3 实例 1：利用 PDF 卡片精修晶格参数

学习内容	利用 PDF 卡片精修晶格参数
实验数据	ch8-indexing-pure phase.mdi

（1）导入衍射数据：在 MDI Jade 软件中导入衍射数据"ch8-indexing-pure phase.mdi"。

（2）得到 d-值表：采用线性背底，对衍射峰进行分峰、逐一拟合，得到包含 49 个衍射峰的 d-值表，如图 8-11 所示。

（3）添加 PDF 卡片：该样品为板钛矿相二氧化钛，右击主工具栏中的 图标，在弹出的窗口中选择"Ti""O"元素（必含元素），在 ICSD Patterns 数据库中检索。在弹出的 PDF 卡片列表中选择"76-1934"卡片，单击 图标添加该 PDF 卡片。

（4）晶格参数精修：单击菜单"Options"→"Cell Refinement..."，弹出"Cell Refinement"窗口。由于已经添加了 PDF 卡片，软件将自动选中"Use PDF Line List"。勾选"Auto-Graft hkl""Intensity Weighting = Sqrt(I%)""Angular Weighting = Sqrt(sin(theta))"，设置"Error Window = 0.3""Outlier Sigma = 3.0"，如图 8-11 所示。依次单击"Calc"按钮和"Refine"按钮对晶格参数进行精修，所得结果为 $a = 9.17392(11)\text{Å}$，$b = 5.44899(68)\text{Å}$，$c = 5.13798(8)\text{Å}$，晶胞体积为 256.84Å^3。输入化学式 TiO_2 和化学式单元数 $z = 8.0$，得到理论材料密度为 4.1322g/cm^3。

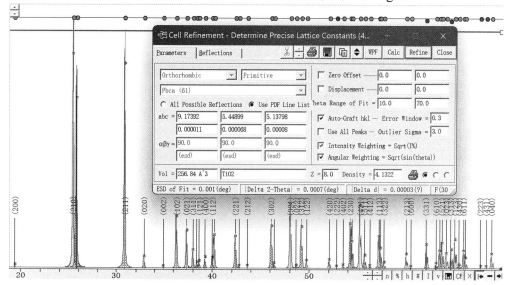

图 8-11 利用 PDF 卡片精修晶格参数

8.3.4 实例 2：利用指标化结果精修晶格参数

学习内容	利用指标化结果精修晶格参数
实验数据	ch8-indexing-pure phase.mdi

8.1.3 节对板钛矿相二氧化钛进行了指标化，该材料为正交晶系，空间群为 $Pbca$，晶格参数为 $a = 5.448\text{Å}$，$b = 5.139\text{Å}$，$c = 9.175\text{Å}$。在本例中，我们将利用指标化得到的晶胞进行晶格参数精修。

（1）导入衍射数据：在 MDI Jade 软件中导入衍射数据"ch8-indexing-pure phase.mdi"。

（2）提取 d-值表：采用线性背底，对衍射峰进行分峰、逐一拟合，得到包含 49 个衍射峰的 d-值表。

（3）晶格参数精修：单击菜单"Options"→"Cell Refinement…"，弹出"Cell Refinement"窗口。在该窗口中选择"All Possible Reflections"，选择正交晶系"Orthorhombic"，选择空间群"Pbca (61)"，输入晶格参数"5.448 5.139 9.175"。勾选"Auto-Graft hkl""Intensity Weighting = Sqrt(I%)""Angular Weighting = Sqrt(sin(theta))"，设置"Error Window = 0.3""Outlier Sigma = 3"。依次单击"Calc"按钮和"Refine"按钮对晶格参数进行精修，所得结果为 $a = 5.44899(18)\text{Å}$，$b = 5.13798(17)\text{Å}$，$c = 9.17391(3)\text{Å}$，晶胞体积为 256.84Å^3。该精修结果与 8.3.3 节的结果完全吻合。注：在正交晶系中，由于 a 轴、b 轴、c 轴选取的顺序不同，因此指标化得到的晶胞和 PDF 卡片中的晶胞会有差异。

如果我们能从文献中得到较为准确的晶格参数，即使该结构还没被 PDF 卡片库收录（在数据库中没有该结构），我们也可以用这种方法精修晶格参数。

8.3.5　实例 3：利用近似结构的晶格参数精修晶格参数

学习内容	利用近似结构的晶格参数精修晶格参数
实验数据	ch8-indexing-pure phase.mdi
初始参数	$Pbca$（61），$a = 9.1\text{Å}$，$b = 5.4\text{Å}$，$c = 5.1\text{Å}$

在某些情况下，数据库中没有所需的 PDF 卡片，我们也无法得到较为准确的晶格参数，但可以从文献中查到相似结构的信息。例如，在制备 $SrFe_2As_{2-x}P_x$ 的超导体时，虽然我们不知道该材料的晶格参数，但能从文献中找到相近结构 $BaFe_2As_2$ 的晶格参数。此时，我们可以利用近似结构的晶格参数计算出较为准确的晶格参数，再对其精修得到最终的晶格参数。

在本例中，假设我们能得到板钛矿相二氧化钛的近似的晶格参数，如 $a = 9.1\text{Å}$，$b = 5.4\text{Å}$，$c = 5.1\text{Å}$。

（1）导入衍射数据：在 MDI Jade 软件中导入衍射数据"ch8-indexing-pure phase.mdi"。

（2）提取 d-值表：采用线性背底，对衍射峰进行分峰、逐一拟合，得到包含 49 个衍射峰的 d-值表。

（3）计算衍射线：单击菜单"Options"→"Calculate D (hkl)…"，在弹出的窗口中选择正交晶系"Orthorhombic"，选择空间群"Pbca (61)"，输入近似结构的晶格参数"9.1 5.4 5.1"，单击"Calc"按钮计算衍射线，如图 8-12 所示。单击右下角的 h 图标可显示衍射线的晶面指数(hkl)，单击或右击 图标可调节衍射线的高度。

（4）计算晶格参数：单击菜单"Options"→"Calculate Lattice…"，在弹出的窗口中选择正交晶系"Orthorhombic"，如图 8-13 所示。根据已计算出的衍射线、晶面指数，设置衍射峰的晶面指数：19.333→(200)、25.360→(210)、25.712→(111)、30.831→(211)、32.845→(020)、34.897→(002)。由这些衍射峰计算出的晶格参数为 $a = 9.1749\text{Å}$，$b = 5.4484\text{Å}$，$c = 5.1382\text{Å}$。

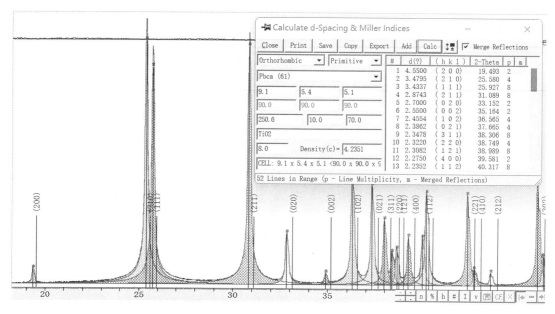

图 8-12　利用近似结构的晶格参数计算衍射线

（5）晶格参数精修：单击菜单"Options"→"Cell Refinement…"，在弹出的窗口中勾选"Auto-Graft hkl""Intensity Weighting = Sqrt(I%)""Angular Weighting = Sqrt(sin(theta))"，设置"Error Window = 0.3""Outlier Sigma = 3"。依次单击"Calc"按钮和"Refine"按钮，软件将对步骤（4）中的晶格参数进行精修，所得结果为 $a = 9.17391(3)$Å，$b = 5.44899(18)$Å，$c = 5.13798(17)$Å，晶胞体积为 256.84Å^3。

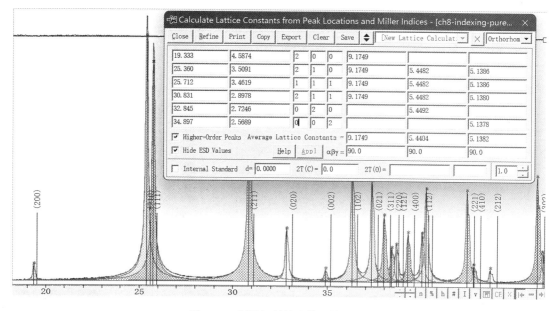

图 8-13　利用衍射峰计算晶格参数

8.4 空间群的确定

8.4.1 晶系和劳厄群的确定

8.1 节介绍了利用指标化方法确定晶格参数的原理和方法。只要确定了晶格参数，就可以利用表 8-13 来确定晶系和劳厄群。除三角晶系外，晶胞的三个基矢 a、b、c 要尽量与晶体的最高对称方向重合，三个基矢应遵循右手定则。对于正交晶系，基矢的方向是由对称性最高的三个方向决定的，其中的任意一个方向都可作为 a、b、c。单斜晶系有一个唯一取向轴（Unique Direction），需要确定该取向沿 b 轴、c 轴还是 a 轴。如果没有特殊原因，比如存在结构相变、具有特殊的物理性质，通常将 b 轴作为唯一取向轴。三斜晶系，直接选用约化胞作为晶胞即可。

表 8-13 晶系和劳厄群

晶系	晶格参数	劳厄群
立方晶系	$a=b=c$，$\alpha=\beta=\gamma=90°$	$m\overline{3}$、$m\overline{3}m$
六角晶系	$a=b$，$\alpha=\beta=90°$，$\gamma=120°$	$6/m$、$6/mmm$
三角晶系	$a=b$，$\alpha=\beta=90°$，$\gamma=120°$（六角）	$\overline{3}$
	$a=b=c$，$\alpha=\beta=\gamma$（菱方）	$\overline{3}m$
四方晶系	$a=b$，$\alpha=\beta=\gamma=90°$	$4/m$、$4/mmm$
正交晶系	$\alpha=\beta=\gamma=90°$	mmm
单斜晶系	$\alpha=\gamma=90°$（b 轴）、$\alpha=\beta=90°$（c 轴）	$2/m$
三斜晶系	无	$\overline{1}$

虽然表 8-13 给出了晶胞的几何特征和晶系之间的明确关系，但由于所确定的晶格参数受衍射峰的测量误差的影响，所确定的晶系或对称性可能偏低。例如，指标化得到的晶胞为单斜晶系，$\beta=89.9°$。由于 β 角和 90° 非常接近，所以该晶胞还可能为正交晶系。类似地，如果正交晶系的两个晶轴很接近，该晶胞也可能为四方晶系。

一旦确定了晶系，就可以根据晶系和劳厄群的关系推导出可能的劳厄群。立方、四方、六角这三个晶系分别对应两个劳厄群，这是无法用 X 射线粉末衍射的峰位来区分的。

8.4.2 系统消光

晶胞中的原子散射 X 射线，这些散射波之间相互干涉会在某些 (hkl) 方向上产生衍射。衍射强度取决于散射波之间的同步程度（相位差），各散射波的同步程度越高衍射就越强。由于原子在晶胞中的位置取决于晶体的对称性，因此衍射强度也受晶体对称性的影响。其中，具有平移或平移分量的对称元素会产生系统消光（Systematic Extinction）。

1. 点阵中心引起的系统消光

对于原胞，在倒易晶胞的每个顶点上都有倒易格点，每个倒易格点经一维投影后形成衍射峰，如图 8-14 所示。在有心晶胞中（也可以用原胞表示），如 A 心、B 心、C 心，其晶胞体积是原胞体积的两倍，而其倒易晶胞体积是倒易原胞体积的一半。也就是说，描述有心晶胞所用的倒易格点数是原胞的一半，有半数的倒易晶胞顶点不含倒易格点。例如，图 8-14 中的面心立方和体心立方，其倒易晶胞的每个顶点上未必都有倒易格点，这些位置就是点阵消光的位置，它们不会产生衍射。

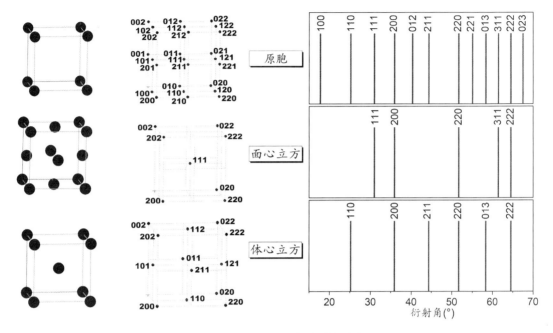

图 8-14　点阵中心引起的系统消光

同一个晶体，既可以用原胞表示，也可以用晶胞表示。由于晶胞能反映晶体的对称性，人们习惯用晶胞来表示晶体。然而在有心晶胞中，为了符合人们的使用习惯，将原胞转换为晶胞（人为引入平移操作），以致出现点阵消光现象。表 8-14 列出了点阵中心引起的系统消光规律，以及衍射点数的相对比例。

表 8-14　点阵中心引起的系统消光规律

点阵中心的类型	晶胞→原胞	衍射条件	衍射点数
P	$\begin{bmatrix} 1 & 0 & 0 \\ 0 & 1 & 0 \\ 0 & 0 & 1 \end{bmatrix}$	无	1
A	$\begin{bmatrix} 0 & 1/2 & 1/2 \\ 0 & -1/2 & 1/2 \\ 1 & 0 & 0 \end{bmatrix}$	$k+l=2n$	1/2
B	$\begin{bmatrix} -1/2 & 0 & 1/2 \\ 1/2 & 0 & 1/2 \\ 0 & 1 & 0 \end{bmatrix}$	$h+l=2n$	1/2
C	$\begin{bmatrix} 1/2 & -1/2 & 0 \\ 1/2 & 1/2 & 0 \\ 0 & 0 & 1 \end{bmatrix}$	$h+k=2n$	1/2

点阵中心的类型	晶胞→原胞	衍射条件	衍射点数
I	$\begin{bmatrix} -1/2 & 1/2 & 1/2 \\ 1/2 & -1/2 & 1/2 \\ 1/2 & 1/2 & -1/2 \end{bmatrix}$	$h+k+l=2n$	2
F	$\begin{bmatrix} 0 & 1/2 & 1/2 \\ 1/2 & 0 & 1/2 \\ 1/2 & 1/2 & 0 \end{bmatrix}$	h、k、l 全奇全偶	1/4
R	$\begin{bmatrix} -2/3 & -1/3 & 1/3 \\ 1/3 & -1/3 & 1/3 \\ 1/3 & 2/3 & 1/3 \end{bmatrix}$	$-h+k+l=3n$	1/3

2. 滑移面、螺旋轴引起的系统消光

由于滑移面、螺旋轴也包含平移操作，这两种对称元素也会引起系统消光。表 8-15、表 8-16 分别列出了滑移面和螺旋轴引起的系统消光规律。

表 8-15　滑移面引起的系统消光规律[64]

滑移面的法向	衍射峰	滑移面	平移矢量	衍射条件
a 轴[100]	$0kl$	b	$\boldsymbol{b}/2$	$k=2n$
		c	$\boldsymbol{c}/2$	$l=2n$
		n	$(\boldsymbol{b}+\boldsymbol{c})/2$	$k+l=2n$
		d	$(\boldsymbol{b}+\boldsymbol{c})/4$	$k+l=4n$
b 轴[010]	$h0l$	a	$\boldsymbol{a}/2$	$h=2n$
		c	$\boldsymbol{c}/2$	$l=2n$
		n	$(\boldsymbol{a}+\boldsymbol{c})/2$	$h+l=2n$
		d	$(\boldsymbol{a}+\boldsymbol{c})/4$	$h+l=4n$
c 轴[001]	$hk0$	a	$\boldsymbol{a}/2$	$h=2n$
		b	$\boldsymbol{b}/2$	$k=2n$
		n	$(\boldsymbol{a}+\boldsymbol{b})/2$	$h+k=2n$
		d	$(\boldsymbol{a}+\boldsymbol{b})/4$	$h+k=4n$
[110]	hhl	c	$\boldsymbol{c}/2$	$l=2n$
		d	$(\boldsymbol{a}+\boldsymbol{b}+\boldsymbol{c})/4$	$2h+l=4n$

表 8-16　螺旋轴引起的系统消光规律

平行于	衍射峰	衍射条件			
		2_1、4_2、6_3	3_1、3_2、6_2、6_4	4_1、4_3	6_1、6_5
a	$h00$	$h=2n$	$h=3n$	$h=4n$	$h=6n$
b	$0k0$	$k=2n$	$k=3n$	$k=42n$	$k=6n$
c	$00l$	$l=2n$	$l=3n$	$l=4n$	$l=6n$

8.4.3　强度的统计分布

一旦确定了晶格参数，根据晶胞的几何特征就能确定晶系和劳厄群。加之，平移操作产生点阵消光，根据点阵消光规律可以确定点阵中心的类型；具有平移分量的滑移面、螺旋轴也会引起系统消光，由此可以确定晶体是否存在滑移面、螺旋轴。没有平移分量的对称元素，虽然不会引起系统消光，但也可以从强度的统计分布（衍射峰的峰强相对于平均值的分布）中分析出来。因此，确定空间群之前，需先分析出各衍射峰的峰强分布特征，即强度的统计分布[65]。

在进行晶体结构解析前，将峰形设置给由晶格参数计算出的衍射线，通过精修晶格参数（以及仪器零点、样品位移等）、峰形参数进行全谱拟合，提取每个衍射峰的积分强度或结构振幅。对衍射峰的振幅 F_o 进行归一化，就能得到归一化振幅（Normalized Amplitudes），又称为 E 值（E-Values）。

$$\left|E\left(hkl\right)\right|^2 = \frac{\left|F_o\left(hkl\right)\right|^2}{\varepsilon_{hkl}\sum_{i=1}^{N}f_i^2} \tag{8-33}$$

式中，ε_{hkl} 取决于晶体的对称性；f_i^2 为平均化的原子散射因子。归一化振幅代表处于静止状态的点状原子（无形状）的散射振幅特征。晶体是否存在对称中心将影响归一化振幅的分布特征。如果晶体没有对称中心，则归一化振幅不会偏离平均值很多，在衍射图中各衍射峰的峰强变化不大。如果晶体存在对称中心，中心对称的原子会使部分衍射峰增强、部分衍射峰减弱，从而使衍射图中的衍射峰在平均值附近起伏。

归一化振幅还可以用 $\left\|E\right|^2-1\right|$ 来表示，1 为 $\left|E\right|^2$ 值图的平均值。在分析时，求出整个衍射图的 $\left\|E\right|^2-1\right|$ 的平均值。如果该值接近 0.74，说明该晶体为非中心对称的晶体；如果该值接近 0.97，说明该晶体为中心对称的晶体。

另外，旋转轴、镜面也可以用归一化强度进行类似确定。

8.4.4 实例 1：空间群的确定（Jana2020 软件）

Jana2020 软件[66]是用于晶体结构解析与晶体结构精修的多功能软件。在该软件中，确定空间群有两种方法：一种是利用 Space group test 模块确定空间群，另一种是利用 Superflip 模块确定空间群。本节简要介绍一下这两种方法。

1. 利用 Space group test 模块确定空间群

学习内容	利用 Jana2020 软件中的 Space group test 模块确定空间群
实验数据	ch8-SpaceGroup.mac
初始参数	晶格参数：5.448 5.139 9.175 90 90 90

（1）导入衍射数据

衍射数据格式：Jana2020 软件支持 mac 格式的衍射数据，第一行为空行或标题行，从第二行开始为 xy 格式的衍射数据，其中第一列为衍射角，第二列为衍射强度，两列数据之间用空格隔开。

打开衍射数据：双击 图标，打开 Jana2020 软件，单击菜单 "File" → "New"，在弹出的窗口中选中并打开衍射数据 "ch8-SpaceGroup.mac"。

设置数据类型：在弹出的 "Specify type of the file to be imported" 窗口中选择 "Powder data" 选项中的 "Various CW formats" 选项，单击 "Next" 按钮。

设置衍射几何：在弹出的"Powder data from"窗口中选择"MAC format"数据格式。根据 X 射线衍射仪的特征选择衍射几何。在本例中，选择"Bragg-Brentano method-Fixed Divergence Slit"衍射几何。

设置晶格参数、X 射线：在弹出的窗口中，在"Cell parameters"文本框中输入初始晶格参数"5.448 5.139 9.175 90 90 90"，即指标化得到的晶格参数（各参数之间用空格隔开）。在"Radiation"处选中"X-rays"和"Kalphal/Kalpha2 doublet"，单击"X-ray tube"按钮选择"Cu"选项。根据需要，可设置实验温度、极化校正等选项。在本例中，采用默认选项。

在衍射数据导入完后，单击"Yes, I would like to continue with the wizard"进入下一步。

（2）利用 Le Bail 技术进行全谱拟合

这一步是根据晶格参数计算出所有可能的衍射线，再对每一条衍射线赋予峰形函数，通过精修背底、晶格参数（以及仪器零点、样品位移）、峰形参数等进行全谱拟合，提取各衍射峰的峰强。

设置晶格参数：在左侧工具栏中单击⋀图标（设置 Profile 参数），在"Cell"面板中勾选晶格参数 a、b、c。

设置峰形参数：在"Profile"面板中，设置"Cutoff = 12"，选择峰形函数"Pseudo-Voigt"，勾选、设置"GW = 5"（GU、GV、GW、GP 为高斯部分的峰宽参数）、"LX = 1"（LX 和 LY 为洛伦兹部分的峰宽参数）。

设置背底、样品位移：在"Corrections"面板中，在"Background correction"处勾选"Legendre polynomials"，设置"Number of terms = 5"，勾选"Zero shift parameters"处的"sycos"（样品位移）。设置好 Profile 参数后，单击"OK"按钮。

拟合精修：在左侧工具栏中单击▦图标，对所勾选的参数进行精修。拟合结果为 GOF = 2.01，R_p = 1.93，R_{wp} = 6.96，并且差分线平直、无明显起伏，说明全谱拟合结果较好。

单击"Powder profile"窗口右侧的▭✖▭图标，退出全谱拟合，进入下一步。

（3）空间群的确定

① 识别晶系：在"Tolerances for crystal system recognition"窗口中设置晶轴和夹角的最大偏差，默认值分别为 0.02Å 和 0.2°。软件将根据表 8-13 中各晶系的晶格参数的特征来识别晶系。

② 选择劳厄群：在"Select Laue point group"窗口中选择劳厄群。软件将根据初始晶格参数"5.448 5.139 9.175 90.00 90.00 90.00"以及晶格参数的偏差，自动识别出具有最高对称性的劳厄群。在本例中，劳厄群为"mmm"，为正交晶系。

③ 选择点阵中心：弹出的窗口"Select cell centering"包含三列，如图 8-15（a）所示。其中，"Rp(obs)/Rp(all)"表示在选择某个点阵中心后仅对实验峰进行拟合得到的 R_p 和利用该点阵中心所允许的所有衍射线进行拟合得到的 R_p；"#(Extinct)/#(Gener)"表示所选点阵中心包含的消光衍射数与原胞 P 产生的衍射线数的比值。在本例中，我们选择点阵中心"P"，其"Rp(obs)/Rp(all) = 1.732/1.924"与 Le Bail 全谱拟合时的结果一致；"#(Extinct)/#(Gener) = 0.0000"，说明与原胞 P 的消光一致。如果选择点阵中心"A"，R_p 明显大于 Le Bail 全谱拟合的结果，"#(Extinct)/#(Gener) = 0.5000"，说明有一半的衍射线是消光的。点阵中心选择规则："Rp(obs)/Rp(all)"尽量接近 Le Bail 全谱拟合的结果，"#(Extinct)/#(Gener)"尽量大。

④ 选择空间群：弹出的窗口"Select space group"包含四列，如图 8-15（b）所示。在本例中，我们选择空间群"Pbca"。虽然"Rp(obs)/Rp(all)"不是最小，但"#(Extinct)/#(Gener)"

比较大，即消光的衍射峰比较多。"Pmca""P21ca""Pbcm""Pbc21"四个空间群的"Rp(obs)/Rp(all)"比"Pbca"略小，但"#(Extinct)/#(Gener)"也比较小，说明消光的衍射峰比较少。空间群选择规则："Rp(obs)/Rp(all)"尽量接近 Le Bail 全谱拟合的结果，"#(Extinct)/#(Gener)"尽量大，"Figure of merit"尽量小。

到此，空间群确定完毕。

<table>
<thead>
<tr><th colspan="3">Select cell centering</th></tr>
<tr><th>Centering</th><th>Rp(obs)/Rp(all)</th><th>#(Extinct)/#(Gener)</th></tr>
</thead>
<tbody>
<tr><td>● P</td><td>1.732/1.924</td><td>0.0000</td></tr>
<tr><td>○ A</td><td>45.618/45.553</td><td>0.5000</td></tr>
<tr><td>○ B</td><td>44.298/44.252</td><td>0.5082</td></tr>
<tr><td>○ C</td><td>55.925/55.810</td><td>0.5164</td></tr>
<tr><td>○ I</td><td>56.293/56.173</td><td>0.4754</td></tr>
<tr><td>○ R-obverse</td><td>n.a.</td><td>n.a.</td></tr>
<tr><td>○ R-reverse</td><td>n.a.</td><td>n.a.</td></tr>
<tr><td>○ F</td><td>72.484/72.275</td><td>0.7623</td></tr>
</tbody>
</table>

<table>
<thead>
<tr><th colspan="4">Select space group</th></tr>
<tr><th>Space group</th><th>Rp(obs)/Rp(all)</th><th>#(Extinct)/#(Gener)</th><th>Figure of merit</th></tr>
</thead>
<tbody>
<tr><td>Pbca</td><td>1.731/1.934</td><td>0.3441</td><td>1.6013</td></tr>
<tr><td>Pmca</td><td>1.710/1.913</td><td>0.2688</td><td>1.6558</td></tr>
<tr><td>P21ca</td><td>1.710/1.913</td><td>0.2688</td><td>1.6558</td></tr>
<tr><td>Pbcm</td><td>1.729/1.926</td><td>0.2043</td><td>1.7289</td></tr>
<tr><td>Pbc21</td><td>1.729/1.926</td><td>0.2043</td><td>1.7289</td></tr>
<tr><td>Pbma</td><td>1.735/1.938</td><td>0.2151</td><td>1.7292</td></tr>
<tr><td>Pb21a</td><td>1.735/1.938</td><td>0.2151</td><td>1.7292</td></tr>
<tr><td>Pmcm</td><td>1.708/1.904</td><td>0.1290</td><td>1.7815</td></tr>
<tr><td>P2cm</td><td>1.708/1.904</td><td>0.1290</td><td>1.7815</td></tr>
<tr><td>Pmc21</td><td>1.708/1.904</td><td>0.1290</td><td>1.7815</td></tr>
<tr><td>Pmma</td><td>1.718/1.920</td><td>0.1398</td><td>1.7859</td></tr>
<tr><td>P21ma</td><td>1.718/1.920</td><td>0.1398</td><td>1.7859</td></tr>
<tr><td>Pmma</td><td>1.718/1.920</td><td>0.1398</td><td>1.7859</td></tr>
<tr><td>P212121</td><td>1.720/1.920</td><td>0.0860</td><td>1.8371</td></tr>
<tr><td>P21221</td><td>1.718/1.917</td><td>0.0645</td><td>1.8553</td></tr>
<tr><td>Pbmm</td><td>1.733/1.929</td><td>0.0753</td><td>1.8562</td></tr>
</tbody>
</table>

（a）选择点阵中心 　　　　　　　（b）选择空间群

图 8-15　在 Jana2020 软件中确定点阵中心和空间群

2. 利用 Superflip 模块确定空间群

学习内容	利用 Jana2020 软件中的 Superflip 模块确定空间群
实验数据	ch8-SpaceGroup.mac
初始参数	晶格参数：5.448 5.139 9.175 90 90 90。 化学式：TiO_2。化学式单元数：$z = 8$

在某些情况下，在利用 Space group test 模块确定空间群时，Jana2020 软件会给出多个具有相同"Rp(obs)/Rp(all)""#(Extinct)/#(Gener)""Figure of merit"的空间群。此时，我们无法根据这些参数来确定空间群。对此 Jana2020 软件提供了 Superflip 模块，通过计算电子密度来确定空间群，基本步骤如下：

（1）导入衍射数据

打开衍射数据：双击 **J** 图标，打开 Jana2020 软件，单击菜单"File"→"New"，在弹出的窗口中选中并打开衍射数据"ch8-SpaceGroup.mac"。

设置数据类型：在弹出的"Specify type of the file to be imported"窗口中选择"Powder data"选项中的"Various CW formats"选项，单击"Next"按钮。

设置衍射几何：在弹出的"Powder data from"窗口中选择"MAC format"数据格式。根据 X 射线衍射仪的特征选择衍射几何。在本例中，选择"Bragg-Brentano method-Fixed Divergence Slit"衍射几何。

设置晶格参数、X 射线：在弹出的窗口中，在"Cell parameters"文本框中输入初始晶格参数"5.448 5.139 9.175 90 90 90"（各参数之间用空格隔开）。在"Radiation"处勾选"X-rays"和"Kalphal/Kalpha2 doublet"，单击"X-ray tube"按钮，选择"Cu"选项。

在衍射数据导入完后，单击"Yes, I would like to continue with the wizard"进入下一步。

（2）利用 Le Bail 技术进行全谱拟合

设置晶格参数：在左侧工具栏中单击 ⋀ 图标，在"Cell"面板中勾选晶格参数 a、b、c。

设置峰形参数：在"Profile"面板中，设置"Cutoff = 12"，选择峰形函数"Pseudo-Voigt"，勾选并设置"GW = 5"（GU、GV、GW、GP 为高斯部分的峰宽参数）、"LX = 1"（LX 和 LY 为洛伦兹部分的峰宽参数）。

设置背底、样品位移：在"Corrections"面板中，在"Background correction"处选择"Legendre polynomials"，设置"Number of terms = 5"（多项式背底），勾选"Zero shift parameters"处的"sycos"（样品位移）。设置好 Profile 参数后，单击"OK"按钮。

拟合精修：在左侧工具栏中单击 图标，对所勾选的参数进行精修。拟合结果为 GOF = 2.01，R_p = 1.93，R_{wp} = 6.96，并且差分线平直、无明显起伏，说明全谱拟合结果较好。

单击"Powder profile"窗口右侧的 图标，退出全谱拟合，跳过或取消"Make space group test"，进入 Superflip 模块。

（3）空间群的确定

进入 Superflip 模块后，将弹出"Run Superflip"窗口，如图 8-16 所示。也可以单击左侧工具栏中的 图标进入 Superflip 模块。

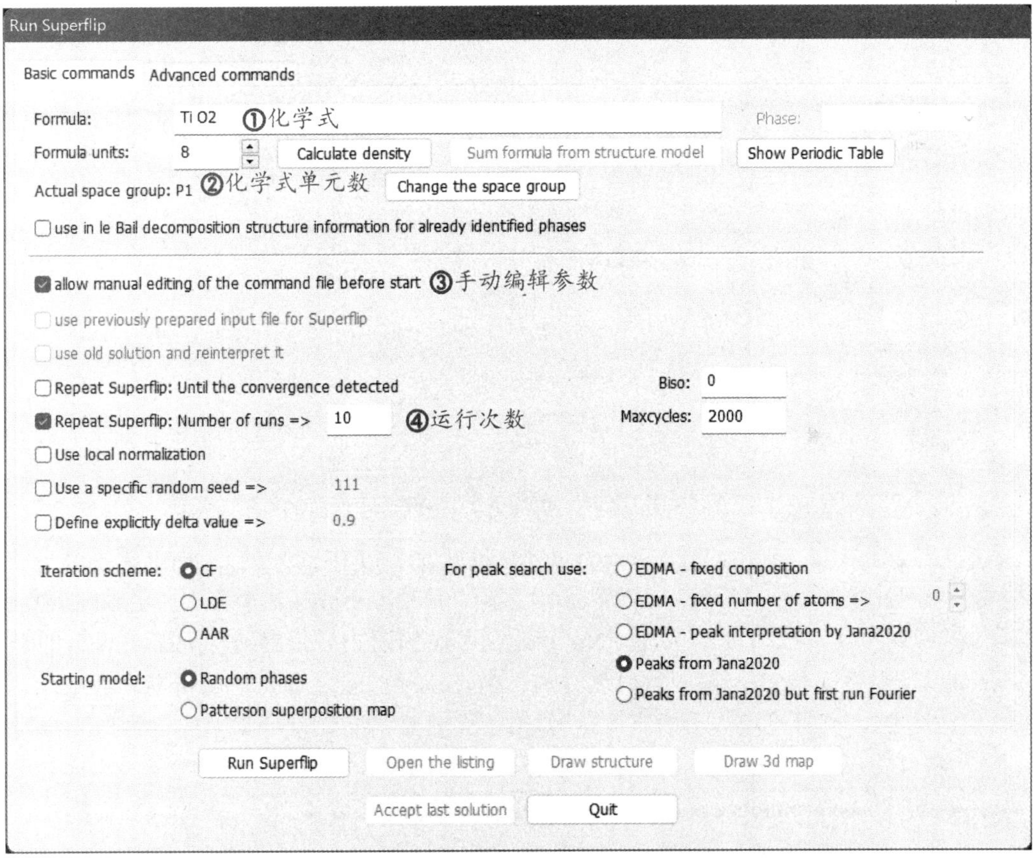

图 8-16　Superflip 参数设置界面

设置参数：在图 8-16 中的①处输入化学式"Ti O2"（注意，各元素之间用空格隔开），在②处输入化学式单元数"8"。如果化学式单元数未知，在②处尝试设置化学式单元数，单击"Calculate density"按钮计算理论密度。如果理论密度与材料密度相近，说明化学式单元数是正确的。

在③处勾选"allow manual editing of the command file before start"，在④处勾选"Repeat Superflip: Number of runs"（设置 Superflip 运行的次数），其他参数默认。

运行 Superflip：设置好上述参数后，单击"Run Superflip"按钮，Jana2020 软件将自动打开"*.inflip"文件。在该文件中找到"bestdensities 1 rvalue"，将其更改为"bestdensities 1 symmetry"，保存、关闭文件。注："bestdensities"表示从多次运算中找到最好的电子密度，"1"表示仅保存最佳的结果，"symmetry"表示与电子密度匹配最好的对称性，"rvalue"表示与电子密度匹配最好的 R 值。在本例中，我们需要确定空间群，所以将"rvalue"更改为"symmetry"。Superflip 运行多次后将自动结束。

查看结果：单击图 8-16 中的"Open the listing"按钮，弹出"List viewer"窗口，如图 8-17 所示。

```
#####################################
# Checking the density for symmetry #
#####################################

Symmetry operations compatible with the lattice and centering:
                        Symmetry operation              agreement factor
①  c(0,1,0):       x1           -x2        1/2+x3   1.689   XXXXXXXXXXXXXXXXXXXXXXXXXXXXXXXXXXXXXXXXXXX
   a(0,0,1):     1/2+x1          x2          -x3    5.352   XXXXXXXXXXXXXXXXXXXXXXXXXXXXXXXXXXXXXXX
   b(1,0,0):      -x1          1/2+x2        x3     5.828   XXXXXXXXXXXXXXXXXXXXXXXXXXXXXXXXXXXXX
   2_1(0,0,1):    -x1           -x2        1/2+x3   6.018   XXXXXXXXXXXXXXXXXXXXXXXXXXXXXXXXXX
   2_1(1,0,0):   1/2+x1         -x2          -x3    6.028   XXXXXXXXXXXXXXXXXXXXXXXXXXXXXXXXXX
   2_1(0,1,0):    -x1          1/2+x2        -x3    9.854   XXXXXXXXXXXXXXXXXXXXXXXXXXXXXX
   -1:            -x1           -x2          -x3    10.303  XXXXXXXXXXXXXXXXXXXXXXXXXXXXX
   m(0,1,0):       x1           -x2          x3     34.670  XXXXXXXXXXXXXXXXXXXXXXX
   2(0,0,1):      -x1           -x2          x3     36.760  XXXXXXXXXXXXXXXXXXXXXXX
   2(0,1,0):      -x1            x2          -x3    40.776  XXXXXXXXXXXXXXXXXXXXXX

Space group derived from the symmetry operations:

② HM symbol:      Pbca
   Hall symbol:   -P 2ac 2ab
   Fingerprint:   3300320n{041Y53}23 (0,0,0)
   Symmetry operations:
            1:        x1           x2          x3
   2_1(0,0,1):     1/2-x1         -x2        1/2+x3
   2_1(1,0,0):     1/2+x1       1/2-x2        -x3
   -1:             -x1           -x2          -x3
   2_1(0,1,0):     -x1          1/2+x2       1/2-x3
   a(0,0,1):      1/2+x1          x2         1/2-x3
   b(1,0,0):      1/2-x1        1/2+x2        x3
   c(0,1,0):        x1          1/2-x2       1/2+x3
```

图 8-17　利用 Superflip 模块确定空间群

找到 Checking the density for symmetry 模块（见图 8-17 中的①处），由电子密度分布推导出的对称元素分别如下：b 轴(0,1,0)为 c 滑移面，c 轴(0,0,1)为 a 滑移面，a 轴(1,0,0)为 b 滑移面。这些对称元素的"agreement factor"都很小，表明所推导出的对称元素是可信的（注："agreement factor"小于 10，说明可信度很高；值在 10 到 25 之间，说明可能存在这个对称元素；值大于 25，说明该对称元素不可信）。根据上述对称元素推导出空间群为"Pbca"（见图 8-17 中的②处）。

该结果与 Space group test 模块得到的结果是一致的。

8.4.5　实例 2：空间群的确定（Expo2014 软件）

学习内容	利用 Expo2014 软件确定空间群
实验数据	ch8-SpaceGroup.xy
初始参数	晶格参数：5.448 5.139 9.175 90 90 90。 晶胞内的原子：Ti_8O_{16}

Expo2014 软件[67]可用于粉末衍射的指标化、空间群的确定、晶体结构解析和精修。在此仅用其中的 Space group determination 模块进行空间群的确定。

Expo2014 软件的下载地址：https://www.ba.ic.cnr.it/softwareic/expo/expo2014-download/。

由于三维倒易格点向一维投影会引起衍射峰的重叠，会误判衍射峰的消光。Expo2014 软件在利用 Le Bail 技术提取衍射强度后，对衍射强度进行归一化。在对归一化衍射强度进行统计分析时，通过赋予每个衍射峰合适的权重来估算、避免衍射实验中的测量误差，见式（8-33）。确定空间群的基本步骤如下：

（1）导入衍射数据

导入衍射数据：单击菜单"File"→"New"，弹出"File"窗口，如图 8-18 所示。设置"Structure Name"为"TiO2"，在"Profile Counts filename"处单击 图标，打开衍射数据"ch8-SpaceGroup.xy"，数据格式选"XY profile [2theta and intensities in two columns]（xy.pow）"。注：XY profile 是不含文件头的 XY 数据，第一列为衍射角，第二列为衍射强度，两列数据之间用空格隔开。

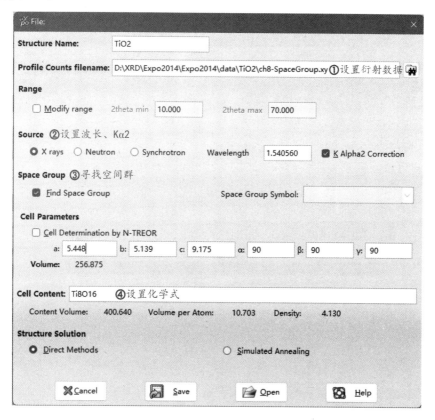

图 8-18　设置项目参数（Expo2014）

设置 X 射线：在"Source"处勾选"X rays"，设置"Wavelength"为"1.540560"，勾选"K Alpha2 Correction"。

设置结构参数：在"Cell Parameters"处输入晶格参数"5.448 5.139 9.175 90 90 90"；在"Cell Content"文本框中输入化学式"Ti8O16"。

设置任务：在"Space Group"处勾选"Find Space Group"。

设置好参数后，单击"Save"按钮。在弹出的窗口中单击"Go"按钮，进入下一步。

（2）利用 Le Bail 技术进行全谱拟合

在主窗口的右上角单击"Next"按钮，软件将按默认参数自动进行全谱拟合。待全谱拟合好后，单击"Next"按钮，进入下一步。

（3）空间群的确定

在"Find space group"窗口中［见图 8-19（a）］依次列出了空间群、消光符号、品质因子 Fom、系统消光的衍射线数 Nabs、估测的化学式单元数 Nasym、在 CSD 数据库中出现的概率、是否属于手性空间群 Chiral 等。空间群选择的基本规则：品质因子尽量大，系统消光的衍射线尽量多，在 CSD 数据库中出现的概率尽量大，等级尽量高（Rank 值越小等级越高）。根据上述规则，本例我们选择 Pbca 空间群。

在选中某个空间群后，单击左下角的"List"按钮，弹出"List of systematically absent reflections"窗口，如图 8-19（b）所示。在该窗口中依次列出了各衍射峰的消光条件、消光概率、是否为重叠峰，这些信息可用于进一步核对空间群的正确性。

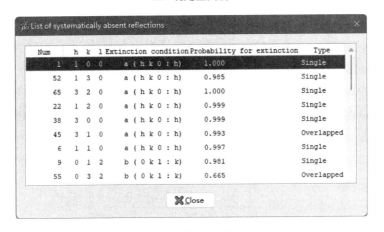

Space Group	Extinction symbol	FoM	Nabs	Nasym	No. in CSD	% of CSD	Rank	Chiral
P b c a	P b c a	0.189	24	3	26951	3.34	6	no
P n c a	P n c a	0.023	23	3	6867	0.85	11	no
P b c n	P b c n	0.022	23	3	6867	0.85	11	no
P b n a	P b n a	0.022	24	3	6867	0.85	11	no
P 21 c a	P - c a	0.016	17	6	5968	0.74	13	no
P m c a	P - c a	0.016	17	3	800	0.10	38	no
P b c 21	P b c -	0.014	18	6	5968	0.74	13	no
P b c m	P b c -	0.014	18	3	800	0.10	38	no
P b 21 a	P b - a	0.014	13	6	5968	0.74	13	no

（a）确定空间群

Num	h	k	l	Extinction condition	Probability for extinction	Type
1	1	0	0	a (h k 0 : h)	1.000	Single
52	1	3	0	a (h k 0 : h)	0.985	Single
65	3	2	0	a (h k 0 : h)	1.000	Single
22	1	2	0	a (h k 0 : h)	0.999	Single
38	3	0	0	a (h k 0 : h)	0.999	Single
45	3	1	0	a (h k 0 : h)	0.993	Overlapped
6	1	1	0	a (h k 0 : h)	0.997	Single
9	0	1	2	b (0 k l : k)	0.981	Single
55	0	3	2	b (0 k l : k)	0.665	Overlapped

（b）查看消光规律

图 8-19 利用 Expo2014 软件确定空间群

8.5 晶胞内的原子数

一旦确定了晶格参数，也就是晶胞的形状，下一步就是由材料的基本信息推导晶胞内的原子数。

首先，通过元素分析技术分析出材料的化学组分，由此得到材料的分子量 M。假设在一个晶胞里有 z 个分子，即包含 z 个化学式单元，由此得出晶胞的质量为 zM。

晶格参数为 a、b、c、α、β、γ，由此计算出晶胞体积 V：

$$V = abc\sqrt{1 - \cos^2\alpha - \cos^2\beta - \cos^2\gamma + 2\cos\alpha \cdot \cos\beta \cdot \cos\gamma} \tag{8-34}$$

根据晶胞的质量 zM 和晶胞体积 V 计算出材料密度（单位为 g/cm^3）：

$$\rho = \frac{zM}{V} \frac{10}{6.022} \approx 1.66 \frac{zM}{V} \tag{8-35}$$

式中，zM/V 为晶胞的密度，单位为 $g \cdot Å^{-3} \cdot mol^{-1}$。为了能与材料密度的常用单位 g/cm^3 统一，在式（8-35）中乘以 10/6.022（与阿伏伽德罗常数有关，$N_A = 6.022 \times 10^{23} mol^{-1}$）。由于材料中总有缺陷、孔隙，理论计算出的密度会比实验测得的密度略大。

如果事先测出了材料密度 ρ，根据式（8-35）就能计算出化学式单元数 z。例如，板钛矿相二氧化钛的化学式为 TiO_2，化学式单元数为 8，说明在一个晶胞里有 8 个 Ti 原子、16 个 O 原子。

化学式单元数 z 为整数，它是由晶体的对称性 s 和晶胞内的分子数 n 共同决定的，即 $z = ns$。其中，s 为特殊等效点位或一般等效点位的多重因子。例如，六角 MoO_3 晶体，其空间群为 $P6_3/m$，等效点位的多重因子为 2、4、6、12，分子量为 143.938a.m.u，晶胞体积为 $357.9Å^3$，当 $n=1$ 时由各等效点位计算出的密度为 $1.34g/m^3$、$2.67g/m^3$、$4.00g/m^3$、$8.01g/cm^3$。因此，六角 MoO_3 的化学式单元数 $z = 1\times6$，此时密度才较为合理。又如，$NiMnO_2(OH)$ 的空间群为 $Cmc2_1$，等效点位的多重因子为 4、8，分子量为 162.65a.m.u，晶胞体积为 $220.86Å^3$，当 $n=1$ 时由各等效点位计算出的密度分别为 $4.89g/cm^3$、$9.78g/cm^3$，仅当 $z = 1\times4$ 时材料密度才比较合理。

小结

本章主要介绍了晶格参数和空间群的确定，这是晶体结构解析的必要环节。本章先介绍了指标化确定晶格参数的原理和方法，再结合实例分步介绍在 MDI Jade、Crysfire2020 软件中如何利用指标化方法确定晶格参数。由于指标化时优先设置低角区衍射峰的晶面指数，所以实验时应尽可能收集到低角区的第一个衍射峰。用于指标化的衍射峰务必来自同一物相的 $K\alpha_1$ 峰，否则很可能得到错误的晶格参数。

晶格参数精修基于 d-值表，不准确的 d-值表必然会引起较大的计算误差。因此，在进行衍射峰拟合时需仔细分峰，在拟合低角区的衍射峰时还需要考虑峰的不对称对峰位的影响。要想得到高精度的晶格参数，在实验时需收集高角区的衍射数据，还需严格分峰、拟合。

空间群的确定是基于衍射峰的强度统计分布，如果测得的峰强偏离理论值，很可能推导出错误的系统消光规律，进而得到错误的空间群。因此，如果样品存在择优取向，制样时需仔细研磨、筛选样品，在测试时将样品以一定的速度绕轴旋转，以尽可能减弱择优取向效应。

确定晶胞内的原子数也是晶体结构解析的重要环节。根据元素分析得到化学式，结合材料密度可以推导出晶胞内的原子数。

思考题

1．指标化确定晶格参数的原理是什么？指标化确定晶格参数的难点、注意事项是什么？

2．如何判断、检验指标化结果的正确性？

3．晶格参数精修的原理是什么？在进行晶格参数精修时有哪些注意事项？引起晶格参数精修不稳定的因素有哪些？

4．如何对没有 PDF 卡片的已知结构进行晶格参数精修？

5．确定空间群的原理是什么？择优取向对空间群的确定有哪些影响？

6．如何估测化学式单元数 z？如何确定晶胞内的原子数？

第9章

晶体结构解析与晶体结构精修

材料的物理、化学性质与其晶体结构紧密相关。例如，$SrFe_2As_2$ 母体[4]的导电性较差，在 240K 附近存在电子密度波。用少量的 P 元素对 As 元素进行部分替换可以有效抑制电子密度波，从而诱导出超导电性。类似地，$YBa_2Cu_3O_7$[68]本身是绝缘体，将该材料在欠氧条件下退火以调节 Cu—O 链上 O 的含量，从而得到 $YBa_2Cu_3O_{7-x}$ 超导体，其超导温度高达 90K。研究晶体内部原子在三维空间中的排列，有助于从微观结构、原子与分子水平理解材料的物理、化学性能的产生机理，为改善材料的性能、探索新型功能材料提供重要的科学基础。

利用 X 射线粉末衍射解析晶体结构的基本流程如下：先对未知材料进行指标化确定晶格参数，利用系统消光规律确定空间群，利用 Le Bail 或 Pawley 全谱拟合提取结构因子，再利用帕特森函数或直接法解析出部分晶体结构，然后利用差分傅里叶技术补全晶体结构，最后对晶体结构模型进行 Rietveld 晶体结构精修得到最终的晶体结构。

本章我们将重点介绍晶体结构解析与晶体结构精修的原理，并结合实例分步介绍如何用 Jana 软件解析晶体结构，以及如何利用 GSAS-II、FullProf 软件精修晶体结构。

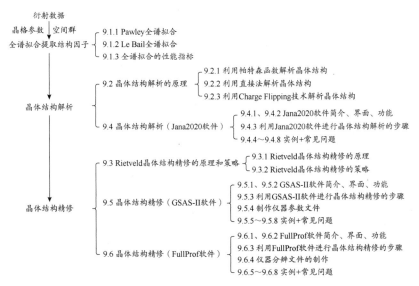

9.1 全谱拟合提取结构因子

结构因子是晶体结构解析与晶体结构精修的基础，在进行晶体结构解析前需先从衍射图中提取出每个衍射峰的积分强度、结构因子的振幅。在提取结构因子的振幅时，晶格参数确定了衍射峰的峰位（在哪些位置上出现衍射峰），在这些峰位上赋予合适的峰形，通过精修峰位、峰形等参数对整张衍射图进行拟合，使计算的衍射图与实验衍射图尽可能吻合。从衍射图中提取结构因子的过程称为全谱拟合（Whole Pattern Fitting，WPF）。在衍射图中常有重叠峰，全谱拟合实际上也是对这些重叠峰进行分峰的过程，所以全谱拟合又称全谱分峰（Full Pattern Decomposition）。

全谱拟合有两种典型的方法：Pawley 全谱拟合和 Le Bail 全谱拟合。下面分别介绍这两种方法。

9.1.1 Pawley 全谱拟合

假设一张衍射图中共有 n 个数据点，第 i 个数据点的强度为 $Y(i)$。在这张衍射图中有 m 个布拉格衍射峰，每个衍射峰的峰强为 I_k，峰形函数为 y_k，背底为 $b(i)$，第 i 个数据点的强度可描述为

$$Y(i) = b(i) + \sum_{k=1}^{m} I_k \left[y_k(x_k) + 0.5 \times y_k(x_k + \Delta x_k) \right] \tag{9-1}$$

式中，求和项中的第一项计算 $K\alpha_1$ 的强度，第二项计算 $K\alpha_2$ 的强度；Δx_k 为 $K\alpha_2$ 与 $K\alpha_1$ 的角度差。整张衍射图中有 n 个数据点，形成由 n 个方程构成的方程组。

在方程组中，背底通常用多项式进行插值处理，峰位 x 由晶格参数决定。衍射峰的形状可用峰形函数描述，常见的峰形函数见 6.8 节。利用最小二乘法精修背底、晶格参数、峰形参数、峰强，求解上述方程组就可以确定各衍射峰的峰位、积分强度，进而得到结构因子的振幅。

如果衍射图不太复杂，如仅有几百个衍射峰，利用 Pawley 技术能很快进行全谱拟合、提取结构因子。但当衍射峰数目超过上千之后，由于最小二乘法的法方程矩阵（The Least Squares Normal Equation Matrix）正比于衍射峰数目的平方，该矩阵变得非常大。此时，利用 Pawley 技术分峰可能失稳、难以收敛，尤其是对于那些相互叠加的弱峰，难以正确分峰。

9.1.2 Le Bail 全谱拟合

Le Bail 全谱拟合同样利用最小二乘法求解由式（9-1）构成的方程组，它与 Pawley 全谱拟合的区别是在每次最小二乘迭代时不用精修衍射强度。在 Le Bail 全谱拟合中，衍射强度可直接从衍射图 Y_i^{obs} 扣除背底 b_i 后的总强度中提取出来：

$$y_{k,i}^{\text{obs}} = p_{k,i} \times \left(Y_i^{\text{obs}} - b_i \right), \ p_{k,i} = y_{k,i}^{\text{obs}} \Big/ \sum_{k=1}^{m} y_{k,i}^{\text{obs}} \tag{9-2}$$

式中，$y_{k,i}^{\text{obs}}$ 是第 k 个衍射峰在第 i 个数据点上产生的衍射强度；$p_{k,i}$ 是第 k 个衍射峰在第 i 个数据点上产生的衍射强度的比例。在 Le Bail 全谱拟合中需要精修的参数有背底、晶格参数、峰形参数，不用精修每个衍射峰的峰强。Le Bail 全谱拟合与晶体结构精修时的 Rietveld 全谱

拟合在原理上是一样的，两者的差别在于在 Le Bail 全谱拟合中不必精修晶体结构的相关参数（如原子位置、原子位移参数、原子占有率等）。

9.1.3 全谱拟合的性能指标

Pawley 全谱拟合和 Le Bail 全谱拟合都利用最小二乘法解方程组，在进行全谱拟合时应确定收敛的标准，以判断在什么条件下为最优拟合。判断最优拟合的方法有两种：差分线和吻合因子。

1. 差分线

差分线（Difference）是指衍射的观察值 Y_i^{obs} 和计算值 Y_i^{calc} 之差，$Y_i^{obs} - Y_i^{calc}$。理想情况下，如果拟合得很好，计算值与观察值完全吻合，那么差分线是平直的，即 $Y_i^{obs} - Y_i^{calc} = 0$。在全谱拟合中，差分线的起伏特征能直观地展示拟合结果的好坏。接下来介绍由峰位、峰宽、峰的不对称引起的差分线的起伏特征。

峰位会引起差分线起伏，形成"S"形或倒"S"形的特征。图 9-1（a）是衍射峰拟合很好的情况，计算峰和观察峰能完美重合，其差分线是平直的，无明显起伏。图 9-1（b）是计算峰的峰位过大的情况，计算峰整体偏向右侧，差分线上表现为"左凸右凹"，形成倒"S"形的特征；相反，如果计算峰的峰位过小，如图 9-1（c）所示，计算峰整体偏向左侧，差分线表现为"左凹右凸"，形成"S"形的特征。在拟合时如果只有峰位没拟合好，差分线起伏的幅度是一样的。

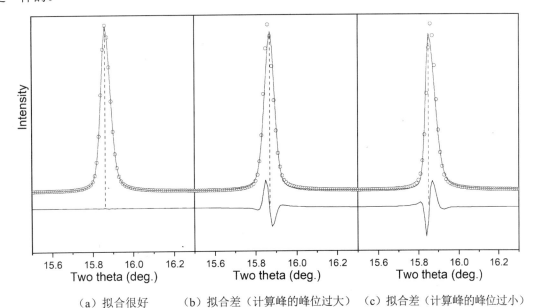

（a）拟合很好　　（b）拟合差（计算峰的峰位过大）　（c）拟合差（计算峰的峰位过小）

图 9-1　峰位对差分线的影响

峰宽会引起差分线起伏，形成"M"形或"W"形的特征。图 9-2（a）是衍射峰拟合很好的情况，计算峰和观察峰能完美重合，其差分线是平直的，无明显起伏。图 9-2（b）中计算峰的半高宽过宽，差分线表现为"W"形的特征，即峰位处上凸、峰位两侧下凹。如果计算峰的半高宽过窄，如图 9-2（c）所示，差分线表现为"M"形的特征，即峰位处下凹、峰两侧上凸。在拟合时如果只有峰宽没拟合好，差分线上"W"形或"M"形的特征是左右对称的。

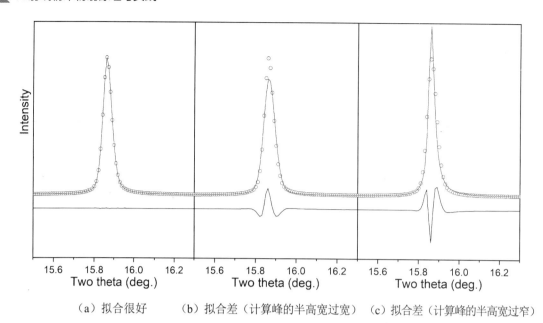

（a）拟合很好　　　　（b）拟合差（计算峰的半高宽过宽）　　（c）拟合差（计算峰的半高宽过窄）

图 9-2　峰宽对差分线的影响

　　峰的不对称也会引起差分线的起伏，但其起伏特征较为复杂。图 9-3（a）是衍射峰拟合很好的情况，计算峰和观察峰能完美重合，其差分线是平直的，无明显起伏。图 9-3（b）中计算峰往左倾，使得左侧的峰尾低于观察峰，对应的差分线上凸，右侧的峰位略高于观察峰，对应的差分线下凹。如果计算峰右倾，如图 9-3（c）所示，计算峰的峰尾左高右低，左侧峰尾对应的差分线下凹，右侧峰尾对应的差分线上凸。另外，峰的不对称会引起峰位的偏移，使差分线较为复杂。在实际分析中，建议直接观察拟合峰和计算峰的差异。

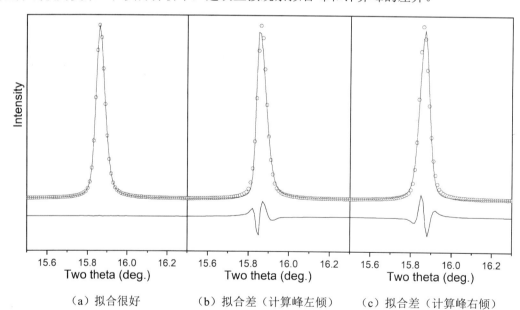

（a）拟合很好　　　　　（b）拟合差（计算峰左倾）　　　（c）拟合差（计算峰右倾）

图 9-3　峰的不对称对差分线的影响

2．吻合因子

假设一个衍射图中有 n 个数据点，第 i 个数据点的观察值和计算值分别为 Y_i^{obs}、Y_i^{calc}；在衍射图中有 m 个布拉格衍射峰，第 j 个衍射峰的积分强度的观察值和计算值分别为 I_j^{obs}、I_j^{calc}；第 i 个数据点的权重为 w_i，精修参数的数目为 p。在数值计算中，一般采用吻合因子（在不同场合下又称品质因子、残差因子或可信度因子）来定量描述全谱拟合结果的好坏。常见的吻合因子有以下几种。

（1）衍射图的残差因子（Profile Residual Factor）R_p：

$$R_\text{p} = \frac{\sum_{i=1}^{n} \left| Y_i^{\text{obs}} - Y_i^{\text{calc}} \right|}{\sum_{i=1}^{n} Y_i^{\text{obs}}} \times 100\% \tag{9-3}$$

（2）衍射图的加权/权重残差因子（Weighted Profile Residual Factor）R_wp：

$$R_\text{wp} = \left[\frac{\sum_{i=1}^{n} w_i \left(Y_i^{\text{obs}} - Y_i^{\text{calc}} \right)^2}{\sum_{i=1}^{n} w_i \left(Y_i^{\text{obs}} \right)^2} \right]^{1/2} \times 100\% \tag{9-4}$$

（3）衍射图的期望残差因子（Expected Profile Residual Factor）R_exp，能反映衍射强度的计数统计特征：

$$R_\text{exp} = \left[\frac{n - p}{\sum_{i=1}^{n} w_i \left(Y_i^{\text{obs}} \right)^2} \right]^{1/2} \times 100\% \tag{9-5}$$

（4）拟合优度（Goodness of Fit）χ^2：

$$\chi^2 = \frac{\sum_{i=1}^{n} w_i \left(Y_i^{\text{obs}} - Y_i^{\text{calc}} \right)^2}{n - p} = \left[\frac{R_\text{wp}}{R_\text{exp}} \right]^2 \tag{9-6}$$

$$\chi = R_\text{wp} / R_\text{exp}$$

拟合优度的理想值为 1。在衍射实验中，如果扫描速率过慢、强度很强，R_exp 会很小，拟合优度可能远大于 1。相反地，如果扫描速率过快，R_exp 会很大，拟合优度可能远小于 1。式（9-3）～式（9-6）用来判断计算峰和实验峰的吻合情况，这些因子中已经包含了背底的影响。也就是说，即使衍射峰没能较好地拟合，强的背底也会减小衍射图的残差因子，如图 9-4 所示。因此，在用 R_p、R_wp、R_exp、χ^2 来评估精修结果的好坏时不能仅看这些残差因子是否很小，还要观察差分线是否平直，并评估背底的影响。R_p、R_wp、R_exp、χ^2 四个残差因子只能反映计算峰是否与观察峰吻合，无法体现晶体结构模型的准确性。理想情况下，R_wp 应与 R_exp 一致，精修时 R_wp 应不断接近 R_exp。另外，Rietveld 晶体结构精修时的 R_wp 应接近 Le Bail 全谱拟合（不含结构）时的 R_wp。

（5）布拉格衍射的残差因子（Bragg Residual Factor）R_B 或 R_F：

$$R_B = \frac{\sum\limits_{j=1}^{m}\left|I_j^{\mathrm{obs}} - I_j^{\mathrm{calc}}\right|}{\sum\limits_{j=1}^{m} I_j^{\mathrm{obs}}} \times 100\%$$

$$R_F = \frac{\sum\limits_{j=1}^{m}\left|\sqrt{I_j^{\mathrm{obs}}} - \sqrt{I_j^{\mathrm{calc}}}\right|}{\sum\limits_{j=1}^{m} \sqrt{I_j^{\mathrm{obs}}}} \times 100\% \qquad (9\text{-}7)$$

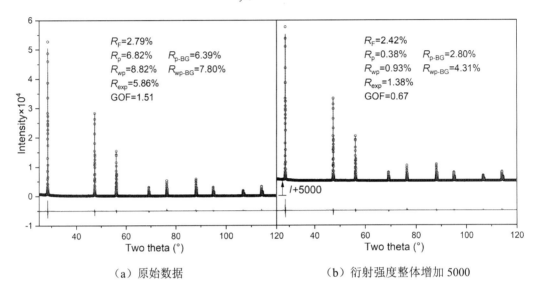

（a）原始数据 　　　　　　（b）衍射强度整体增加 5000

图 9-4　背底对吻合因子的影响

R_B 或 R_F 考虑了由晶体结构模型计算出的布拉格衍射峰和实验峰之间的吻合程度，该值越小说明晶体结构模型越准确。R_B 或 R_F 是评估晶体结构解析与晶体结构精修结果的主要参数。

需要注意的是，上述残差因子能较好地反映晶体结构精修结果的好坏，但不应过度解读。判断晶体结构精修结果好坏的主要依据有：①计算峰和观察峰是否吻合；②精修得到的晶体结构的键长、键角是否合理，原子占有率、价态是否与 X 射线光电子能谱仪（XPS）或 X 射线能谱仪（EDS）测得的化学组分一致，其结构与红外吸收谱、拉曼散射谱、电镜中得到的结果是否自洽等。

9.2 晶体结构解析的原理

当 X 射线照射到材料上时，原子核外的电子云（用电子密度分布来描述）散射 X 射线产生 X 射线散射波。晶胞内各原子的散射波相互叠加，如果在观察方向上叠加后散射波的振幅 $|F|$ 大于 0，就能在该方向上观察到 X 射线衍射峰 $|F(hkl)|^2$。在散射波的叠加过程中，还需考虑各散射波的相位 $\varphi(hkl)$，这与晶胞内原子的相对位置 (x,y,z) 有关。上述过程可以用式（9-8）中的结构因子 $F(hkl)$ 表示：

$$F(hkl) = |F(hkl)| \cdot \exp[i\varphi(hkl)] = \sum_{j=1}^{N} f_j \cdot \exp\left[2\pi i\left(hx_j + ky_j + lz_j\right)\right] \tag{9-8}$$

式中，f_j 为晶胞内第 j 个原子的原子散射因子，表征该原子对 X 射线的散射能力，它与电子密度分布（Electron-Density Distribution）有关；N 为晶胞内的原子数，求和遍及晶胞内的所有原子。式（9-8）告诉我们，只要知道晶体结构，即晶胞大小和晶胞内的原子（包括原子种类和原子相对位置，其中原子种类定义了原子对 X 射线的散射能力），就能利用该公式计算晶体结构的衍射图。需要注意的是，在衍射实验中，我们无法收集相位 $\varphi(hkl)$ 信息，仅记录了衍射峰的振幅 $|F(hkl)|$ 或强度。

如果能完整记录每个衍射峰的结构因子（振幅和相位），就能通过反傅里叶变换（Inverse Fourier Transform）得到电子密度 $\rho(xyz)$，解析出晶体结构。

$$\rho(xyz) = \frac{1}{V} \sum_{hkl} F(hkl) \exp\left[-2\pi i\left(hx_j + ky_j + lz_j\right)\right] \tag{9-9}$$

式（9-9）表明，为了确定电子密度或晶胞内的原子，需要收集所有衍射峰的结构因子（振幅和相位）。但在衍射实验中，这是难以实现的，因为：①衍射实验难以收集到所有的衍射峰，即无法覆盖整个倒易空间，这会引起原子周围的电子密度产生"涟漪"，即电子密度发生畸变（衍射角范围越小，涟漪效应就越明显）；②衍射实验无法记录相位信息。因此，利用 X 射线粉末衍射解析晶体结构的难点就在于，如何利用不完整的衍射数据通过傅里叶合成（Fourier Synthesis）方法计算电子密度图来解析出晶体结构。

9.2.1 利用帕特森函数解析晶体结构

在衍射实验中，我们只能记录衍射峰的峰强或结构因子的振幅 $|F(hkl)|$，无法记录相位 $\varphi(hkl)$，不能通过直接对衍射数据进行傅里叶变换来计算电子密度。

$$\rho(xyz) = \frac{1}{V} \sum_{hkl} |F(hkl)| \cdot \exp[i\varphi(hkl)] \cdot \exp\left[-2\pi i\left(hx_j + ky_j + lz_j\right)\right] \tag{9-10}$$

A. L. Patterson 指出，在式（9-10）中，用衍射强度 $|F(hkl)|^2$ 或 $F(hkl)^* \times F(hkl)$ 来替代结构振幅 $|F(hkl)|$，同时忽略相位部分 $\exp[i\varphi(hkl)]$，就能得到帕特森函数（Patterson Function）或帕特森图（Patterson Map）：

$$P(uvw) = \frac{1}{V} \sum_{hkl} |F(hkl)|^2 \cdot \exp\left[2\pi i\left(hx_j + ky_j + lz_j\right)\right] \tag{9-11}$$

帕特森函数直接对衍射数据进行傅里叶变换，它与电子密度分布图很像，但并不是电子密度分布图。帕特森图中的峰对应的并不是原子，而是原子对（Atomic Pair）之间的矢量。例如，晶胞内有原子 A(x_1, y_1, z_1)和原子 B(x_2, y_2, z_2)，在帕特森图中的(x_1-x_2, y_1-y_2, z_1-z_2)和(x_2-x_1, y_2-y_1, z_2-z_1)处出现帕特森峰，分别对应 A→B 和 B→A 的原子对矢量。因此，利用帕特森函数解析晶体结构的主要任务就是通过帕特森峰（原子对矢量）来确定原子坐标。

在数学上，正空间中两个函数的乘积等效于倒空间中这两个函数的傅里叶变换的卷积。由于帕特森函数是结构因子与其共轭函数的乘积，所以帕特森函数也可以看作原子对之间的解卷：

$$P(uvw) = \int_{cell} \rho(x,y,z) \cdot \rho(u-x, v-y, w-z) \mathrm{d}x\mathrm{d}y\mathrm{d}z \qquad （9\text{-}12）$$

1. 帕特森函数的特征

（1）如果晶胞内有 N 个原子，会出现 N^2 个帕特森峰。其中，最强峰总位于帕特森图的原点(0,0,0)处，它源于原子自己和自己形成的 N 个矢量，如图 9-5 所示；在帕特森图中，除原点外，还有 $N^2 - N$ 个峰。

（2）无论晶体有无对称中心，帕特森图总是中心对称的，如图 9-5 所示。A、B 两个原子形成的原子对有 A→B 和 B→A 两个矢量，这两个矢量是等大、反向的。因此，由其产生的两个帕特森峰以帕特森图的原点为对称中心呈中心对称分布；晶体中的螺旋轴、滑移面在帕特森图中对应于旋转轴和镜面。这意味着帕特森图所具有的点群对称性和衍射图的点群对称性是相同的。因此，帕特森图具有晶体的 24 种帕特森空间群（11 种劳厄群和点阵中心的组合）。

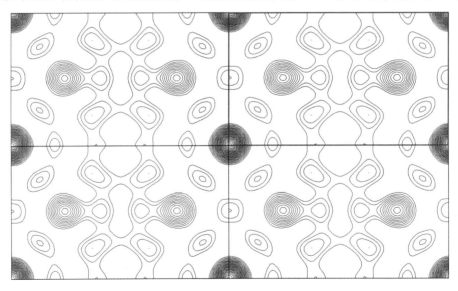

图 9-5　板钛矿相二氧化钛的帕特森图

（该图由 4 个晶胞拼接而成，以体现中心对称性）

（3）帕特森峰与电子密度峰相似，但峰宽是电子密度峰的两倍。因此，帕特森图中有很多重叠峰。

（4）帕特森峰的强度正比于构成原子对的两个原子的原子序数的乘积。如果晶胞内除较轻的原子外还有少量的重原子，就会出现很强的帕特森峰。因此，如果晶胞内含有轻、重原子，就可以用帕特森函数解析出重原子。

2. 如何从帕特森图中找出重原子

如果晶胞内除较轻的原子外还有少量的重原子,这些重原子就会形成很强的帕特森峰。如果能用这些很强的帕特森峰推导出重原子的位置,由此就可建立不完整的晶体结构模型。之后用模型中的重原子计算出近似的相位,就可以用差分傅里叶合成方法解析出剩余的晶体结构。帕特森图的分析过程如下:

① 根据空间群的对称操作和原子等效点位(包括一般等效点位和特殊等效点位),构建帕特森矢量表。

② 在帕特森图中确定帕特森峰的坐标(u, v, w)。

③ 利用帕特森矢量表中的原子对矢量确定重原子的坐标。

下面用几个实例来简要介绍如何从帕特森图中找出重原子。

(1)空间群为$P\bar{1}$,非对称单元中有 1 个重原子。

由于该晶体具有中心对称性,在晶胞内有 A、B 两个原子,分别位于(x, y, z)和$(-x, -y, -z)$处,如图 9-6(a)所示。由于晶体的平移对称性,B 原子的位置$(-x, -y, -z)$等效于$(1-x, 1-y, 1-z)$。其中,A→A、B→B 在帕特森图的原点处形成最强峰,如图 9-6(b)所示。A→B 在$(2x, 2y, 2z)$处形成一个帕特森峰;B→A 在$(-2x, -2y, -2z)$处形成另一个帕特森峰,这两个帕特森峰是中心对称的。为方便描述,通常将$(-2x, -2y, -2z)$处的帕特森峰平移到同一晶胞中,其坐标变为$(1-2x, 1-2y, 1-2z)$。

以上描述表明,该晶体共产生 3 个帕特森峰,最强峰位于原点处,另外两个帕特森峰具有相同的矢量长度,分布位于$(2x, 2y, 2z)$和$(1-2x, 1-2y, 1-2z)$处,如图 9-6(b)所示。

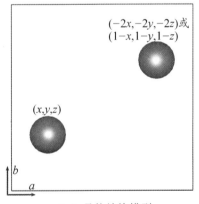
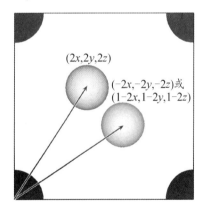

(a)晶体结构模型   (b)三维帕特森图

图 9-6 空间群为$P\bar{1}$的晶体的帕特森图(非对称单元中有 1 个重原子)

我们可以由帕特森峰反推出原子的位置。例如,从帕特森图中测出其中一个帕特森峰的坐标为$(2x, 2y, 2z)$,那么该原子的坐标为$(2x, 2y, 2z)/2 \rightarrow (x, y, z)$;另一个帕特森峰的坐标为$(1-2x, 1-2y, 1-2z)$,那么该原子的坐标为$(1-2x, 1-2y, 1-2z)/2+(0.5, 0.5, 0.5) \rightarrow (1-x, 1-y, 1-z)$。

只要从帕特森图中测出帕特森峰的位置,就可以从帕特森矢量表中直接读出原子坐标。

① 建立帕特森矢量表:查找空间群表,$P\bar{1}$空间群的一般等效点位分别为(x, y, z)和$(-x, -y, -z)$。由这些等效点位构成操作矩阵,等效点位相减就构成矩阵元,如表 9-1 所示。

表 9-1 $P\bar{1}$ 空间群产生的帕特森矢量表

$P\bar{1}$	x,y,z	$-x,-y,-z$
x,y,z	$0,0,0$	$-2x,-2y,-2z$ 或 $1-2x, 1-2y, 1-2z$
$-x,-y,-z$	$2x,2y,2z$	$0,0,0$

② 比对帕特森矢量表，确定原子位置：假设帕特森峰位于$(2x, 2y, 2z)$处，从表 9-1 中就能直接读出原子的位置为(x, y, z)和$(-x, -y, -z)$。

（2）空间群为$P2_1/c$，非对称单元中有 1 个重原子。

在空间群$P2_1/c$中，如果非对称单元中有 1 个重原子，该原子在螺旋轴、滑移面、对称中心的共同作用下在晶胞中生成 4 个原子，如图 9-7（a）所示。这 4 个原子的坐标分别为(x, y, z)、$(-x, -y, -z)$、$(x, 1/2-y, 1/2+z)$、$(-x, 1/2+y, 1/2-z)$，这些坐标正好是该空间群的一般等效点位的对称操作。

这 4 个原子共产生 16 个原子对矢量，如表 9-2 所示（只需将空间群中的原子一般等效点位相减就能得到该表）。其中，原子自身产生 4 个原子对$(0, 0, 0)$，在帕特森图的原点处，剩余的帕特森峰按$2/m$劳厄群分布，如图 9-7（b）所示。如果某个空间群中含有旋转轴、镜面、螺旋轴、滑移面，该晶体中的原子将产生特殊的帕特森矢量，这些矢量的坐标很特殊，易于辨别。在帕特森图中，将那些包含特殊坐标的帕特森峰的面或线称为 Harker Planes/Sections 或 Harker Lines。

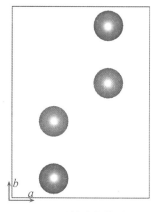

（a）晶体结构模型

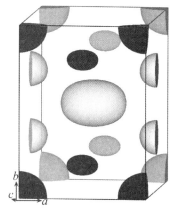

（b）三维帕特森图

图 9-7 空间群为$P2_1/c$的晶体的帕特森图（非对称单元中有 1 个重原子）

表 9-2 $P2_1/c$ 空间群产生的原子对矢量

$P2_1/c$	x,y,z	$-x,-y,-z$	$x,1/2-y,1/2+z$	$-x,1/2+y,1/2-z$
x,y,z	$0,0,0$	$-2x,-2y,-2z$	$0,1/2-2y,1/2$	$-2x,1/2,1/2-2z$
$-x,-y,-z$	$2x,2y,2z$	$0,0,0$	$2x,1/2,1/2+2z$	$0,1/2+2y,1/2$
$x,1/2-y,1/2+z$	$0,1/2+2y,1/2$	$-2x,1/2,1/2-2z$	$0,0,0$	$-2x,2y,-2z$
$-x,1/2+y,1/2-z$	$2x,1/2,1/2+2z$	$0,1/2-2y,1/2$	$2x,-2y,2z$	$0,0,0$

例如，在本例中有一个强峰位于$(u, 1/2, w)$处（表 9-2 中的阴影部分）。由该强峰可以确定重原子的坐标$x = u/2$ 和 $z = (w - 0.5)/2$；该原子的y坐标可由$(0, v, 1/2)$处的帕特森峰推导出来，

$y = (v - 0.5)/2$。所得原子的坐标还可以用$(2x, 2y, 2z)$处的帕特森峰来核对。

如果某个晶体难以通过强度统计、E 值图确定空间群，也可以尝试使用帕特森图。帕特森图中某些特殊的帕特森峰可以用来确定是否存在旋转轴、镜面、螺旋轴、滑移面等对称元素。

3. 帕特森函数的使用

在利用帕特森函数进行晶体结构解析时，软件将自动识别帕特森峰、给出帕特森峰的列表。下面通过实例来介绍如何从这些帕特森峰中推导出原子坐标。

某个分子的化学式为 $C_{54}H_{66}B_2CdF_8O_{18}P_2$，空间群为 $C2/c$，化学式单元数 $z = 8$。期望分子含键角为 $180°$ 的 P—Cd—P 链，Cd—P 的键长约为 2.4Å。

在实验中观察到 6 个帕特森峰，如表 9-3 所示。

表 9-3　$C_{54}H_{66}B_2CdF_8O_{18}P_2$ 的实验帕特森峰和理论帕特森峰

实验帕特森峰						理论帕特森峰				
No.	x	y	z	height	dist	No.	x	y	z	height
1	0.0000	0.0000	0.0000	5824	0.17	a	0	0	0	8
2	0.5000	0.2149	0.5000	2011	18.13	b	2x	0	1/2+2z	4
3	−0.2248	0.0166	0.4314	2009	20.14	c	0	2y	1/2	4
4	0.0014	0.0137	0.0768	1172	2.46	d	2x	2y	2z	2
5	−0.2756	0.2198	0.0680	1115	12.54					
6	0.2191	0.0121	0.4896	726	13.51					

（1）根据化学式计算帕特森峰的强度

该分子的化学式为 $C_{54}H_{66}B_2CdF_8O_{18}P_2$，其原子自身形成的帕特森峰的强度如表 9-4 所示。

表 9-4　$C_{54}H_{66}B_2CdF_8O_{18}P_2$ 的原子自身形成的帕特森峰的强度

原子	z_i	z_j	n_i	z	强度
Cd	48	48	1	8	18432
P_2	15	15	2	8	3600
F_8	9	9	8	8	5184
O_{18}	8	8	18	8	9216
C_{54}	6	6	54	8	15552
B_2	5	5	2	8	400
H_{66}	1	1	66	8	528

原点处帕特森峰的强度就是各原子自身帕特森峰的强度之和，$P_0 = 52912$，标度因子 $\kappa = 5824/52912 = 0.11$。$C_{54}H_{66}B_2CdF_8O_{18}P_2$ 的帕特森峰的理论强度如表 9-5 所示。

表 9-5　$C_{54}H_{66}B_2CdF_8O_{18}P_2$ 的帕特森峰的理论强度

原子对		z_i	z_j	κ	多重因子 M	强度
Cd	Cd	48	48	0.111	1, 2, 4, 8	254, 507, 1014, 2029
Cd	P_2	48	15	0.111	1, 2, 4, 8	159, 317, 638, 1268
P_2	P_2	15	15	0.111	1, 2, 4, 8	99, 198, 396, 792

（2）利用空间群推导出帕特森矢量表

空间群为 $C2/c$，一般等效点位产生的原子坐标分别为(x, y, z)、$(x, -y, 1/2-z)$、$(-x, -y, -z)$、$(-x, y, 1/2+z)$。考虑到该空间群产生的帕特森图的对称性，将产生 4 个帕特森峰，如表 9-3 所示。

（3）将实验帕特森峰值和理论帕特森峰值进行比较，推导出原子坐标

将实验帕特森峰值和理论帕特森峰值进行比较（见表 9-6），根据峰值的匹配程度可知，第 2、3、5 个峰源于 Cd—Cd。由第 2 个峰得到 Cd 的原子坐标 $0.2149 = 2y$，即 $y = 0.2149/2 = 0.1075$。由第 3 个峰得到 Cd 的原子坐标$-0.2248 = 2x$，即 $x = -0.2248/2 = -0.1124$；$0.4314 = 1/2+2z$，即 $z = (0.4314-0.5)/2 = -0.0343$。由此得到 Cd 原子的坐标$(-0.1124, 0.1075, -0.0343)$。

表 9-6　帕特森峰的比较

实验帕特森峰						理论帕特森峰				
No.	x	y	z	height	dist	No.	x	y	z	height
1.	0.0000	0.0000	0.0000	5824	0.17	a	0	0	0	8
2.	0.5000	0.2149	0.5000	2011	18.13	c	0	$2y$	1/2	4
3.	-0.2248	0.0166	0.4314	2009	20.14	b	$2x$	0	$1/2+2z$	4
4.	0.0014	0.0137	0.0768	1172	2.46					
5.	-0.2756	0.2198	0.0680	1115	12.54	d	$2x$	$2y$	$2z$	2
6.	0.2191	0.0121	0.4896	726	13.51					

由于第 4 个峰的矢量长度与预期键长接近（2.4Å），所以第 4 个峰为 Cd—P 峰。由于 Cd 原子位于$(-0.1124, 0.1075, -0.0343)$处，第 4 个帕特森峰位于$(0.0014, 0.0137, 0.0768)$处，所以两者相加就能得到 P 原子的坐标$(-0.1110, 0.1212, 0.0425)$。

9.2.2　利用直接法解析晶体结构

X 射线衍射只能记录各衍射峰的峰强或结构因子的振幅，并不能完整地记录结构因子（振幅和相位）。直接法（The Direct Method）是充分利用各衍射峰的峰强或结构因子的振幅直接推导出相位信息，进而解析晶体结构的方法。

由于电子密度的物理属性是明确的，可以利用这些属性对电子密度进行约束。由于电子密度与结构因子相关（傅里叶变换），对电子密度进行约束就相当于对结构因子进行约束。由于结构因子的振幅（或各衍射峰的峰强）是已知的，对电子密度进行约束就相当于对结构因子的相位进行约束，以此来推导出相位信息。

1. 电子密度的约束条件

下面简要介绍电子密度的约束条件[64]：

（1）原子总是离散的、不连续的

材料中的原子总是离散的、不连续的。为了利用该特性，需要从结构因子 F_o 中剔除原子形状效应的影响，将其归一化为 E 值，即归一化结构因子（Normalized Structure Factors）：

$$\left| E(hkl) \right|^2 = \frac{\left| F_o(hkl) \right|^2}{\varepsilon_{hkl} \sum_{i=1}^{N} f_i^2} \tag{9-13}$$

式中，ε_{hkl} 表征空间群对衍射强度的影响；f_i 为原子散射因子。这样，E 值就近似为处于静止状态的点原子（几何点）的傅里叶系数。对 E 值进行傅里叶变换得到点原子，点原子再卷积原子散射因子就能得到电子密度。如果所计算的电子密度图中不含电子密度峰，说明归一化是不合适的或没有物理意义的。

使用归一化结构因子的好处是消除了倒易空间中结构振幅随衍射角迅速衰减的问题，同时将描述晶体结构的原子球模型变为点原子模型。

$$E(hkl) \quad\quad \times \quad\quad \text{原子散射因子} \quad\quad = \quad\quad \text{结构因子}F(hkl)$$

$$\Big\updownarrow\text{傅里叶变换} \quad\quad\quad \Big\uparrow\text{傅里叶变换} \quad\quad\quad \Big\updownarrow\text{傅里叶变换}$$

$$\text{点原子} \quad\quad \boxtimes \quad\quad \text{真实原子} \quad\quad = \quad\quad \text{电子密度}\rho(xyz)$$

（2）电子密度总是非负的

电子密度总是非负的，即 $\rho(xyz) \geqslant 0$。利用这一特征可以对傅里叶系数进行如下约束：

$$\begin{vmatrix} E(0) & E(h_1) & E(h_2) & \dots & E(h_n) \\ E(-h_1) & E(0) & E(-h_1+h_2) & \dots & E(-h_1+h_n) \\ \vdots & \vdots & \vdots & & \vdots \\ E(-h_n) & E(-h_n+h_1) & E(-h_n+h_2) & \dots & E(0) \end{vmatrix} \geqslant 0 \quad (9\text{-}14)$$

式（9-14）称为 Karle Hauptman 不等式，等式左侧为 Karle Hauptman 矩阵的秩，h 代表晶面指数 hkl。由于归一化结构因子 $E(h)$ 和 $E(-h)$ 互为复共轭，Karle Hauptman 矩阵的秩具有哈密顿对称性。

接下来利用 Karle Hauptman 不等式来约束相位。假设归一化结构因子构成 3×3 矩阵，有

$$\begin{vmatrix} E(0) & E(h) & E(k) \\ E(-h) & E(0) & E(-h+k) \\ E(-k) & E(-k+h) & E(0) \end{vmatrix} \geqslant 0 \quad (9\text{-}15)$$

如果是中心对称的结构，那么有 $E(-h) = E(h)$。Karle Hauptman 不等式表示为

$$E(0)\left[|E(0)|^2 - |E(h)|^2 - |E(k)|^2 - |E(h-k)|^2\right] + 2E(h)E(-k)E(-h+k) \geqslant 0 \quad (9\text{-}16)$$

在运动学衍射条件下，透射束与衍射束的强度近似互补。因此，只要衍射峰足够多，$E(h)E(-k)E(-h+k)$ 就必为非负的，即 $E(h)E(-k)E(-h+k) \geqslant 0$。

如果归一化结构因子构成 4×4 矩阵，且为中心对称结构，则存在如下关系：

$$-2E(-h)E(-k)E(-l)E(h+k+l) \geqslant 0 \quad (9\text{-}17)$$

该不等式的左侧有 4 个结构因子，称为四相结构不变量（4-Phase Structure Invariants）。当计算的电子密度出现负值时，即可用该属性对相位进行约束。

（3）原子以一定的概率占据在某个原子位置上

原子以一定的概率占据在某个原子位置上。原子位置是由相位决定的，所以相位也具有概率分布的特征。对于非中心对称的结构，相位的概率分布表示为

$$P(\phi(h,k)) = \frac{\exp\left[\kappa(h,k) \cdot \cos(\phi(h,k))\right]}{2I_0(\kappa(h,k))} \quad (9\text{-}18)$$

式中，$\kappa(h,k) = 2N^{1/4}|E(-h)E(h-k)E(k)|$，$\phi(h,k) = \phi(-h) + \phi(h-k) + \phi(k)$，其中 N 为晶胞

内的原子数。$\phi(h)$ 为 $E(h)$ 的相位，即 $E(h)=|E(h)|\exp(\mathrm{i}\phi(h))$。由于相位 $\phi(h,k)$ 接近 0 或 π，存在如下相位关系：

$$\phi(h) \approx \phi(h-k) + \phi(k) \tag{9-19}$$

概率分布的宽度是由 $\kappa(h,k)$ 决定的。$\kappa(h,k)$ 越大，概率分布就越窄，其相位就越接近 0，即对相位进行强约束。

（4）整个晶胞内的电子密度最大化

整个晶胞内的电子密度最大化，即 $\int \rho^3(xyz)\mathrm{d}V$ 的最大化，不仅能增强正的电子密度峰，还能抑制负的电子密度。为了找到晶胞内最强的电子密度，将电子密度表示为傅里叶级数的形式，对其相位求导。当导数为 0 时，就能得到电子密度的最大值，满足正切公式（Tangent Formula）：

$$\tan(\phi(h)) \approx \frac{\sum_k |E(k) \cdot E(h-k)| \sin(\phi(k)+\phi(h-k))}{\sum_k |E(k) \cdot E(h-k)| \cos(\phi(k)+\phi(h-k))} \tag{9-20}$$

由此得出 $\phi(h)$ 近似等于 $\sum_k E(k) \cdot E(h-k)$ 的相位。

（5）Sayre 方程

Sayre 假设在一个结构中电子密度总是非负的，而且电子密度集中在某些极值处（如原子核处），推导出了 Sayre 方程（Sayre Equation）：

$$F(h) = \frac{\Theta(h)}{V} \sum_k F(k)F(h-k) \tag{9-21}$$

式中，$\Theta(h)$ 为平方原子的散射因子，求和遍及整个倒易空间。该约束条件表明，如果对电子密度取平方，在电子密度峰的位置上也会出现相同的电子密度峰，只是峰形发生了改变。该方程成立的条件是晶胞内各原子等重，原子的电子密度互不叠加。

Sayre 方程表明，任何衍射点的结构因子 E_{hkl} 都可以用所有指数和为 hkl 的衍射对（Diffraction Pair）的结构因子乘积之和表示。例如，指数 321 等于 100+221 或 110+211 或 111+210，那么 $E_{321} = E_{100} \cdot E_{221} + E_{110} \cdot E_{211} + E_{111} \cdot E_{210} + \cdots$。

在实际分析中，如果衍射对中的某个衍射很弱，或者两个衍射都很弱，该衍射对对结构因子的贡献很小，可以忽略不计，从而简化计算。

2．利用直接法解析晶体结构的基本步骤

由于直接法能自动解析晶体结构且易于使用，直接法已成为晶体结构解析中最常用的方法之一。下面简要介绍利用直接法解析晶体结构的基本步骤：

（1）指标化确定晶格参数、空间群

指标化确定晶格参数的过程，参考 8.1～8.3 节；利用系统消光规律确定空间群的过程，参考 8.4 节。

（2）通过全谱拟合提取结构因子

先利用步骤（1）中确定的晶格参数、空间群计算出衍射线，再对每一条衍射线设置合适的峰形参数，通过精修峰位、峰形相关的参数进行全谱拟合，提取出结构因子 $|F_o(hkl)|$。详细介绍见 9.1 节。

（3）计算归一化结构因子

利用式（9-13）将步骤（2）中的结构因子 $|F_o(hkl)|$ 转换为归一化结构因子 $|E(hkl)|$。在计算归一化结构因子的同时，还可以对衍射强度进行强度统计，得到 Wilson 强度统计分布图，简称 Wilson 图（Wilson Plot）。如果整个衍射图的 $||E|^2-1|$ 的平均值接近 0.74，说明该晶体为非中心对称的晶体；如果该值接近 0.97，说明该晶体为中心对称的晶体。类似地，Wilson 图也可以用来确定旋转轴、镜面等对称元素。

注意：结构因子的归一化过程涉及原子散射因子和空间群对衍射强度的影响，所以在利用直接法解析晶体结构前需确定材料的化学组分、空间群。如果化学组分不准确或空间群有误，则无法准确解析晶体结构。

（4）设置相位关系

从归一化结构因子 $|E(hkl)|$ 中找出满足式（9-19）的三组结构因子，这三组结构因子中的每一组都可以代入式（9-20）进行计算。另外，还需从结构因子中找出满足式（9-17）的相位关系。

（5）找到用于确定相位的衍射峰

为了得到可信度足够高的相位，通常只用结构因子最高的几个衍射峰来确定相位。利用式（9-20）可以剔除相位可信度 $\alpha(h)$ 较低的衍射峰。相位可信度 $\alpha(h)$ 可根据式（9-22）进行评估：

$$\alpha(h) = 2\sqrt{N}\,|E(h)|\left|\sum_k E(k)\cdot E(h-k)\right| \tag{9-22}$$

$\alpha(h)$ 的值越大，该相位的可信度就越高。只有相位的可信度足够高且满足相位关系的衍射峰才能用于确定相位。

（6）设置初始相位

为了能利用式（9-20）计算相位，式（9-20）中的每一项都需要设置初始相位。初始相位不一定准确，也不期望能用初始相位直接计算出正确的相位。随机相位或从近似的电子密度图中计算出的相位都可以作为初始相位。

（7）确定相位

将初始相位代入式（9-20）就能计算出新的相位。接着利用 Monte Carlo 技术进行多轮计算，使计算出的相位逐渐收敛，得到稳定的相位。

（8）计算品质因子

在步骤（7）中用 Monte Carlo 技术计算相位时，每计算一轮相位，就要评估一次这些相位的品质：

$$R_\alpha = \sum_h |\alpha(h) - \alpha_e(h)| \Big/ \sum_h \alpha_e(h) \tag{9-23}$$

这是实际可信度 $\alpha(h)$ 和估测可信度 $\alpha_e(h)$ 的残差，正确的相位应具有较小的残差。

（9）计算、识别电子密度图

根据步骤（8）中计算出的品质因子，挑选出品质最好的相位，将这些相位与对应的结构振幅结合形成结构因子，计算出电子密度图。在电子密度图中，电子密度峰所在的位置就是原子占据的位置，即确定了原子的坐标 (x, y, z)。电子密度峰越强，说明原子越重。该特征可用于区分、设置原子种类。需要注意的是，到现在为止，我们只用部分相位来计算电子密度图，所得到的电子密度图很粗糙，并不是所有的电子密度峰都对应着原子，有的弱峰处可能没有原子占据。在这一步中通常只能解析出部分原子，不能得到完整的晶体结构。

（10）补全结构

如果在步骤（9）中没有解析出完整的晶体结构，则在这一步中利用已解析出的原子计算相位（较为准确），经过多轮计算后利用差分傅里叶合成方法就能得到完整的晶体结构。

9.2.3 利用 Charge Flipping 技术解析晶体结构

2004 年，Gabor Oszlanyi 和 Andras Süto 提出了 Charge Flipping 技术[69-70]，该技术仅利用结构因子的振幅，通过多次迭代就能重构出电子密度。Charge Flipping 技术的优点就是，只需结构因子的振幅，不需要空间群、化学式、化学式单元数等信息，非常适用于解析调制结构、准晶结构。在利用 Charge Flipping 技术解析晶体结构时，如果是简单结构，解析过程几乎是全自动的，无须人为干预；如果是复杂结构，还有多种参数可以设置。

1. Charge Flipping 技术原理

材料的电子密度不可能为负值，如果在电子密度图中有负的电子密度峰，则将负的电子密度峰设置为正值，以此来约束相位。为了确定晶胞内各点的电子密度，将电子密度图栅格化，每个格子的大小为 $N_{pix} = N_1 \times N_2 \times N_3$ 像素，每个格子内的电子密度为 ρ_i，其中 $i = 1, 2, \cdots, N_{pix}$。Charge Flipping 迭代的基本过程[71]如下：

（1）初始化

设置随机初始相位 $\phi_{rand}(hkl)$ 给所有的结构因子 $|F^{obs}(hkl)|$。如果结构因子的振幅为 0，则相位也为 0。设置 $F(000)$ 的结构因子为 0：

$$F^{(0)}(h) = \begin{cases} |F^{obs}(hkl)| \exp(i\phi_{rand}(hkl)) & |F^{obs}(hkl)| \neq 0 \\ 0 & |F^{obs}(hkl)| = 0 \end{cases} \quad (9\text{-}24)$$

（2）计算电子密度

对结构因子 $F^{obs}(hkl)$ 进行反傅里叶变换得到电子密度：

$$\rho^{(n)} = \frac{1}{V} \sum_{hkl} F(hkl) \exp\left[-2\pi i \left(hx_j + ky_j + lz_j \right) \right] \quad (9\text{-}25)$$

（3）Charge Flipping

当某一区域的电子密度 $\rho_i^{(n)}$ 低于某个阈值 δ 时（认为是负的电子密度），将其设置为正值，同时保持其他区域的电子密度不变。由此，得到新的电子密度 $g_i^{(n)}$：

$$g_i^{(n)} = \begin{cases} \rho_i^{(n)} & \rho_i^{(n)} > \delta \\ -\rho_i^{(n)} & \rho_i^{(n)} \leq \delta \end{cases} \quad (9\text{-}26)$$

（4）计算临时的结构因子

对 Charge Flipping 后的电子密度 $g_i^{(n)}$ 进行傅里叶变换得到临时结构因子 $G^{(n)}$：

$$G^{(n)} = |G^{(n)}| \exp(i\phi_G) = \sum_{xyz} g^{(n)} \exp\left[2\pi i \left(hx_j + ky_j + lz_j \right) \right] \quad (9\text{-}27)$$

（5）计算新的结构因子

将计算得到的临时结构因子 $G^{(n)}$ 的相位 ϕ_G 和实验的结构振幅结合得到新的结构因子 $F^{(n+1)}$：

$$F^{(n+1)} = \begin{cases} \left|F^{\text{obs}}\right|\exp(\mathrm{i}\phi_G) & \text{已知}\left|F^{\text{obs}}\right|\text{且很强} \\ \left|F^{\text{obs}}\right|\exp\left(\mathrm{i}\left(\phi_G + \pi/2\right)\right) & \text{已知}\left|F^{\text{obs}}\right|\text{但很弱} \\ 0 & \text{其他} \end{cases}$$ （9-28）

得到新的结构因子 $F^{(n+1)}$ 后返回步骤（2），进行下一轮的迭代。

2. 主要参数

利用 Charge Flipping 技术解析简单晶体结构的过程几乎是全自动的，无须人为干预。但对于复杂结构，也可以设置合适的关键字、参数。下面简要介绍这些关键字及其用法[71]。

bestdensities	
用法	bestdensities integer [rvalue/peakiness/symmetry/reference]
示例	bestdensities 1 rvalue
说明	在 repeatmode 模式下，软件将重复计算多次，并将最好的品质因子（包括 R 因子 rvalue、峰值 peakiness、对称性 symmetry、与参考值的匹配程度 reference）保存多次（大于或等于 1 的整数）。利用"symmetry"选项可以确定、核对空间群。

biso	
用法	biso positive_real_number
示例	biso 0
说明	定义各向同性 Debye-Waller 温度因子 B_{iso}（原子的热运动引起衍射强度的衰减），该参数会使电子密度峰变锐。对于无机材料，B_{iso} 很小，不用考虑。如果使用归一化结构因子（Wilson 图），则 B_{iso} 可以从 Wilson 图中推导出来。

cell	
用法	cell a b c α β γ
示例	cell 9.1741 5.4491 5.1381 90.00 90.00 90.00
说明	定义晶格参数。一维：a；二维：a b γ。如果高于三维，如五维，则先列出晶轴长度 a1 a2 a3 a4 a5，再按顺序列出晶轴间的夹角 α12 α13 α14 α15 α23 α24 α25 α34 α35 α45。

centers	
用法	centers vectors end centers
示例	centers 0.000000 0.000000 0.000000 end centers centers 2/3 1/3 1/3 1/3 2/3 2/3 end centers
说明	定义点阵中心。如果是有心点阵，需给出完整的点阵中心的矢量（多行）。例如，点阵中心 R，其点阵中心矢量为 2/3 1/3 1/3 和 1/3 2/3 2/3。

composition

用法	composition element_symbol number_of_atoms_in_a_unit_cell
示例	composition　Ti8 O16
说明	定义晶胞内的化学组分。如果使用归一化结构因子（关键字为 normalize），就会用到化学组分。

delta

用法	delta positive_real-number/auto [static/dynamic/sigma]
示例	delta 0.9 sigma 或 delta 0.9 static 等
说明	定义 Charge Flipping 的核心参数 δ，该参数决定了何时进行 Charge Flipping。

derivesymmetry

用法	derivesymmetry yes/no/use [limit agreement factor]
示例	derivesymmetry yes
说明	如果是 yes，软件从晶格参数、电子密度出发推导出晶体的对称性（空间群）。如果要用推导出的空间群、原点，则用 use。

normalize

用法	normalize wilson/local/no
示例	normalize wilson
说明	normalize wilson：用化学组分归一化衍射强度，得到 E 值图。normalize local：不用化学组分进行归一化，但需要有足够多的衍射峰，适用于大晶胞、大分子结构。

perform

用法	perform CF/LDE/general/fourier/symmetry
示例	perform CF
说明	perform CF：用 Charge Flipping 技术来重构电子密度。perform LDE：用低密度消除法（Low-Density Elimination Method）重构电子密度。perform fourier：对输入数据进行傅里叶变换。perform symmetry：核对电子密度的对称性。

repeatmode

用法	repeatmode never/nosuccess/always/integer_number_of_repetitions [sumall/sumgood]
示例	repeatmode 10
说明	Charge Flipping 重复计算的迭代方式。

searchsymmetry

用法	searchsymmetry no/shift/average
示例	searchsymmetry average
说明	searchsymmetry no：不推导对称元素。searchsymmetry shift：推导对称元素、移动电子密度图的原点。searchsymmetry average：推导对称元素、移动电子密度图的原点、平均化，所计算的电子密度的对称性和空间群的对称性是一致的。

weakratio	
用法	weakratio positive_real_number [positive_integer]
示例	weakratio 0.000
说明	为了尽快收敛，在迭代时将一定比例的弱峰的相位移动 $\pi/2$，典型值为 0.2～0.3。由于弱峰的丢失，使用 weakratio 会使电子密度图的噪声增多。

9.3 Rietveld 晶体结构精修的原理和策略

　　我们仅在合成出新材料时才通过晶体结构解析的方法来确定新材料的结构。在大多数情况下，我们改变反应条件对材料结构进行修饰、对材料性能进行改良，并没有合成出新材料，只是对母相的结构（已知结构）进行了一定程度的调控。从已知结构出发，通过优化晶体结构参数和峰形参数使计算峰与实验峰尽可能吻合。此时，所得到的晶体结构就代表样品的真实结构。该方法最早由荷兰晶体学家 Hugo Rietveld 提出并逐渐发展起来，被称为 Rietveld 晶体结构精修（Rietveld Refinement）[72]。

9.3.1 Rietveld 晶体结构精修的原理

　　Rietveld 晶体结构精修是基于初始的晶体结构、峰形、背底等参数计算出该结构模型的衍射图，利用非线性最小二乘法精修晶体结构、峰形、背底等参数使计算峰与实验峰不断逼近。当计算峰与实验峰吻合得很好时，精修后的晶体结构就代表样品的真实结构。

　　假设衍射图中有 n 个数据点，第 i 个数据点的观察值为 Y_i^{obs}，由结构模型计算出的强度值为 Y_i^{calc}，两者的比例系数（标度因子）为 k，有

$$Y_1^{\text{calc}} = kY_1^{\text{obs}}$$
$$Y_2^{\text{calc}} = kY_2^{\text{obs}}$$
$$\vdots$$
$$Y_n^{\text{calc}} = kY_n^{\text{obs}}$$

（9-29）

观察值和计算值的残差函数为

$$\Phi = \sum_{i=1}^{n} w_i (Y_i^{\text{obs}} - Y_i^{\text{calc}})^2$$

（9-30）

　　在一维的 X 射线粉末衍射中，如果样品包含 p 个物相，第 l 个物相的标度因子为 K_l，第 j 个物相有 m 个布拉格衍射峰，每个衍射峰还包括背底 b 和 $K\alpha_1$、$K\alpha_2$，那么公式（9-30）可写为

$$\Phi = \sum_{i=1}^{n} w_i \left(Y_i^{\text{obs}} - \left[b_i + \sum_{l=1}^{p} K_l \sum_{j=1}^{m} I_{l,j} \times \left\{ y_{l,j}\left(x_{l,j}\right) + 0.5 \times y_{l,j}\left(x_{l,j} + \Delta x_{l,j}\right) \right\} \right] \right)^2$$

（9-31）

　　在 Rietveld 晶体结构精修中，要精修晶体结构、峰形、背底等参数，当残差函数 Φ 最小，即 Φ 对各精修参数的偏导为 0 时，就能求出所精修的结构参数。

9.3.2 Rietveld 晶体结构精修的策略

　　在 Rietveld 晶体结构精修过程中，可精修的参数多达一二百个，各参数之间还可能相互耦合。只有遵循一定的精修策略，并勤加练习，才能开展快速、可信的晶体结构精修。Rietveld 晶体结构精修可大致分成以下几个步骤：

1. 建立晶体结构模型

检索 ICSD、CCDC 或查阅文献，找到与目标结构最为相似的晶体结构。导出该晶体结构的 cif 文件，或者整理出描述该晶体结构的基本参数：晶格参数、空间群、原子参数（原子类型、原子位置、原子占有率、原子位移参数等）。在 Rietveld 晶体结构精修软件中导入 cif 文件或手动输入描述晶体结构的基本参数，建立晶体结构模型。需要注意的是，只有初始的晶体结构模型是正确的，才能通过 Rietveld 技术精修出准确的晶体结构。

在建立晶体结构模型时需要注意以下几点：

（1）空间群

有部分空间群，同一个空间群序号可能有多种空间群符号。在建立晶体结构模型时需要设置合适的空间群符号。

① 原点有多种选择

对于中心对称的空间群，国际晶体学表将对称中心作为原点。但有 24 个中心对称的空间群，其高对称的原子等效点位并不在对称中心上。此时，既可以用对称中心作为原点，也可以用高对称的原子等效点位作为原点。例如，在空间群 $Pnnn$（48）中，原点可以在中心对称的位置 $4f$ 上（原点 2），也可以在 222 的等效点位 $2a$ 上（原点 1）。同一空间群从原点 1 转换为原点 2 的位移矢量如表 9-7 所示。

表 9-7　同一空间群从原点 1 转换为原点 2 的位移矢量

空间群		位移矢量	空间群		位移矢量
立方晶系			四方晶系		
201	$Pn\bar{3}$	1/4, 1/4, 1/4	85	$P4/n$	1/4, −1/4, 0
203	$Fd\bar{3}$	1/8, 1/8, 1/8	86	$P4_2/n$	1/4, 1/4, 1/4
222	$Pn\bar{3}n$	1/4, 1/4, 1/4	88	$I4_1/a$	0, 1/4, 1/8
224	$Pn\bar{3}m$	1/4, 1/4, 1/4	125	$P4/nbm$	1/4, 1/4, 0
227	$Fd\bar{3}m$	1/8, 1/8, 1/8	126	$P4/nnc$	1/4, 1/4, 1/4
228	$Fd\bar{3}c$	3/8, 3/8, 3/8	129	$P4/nmm$	1/4, −1/4, 0
正交晶系			130	$P4/ncc$	1/4, −1/4, 0
48	$Pnnn$	−1/4, −1/4, −1/4	133	$P4_2/nbc$	1/4, −1/4, 1/4
50	$Pban$	−1/4, −1/4, 0	134	$P4_2/nnm$	1/4, −1/4, 1/4
59	$Pmmn$	−1/4, −1/4, 0	137	$P4_2/nmc$	1/4, −1/4, 1/4
68	$Ccca$	0, −1/4, −1/4	138	$P4_2/ncm$	1/4, −1/4, 1/4
70	$Fddd$	1/8, 1/8, 1/8	141	$I4_1/amd$	0, −1/4, 1/8
			142	$I4_1/acd$	0, −1/4, 1/8

② 单斜晶系

单斜晶系中的单斜轴可以取 b 轴，也可以取 c 轴或 a 轴，所以单斜晶系的空间群（17 个）有两种表示方式。例如，在空间群 $P2_1$（4）中，如果单斜轴为 a 轴，空间群符号为 $P2_111$；如果单斜轴为 b 轴，空间群符号为 $P12_11$；如果单斜轴为 c 轴，空间群符号为 $P112_1$。

另外，在有心的单斜晶系（8 个）中，点阵中心也可以作为原点。例如，空间群 $C2/c$（15）就可以用 9 种不同的空间群符号来表示。

③ 三角晶系

有 7 个三角晶系的空间群（$R3$、$R\overline{3}$、$R32$、$R3m$、$R3c$、$R\overline{3}m$、$R\overline{3}c$）既可以用六角坐标轴描述，也可以用菱方坐标轴描述。

（2）原子占有率

原子占有率是原子占据某个位置的概率，一般用 g 来表示。对于完整晶体，原子占有率取 0 或 1；对于无序晶体，原子占有率取值范围为 0~1。如果某个位置同时被多种原子占据，在进行晶体结构精修时应对其进行约束，以确保 $\sum_{i=1}^{m} g_i = 1$。

在进行晶体结构精修时，原子占有率还有另一种表示方法，即原子占据晶胞内某个位置的概率（晶胞内的原子数），一般用 O 来表示。晶胞内的原子数 O 和原子占有率 g 之间的转换关系为

$$O = g \times M / m \tag{9-32}$$

式中，M 为该晶体一般等效点位的多重因子；m 为该晶体特殊等效点位的多重因子。例如，对于 $SrFe_2As_{2-x}P_x$ 材料[4]，当 $x = 0.7$ 时出现 $T_c = 27K$ 的超导电性。$x = 0.7$ 说明在 As 原子位置上 As 原子占有率为 (2-0.7)/2=0.65，P 原子占有率为 0.7/2=0.35。该材料的空间群为 $I4/mmm$，该空间群的一般等效点位为 32o（$M=32$），化学式单元数 $z = 2$，As 原子和 P 原子位于 4e 的特殊等效点位（$m=4$）。因此，该晶胞内 As 原子位置上共有 4 个原子，As 原子有 $O_{As} = \left(0.65 \times \dfrac{32}{4}\right) / 2 = 2.6$ 个，P 原子有 $O_P = \left(0.35 \times \dfrac{32}{4}\right) / 2 = 1.4$ 个。

在进行晶体结构精修时，不同的软件采用不同的原子占有率，应予以区分。如果有元素的替换，需约束该位置上的原子坐标、原子位移参数、原子占有率。

（3）原子位移参数

各向异性原子位移参数可表示为

$$\boldsymbol{B}_j = \begin{bmatrix} B_{11} & B_{12} & B_{13} \\ B_{12} & B_{22} & B_{23} \\ B_{13} & B_{23} & B_{33} \end{bmatrix} \text{ 或 } \boldsymbol{U}_j = \begin{bmatrix} U_{11} & U_{12} & U_{13} \\ U_{12} & U_{22} & U_{23} \\ U_{13} & U_{23} & U_{33} \end{bmatrix} \tag{9-33}$$

在各向异性原子位移参数中，用 3 个主轴的 U_{11}、U_{22}、U_{33} 来描述原子热振动椭球，交叉项 U_{12}、U_{13}、U_{23} 决定了椭球的形状和取向，共有 6 个参数。

在进行晶体学数据交流时，为节省篇幅，通常用各向同性位移参数来表示原子位移参数，即 $U_{iso} = (U_{11} + U_{22} + U_{33}) / 3$ 或 $B_{iso} = (B_{11} + B_{22} + B_{33}) / 3$。$U$ 因子和 B 因子的转换关系为 $B = 8\pi^2 U \approx 79U$。一般地，重原子的 U 值在 0.005~0.02Å^2 范围内，轻原子的 U 值在 0.02~0.06Å^2 范围内。

在建立晶体结构模型时需要明确 Rietveld 晶体结构精修软件支持哪种原子位移参数。

2. 设置初始峰形参数

在 X 射线粉末衍射中，典型的峰形函数是 Pseudo-Voigt 函数，详见 6.8 节。Pseudo-Voigt 函数是由高斯函数和洛伦兹函数混合而成的。在进行晶体结构精修之前，需要设置高斯部分的峰宽参数（GU、GV、GW）、洛伦兹部分的峰宽参数（LX、LY）、混合因子 η 等。

建议在设置初始峰形参数之前，先在 MDI Jade 软件中用标样制作仪器半高宽曲线。MDI Jade 软件中的仪器半高宽曲线定义为 $\text{FWHM} = t_2\tan^2\theta + t_1\tan\theta + t_0$（常规仪器半高宽曲线定义

为 FWHM $= U\tan^2\theta + V\tan\theta + W$）。因此，$t_0$、$t_1$、$t_2$ 对应于高斯部分的峰宽参数 GW、GV、GU（单位为°）。这些参数可近似作为 FullProf 软件中的高斯峰宽参数，而在 GSAS 软件中峰宽参数的单位为百分度，MDI Jade 中的峰宽参数分别乘以 100（$100U$、$100V$、$100W$）才能作为 GSAS 软件中的峰宽参数。

如果有标样的衍射数据，也可以直接在 Rietveld 晶体结构精修软件中精修标样的结构，以便得到准确的峰宽参数。在精修自己样品时，将标样的峰宽参数作为初始值（不用精修），只需精修晶粒尺寸展宽、晶格应变展宽等参数。

如果没有预先制作仪器半高宽曲线，也可以在 MDI Jade 软件中拟合低角区的几个衍射峰（非重叠峰），得到这些峰的半高宽 FWHM、混合因子 Shape、峰的不对称因子 Skewness、晶粒尺寸 XS（单位为 nm）。其中，GW 近似等于 FWHM，LX 近似等于 $K\lambda / XS$。混合因子 Shape 与高斯函数和洛伦兹函数有关，可用于估算 LX 或 LY。

由于各峰形参数之间高度耦合，如果初始参数不够准确，会导致精修过程不稳定或难以收敛。

3. Le Bail 全谱拟合

Rietveld 晶体结构精修涉及众多参数，各参数之间还可能高度耦合，导致精修过程不稳定或难以收敛。因此，我们可以将 Rietveld 晶体结构精修分为两步：第一步，精修与原子结构无关的参数，即 Le Bail 全谱拟合或无结构精修（Structureless Refinement）。在 Le Bail 全谱拟合过程中精修衍射峰的峰位（晶格参数、仪器零点或样品位移等）和峰形（高斯峰宽 GU、GV、GW，洛伦兹峰宽 LX、LY，以及峰的不对称因子等），得到最佳的峰位和峰形参数。

在精修过程中通过观察差分线的特征来判断下一步的精修参数或"主要矛盾"，先解决主要矛盾，再解决次要矛盾，同时还需要考虑各参数之间的耦合度。Le Bail 全谱拟合的顺序大致如下：

先精修与峰位相关的参数，如背底和晶格参数，再精修样品位移参数。如果已知仪器零点，可直接设置仪器零点，不用精修。如果仪器零点未知，可先精修仪器零点。然后，固定仪器零点，依次精修晶格参数、样品位移。注：仪器零点与样品位移高度耦合，不能同时精修，否则会使晶格参数紊乱。

第二步，精修与峰形相关的参数（注：如果已有准确的峰宽参数，可固定这些参数，不参与精修）。先精修高斯峰宽 GW 和/或 GV，再精修洛伦兹峰宽 LX 和/或 LY，最后精修峰的不对称因子。一般地，高斯峰宽 GW 大于零、GV 略小于零、GU 大于零，并且 GW、GV 与 GU 高度耦合，不建议同时精修；洛伦兹峰宽 LX（与晶粒尺寸相关）、LY（与晶格应力有关）必须大于零，否则没有物理意义；峰的不对称因子与样品位移或仪器零点高度耦合，不建议同时精修。

在做好 Le Bail 全谱拟合后，将已精修好的参数固定，暂不参与精修。在精修时，如果精修了某个参数后出现精修过程不稳定、难以收敛的情况，说明该参数不适合精修。

4．晶体结构精修

在 Le Bail 全谱拟合结束后，固定已精修的参数。先精修标定因子 Scale，再精修原子坐标（先重原子，再轻原子），最后精修原子位移因子（先重原子，再轻原子），如有必要还可以精修原子占有率。注：原子位移参数与原子占有率、背底高度耦合，在精修时需根据实际情况进行精修。如果同一原子位置被多种不同种类的原子占据（如原子替换），需要建立约束条件使原子占有率之和为 1，且替换的原子与母体原子具有相同的原子坐标和原子位移参数。另外，由于原子位移参数会增强（B 因子小）或减弱（B 因子大）高角区的衍射数据（尤其是 90° 以上的衍射峰），仅当衍射数据中包含高角衍射数据时才精修原子位移参数。晶体结构精修的顺序大致如下：

最后将上述已精修过的参数（包括已精修的峰形、背底等参数）逐一打开与晶体结构参数同时精修，使吻合因子收敛到最小值（接近 Le Bail 全谱拟合时的吻合因子）。如果精修完上述参数且各精修参数的最大偏移量（Max Shift）esd 不超过 0.1，就可以结束晶体结构精修，得到最终的晶体结构。

9.4　晶体结构解析（Jana2020 软件）

9.4.1　Jana2020 软件简介

Jana 软件[66]是 Vaclav Petricek、Michal Dusek、Lukas Palatinus 等开发的免费软件，它基于 Charge Flipping 技术利用直接法解析晶体结构。Jana 软件集成了 Le Bail 全谱拟合、空间群的确定、晶体结构解析、晶体结构精修等功能。该软件尤其适用于解析调制结构，可设置多达 3 个的调制矢量。衍射数据可以是多晶衍射数据，也可以是单晶衍射数据；可以是 X 射线衍射数据，也可以是中子或电子衍射数据。Jana 软件不断迭代、完善，2007 年发布了 Jana2000，之后相继发布了 Jana2006、Jana2020。

Jana 软件的官方网站为：http://jana.fzu.cz/。读者可以在该网站下载 Jana 软件、使用手册"Cookbook"，以及查看软件的培训信息。

Jana 软件的安装较为简单，在此不作介绍。

9.4.2　Jana2020 软件的界面、功能

Jana2020 软件的界面如图 9-8 所示，主要包括主菜单、功能菜单、工具栏和图形显示窗口四大部分。

1．主菜单

主菜单中常用菜单的功能如下：

Structure：新建、打开、保存结构等。

Transformations：不同晶胞的转换、原点的移动、修改调制矢量/手性等。

Settings：设置文本编辑软件、晶体结构可视化软件等。

Tools：单晶、粉末衍射模拟等。

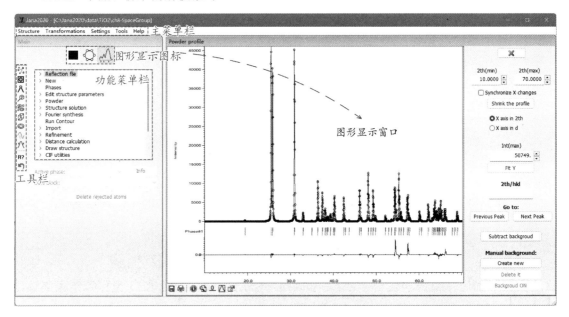

图 9-8　Jana2020 软件的界面

2．功能菜单

功能菜单中的每个菜单可通过"双击"来运行，常用菜单的功能如下：

Reflection file：导入或更改衍射文件、确定空间群、生成晶体结构精修的衍射文件。

New：向傅里叶合成的电子密度峰中添加新原子。

Phases：导入新物相、删除已有物相。

Edit structure parameters：设置晶格参数、空间群、化学组分，设置原子属性，设置标度因子等（等效于 ⊞）。

Powder：设置峰形参数（等效于 ⋀）、运行 Le Bail 全谱拟合、运行 Rietveld 晶体结构精修、运行 Le Bail 分峰、运行晶粒尺寸或晶格应变的 Williamson Hall 分析。

Structure solution：运行 Superflip 解析晶体结构（等效于 ⠿）。

Fourier synthesis：设置傅里叶合成参数、执行傅里叶合成（等效于 ⚲）。

Run contour：计算、显示傅里叶合成图（等效于 ▦）。

Import：导入晶体结构模型。

Refinement：运行 Le Bail 全谱拟合或晶体结构精修（等效于 ⊞）

Distance calculation：计算键长、键角（等效于 ⋀）。

Draw structure：晶体结构的可视化。

CIF utilities：生成、更新 cif 文件。

3．工具栏

工具栏从上到下依次是：

　　 $\vdots$ ：运行 Superflip 解析晶体结构。

　　 $\boxplus$ ：运行 Le Bail 全谱拟合或晶体结构精修。右击图标，设置精修参数。

　　 $\bigwedge$ ：计算键长、键角。右击图标，设置键长、键角计算参数。

　　 $\mathcal{P}$ ：执行傅里叶合成。右击图标，设置傅里叶合成参数。

　　 $\vdots$ ：计算、显示傅里叶合成图。

　　 $\boxplus$ ：设置晶格参数、空间群、化学组分。

　　 $\bigcirc$ ：设置原子种类、原子坐标、原子占有率、原子位移参数等。

　　 $\bigwedge$ ：设置峰形参数，包括晶格参数、射线参数（射线波长、极化校正、单色器等）、各向异性参数、样品相关参数（择优取向、吸收校正、表面粗糙度等）、校正参数（背底、仪器零点、样品位移等）。

9.4.3　利用 Jana2020 软件进行晶体结构解析的步骤

　　在利用 Jana2020 软件进行晶体结构解析前，我们不仅需要收集高质量的衍射数据，还需要全面了解材料的物理、化学属性。预备步骤主要包括：

　　（1）了解材料属性

　　晶粒形貌：在 SEM 下观察晶粒形貌，如果晶粒形貌单一，说明样品为纯相；如果存在棒状（或线状）、平板状（或片状）的晶粒，说明样品存在择优取向。

　　化学组分：用 EDS、XPS 等仪器测定样品的化学组分。

　　材料密度：测定材料密度。

　　其他：了解尽可能多的材料的物理、化学属性，如样品是否存在压电效应、热电效应、非线性光学性质等，这些属性可用于判断材料的对称性。

　　（2）衍射实验

　　在制备粉末样品时，需要仔细研磨样品，尽量消除样品的择优取向，以满足粉末颗粒数趋于无穷且粉末颗粒在空间中随机分布的要求。如果样品存在择优取向且无法通过制样过程消除，建议采用透射模式或旋转样品台以减弱择优取向效应。仪器严格合轴，做好仪器零点校正。在较大的衍射角范围内，如 5°～130°，采用小步长、慢速、步进扫描，以得到高质量的衍射数据。实验过程见 4.2 节。

　　Jana2020 软件支持的衍射数据格式为"*.mac"，该数据的第一行为标题行，从第二行开始为 xy 格式的衍射数据，其中第一列为衍射角，第二列为衍射强度，两列数据之间用空格隔开。

　　（3）指标化确定晶格参数

　　拟合、分峰提取 d-值表，通过指标化确定晶格参数，详细过程见 8.1～8.3 节。

　　在全面了解材料的物理、化学属性之后，我们就可以利用 Jana2020 软件进行晶体结构解析，具体步骤如下：

　　（1）导入衍射数据

　　① 双击 图标，打开 Jana2020 软件。单击菜单"Structure"→"New"，在弹出的窗口中选择衍射数据"*.mac"。

　　② 选择数据类型（见图 9-9）。在弹出的窗口中选择数据类型：单晶衍射数据"Single crystal"、粉末衍射数据"Powder data"、晶体结构"Structure"、磁结构"Magnetic parent structure"。如果是常规粉末衍射数据，就选择"Powder data"中的"various CW formats"。

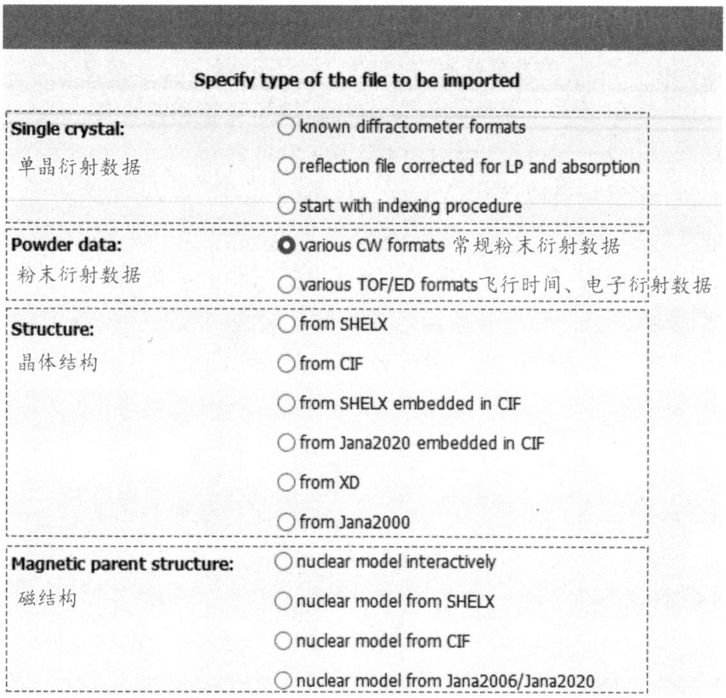

图 9-9　选择数据类型

③ 选择数据格式及衍射几何（见图 9-10）。在弹出的窗口中选择衍射数据、数据格式，并根据 X 射线衍射仪的特征选择衍射几何。

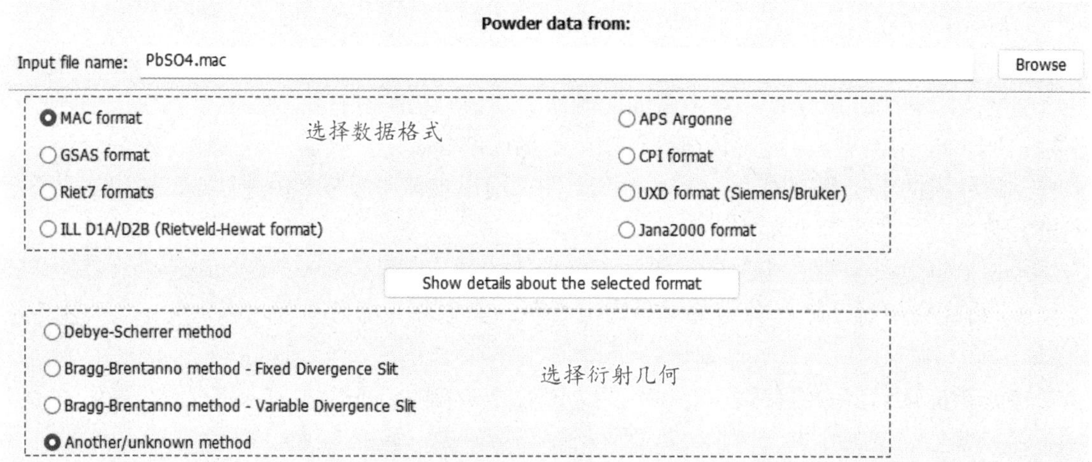

图 9-10　选择衍射数据、数据格式及衍射几何

④ 设置实验参数（见图 9-11）。在弹出的窗口中设置晶格参数，如果是调制结构，还可以设置多达 3 个的调制矢量。选择射线类型"Radiation"（X 射线、中子、电子），选择阳极靶"X-ray tube"，设置"Kalpha1/Kalpha2 doublet"，选择极化校正类型"Polarization correction"、单色器"Monochromator parameters"，设置测试温度"Temperature"等。

到此，衍射数据导入完毕。单击"Yes, I would like to continue with the wizard"进入下一步。

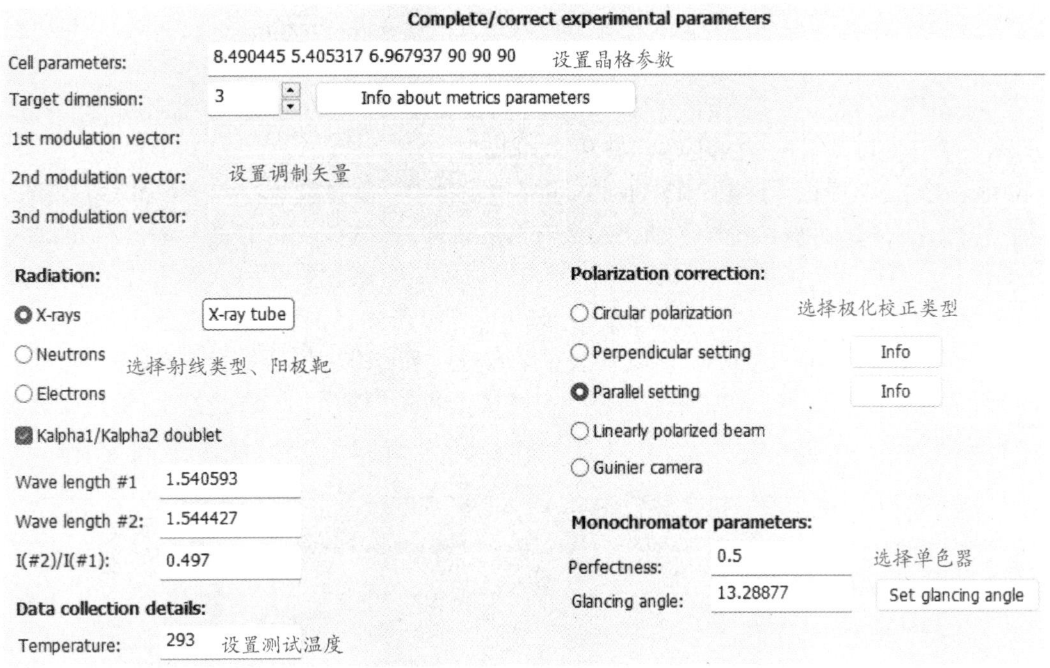

Complete/correct experimental parameters

Cell parameters:　8.490445 5.405317 6.967937 90 90 90　设置晶格参数

Target dimension:　3　Info about metrics parameters

1st modulation vector:

2nd modulation vector:　设置调制矢量

3nd modulation vector:

Radiation:

○ X-rays　X-ray tube

○ Neutrons　选择射线类型、阳极靶

○ Electrons

☒ Kalpha1/Kalpha2 doublet

Wave length #1　1.540593

Wave length #2:　1.544427

I(#2)/I(#1):　0.497

Data collection details:

Temperature:　293　设置测试温度

Polarization correction:

○ Circular polarization　选择极化校正类型

○ Perpendicular setting　Info

● Parallel setting　Info

○ Linearly polarized beam

○ Guinier camera

Monochromator parameters:

Perfectness:　0.5　选择单色器

Glancing angle:　13.28877　Set glancing angle

图 9-11　设置实验参数

（2）Le Bail 全谱拟合

Le Bail 全谱拟合是以晶格参数计算出的衍射线为基础，为衍射线设置合适的峰形参数（初始峰形参数），通过精修背底、仪器零点、样品位移、晶格参数、峰形参数、峰的不对称因子等对衍射峰进行全谱拟合，提取结构因子。下面简要介绍这些参数的设置，详细原理见 5.3 节。

单击 ∧ 图标，进入峰形参数设置窗口，该窗口中又包含 "Cell" "Radiation" "Profile" "Asymmetry/Diffractometer" "Sample/Experiment" "Corrections" "Various" 面板。在该窗口中勾选相关参数表示对其精修，不勾选表示不精修该参数。

"Cell" 面板：设置晶格参数 a、b、c、α、β、γ。Jana2020 软件默认晶体为三斜晶系（$P1$），6 个晶格参数都可以精修。对于其他晶系，如四方晶系，在精修晶格参数时需对晶格参数进行约束：右击 图标，在 "Restraints/Constraints" 面板中单击 "Equation" 按钮，在弹出的对话框中的 "Equation" 处输入 "b = a"，单击 "Rewrite" 按钮。

"Radiation" 面板：设置射线类型、波长等，通常不需要精修。

"Profile" 面板 ［见图 9-12（a）］：选择合适的峰形函数，如 X 射线衍射和电子衍射选择峰形函数 "Pseudo-Voigt"，中子衍射选择峰形函数 "Gaussian"。在高斯部分设置高斯峰宽参数 GU、GV、GW，在洛伦兹部分设置峰宽参数 LX、LY。在设置初值时，可根据 MDI Jade 软件中的仪器半高宽曲线设置高斯峰宽参数：GU=100×t_2，GV=100×t_1，GW=100×t_0。如果没有仪器半高宽曲线，用 MDI Jade 软件拟合一个或几个单峰，GW 近似等于 100×FWHM。参数 LX 与晶粒尺寸相关，可根据 SEM 观察到的平均晶粒尺寸 Size（单位为 Å）利用公式 $\mathrm{LX} = \dfrac{180}{\pi}\dfrac{100K\lambda}{\mathrm{Size}}$ 计算出来。各向异性晶粒尺寸展宽、晶格应变展宽使用场合较少，此处不进行介绍。一般地，在精修时先精修 GW，再精修 GV、GU，最后精修 LY、LX。

"Asymmetry/Diffractometer" 面板：选用合适的函数对衍射峰的不对称性进行校正。常用校正方法有 Howard 函数法（峰的不对称性较弱）、Berar-Baldinozzi 函数法（峰的不对称性较强）、Divergence 函数法（峰的不对称性较强）、基本参数法等。

"Sample/Experiment"面板：主要校正样品的择优取向、吸收效应、表面粗糙度。择优取向有两个校正函数，March-Dollase 函数和 Sasa-Uda 函数。

"Corrections"面板［见图 9-12（b）］：主要校正背底、仪器零点。先选择合适的多项式背底函数（Legendre polynomials、Chebyshev polynomials、Cos-ortho background、Cos-GSAS background），再选择合适的多项式数（尽可能少的项数）。如果是复杂背底，单击"Import manual background"按钮导入手动背底数据"*.dat"，或者在图形显示窗口右下角的"Manual background"处单击"Create new"按钮设置手动背底。"Shift"为仪器零点，"Sycos"为 Bragg-Brentano 衍射的样品位移。如果某些区域不必精修，单击"Define excluded regions"按钮来定义不精修的区域。

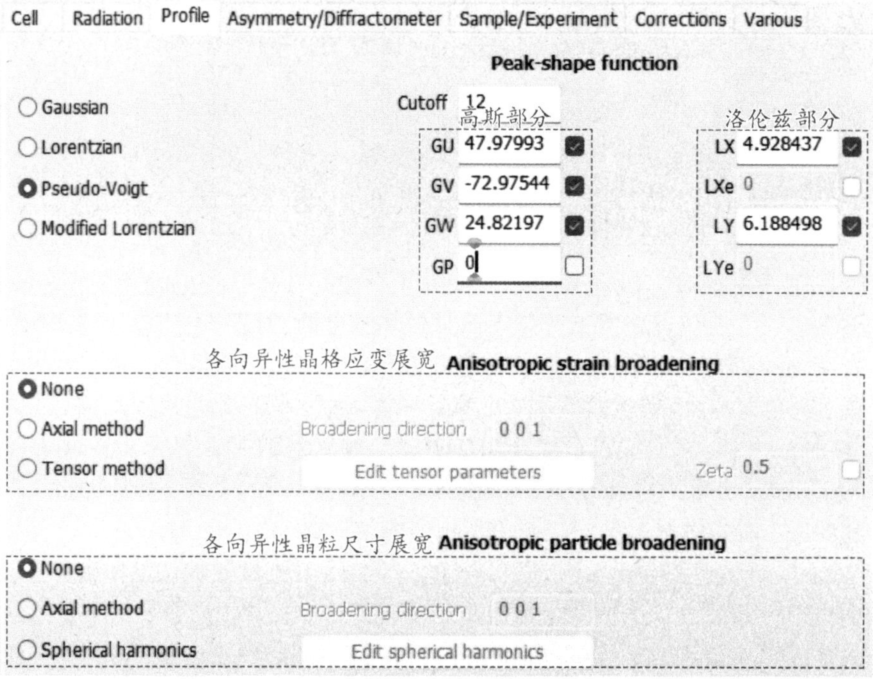

（a）"Profile"面板

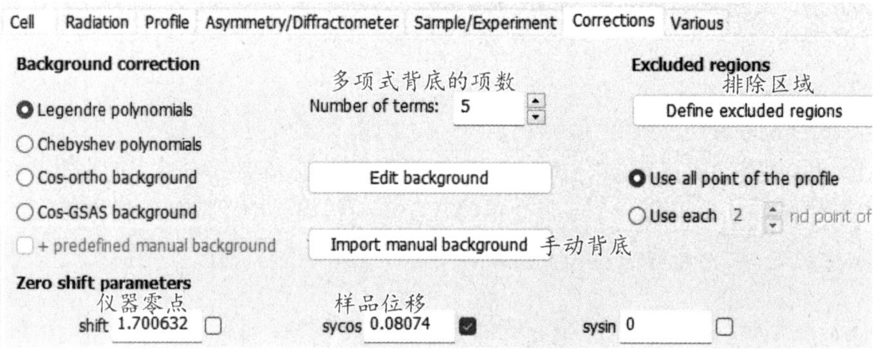

（b）"Corrections"面板

图 9-12　Jana2020 软件中的"Profile"面板和"Corrections"面板

在拟合好衍射图后，单击图形显示窗口中的■按钮，退出 Le Bail 全谱拟合，进入确定空间群的模块。

（3）确定空间群

Le Bail 全谱拟合结束后，根据晶格参数的特征在一定的容忍范围内识别晶系；对提取出的衍射强度进行归一化（Wilson 图），根据系统消光规律确定点阵中心、确定空间群。

① 识别晶系：在"Tolerances for crystal system recognition"窗口中设置晶轴和夹角的最大偏差，默认值分别为 0.02Å 和 0.2°。Jana2020 软件将根据表 8-13 中各晶系的晶格参数的特征来识别晶系。

② 选择劳厄群：在"Select Laue point group"窗口中选择劳厄群。Jana2020 软件将根据初始的晶格参数及晶格参数的偏差，自动识别出具有最高对称性的劳厄群。

③ 选择点阵中心：在"Select cell centering"窗口中包含三列，其中"Rp(obs)/Rp(all)"列表示在选择某个点阵中心后仅对实验峰进行拟合得到的 R_p 和利用该点阵中心所允许的所有衍射线进行拟合得到的 R_p；"#(Extinct)/#(Gener)"列表示所选点阵中心包含的消光衍射数与原胞 P 产生的衍射线数的比值。点阵中心选择规则："Rp(obs)/Rp(all)"尽量接近 Le Bail 全谱拟合的结果，"#(Extinct)/#(Gener)"尽量大。

④ 选择空间群：空间群选择规则是"Rp(obs)/Rp(all)"尽量接近 Le Bail 全谱拟合的结果，"#(Extinct)/#(Gener)"尽量大，"Figure of merit"尽量小。

（4）运行 Superflip 解析晶体结构

Superflip 是基于 Charge Flipping 技术解析晶体结构，原理和参数设置见 9.2.3 节。

在"Formula"处设置化学式（各元素之间用空格隔开，如 Pb S O 4），在"Formula units"处设置化学式单元数 z。单击"Calculate density"按钮，软件将根据化学式（分子量）、化学式单元数、晶胞体积计算出理论密度。如果理论密度与测量密度相近，说明化学式单元数是对的。注：运行 Superflip 本身并不需要元素信息，从电子密度峰中识别原子时会用到元素信息。

勾选"Repeat Superflip: Until the convergence detected"或"Repeat Superflip: Number of runs"，单击"Run Superflip"按钮解析晶体结构。

对于简单结构、小分子结构，高质量的衍射数据很快就能解析出晶体结构。对于复杂结构，一般能解析出重原子、部分晶体结构，剩余结构可通过差分傅里叶合成技术进行解析。

（5）晶体结构精修

在得到完整的晶体结构之后，还需对原子属性（原子位置、原子占有率、原子位移参数等）和峰形参数进行精修才能得到最终的晶体结构。

（6）结果展示

在得到最终的晶体结构后，需要检查所得结构是否满足键价理论的要求，键长、键角是否在合理的范围内，某些参数是否具有物理意义。例如，在进行元素掺杂时原子占有率是否在 0～1 范围内，原子位移参数是否为非负值且在合理的范围内等。

① 计算键长、键角：单击🤸图标，Jana2020 软件将自动读取晶体结构，计算键长、键角，并进行 Hirshfeld 测试[73]，输出"*.dis"文件。如果 Hirshfeld 测试结果为"There were no bonds violating Hirshfeld condition"，说明键长、键角在合理范围内。

② 导出 cif 文件：双击功能菜单"CIF utilities"→"CIF make"，Jana2020 软件将自动导出 cif 文件。

③ 晶体结构可视化：利用导出的 cif 文件在 Crystal Impact Diamond、CrystalMaker、Vesta 等软件中建立晶体结构模型，展示晶体结构特征，如多面体特征、层状堆积特征、孔隙特征等。详细介绍见 2.4 节。

④ 画出晶体结构精修后的衍射图：在 WinPLOTR 软件中单击菜单"File"→"Open Rietveld/profile file"，选择"102: Jana2000/Jana2006 PRF file"，找到并打开精修文件"*.prf"。单击菜单"File"→"save data as…"→"save data as multicolumns file"，将精修文件保存为"*.xyn"文件。用"*.xyn"文件在 Origin 软件中画图，画图细节见 5.4.2 节。

9.4.4　实例 1：利用 Charge Flipping 技术解析 PbSO₄ 的晶体结构

本节以 $PbSO_4$ 的 X 射线粉末衍射为例，介绍在 Jana2020 软件中如何利用 Charge Flipping 技术一步一步地解析晶体结构。衍射数据取自 Jana2006 Cookbook 中的例子文件[74]。

学习内容	利用 MDI Jade 软件进行指标化，熟悉 Jana2020 中利用 Charge Flipping 技术解析晶体结构的整个过程
实验数据	PbSO4.mdi、PbSO4.mac
材料信息	化学式为 $PbSO_4$，材料密度约为 6.2g/cm³

（1）指标化确定晶格参数

导入衍射数据：打开 MDI Jade 软件，导入衍射数据"PbSO4.mdi"。

提取 d-值表：右击 图标，设置"Points = 15""Threshold Sigmas = 10.0""Intensity Cutoff(%) = 0.1"，选择"Peak Location"中的"Summit"，勾选"Screen out K-alpha2 Peaks"，其他参数默认[见图 9-13（a）]。单击"Apply"按钮进行自动寻峰，得到 d-值表[见图 9-13（b）]。

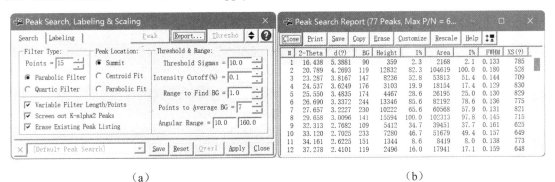

（a）　　　　　　　　　　　　　　　　（b）

图 9-13　提取 d-值表（MDI Jade 软件）

指标化：单击菜单"Options"→"Pattern Indexing…"，在弹出的窗口中勾选"Cubic""Hexagonal""Tetragonal""Orthorhombic"4 个晶系，选择"Exhaustive Indexing"算法，设置"Two-Theta Error Window = 0.5""fm-Cutoff = 99"，其他参数默认（见图 9-14）。单击"Go"按钮进行指标化，所得晶格参数为 $a = 8.499$Å，$b = 5.403$Å，$c = 6.976$Å，$\alpha = 90°$，$\beta = 90°$，$\gamma = 90°$，建议的空间群为 $Pnma$。

（2）Le Bail 全谱拟合

导入衍射数据：双击 图标，打开 Jana2020 软件，单击菜单"Structure"→"New"，选中并打开衍射数据"PbSO4.mac"。在弹出的窗口中依次勾选"various CW formats"、数据格式为"MAC format"、衍射几何为"Another/unknown method"。输入晶格参数"8.499 5.403 6.976

90 90 90"（注意，各参数之间用空格隔开）。设置射线类型为"X-rays"、阳极靶"X-ray tube"为 Cu，勾选"Kaphal/Kapha2 doublet"（含 Kα_2），其他参数默认。

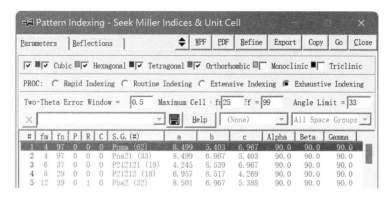

图 9-14　指标化确定晶格参数（MDI Jade 软件）

设置初始参数：在 MDI Jade 软件中对 22°～31°的衍射峰进行拟合，得到峰宽 FWHM ≈ 0.11，混合因子 Shape ≈ 0.5，峰的不对称因子 Skewness ≈ 0.35，晶粒尺寸约为 70nm。基于这些参数，在 Jana2020 软件中单击 ⼑ 图标，在"Profile"面板中选择峰形函数"Pseudo-Voigt"，设置 GW ≈ FWHM×100=11，设置 LX = $\dfrac{180}{\pi}\dfrac{100K\lambda}{\text{Size}}$ =11，假设应变很小，LY=0。由于背底曲线较为平直，选用默认背底即可。设置好参数后，单击 R? 图标进行精修，得到吻合因子 GOF=7.23，R_p=27.53，R_{wp}=35.75，如图 9-15（a）所示。

从图 9-15（a）中可以看出，根据初始参数计算的衍射峰与实验峰吻合得较好，说明初始值设置得较为准确。差分线上有明显的峰、谷，说明需要精修晶格参数和样品位移。

全谱拟合 1：单击 ⼑ 图标，在"Cell"面板中勾选晶格参数 a、b、c，在"Correction"面板中勾选样品位移"sycos"。单击 ⊞ 图标进行精修，得到吻合因子 GOF=3.74，R_p=13.86，R_{wp}=18.48，如图 9-15（b）所示。

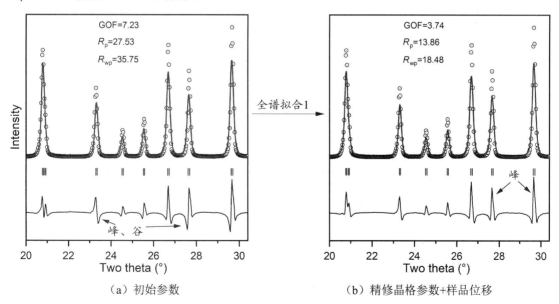

（a）初始参数　　　　　　　　　　　（b）精修晶格参数+样品位移

图 9-15　Le Bail 全谱拟合

在图 9-15（b）中，差分线上的波谷明显减小，但波峰依然明显（箭头所指处），说明需要精修峰形参数。

全谱拟合 2：单击 ⋀ 图标，在"Profile"面板中勾选"GW"和"LX"，精修峰形参数。注：由于 GW、GV、GU 三个参数高度耦合，一般不同时精修。单击 ⊞ 图标进行精修，吻合因子迅速减小到 GOF=1.81，R_p=6.46，R_{wp}=8.92，如图 9-16 所示。

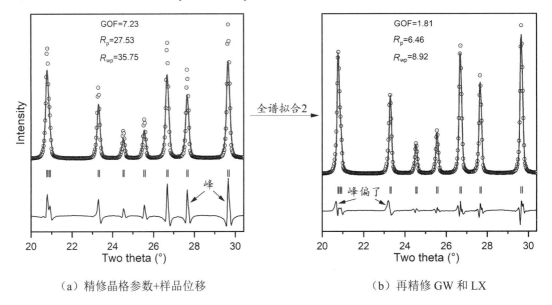

（a）精修晶格参数+样品位移　　　　　　　　　（b）再精修 GW 和 LX

图 9-16　Le Bail 全谱拟合

通过对峰形参数进行精修，差分线上的波峰、波谷明显减少。但在低角区，如在 20.7°和 23.2°处的峰，其差分线的左侧上凸、右侧较平直，如图 9-16（b）中箭头所指处，说明峰偏向右侧，即存在峰的不对称性。

全谱拟合 3：单击 ⋀ 图标，在"Asymmetry/Diffractometer"面板中勾选峰的不对称函数"Berar-Baldinozzi correction"，勾选"asym1"～"asym4"。样品中还可能存在少量的晶格应变，在"Profile"面板中勾选"LY"。单击 ⊞ 图标进行精修，吻合因子减小到 GOF=1.55，R_p=5.47，R_{wp}=7.65，如图 9-17 所示。

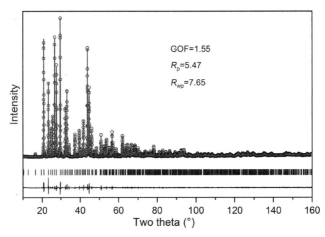

图 9-17　Le Bail 全谱拟合结果

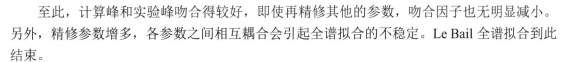

至此，计算峰和实验峰吻合得较好，即使再精修其他的参数，吻合因子也无明显减小。另外，精修参数增多，各参数之间相互耦合会引起全谱拟合的不稳定。Le Bail 全谱拟合到此结束。

（3）确定空间群

在步骤（1）中，在 MDI Jade 软件中通过指标化确定晶格参数时，得到可能的空间群为 *Pnma*。在本步骤中，我们用 Jana2020 软件来核对、确定空间群。

在 Jana2020 软件中，单击图形显示窗口中的 ✖ 按钮，退出 Le Bail 全谱拟合，进入确定空间群的模块。

按默认参数（晶轴偏差为 0.02Å，夹角偏差为 0.2°）识别晶系，选择劳厄群为 *mmm*。由于点阵中心 *P* 的 Rp(obs)/Rp(all) 最小，故点阵中心选择 *P*。由于空间群 *Pnam* 和 *Pna*2₁ 具有最小的 Rp(obs)/Rp(all) 和较大的 #(Extinct)/#(Gener)，所以空间群可能为 *Pnam*，也可能为 *Pna*2₁。在此，我们选择 *Pnam*（究竟哪个才是正确的空间群，可以在 Superflip 过程中确定）。

勾选 "accept the space group in the standard setting"，软件将按设定的空间群进行最后的全谱拟合。

（4）运行 Superflip 解析晶体结构

$PbSO_4$ 的分子量为 303.25 a.m.u，晶胞体积为 319.9Å^3，材料密度约为 6.2g/cm^3，所以化学式单元数 $z=4$（在一个晶胞内有 4 个 Pb、4 个 S、16 个 O）。

在 "Run Superflip" 窗口中设置 "Formula" 为 "Pb S O4"（注意，各元素之间用空格隔开）、"Formula units" 为 "4"，勾选 "Repeat Superflip: Number of runs"，其他参数默认。单击 "Run Superflip" 按钮进行晶体结构解析。

Superflip 运行结束后，在弹出的窗口中显示 "HM symbol derived by Superflip: Pnma"，与步骤（3）中设置的空间群是一致的。如需核对、确定空间群，可单击 "Open the listing" 按钮查看 Superflip 运行结果，如图 9-18 所示。从 Superflip 运行结果中可以看出，在 *a* 轴、*b* 轴、*c* 轴上具有对称元素 *n*、*m*、*a*，故其空间群为 *Pnma*。

```
####################################
# Checking the density for symmetry #
####################################

Symmetry operations compatible with the lattice and centering:
                          Symmetry operation              agreement factor
    m(0,1,0):        x1         -x2          x3     0.174  XXXXXXXXXXXXXXXXXXXXXXXXXXXXXXXXXXXXXXXX
    a(0,0,1):      1/2+x1        x2         -x3     0.577  XXXXXXXXXXXXXXXXXXXXXXXXXXXXXXX
  2_1(1,0,0):      1/2+x1       -x2         -x3     0.717  XXXXXXXXXXXXXXXXXXXXXXXXXXX
    n(1,0,0):       -x1       1/2+x2      1/2+x3    1.194  XXXXXXXXXXXXXXXXXXXXXXXXXX
  2_1(0,0,1):       -x1         -x2       1/2+x3    1.341  XXXXXXXXXXXXXXXXXXXXXXXX
  2_1(0,1,0):       -x1       1/2+x2       -x3     1.794  XXXXXXXXXXXXXXXXXXXXX
        -1:         -x1         -x2         -x3     1.946  XXXXXXXXXXXXXXXXXXX
    m(0,0,1):        x1          x2         -x3    33.783  XXXXXXXXXXXXXXXXXX
    2(1,0,0):        x1         -x2         -x3    33.880  XXXXXXXXXXXXXXXXXX
------------------------------------------------------
Space group derived from the symmetry operations:
------------------------------------------------------
HM symbol:       Pnma
Hall symbol:    -P 2ac 2n
```

图 9-18　Superflip 运行结果

解析出的结构其化学式为 "Pb S O4"，与预期结果一致。另外，我们还可以单击 "Draw structure" 按钮查看晶体结构，在该结构中有典型的 SO_4 四面体结构，说明解析出的结构是正确的。单击 "Accept last solution" 按钮，得到晶体结构模型。

（5）晶体结构精修、结果展示

解析出的晶体结构还相对比较粗糙，还需对其精修。单击⊞图标，Jana2020 软件将自动精修峰形参数和晶体结构参数，精修后吻合因子为 GOF=1.84，R_p=6.83，R_{wp}=9.06。最终 PbSO$_4$ 的晶体结构数据如表 9-8 所示，PbSO$_4$ 的晶体结构精修后的结果如图 9-19 所示。

表 9-8　最终 PbSO$_4$ 的晶体结构数据

PbSO$_4$, $Pnma$, a = 8.4824Å, b = 5.4002Å, c = 6.9619Å, V = 318.9Å^3					
Atoms	Site	x	y	z	U_{iso}(Å^2)
Pb1	4c	0.18779(8)	0.25000	0.66760(12)	0.0195
S1	4c	0.06370(5)	0.25000	0.18310(7)	0.0117
O1	4c	0.18570(13)	0.25000	0.04250(14)	0.0110
O2	4c	0.40890(11)	0.25000	0.40510(13)	0.0120
O3	8d	0.07890(7)	0.0276(10)	0.31350(10)	0.0132

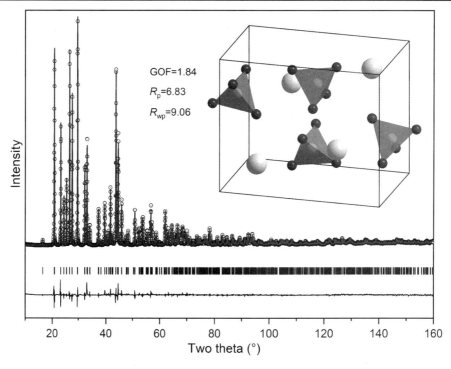

图 9-19　PbSO$_4$ 的晶体结构精修后的结果

9.4.5　实例 2：利用帕特森合成技术解析 PbSO$_4$ 的晶体结构

对于复杂结构，如果无法用 Charge Flipping 技术解析出正确的晶体结构，可以尝试采用帕特森合成技术。先利用帕特森合成技术解析出重原子或部分结构，再利用差分傅里叶合成技术解析出剩余结构。本例中的衍射数据取自 Jana2006 Cookbook 中的例子文件[77]。

学习内容	利用帕特森合成技术、差分傅里叶合成技术解析晶体结构
实验数据	PbSO4.mdi、PbSO4.mac
材料信息	化学式为 PbSO$_4$，材料密度约为 6.2g/cm^3，化学式单元数 z = 4，空间群为 $Pnma$

（1）指标化确定晶格参数

指标化确定晶格参数的介绍详见 9.4.4 节。

（2）**Le Bail** 全谱拟合

Le Bail 全谱拟合的介绍详见 9.4.4 节。在 Le Bail 全谱拟合结束后，退出空间群的确定和利用 Charge Flipping 技术解析晶体结构的过程。

（3）设置结构参数

单击 图标，在 "Symmetry" 面板中设置 "Space group" 为 "Pnma"；在 "Composition" 面板中设置 "Formula-list of atomic types" 为 "Pb S O4"（注意，各元素之间用空格隔开），设置 "Formula units" 为 "4"。

（4）帕特森合成

• 由帕特森合成得到峰值表

右击 图标，在 "Basic" 面板中设置 "Map type" 为 "F(obs)**2 - Patterson"；在 "Scope" 面板中勾选 "Whole cell"（或默认）。设置好后，单击 "OK" 按钮。之后，提示 "Do you want to start the program?"，选择 "Yes"，执行帕特森合成。帕特森合成的输出文件为 "*.l60"，在该文件的末尾列出了 50 个帕特森峰，表 9-9 按峰强的高低列出了每个帕特森峰的原子对矢量（U、V、W）、归一化峰强，以及原子对的间距 r。

表 9-9　$PbSO_4$ 样品中由帕特森合成得到的帕特森峰值表

No.	U	V	W	I	r/Å	No.	U	V	W	I	r/Å
1	0	0	0	999	0	26	0.3767	0.2552	0	26	3.48
2	0.5	0	0.1693	439	4.402	27	0	0.1154	0.144	24	1.18
3	0.1226	0.5	0.5	420	4.526	28	0.3055	0.0444	0.5	23	4.346
4	0.3781	0.5	0.3336	215	4.793	29	0	0.4229	0.4216	23	3.719
5	0.1214	0	0.5	163	3.63	30	0.3977	0.0769	0.0751	23	3.438
6	0.2439	0.5	0	147	3.401	31	0.2004	0.216	0	23	2.062
7	0.2545	0.5	0.1587	78	3.629	32	0.3794	0.5	0.0707	22	4.229
8	0.3782	0	0.3486	69	4.023	33	0	0	0	21	3.481
9	0.3942	0.2078	0.5	58	4.955	34	0.5	0	0.3201	21	4.791
10	0.2619	0.2718	0	46	2.662	35	0	0.2621	0.353	20	2.836
11	0.5	0.2653	0	42	4.477	36	0.4309	0	0.5	20	5.047
12	0.5	0.2607	0.5	42	5.664	37	0.2842	0.2406	0.5	20	4.429
13	0	0.0556	0.3815	36	2.673	38	0.0874	0.2881	0.5	19	3.884
14	0.1079	0.2048	0.3553	36	2.86	39	0.2551	0	0.4478	18	3.795
15	0	0.5	0	33	2.7	40	0.5	0.4114	0.4011	18	5.542
16	0.5	0.5	0.2418	32	5.302	41	0.0356	0.2044	0	17	1.144
17	0	0.3659	0	31	1.976	42	0.1269	0.2409	0.1351	16	1.933
18	0.3541	0.5	0.5	31	5.331	43	0.0902	0.0817	0.2454	16	1.923
19	0.2336	0	0.272	31	2.741	44	0.1021	0.5	0	16	2.835
20	0.1241	0.5	0.2179	31	3.271	45	0	0.256	0.1744	16	1.84
21	0.2334	0.2766	0.1548	30	2.704	46	0.3995	0.5	0.1384	15	4.438
22	0.089	0.4303	0.2138	30	2.861	47	0.1761	0.3113	0.5	14	4.144

续表

No.	U	V	W	I	r/Å	No.	U	V	W	I	r/Å
23	0.4226	0.4452	0	28	4.316	48	0	0.2234	0.2233	14	1.968
24	0.1206	0.0434	0.0741	28	1.169	49	0.2815	0	0.1428	13	2.587
25	0.2495	0.5	0.4175	27	4.496	50	0.2361	0.2281	0.3407	12	3.34

- 计算帕特森图（可选项）

如需观察二维或三维帕特森图，单击 图标，双击功能菜单"Calculate a new Fourier map"→"draw maps as calculated"。在弹出的窗口中的"Basic"面板中设置"Map type"为"F(obs)**2 - Patterson"；在"Scope"面板中勾选"Whole cell"复选框。设置完成后，单击"OK"按钮，就能在主窗口中显示二维帕特森图，如图 9-20（a）所示。在主窗口右侧的"Go to map"处设置 z 值，可以观察不同 z 值下的二维帕特森图。如需观察三维帕特森图，单击主窗口下侧的 图标，三维帕特森图将显示在 MCE 软件中，如图 9-20（b）所示。

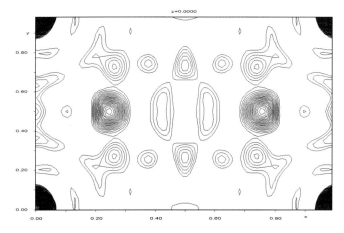
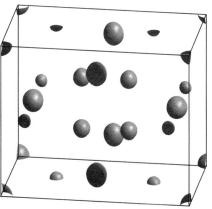

（a）$z=0$ 时的二维帕特森图　　　　　（b）MCE 软件中显示的三维帕特森图

图 9-20　PbSO₄ 的帕特森图

（5）利用空间群计算出帕特森峰的等效峰位

PbSO₄ 的空间群为 *Pnma*，一般原子等效点位为 8d，即原子位于 8d(x, y, z) 上，将产生 8 个等效的原子，将这些原子的坐标相减就能得到一般原子等效点位的帕特森表（Patterson Table），如表 9-10、表 9-11 所示。

表 9-10　空间群 Pnma 的一般原子点位形成的帕特森表（左侧部分）

	x,y,z	$0.5-x,-y,0.5+z$	$0.5+x,0.5-y,0.5-z$	$-x,0.5+y,-z$
x,y,z	0,0,0	$0.5-2x,-2y,0.5$	$0.5,0.5-2y,0.5-2z$	$-2x,0.5,-2z$
$0.5-x,-y,0.5+z$	$-0.5+2x,2y,-0.5$	0,0,0	$2x,0.5,-2z$	$-0.5,0.5+2y,-0.5-2z$
$0.5+x,0.5-y,0.5-z$	$-0.5,-0.5+2y,-0.5+2z$	$-2x,-0.5,2z$	0,0,0	$-0.5-2x,2y,-0.5$
$-x,0.5+y,-z$	$2x,-0.5,2z$	$0.5,-0.5-2y,0.5+2z$	$0.5+2x,-2y,0.5$	0,0,0
$-x,-y,-z$	$2x,2y,2z$	$0.5,0,0.5+2z$	$0.5+2x,0.5,0.5$	$0,0.5+2y,0$
$0.5+x,y,0.5-z$	$-0.5,0,-0.5+2z$	$-2x,-2y,2z$	$0,0.5-2y,0$	$-0.5-2x,0.5,-0.5$

	x,y,z	$0.5-x,-y,0.5+z$	$0.5+x,0.5-y,0.5-z$	$-x,0.5+y,-z$
$0.5-x,0.5+y,0.5+z$	$-0.5+2x,-0.5,-0.5$	$0,-0.5-2y,0$	$2x,-2y,-2z$	$-0.5,0,-0.5-2z$
$x,0.5-y,z$	$0,-0.5+2y,0$	$0.5-2x,-0.5,0.5$	$0.5,0,0.5-2z$	$-2x,2y,-2z$

表 9-11　空间群 *Pnma* 的一般原子点位形成的帕特森表（右侧部分）

	$-x,-y,-z$	$0.5+x,y,0.5-z$	$0.5-x,0.5+y,0.5+z$	$-x,0.5+y,-z$
x,y,z	$-2x,-2y,-2z$	$0.5,0,0.5-2z$	$0.5-2x,0.5,0.5$	$0,0.5-2y,0$
$0.5-x,-y,0.5+z$	$-0.5,0,-0.5-2z$	$2x,2y,-2z$	$0,0.5+2y,0$	$-0.5+2x,0.5,-0.5$
$0.5+x,0.5-y,0.5-z$	$-0.5-2x,-0.5,-0.5$	$0,-0.5+2y,0$	$-2x,2y,2z$	$-0.5,0,-0.5+2z$
$-x,0.5+y,-z$	$0,-0.5-2y,0$	$0.5+2x,-0.5,0.5$	$0.5,0,0.5+2z$	$2x,-2y,2z$
$-x,-y,-z$	$0,0,0$	$0.5+2x,2y,0.5$	$0.5,0.5+2y,0.5+2z$	$2x,0.5,2z$
$0.5+x,0.5-z$	$-0.5-2x,-2y,-0.5$	$0,0,0$	$-2x,0.5,2z$	$-0.5,0.5-2y,-0.5+2z$
$0.5-x,0.5+y,0.5+z$	$-0.5,-0.5-2y,-0.5-2z$	$2x,-0.5,-2z$	$0,0,0$	$-0.5+2x,-2y,-0.5$
$-x,0.5+y,-z$	$-2x,-0.5,-2z$	$0.5,-0.5+2y,0.5-2z$	$0.5-2x,2y,0.5$	$0,0,0$

（6）利用化学信息计算原子对的帕特森峰的峰强（可选项）

为了能识别出帕特森峰来自哪个原子对，建议计算各组分帕特森峰的峰强。先计算 Pb、S、O 原子自身在原点处形成的帕特森峰的峰强，如表 9-12 所示。

表 9-12　Pb、S、O 原子自身在原点处形成的帕特森峰的峰强

原子	z_i	z_i	n_i	z	峰强
Pb	82	82	1	4	26896
S	16	16	1	4	1024
O	8	8	4	4	1024

理论上，这些原子自身在原点处形成的帕特森峰的总峰强 $P_0=28944$，标度因子 $\kappa = 999/28944 = 0.0345$。那么，各原子对形成的帕特森峰的归一化峰强及理论键长（原子玻尔半径之和）如表 9-13 所示。

表 9-13　各原子对形成的帕特森峰的归一化峰强及理论键长（原子玻尔半径之和）

原子对		z_i	z_j	多重因子 M	峰强	理论键长/Å
Pb	Pb	82	82	1, 2, 4, 8	232, 464, 928, 1856	3.08
Pb	S	82	16	1, 2, 4, 8	45, 90, 181, 362	2.42
Pb	O	82	8	1, 2, 4, 8	22, 45, 90, 181	2.02
S	S	16	16	1, 2, 4, 8	8, 17, 35, 70	1.76
S	O	16	8	1, 2, 4, 8	4, 8, 17, 35	1.36
O	O	8	8	1, 2, 4, 8	2, 4, 8, 17	0.96

（7）晶体结构解析

- 解析重原子

由于 Pb—Pb 的理论键长约为 3.08Å（两原子玻尔半径之和），并且当多重因子为 1、2、

4、8 时帕特森峰的归一化峰强为 232、464、928、1856，所以表 9-9 中的第 2、3、4 个帕特森峰应来自 Pb—Pb 原子对。将表 9-9 中的第 2、3、4 个帕特森峰与表 9-10、表 9-11 进行比较（见表 9-14），找出两者之间的规律。

表 9-14　帕特森合成的帕特森峰与对称操作得到的帕特森峰之间的比较（一）

No.	帕特森合成的帕特森峰					对称操作得到的帕特森峰		
	U	V	W	I	r/Å	U	V	W
2	0.5	0	0.1693	439	4.402	0.5	0	$0.5+2z$
3	0.1226	0.5	0.5	420	4.526	$0.5+2x$	0.5	0.5
4	0.3781	0.5	0.3336	215	4.793	$2x$	0.5	$2z$

　　第 2 个帕特森峰位于 $(0.5, 0, 0.1693)$ 处，该坐标满足表 9-10、表 9-11 中的 $(0.5, 0, 2z)$ 或与其等效的理论帕特森峰（共有 8 个），如 $(0.5, 0, 0.5+2z)$ 等。由该峰的坐标 W 就能计算出 Pb 原子的坐标 z：由 $0.1693 = 0.5+2z$，得 $z = -0.1654$ 或 $z = 0.8347$（晶体的平移性）。

　　第 3 个帕特森峰位于 $(0.1226, 0.5, 0.5)$ 处，该坐标满足 $(0.5+2x, 0.5, 0.5)$。由该峰的坐标 U 就能计算出 Pb 原子的坐标 x：由 $0.1226 = 0.5+2x$，得 $x = -0.1887$ 或 $x = 0.8113$（晶体的平移性）。

　　第 4 个帕特森峰位于 $(0.3781, 0.5, 0.3336)$ 处，该坐标满足 $(2x, 0.5, 2z)$。由该峰的坐标 U 和 W 就能计算出 Pb 原子的坐标 x 和 z：由 $0.3781 = 2x$，得 $x = 0.1891$；由 $0.3336 = 2z$，得 $z = 0.1668$。由第 4 个帕特森峰计算出的 Pb 原子的坐标 x 和 z 与由第 2、3 个帕特森峰得到的坐标相近，说明上述推导是合理的。

　　由于晶胞内有 4 个 Pb 原子，所以 Pb 原子的等效点位为 4c $(x, 1/4, z)$，即 Pb$(0.1891, 0.25, 0.1668)$。考虑到空间群 *Pnma* 的对称操作，假设 Pb1 原子的坐标为 $(0.1891, 0.25, 0.1668)$，经过 $(0.5-x, 1-y, 0.5+z)$ 的对称操作后得到 Pb2 原子 $(0.3109, 0.75, 0.6667)$；Pb1 原子经过 $(0.5+x, 0.5-y, 0.5-z)$ 的操作得到 Pb3 原子 $(0.6891, 0.25, 0.3333)$；Pb1 原子经过 $(1-x, 0.5+y, 1-z)$ 的操作得到 Pb4 原子 $(0.8109, 0.75, 0.8333)$。根据这 4 个 Pb 原子的坐标也能反推出 Pb—Pb 原子对的帕特森峰。例如，Pb1—Pb3 原子对产生的帕特森峰为表 9-9 中的第 2 个帕特森峰；Pb1—Pb2 原子对形成的帕特森峰为表 9-9 中的第 3 个帕特森峰，Pb2—Pb3 原子对产生的帕特森峰为表 9-9 中的第 4 个帕特森峰。

　　• 利用帕特森合成技术补全原子

　　现在，我们已经确定了 Pb 原子的坐标 $(0.1891, 0.25, 0.1668)$。假设多重因子为 1、2、4，Pb—S 原子对形成的帕特森峰的理论峰强为 45、90、181，对应于第 5～7 个帕特森峰。

　　晶胞内有 4 个 S 原子，所以 S 原子应该在 4c$(x, 0.25, z)$ 处。位于 4c 的两个原子（如 Pb 和 S）将产生 16 个帕特森峰，如表 9-15 所示。

表 9-15　空间群 *Pnma* 的 4c 位置形成的帕特森峰

	$x_1, 0.25, z_1$	$0.5-x_1, 0.75, 0.5+z_1$	$-x_1, 0.75, -z_1$	$0.5+x_1, 0.25, 0.5-z_1$
$x_2, 0.25, z_2$	$x_1-x_2, 0, z_1-z_2$	$0.5-x_1-x_2, 0.5, 0.5+z_1-z_2$	$-x_1-x_2, 0.5, -z_1-z_2$	$0.5+x_1-x_2, 0, 0.5-z_1-z_2$
$0.5-x_2, 0.75, 0.5+z_2$	$-0.5+x_1+x_2, -0.5, -0.5+z_1-z_2$	$-x_1+x_2, 0, z_1-z_2$	$-0.5-x_1+x_2, 0, -0.5-z_1-z_2$	$x_1+x_2, -0.5, -z_1-z_2$

续表

	$x_1,0.25,z_1$	$0.5-x_1,0.75,0.5+z_1$	$-x_1,0.75,-z_1$	$0.5+x_1,0.25,0.5-z_1$
$-x_2,0.75,-z_2$	$x_1+x_2,-0.5,z_1+z_2$	$0.5-x_1+x_2,0,0.5+z_1+z_2$	$-x_1+x_2,0,-z_1+z_2$	$0.5+x_1+x_2,0,0.5-z_1+z_2$
$0.5+x_2,0.25,0.5-z_2$	$-0.5+x_1-x_2,0,-0.5+z_1+z_2$	$-x_1-x_2,0.5,z_1+z_2$	$-0.5-x_1-x_2,0.5,-0.5-z_1+z_2$	$x_1-x_2,0,-z_1+z_2$

将第 5～7 个帕特森峰和 4c 位置形成的帕特森峰进行比较，如表 9-16 所示。

表 9-16　帕特森合成的帕特森峰与对称操作得到的帕特森峰之间的比较（二）

No.	帕特森合成的帕特森峰					对称操作得到的帕特森峰		
	U	V	W	I	$r/\text{Å}$	U	V	W
5	0.1214	0	0.5	163	3.63	$-0.5+x_1-x_2$	0	$-0.5+z_1+z_2$
6	0.2439	0.5	0	147	3.401	$0.5-x_1-x_2$	0.5	$0.5+z_1-z_2$
7	0.2545	0.5	0.1587	78	3.629	$-x_1-x_2$	0.5	$-z_1-z_2$

显然，第 5 个帕特森峰(0.1214, 0, 0.5)对应于表 9-15 中的$(-0.5+x_1-x_2, 0, -0.5+z_1+z_2)$或与其对称的帕特森峰（共有 9 个）。由于 Pb 位于(0.1891, 0.25, 0.1668)处，有 $0.1214=-0.5+x_1-x_2$，$0.5=-0.5+z_1+z_2$，所以 S 位于(0.5677, 0.25, 0.8332)处。读者也可以用第 6、7 个帕特森峰来确定 S 原子的位置。

S—O 原子对形成的帕特森峰的强度比较弱，在此不做进一步的解析。注：由于 S—O 原子对的理论玻尔键长约为 1.36Å，因此第 24、27、41 个帕特森峰对应于 S—O 原子对。由这几个帕特森峰有可能解析出部分或全部 O 原子。如果读者感兴趣，也可自行解析。

由以上分析可以看出，我们可以用帕特森合成技术解析出部分原子，甚至能在一些简单结构中解析出所有原子。利用帕特森合成技术解析晶体结构需要读者具有扎实的晶体学知识，尤其要熟悉空间群中的各种对称元素。

- 利用差分傅里叶合成技术补全原子

现在，我们已经利用帕特森合成技术解析出 $PbSO_4$ 的部分晶体结构，如果所解析出的原子是正确的，就可以利用正确但不完整的结构计算出较为准确的相位，再通过差分傅里叶合成技术解析出剩余的原子。

假设我们已经解析出 Pb 原子，即 Pb(0.1891, 0.25, 0.1668)。接下来分步介绍如何用差分傅里叶合成技术补全原子：

① 添加任意原子

右击工具栏图标，在"Basic"面板中选择傅里叶合成类型为"F(obs)-Fourier"，执行傅里叶合成。在窗口左侧选中某个电子密度峰，如 Max1，单击"Include the peak at the specified position"按钮，设置"Name of the atom"为"Pb1"，"Atomic type"为"Pb"。设置完成后，单击"Accept"按钮，添加 Pb1 原子。之后，结束添加原子。

需要注意的是，步骤①在未知相位的条件下（相位默认为零）直接进行傅里叶变换，所得的电子密度峰、原子坐标都是不对的。

② 修改原子属性

双击工具栏图标，找到已添加的原子，并将原子坐标改为(0.1891, 0.25, 0.1668)。由于 Pb 原子在 4c 位置上，一般等效点位为 8d，所以该原子的占有率为 occ=4/8=0.5。

③ 晶体结构精修

由于在进行 Le Bail 全谱拟合时已经精修了峰形参数，这一步我们暂时不精修这些参数。单击 ⋀ 图标，不勾选所有已精修的峰形参数。

设置约束条件：由于所添加的原子并非比较准确，在这一步精修时不用精修 Pb1 的原子位移参数 ADP，只需精修原子坐标。右击 ▦ 图标，在"Restraints/Constraints"面板中单击"Fixed commands"按钮。在弹出的窗口中勾选"ADP harmonic parameters"，在"Atoms/parameters"文本框中输入"Pb1"，之后单击"Rewrite"按钮，如图 9-21 所示。

图 9-21　设置约束条件（Jana2020 软件）

晶体结构精修：设置完上述参数后，单击工具栏中的 ▦ 图标进行晶体结构精修，精修后吻合因子为 GOF=7.3，R_p=28.85，R_{wp}=36.06，精修结果如图 9-22（a）所示。

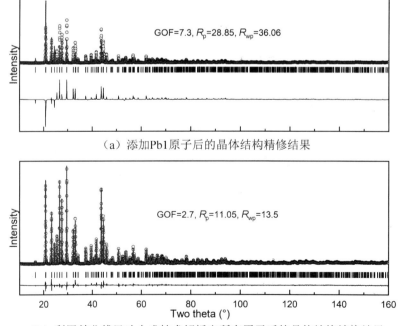

（a）添加Pb1原子后的晶体结构精修结果

（b）利用差分傅里叶合成技术解析出所有原子后的晶体结构精修结果

图 9-22　利用差分傅里叶合成技术解析晶体结构

④ 补全原子

差分法是补全不完整结构最常用的方法，包括差分傅里叶合成（Difference Fourier Synthesis）和差分帕特森合成（Difference Patterson Synthesis）两种方法。差分法的原理是将已有的电子密度峰或帕特森峰（计算值）从观察值中扣除，留下的就是残余原子的电子密度峰或帕特森峰。差分法的优点是能凸显出残余原子的电子密度峰或帕特森峰，便于解析出残余原子。利用差分帕特森合成方法补全原子与利用帕特森函数解析晶体结构类似，此处不再赘述。

在 Jana2020 软件中，根据解析方式的不同，差分傅里叶合成方法分为数值法和图形法两种。数值法，就是直接利用电子密度峰（峰位表）来解析晶体结构，无法直观观察原子间的键合特征。图形法，可以在三维电子密度图中直接识别、添加原子，解析过程最为直观。接下来依次介绍这两种方法：

方法一：数值法

右击 🔍 图标，在"Basic"面板中选择傅里叶合成类型为"F(obs)-F(calc)- difference Fourier"，执行差分傅里叶合成。在弹出的窗口（见图 9-23）左侧列出了 10 个电荷最高的电子密度峰，如表 9-17 所示。选中电子密度峰 Max1，该原子与 Pb1 靠得太近（0.053Å），即 Max1 为 Pb1 的残余电子密度，不属于新的原子。电子密度峰 Max2 的电荷较大（11.86，在这 10 个电子密度峰中电荷最强），它与 Pb1 原子的最小间距约为 3.4Å，所以该原子为 S 原子。添加 S 原子，并将其命名为 S1。

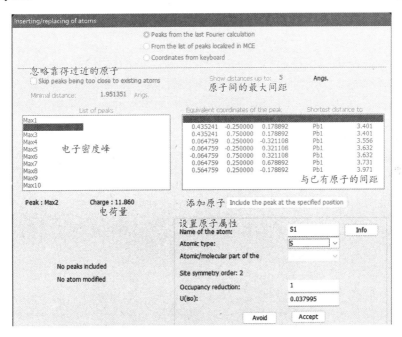

图 9-23　差分傅里叶合成、添加原子（Jana2020 软件）

表 9-17　差分傅里叶合成得到的电子密度峰

No.	原子	电荷	x	y	z	位置	已有原子	间距/Å
1	Pb1	15.28	0.18541	0.25	0.165079	4c	Pb1	0.053
2	S1	11.86	0.435241	0.75	0.178892	4c	Pb1	3.401, 3.554, 3.632

No.	原子	电荷	x	y	z	位置	已有原子	间距/Å
3	O1	5.87	0.313175	0.75	0.009723	4c	S1	1.568
4	O2	5.21	0.569609	0.75	0.089242	4c	S1	1.299
5	O3	3.94	0.91695	0.540393	0.200856	8d	S1	1.416

电子密度峰 Max3、Max4 的电荷分别为 5.87、5.21，如果以 S(16) 的电荷进行归一化，这两个电子密度峰的电荷分别为 7.9、7.0，与 O(8) 的电荷非常接近。另外，这两个电子密度峰与 S 原子的间距约为 1.4Å，说明 Max3、Max4 为 O 原子。添加这两个原子，并将其命名为 O1、O2。由于 O1、O2 原子均在 4c 位置上，晶胞内还缺 8 个 O 原子。

电子密度峰 Max5 在 8d 位置上，电荷为 3.94（注：用不完整的结构进行差分傅里叶合成，计算出的电子密度图也较为粗糙，即电子密度峰的峰位、电荷与真实值有一定偏差）。虽然 Max5 的电荷比较小，但该原子与 S1 原子的间距也约为 1.4Å，我们也添加这个原子，并将其命名为 O3。到此，我们已解析出晶胞内的所有原子，即 4 个 Pb、4 个 S、16 个 O，差分傅里叶合成、添加原子的过程结束。

参照步骤③固定晶胞内所有原子的位移参数，如在 "Define fixed commands" 窗口中勾选 "ADP harmonic parameters"，设置 "Pb1 S1 O1 O2 O3"。设置好参数后，对上述结构进行精修。吻合因子显著减小到 GOF=2.7，R_p=11.05，R_{wp}=13.5，精修结果如图 9-22（b）所示。吻合因子显著减小意味着所添加的原子是正确的。

方法二：图形法

单击工具栏图标 ，双击功能菜单 "Calculate a new Fourier map" → "draw maps as calculated"。在 "Basic" 面板中设置 "Map type" 为 "F(obs)-F(calc)-difference Fourier"，在 "Scope" 面板中勾选 "Whole cell" 复选框。单击 "OK" 按钮，执行差分傅里叶合成，在主窗口中显示二维差分傅里叶图。单击主窗口下侧的 图标，在 MCE 软件中显示三维差分电子密度分布图，如图 9-24 所示。为便于观察，我们对 MCE 软件进行如下设置。

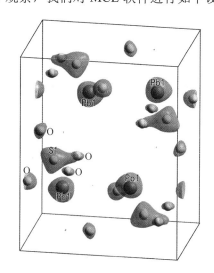

图 9-24 差分傅里叶合成的三维差分电子密度分布图

设置正交投影：单击菜单 "Preferences" → "General Setup"，在弹出的窗口的 "Projection mode" 处勾选 "Orthographic"。

显示原子名称：单击菜单"Preferences"→"Show atomic labels"。

进入添加原子模式：单击菜单"Preferences"→"Add-atom mode"。

设置显示方式：单击菜单"View"→"Level Control Primary Map"。设置"Map mode"为"Surface"，勾选"Transparent surface"，值为"0.4"，在"Contour line control"处设置"Layer1"为"6.6"，此时能完整地显示三维差分傅里叶图。

基本操作：在添加原子的模式下，"拖动"用来旋转视图；"右击"目标位置来添加原子，如果该位置不合适，在另一位置上再次右击即可。

添加原子：将视图旋转到合适的角度，在电子密度峰的重心位置处右击；之后，单击菜单"Peaks"→"Add new peak"，添加这个原子。重复该过程，直到添加完所有原子。最后，单击菜单"File"→"Save peak list"，退出 MCE 软件。此时，Jana2020 软件提示"Do you want to start the procedure for including of new atoms?"，选择"Yes"，弹出类似图 9-23 的窗口。在窗口左侧依次选中电子密度峰，单击"Include the peak at the specified position"，设置原子名称、原子类型。

从图 9-24 的三维差分电子密度分布图中，能很直观地看出 S—O4 的配位结构。在 MCE 软件中依次添加 S、O 原子的 4 个电子密度峰，并在 Jana2020 软件中添加这些原子。

参照步骤③固定晶胞内所有原子的位移参数，如在"Define fixed commands"窗口中勾选"ADP harmonic parameters"，设置"Pb1 S1 O1 O2 O3"。设置好参数后，对上述结构进行精修。

⑤ 晶体结构精修

经过步骤④，峰形参数、原子坐标都已经比较准确了。接下来去除原子的约束条件，对晶体结构进行精修。

勾选峰形参数：单击八图标，勾选晶格参数、峰形参数（GU、GV、GW、LX、LY）、峰的不对称因子（asym1～asym4）、样品位移 sycos。

删除原子约束条件：右击■图标，在"Restraints/Constraints"面板中单击"Fixed commands"按钮。在弹出的窗口中选中"fixed u Pb1 S1 O1 O2 O3"，单击"Delete"按钮，删除已添加的原子约束条件。这样，软件将自动对原子坐标、原子位移参数进行精修。

单击■图标，进行晶体结构精修。吻合因子进一步减小，为 GOF=1.79，R_p=6.59，R_{wp}=8.82。

到此，晶体结构解析、晶体结构精修的整个过程结束。

9.4.6 实例 3：CeRhGe₃ 合金的晶体结构解析

在某些合金材料中，不同种类的原子可能占据相同的原子等效点位。在进行晶体结构解析时，软件有可能给电子密度峰设置成错误的原子种类，需要根据电子密度峰的峰强核对原子种类。在本实例中，我们将在 Jana2020 软件中先利用 Superflip 模块确定空间群、解析晶体结构，再用电子密度分布图来核对原子种类，并结合键价理论评估晶体结构的合理性。衍射数据取自 *Fundamentals of Powder Diffraction and Structural Characterization of Materials* 一书中的例子文件[17]。

学习内容	空间群的确定、原子种类的核对、晶体结构合理性评估
实验数据	CeRhGe.mdi、CeRhGe.mac
材料信息	材料的名义化学组分为 $CeRhGe_3$，材料密度未知。样品在钼靶 X 射线衍射仪上测试，波长分别为 0.7093Å（Kα₁）和 0.71359Å（Kα₂）

（1）指标化确定晶格参数

导入衍射数据：打开 MDI Jade 软件，导入衍射数据"CeRhGe.mdi"。

设置 X 射线波长：单击菜单"Edit"→"Preferences..."，在弹出的窗口的"Instrument"面板中选择"Mo"。

提取 d-值表：①自动寻峰。右击 图标，设置"Points = 25""Threshold Sigmas = 8.0""Intensity Cutoff(%) = 0.1"，在"Peak Location"处选择"Summit"，勾选"Screen out K-alpha2 Peaks"，设置"Angular Range"为7.5～35，其他参数默认。单击"Apply"按钮进行自动寻峰。②手动寻峰、核对。15.5°附近的"三指峰"应为两个峰，需手动添加；21°和29.5°附近的第二个峰的峰位不对，需要手动添加。共得到 22 个峰，如表9-18所示。

表 9-18　CeRhGe$_3$ 的 d-值表及晶面指数(hkl)

2θ	I	(hkl)	2θ	I	(hkl)	2θ	I	(hkl)
8.140	275	(002)	21.201	1827	(211)	29.289	9073	(215)
10.130	5405	(101)	22.440	11099	(105)	29.581	2579	(310)
13.121	13125	(110)	24.180	19942	(213)	30.209	1858	(107)
15.341	39166	(103)	—		(006)	30.720	13505	(303)
15.449	66229	(112)	24.800	6790	(204)	—		(312)
16.281	5680	(004)	26.400	14414	(220)	—		(206)
18.590	36050	(200)	—		(222)	31.169	3787	(224)
—		(202)	27.901	9245	(116)	32.881	1138	(008)
20.961	12982	(114)	28.330	311	(301)	33.941	5392	(314)

注："—"代表没有峰或峰很弱

指标化：单击菜单"Options"→"Pattern Indexing..."，在弹出的窗口中勾选"Cubic""Hexagonal""Tetragonal""Orthorhombic"4 个晶系，选择"Exhaustive Indexing"算法，设置"Two-Theta Error Window = 0.5""fm-Cutoff = 99"，其他参数默认，单击"Go"按钮进行指标化。指标化结果表明，该晶体为四方晶系，晶格参数为 $a = b = 4.388$Å，$c = 10.035$Å，$\alpha = 90°$，$\beta = 90°$，$\gamma = 90°$，空间群可能是 $I4/mmm$、$I\bar{4}2m$、$I4mm$、$I422$、$I4/m$、$I4$、$I\bar{4}$。因此，还需要在 Jana2020 软件中进一步确定空间群。

（2）Le Bail 全谱拟合

导入衍射数据：双击 图标，打开 Jana2020 软件，单击菜单"Structure"→"New"，选中并打开衍射数据"CeRhGe.mac"。在弹出的窗口中依次勾选"Powder data: various CW format"、数据格式为"MAC format"、衍射几何为"Another/unknown method"。输入晶格参数"4.388 4.388 10.035 90 90 90"（注意，各参数之间用空格隔开）。设置射线类型为"X-rays"、阳极靶"X-ray tube"为 Mo，勾选"Kaphal/Kapha2 doublet"，其他参数默认。

设置初始参数：在 MDI Jade 软件中对 9.5°～13.5°的衍射峰进行拟合，得到峰宽 FWHM ≈ 0.07，混合因子 Shape ≈ 0.5，峰的不对称因子 Skewness ≈ 0.4。基于这些参数，在 Jana2020 软件中单击 图标，在"Profile"面板中选择峰形函数"Pseudo-Voigt"，设置 GW ≈ FWHM × 100 = 7。Shape 约为0.5，说明洛伦兹峰宽与高斯峰宽相近，设置 LX = 7；假设应变很小，LY = 0。由于背底曲线较为平直，选用默认背底即可。设置好参数后，单

击 **R?** 图标进行精修，得到吻合因子 GOF = 13.28，R_p = 31.63，R_{wp} = 39.24，如图 9-25（a）所示。

从图 9-25（a）中可以看出，根据初始参数计算的衍射峰与实验峰吻合得较好，说明初始值较为准确。差分线上有明显的峰、谷，说明需要精修晶格参数、样品位移，以及峰形参数 GW、LX。

全谱拟合 1：①设置精修参数。单击 八 图标，在"Cell"面板中勾选晶格参数 a、b、c，在"Correction"面板中勾选样品位移"sycos"。②约束晶格参数。该样品为四方晶系，在精修晶格参数时需要对 a 和 b 进行约束。右击 图标，在弹出的窗口的"Restraints/Constraints"面板中单击"Equations"按钮。在弹出的窗口的"Equation"处输入"b = a"，单击"Rewrite"按钮设置约束条件。设置好约束条件后，对上述参数进行精修，吻合因子迅速减小到 GOF = 3.09，R_p = 6.46，R_{wp} = 9.11，如图 9-25（b）所示。

在图 9-25（b）中，在低角区的差分线上，峰位处出现明显的左凸（箭头指处），说明存在峰的不对称性，需要精修峰的不对称因子。

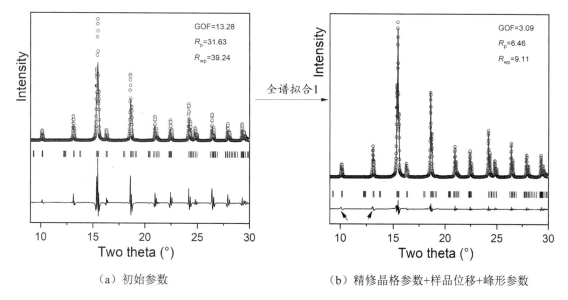

（a）初始参数　　　　　　　　　　　　（b）精修晶格参数+样品位移+峰形参数

图 9-25　Le Bail 全谱拟合

全谱拟合 2：单击 八 图标，在"Asymmetry/Diffractometer"面板中勾选峰的不对称函数"Berar-Baldinozzi correction"，勾选"asym1"～"asym4"。样品中还可能存在少量的晶格应变，在"Profile"面板中勾选"LY"。由于峰的不对称因子与样品位移存在明显关联，因此需要固定已精修好的样品位移因子（不勾选"sycos"）。单击 图标进行精修，吻合因子减小到 GOF = 2.60，R_p = 5.16，R_{wp} = 7.66，如图 9-26 所示。

至此，计算峰和实验峰吻合得较好，Le Bail 全谱拟合结束。

（3）确定空间群

在步骤（1）中，在 MDI Jade 软件中通过指标化确定晶格参数时，得到的空间群可能为 $I4/mmm$、$I\bar{4}2m$、$I4mm$、$I422$、$I4/m$、$I4$、$I\bar{4}$。在这一步，我们用 Jana2020 软件来确定空间群。

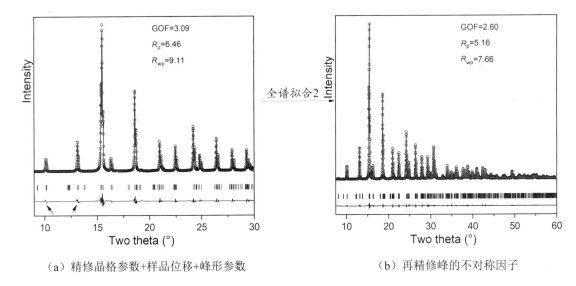

（a）精修晶格参数+样品位移+峰形参数　　　　　　　（b）再精修峰的不对称因子

图 9-26　Le Bail 全谱拟合

在 Jana2020 软件中，单击图形显示窗口中的 按钮，退出 Le Bail 全谱拟合，进入确定空间群的模块。

按默认参数（晶轴偏差为 0.02Å，夹角偏差为 0.2°）识别晶系，选择劳厄群为 4/*mmm*。由于点阵中心 P 和 I 的 R_p 比较小，但 P 的#(Extinct)/#(Gener)为零，而 I 的#(Extinct)/#(Gener)不为零，故点阵中心选择 I。R_p 最小的空间群有 5 个，分别是 $I4/mmm$、$I\bar{4}2m$、$I\bar{4}m2$、$I4mm$、$I422$。这几个空间群的 R_p、#(Extinct)/#(Gener)、品质因子都一样，我们在这一步还无法区分这些空间群。在此，我们选择对称性最高的空间群 $I4/mmm$，在下一步借助 Superflip 模块来区分这些空间群。

勾选"accept the space group in the standard setting"，Jana2020 软件将按设定的空间群进行最后的全谱拟合。

（4）利用 Superflip 模块解析晶体结构

我们只知道该材料的名义化学组分为 $CeRhGe_3$，并未测量材料的密度。在合金中我们可以用各元素的密度来近似估算材料密度，如 Ce、Rh、Ge 的密度分别为 6.7g/cm³、12.4g/cm³、5.3g/cm³，$CeRhGe_3$ 合金的密度近似为(6.7+12.4+3×5.3)/5=7g/cm³。也可以在 PDF 卡片库中查找相似结构的密度作为参考。

在"Run Superflip"窗口中设置"Formula"为"Ce Rh Ge3"（注意，各元素之间用空格隔开）、"Formula units"为"2"（理论密度为 7.9g/cm³，与测量值接近），勾选"Allow manual editing of the command file before start"和"Repeat Superflip: Number of runs"，其他参数默认。

单击"Run Superflip"按钮，Jana2020 软件将自动打开"*.inflip"文件。在该文件中找到"bestdensities 1 rvalue"，将其更改为"bestdensities 1 symmetry"，保存、关闭文件。注："bestdensities"表示从多次运算中找到最好的电子密度，"1"表示仅保存最佳的结果，"symmetry"表示与电子密度匹配最好的对称性，"rvalue"表示与电子密度匹配最好的 R 值。在本例中，我们需要确定空间群，所以将"rvalue"更改为"symmetry"。

Superflip 运行结束后，在弹出的窗口中显示"HM symbol derived by Superflip: I4mm"，说

明正确的空间群是 *I4mm*。单击"Open the listing"按钮查看 Superflip 运行结果，如图 9-27 所示。从运行结果中可以看出，*c* 轴为 4 次轴，在(100)、(110)上具有镜面 *m*、*m*，所以空间群为 *I4mm*。

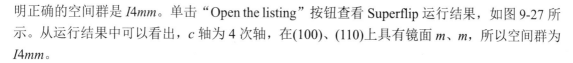

```
###################################
# Checking the density for symmetry #
###################################

Centering vectors:
  0.000  0.000  0.000
  0.500  0.500  0.500

Symmetry operations compatible with the lattice and centering:
                    Symmetry operation        agreement factor
    m(1,0,0):       -x1        x2        x3    0.002   XXXXXXXXXXXXXXXXXXXXXXXXXXXXXXXXXXXXXXXXXXXXX
    m(1,1,0):       -x2       -x1        x3    0.009   XXXXXXXXXXXXXXXXXXXXXXXXXXXXXXXXXXXXXXXXXXXXX
    4(0,0,1):        x2       -x1        x3    0.015   XXXXXXXXXXXXXXXXXXXXXXXXXXXXXXXXXXXXXXXXXXX
    4(0,0,1):       -x2        x1        x3    0.016   XXXXXXXXXXXXXXXXXXXXXXXXXXXXXXXXXXXXXXXXXXX
    m(1,-1,0):       x2        x1        x3    0.021   XXXXXXXXXXXXXXXXXXXXXXXXXXXXXXXXXXXXXXXXX
    m(0,1,0):        x1       -x2        x3    0.033   XXXXXXXXXXXXXXXXXXXXXXXXXXXXXXXXXXXXXXX
    2(0,0,1):       -x1       -x2        x3    0.034   XXXXXXXXXXXXXXXXXXXXXXXXXXXXXXXXXXXXXXX
    2(0,1,0):       -x1        x2       -x3   26.864   XXXXXXXXXXXXXXXXXXXXXXXXXXXXXXXXX
------------------------------------------------------------
Space group derived from the symmetry operations:
------------------------------------------------------------
    HM symbol:    I4mm
    Hall symbol:  I 4 -2
```

图 9-27　Superflip 运行结果

在"Run Superflip"窗口中，单击"Change the space group"按钮，将空间群设为 *I4mm*。勾选"allow manual editing of the command file before start"和"Repeat Superflip: Number of runs"，运行 Superflip。在弹出的窗口中，将"bestdensities 1 symmetry"更改为"bestdensities 1 rvalue"。待 Superflip 运行结束后，在弹出的窗口中提示空间群为 *I4mm*，化学式为 $CeRhGe_3$。由于 Superflip 的初始相位为随机值，因此不同次运行结果可能略有不同。如果空间群不是 *I4mm*，化学式不是 $CeRhGe_3$，则继续运行 Superflip。

（5）核对原子种类

由于合金中不同种类的原子可能占据相同的原子等效点位，如在这一步中解析出的结构（见表 9-19），Ce、Rh、Ge 三种原子都在 2a 位置上，各位置上的元素符号有可能设置错误，所以解析出的结构其化学式虽为"Ce Rh Ge3"（与预期相符），但未必是正确的结构，还需要进一步核对。

表 9-19　利用 Superflip 模块解析晶体结构后得到的电子密度峰（前 6 个）

No.	Site	x	y	z	I	Charge	No.	Site	x	y	z	I	Charge
1	2a	0	0	0.8421	999	21.19-Ce1	4	4b	0	0.5000	0.0786	457	9.70-Ge2
2	2a	0	0	0.1830	687	14.57-Rh1	5		0	0	0.9419	52	1.11
3	2a	0	0	0.4224	493	10.46-Ge1	6		0	0.2300	0.8758	41	0.86

用实验的结构因子计算电子密度：右击 🔍 图标，在"Basic"面板中选择傅里叶合成类型为"F(obs)-Fourier"，执行傅里叶合成（不添加原子）。傅里叶合成结束后，在弹出的窗口中列出了 10 个电子密度峰，其中前 6 个如表 9-19 所示。

在这 10 个电子密度峰中，前 4 个电子密度峰很强，后 6 个电子密度峰很弱。例如，第 4 个电子密度峰的峰强为 457，第 5 个电子密度峰的峰强减小到 52，对应的电荷从 9.70 降到 1.11，说明在前 4 个电子密度峰上的确有原子。为了判断前 4 个电子密度峰的原子种类是否设置正确，我们需要对这 4 个电子密度峰的电荷进行归一化。例如，以第一个电子密度峰的电荷作为参考进行归一化，得到的电荷分别为58、40、29、27，与Ce、Rh、Ge的原子序数（58、45、32）较为吻合，说明前4个电子密度峰所设置的原子种类是正确的。

（6）晶体结构精修、结果展示

步骤（4）中解析出的晶体结构还相对比较粗糙，需要先精修原子位置，再精修原子位置和峰形参数。

精修原子位置：①固定峰形参数。单击 🏔 图标，不勾选晶格参数（a、c）、峰形参数（GW、LX、LY）、峰的不对称因子（asym1～asym4）、样品位移（sycos）。②约束原子位移参数。右击 🔲 图标，在"Restraints/Constraints"面板中单击"Fixed commands"按钮，勾选"ADP harmonic parameters"，输入"Ce1 Rh1 Ge1 Ge2"（注意，各参数之间用空格隔开）。设置完后进行精修，精修后吻合因子为GOF=9.02，R_p=22.15，R_{wp}=26.64。

精修原子位置和峰形参数：①勾选峰形参数。单击 🏔 图标，勾选晶格参数（a、c）、峰形参数（GW、GV、GU、LX、LY）、峰的不对称因子（asym1～asym4）。②删除约束条件。右击 🔲 图标，在"Restraints/Constraints"面板中单击"Fixed commands"按钮，删除已设置的约束条件。设置完后进行精修，精修后吻合因子为GOF=2.68，R_p=5.69，R_{wp}=7.91，精修结果如图9-28所示。

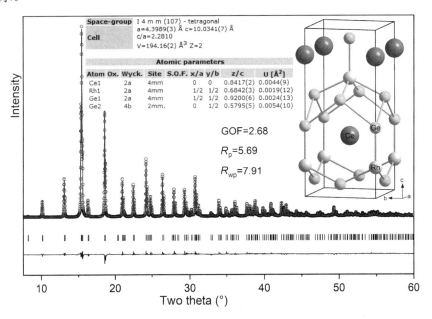

图9-28　$CeRhGe_3$的晶体结构精修结果

键长、键角测试：单击 🏔 图标，进行键长、键角测试，Rh1与Ge1和Ge2的键长为2.366Å、2.438Å，Ge1—Rh1—Ge2和Ge2—Rh1—Ge2的键角分别为115.55°、79.28°，满足Hirshfeld键长、键角条件。

电子密度计算：右击 🔍 图标，在"Basic"面板中选择傅里叶合成类型为"F(obs)-Fourier"，执行傅里叶合成（不添加原子）。Ce1、Rh1、Ge1、Ge2这4个电子密度峰的电荷分别为58.77、45.74、32.35、31.60，与理论电荷数58、45、32、32吻合得很好。这再次表明解析出的结构是合理的。

9.4.7　实例 4：YFe/AlO 掺杂结构的解析

化学元素掺杂或元素替换是材料性能改进的常见方法，本例以 YFe/AlO 为例介绍掺杂结构的解析、区分原子种类、元素替换等内容。本例中的衍射数据取自 GSAS 中的例子文件[75]。

学习内容	利用 Superflip 模块解析晶体结构，从电子密度分布图中区分原子种类，学习部分替换原子并对其进行精修
实验数据	衍射数据为 YFeAlO.mdi、YFeAlO.mac，中子衍射，波长为 1.909Å，材料密度约为 4.7g/cm³

（1）指标化确定晶格参数

导入数据：打开 MDI Jade 软件，导入衍射数据"YeAlO.mdi"。

设置 X 射线波长：单击菜单"Edit"→"Preferences..."，在弹出的窗口的"Instrument"面板中选择"US"，设置"K-alpha1"为 1.909。

提取 d-值表：右击 █ 图标，设置"Points = 15""Threshold Sigmas = 4""Intensity Cutoff(%) = 0.1"，在"Peak Location"处勾选"Summit"，设置"Angular Range"为 34～157.9，其他参数默认。单击"Apply"按钮进行自动寻峰。共得到 49 个峰，其中前 12 个峰如表 9-20 所示。

表 9-20　YFe/AlO 掺杂结构的 d-值表（前 12 个峰）及晶面指数(hkl)

2θ	I	(hkl)	2θ	I	(hkl)	2θ	I	(hkl)
36.404	554	(400)	47.046	731	(431)	59.397	319	(620)
40.948	918	(420)	50.752	782	(521)	64.101	75	(631)
43.049	710	(332)	52.597	131	(440)	65.703	421	(444)
45.048	114	(422)	57.703	1232	(611)	68.797	2016	(640)

指标化：单击菜单"Options"→"Pattern Indexing..."，在弹出的窗口中勾选"Cubic" "Hexagonal""Tetragonal"3 个晶系，勾选"Exhaustive Indexing"算法，设置"Two-Theta Error Window = 0.5""fm-Cutoff = 99"，其他参数默认，单击"Go"按钮进行指标化。指标化结果表明，该晶体为立方晶系，晶格参数为 $a = b = c = 12.195$Å，$\alpha = \beta = \gamma = 90°$，空间群可能是 $Ia3d$。该材料的密度约为 4.7g/cm3，其化学式单元数 $z = 24$，近似的化学式为 $YFe_{0.68}Al_{0.98}O_4$。

（2）Le Bail 全谱拟合

导入衍射数据：双击 █ 图标，打开 Jana2020 软件，单击菜单"Structure"→"New"，选中并打开衍射数据"YFeAlO.mac"。在弹出的窗口中依次勾选"Powder data: various CW formats"、数据格式为"MAC format"、衍射几何为"Another/unknown method"。输入晶格参数"12.195 12.195 12.195 90 90 90"（注意，各参数之间用空格隔开）。设置射线类型为"Neutrons"，"Wave length"为 1.909，其他参数默认。

设置初始参数：在 MDI Jade 软件中对 35°～44°的衍射峰进行拟合，得到峰宽 FWHM ≈ 0.5，混合因子 Shape ≈ 0。基于这些参数，在 Jana2020 软件中单击 ∧ 图标，在"Profile"面板中选择峰形函数"Pseudo-Voigt"，设置 GW ≈ FWHM × 100 = 50。由于背底曲线较为平直，选用默认背底即可。设置好参数后，单击 **R?** 图标进行精修，得到吻合因子 GOF = 3.78，$R_p = 17.58$，$R_{wp} = 24.73$，如图 9-29（a）所示。从图 9-29（a）中可以看出，计算峰与实验峰的匹配较差，需要精修峰位。

精修峰位：①设置精修参数。单击 🝨 图标，在"Cell"面板中勾选晶格参数 a，在"Correction"面板中勾选样品位移 sycos。②约束晶格参数。该样品为立方晶系，在精修晶格参数时需对 a、b、c 进行约束。右击 🎛 图标，在弹出的窗口的"Restraints/Constraints"面板中单击"Equations"按钮。在弹出的窗口中的"Equation"文本框中输入"b = a"，单击"Rewrite"按钮设置约束条件。类似地，再设置约束条件"c = a"。设置好约束条件后，对上述参数进行精修，吻合因子减小到 GOF = 2.28，R_p = 9.0，R_{wp} = 14.89，如图 9-29（b）所示。从图 9-29（b）中可以看出，计算峰和实验峰还有较大差异，需要精修峰形参数。

精修峰形：①精修高斯峰宽。单击 🝨 图标，在"Profile"面板中勾选"GU""GV""GW"，精修后吻合因子减小到 GOF=1.12，R_p=5.14，R_{wp}=7.33。②精修峰的不对称因子。不勾选样品位移因子"sycos"，勾选峰的不对称函数"Howard"（注：样品位移和峰的不对称因子高度耦合，不建议同时精修），精修后吻合因子为 GOF=0.76，R_p=3.52，R_{wp}=4.95，如图 9-29（c）所示。

至此，计算的衍射峰和实验峰吻合得较好，Le Bail 全谱拟合结束。

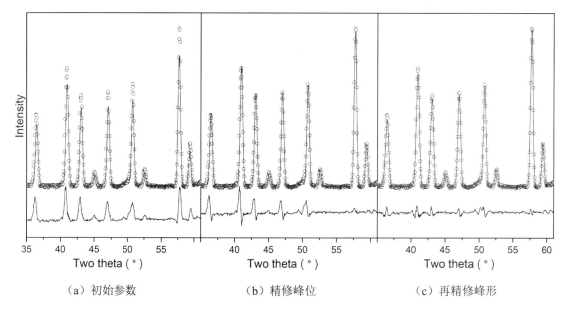

（a）初始参数　　　　　　（b）精修峰位　　　　　　（c）再精修峰形

图 9-29　Le Bail 全谱拟合

（3）确定空间群

在 Jana2020 软件中，单击图形显示窗口中的 ✖ 按钮，退出 Le Bail 全谱拟合，进入确定空间群的模块。

按默认参数（晶轴偏差为 0.02Å，夹角偏差为 0.2°）识别晶系，选择劳厄群为 m-$3m$。由于点阵中心 P 和 I 的 R_p 比较小，但 P 的#(Extinct)/#(Gener)为零，而 I 的#(Extinct)/#(Gener)不为零，故点阵中心选择 I。我们选择对称性最高的空间群 $Ia\bar{3}d$（该空间群和指标化时 MDI Jade 软件给出的结果一致）。在进行晶体结构解析时，也可以利用 Superflip 模块核对空间群。

勾选"accept the space group in the standard setting"，Jana2020 软件将按设定的空间群进行最后的全谱拟合。

（4）运行 Superflip 解析晶体结构

在"Run Superflip"窗口中设置"Formula"为"Y Fe0.68 Al0.98 O4"（注意，各元素之间用空格隔开）、"Formula units"为"24"（理论密度为 4.77g/cm³，与测量值接近）。勾选"Repeat

Superflip: Number of runs"和"Patterson superposition map",其他参数默认。

Superflip 运行结束后,在弹出的窗口中显示"HM symbol derived by Superflip: Ia-3d",说明所设定的空间群是正确的。单击"Accept last solution"按钮,结果如表 9-21 所示。从表 9-21 中可以看出,Jana2020 软件误将最强的 4 个电子密度峰都指认为 O 原子。因此,下一步要核对这些原子的种类。

表 9-21　Chargeflipping 得到的晶体结构

Atoms	Site	x	y	z	$U_{iso}/Å^2$
O1	24c	0.75000	0.62500	0.50000	0.038
O2	16a	0.50000	0.50000	0.50000	0.038
O3	96h	0.53400	0.44700	0.34400	0.038
O4	24d	0.25000	0.62500	0.50000	0.038

(5)核对结构

由于该晶体的化学式单元数为 24,表 9-21 中的 4 个电子密度峰对应的原子比例为 1∶0.666∶4∶1,所以 O1 或 O4 应为 Y 原子,O3 为 O 原子。为区分其他电子密度峰上的原子,需要对上述结构进行精修,计算差分电子密度分布图。

计算差分电子密度分布图:①固定所有已精修的峰形参数,包括晶格参数 a,峰形参数 GU、GV、GW,峰的不对称因子 asym1,样品位移因子 sycos。②精修晶体结构。单击 ⚙ 图标精修晶体结构,精修结束后弹出警告"Serious warnings in the listing"。在报告文件中显示 O1 和 O2 原子的 U_{iso} 为负值,这是没有物理意义的。③计算差分电子密度分布图。单击 ▓ 图标,双击功能菜单"Calculate a new Fourier map"→"draw maps as calculated",在弹出的窗口中选择"F(obs)-F(calc)-difference Fourier",在"Scope"面板中勾选"Whole cell"来计算差分电子密度分布图。由于需要区分"O1""O2""O4"的原子种类,需要观察 $z = 0.5$ 处的电子密度分布图。所以,在弹出的窗口右侧设置"$z = 0.5$",所得的差分电子密度分布图如图 9-30(a)所示。

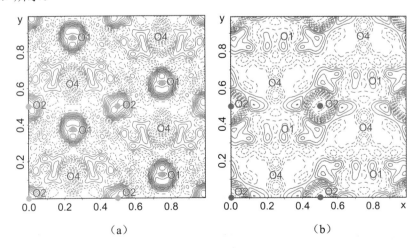

图 9-30　YFe/AlO 在 $z = 0.5$ 处的 xy 截面的差分电子密度分布图

从差分电子密度分布图中可以看出,O1 和 O2 处还有残余电子,其电子密度分别为 0.5 和 0.4。在差分电子密度分布图中有残余电子,说明该位置上现有原子的核外电子数不够多,即该位置应该被核外电子数更多的重原子占据。因此，O1 处应为 Y 原子，O2 处应为 Fe 或 Al 原子。

修改原子种类：单击 ⊚ 图标，把 O1 的原子类型改为 Y，将其命名为 Y1；把 O2 的原子类型改为 Fe，将其命名为 Fe2。修改好原子类型后，单击 ⊞ 图标精修晶体结构，精修后吻合因子为 GOF=1.14，R_p=5.44，R_{wp}=7.44。再次计算差分电子密度分布图，如图 9-30（b）所示，发现在 Fe2 位置上出现了约为-0.9 的电荷，说明占据该位置的原子过重，即 Fe2 位置应被 Al 部分替换。

Fe2 位置上的元素替换：单击 ⊚ 图标，在弹出的窗口中右击 Fe2 原子，在右键菜单中选择"Split atom positions"，将其命名为 Al2'，原子类型为 Al，其他参数默认。注：在该窗口中默认勾选"Generate restrict commands for refine"，即约束该位置上的所有原子，使其原子位置、原子位移参数相同，原子占有率之和为 1。修改好原子类型后，勾选 Fe2 的原子占有率，单击 ⊞ 图标精修晶体结构。精修后吻合因子为 GOF=0.86，R_p=4.15，R_{wp}=5.6，其晶体结构如表 9-22 所示。

表 9-22　精修 16a 位置后得到的晶体结构

Atoms	Site	Occ.	x	y	z	$U_{iso}/\text{Å}^2$
Y1	24c	1	0.75000	0.62500	0.50000	0.0052
Fe2	16a	0.5932	0.50000	0.50000	0.50000	0.0054
Al2'	16a	0.4068	0.50000	0.50000	0.50000	0.0054
O3	96h	1	0.52962	0.44618	0.34932	0.0062
O4	24d	1	0.25000	0.62500	0.50000	0.0092

从表 9-22 中可以看出，Y1、Fe2、Al2'、O3 的原子位移参数 U_{iso} 均在合理范围内，而 O4 的原子位移参数 U_{iso} 约为 Y1 的 2 倍。原子位移参数大能使高角区的衍射强度快速衰减。也就是说，O4 位置上现有的原子过轻，需要被更重的原子占据。

O4 位置上的元素替换：单击 ⊚ 图标，把 O4 的原子类型改为 Fe，将其命名为 Fe4。右击 Fe4 原子，在右键菜单中选择"Split atom positions"，将其命名为 Al4'，原子类型为 Al，其他参数默认。勾选 Fe4 的原子占有率，单击 ⊞ 图标精修晶体结构，精修后吻合因子为 GOF=0.82，R_p=3.95，R_{wp}=5.38。

（6）晶体结构精修

除了精修晶体结构参数外，还需继续精修晶格参数 a，峰形参数 GU、GV、GW，峰的不对称因子 asym1。精修后吻合因子为 GOF=0.77，R_p=3.70，R_{wp}=5.06，该材料的化学式为 $Y(Fe_{0.696}Al_{0.971})O_4$，其晶体结构参数如表 9-23 所示，精修结果如图 9-31 所示。

表 9-23　精修后 $Y(Fe_{0.696}Al_{0.971})O_4$ 的晶体结构参数

$Y(Fe_{0.696}Al_{0.971})O_4$, $Ia3d$ (230), a = 12.18806(9)Å, V = 1810.52(2)Å³, density = 4.7979g/cm³						
Atom	Site	Occ.	x	y	z	$U/\text{Å}^2$
Y1	24c	1	0.75	0.625	0.5	0.0064(9)
Fe2	16a	0.586(19)	0.5	0.5	0.5	0.0063(12)

Y(Fe$_{0.696}$Al$_{0.971}$)O$_4$, $Ia3d$ (230), a = 12.18806(9)Å, V = 1810.52(2)Å^3, density = 4.7979g/cm^3						
Atom	Site	Occ.	x	y	z	U/Å^2
Al2'	16a	0.414(19)	0.5	0.5	0.5	0.0063(12)
Al4'	24d	0.695(16)	0.25	0.625	0.5	0.0027(16)
Fe4	24d	0.305(16)	0.25	0.625	0.5	0.0027(16)
O3	96h	1	0.52951(14)	0.44612(16)	0.34938(16)	0.0073(7)

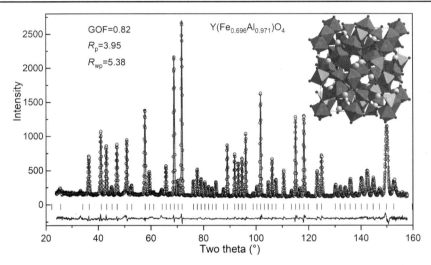

图 9-31　Y(Fe$_{0.696}$Al$_{0.971}$O$_4$)的晶体结构精修结果

9.4.8　Jana2020 软件中的常见问题

在利用 Jana2020 软件进行晶体结构解析与晶体结构精修的过程中，我们往往会遇到各种问题。本节以问答的形式给出以下几种典型问题的解决方法。

（1）如何处理复杂背底？

答：在 X 射线粉末衍射中常常会遇到复杂背底，这些背底不仅与衍射几何相关，还与样品槽的材质、样品量、结晶度等相关。常见的处理方法有三种：

方法一：直接拟合法。Jana2020 软件提供 4 个多项式背底函数，每个函数提供多达 36 个背底参数。但拟合的参数越多，拟合稳定性会越差（原子位置、原子占有率、原子位移参数等都可能与背底相互耦合）。

方法二：基于背底数据+背底函数进行拟合。①在衍射图显示窗口的右下角单击 "Create new" 按钮，在弹出的窗口中设置背底点数、背底阈值，Jana2020 软件将自动探测背底数据。②单击 八 图标，在弹出的窗口的 "Corrections" 面板中勾选 "+predefined manual background"，设置多项式的项数，精修背底参数。

方法三：直接扣除背底数据。在相同的测试条件下记录不含样品的样品槽的衍射数据，将其作为背底数据从样品的衍射数据中直接扣除。

（2）如何处理择优取向？

答：如果样品存在择优取向，如在 SEM 中观察到有片状、棒状等偏离球状的晶粒，建议在制备粉末样品时需仔细研磨，并用微孔筛进行筛选，尽量减弱择优取向效应。在测试时，让装有粉末样品的样品台以一定的速度绕轴旋转也能减弱择优取向效应。

如果经过上述操作样品还存在择优取向，这必然会引起结构振幅偏离理想值，由此可能解析出错误的晶体结构。在晶体结构解析过程中是无法对择优取向进行校正的。如果样品中含有重原子和轻原子，在利用 Superflip 模块解析晶体结构时建议勾选 "Patterson superposition map"。

一旦正确解析出部分晶体结构或完整晶体结构，就可以选用合适的函数来校正择优取向。单击 人 图标，在弹出的窗口的 "Sample/Experiment" 面板中勾选优取向函数（March-Dollase 函数或 Sasa-Uda 函数），设置择优取向轴 "Preferred orientation vector"，精修参数 Pref1 或 Pref2。

注意：Jana2020 软件只能精修一个择优取向轴。

（3）低角区的衍射峰存在明显的不对称，该如何处理？

答：低角区衍射峰的不对称主要是由索罗狭缝引起，在做 X 射线衍射实验时优先选用较小的索罗狭缝来减弱峰的不对称性。在精修时可选用合适的峰形函数，并精修峰的不对称因子。Jana2020 软件提供 3 个函数来校正峰的不对称：Howard 函数、Berar-Baldinozzi 函数、Divergence 函数。单击 人 图标，在弹出的窗口的 "Asymmetry/Diffractometer" 面板中勾选校正函数，对峰的不对称因子进行精修。

需要注意的是，仪器零点或样品位移与峰的不对称因子存在高度耦合，精修峰的不对称因子时需要固定仪器零点或样品位移。

（4）在同一个物相中有的衍射峰很窄，有的衍射峰很宽，该如何精修？

答：如果粉末样品是各向同性的，用单一的峰形函数就能很好地描述同一物相中的所有衍射峰。如果样品存在各向异性，如晶粒尺寸或晶格应变具有各向异性，它们会引起衍射峰的各向异性展宽，使某些衍射峰很窄而有些衍射峰很宽。此时，在精修峰形参数的同时，还需精修各向异性展宽参数。

单击 人 图标，在弹出的窗口的 "Profile" 面板中，在 "Anisotropic strain broadening" 或 "Anisotropy particle broadening" 处勾选合适的校正方法，并对各向异性展宽参数进行精修。

注意：各相异性晶粒尺寸展宽和各相异性晶格应变展宽有相似的展宽效应，只需精修其中一种即可。否则，各参数之间可能高度耦合，导致精修发散。

（5）如何精修全局原子位移参数和原子位移参数？

答：如果精修完峰位、峰形、原子位置等参数后，差分线上显示从低角区到高角区出现从正值到负值的类似 "～" 形的特征，说明需要精修原子位移参数。Jana2020 软件不支持全局原子位移参数的精修。如果有高质量的高角区衍射数据，如 90°～130° 的衍射数据，可以精修各向同性原子位移参数。如果是中子衍射，可以精修各向异性原子位移参数。

（6）晶体结构模型是合理的，但原子位移参数精修后出现负值，该如何处理？

答：晶体结构模型合理且标度因子、背底、结构参数、峰位、峰形都已合理精修，如果还出现全局原子位移参数或原子位移参数为负值的情况，很可能是由样品的表面粗糙度或吸收效应引起，建议精修样品的表面粗糙度或吸收效应。

单击 人 图标，在弹出的窗口的 "Sample/Experiment" 面板中，在 "Roughness for Bragg-

Brentano geometry"处勾选合适的校正方法，并对样品的表面粗糙度进行精修。Jana2020 软件提供两个函数来校正表面粗糙度，分别是 Pitschke, Hermann & Mattern 函数和 Suortti 函数。其中，Suortti 函数更适合校正衍射角低于 20°的粗糙度。

（7）原位实验能记录一系列具有相同或相近结构的衍射数据，在精修好起始结构后，如何在 Jana2020 软件中快速进行 Le Bail 全谱拟合？

答：假设待精修的衍射数据为"200.mac"，先按常规方法导入衍射数据，即双击 图标，打开 Jana2020 软件，单击菜单"Structure"→"New"，选中并打开衍射数据"200.mac"。在弹出的窗口中依次设置粉末衍射数据为"various CW formats"、数据格式为"MAC format"、衍射几何为"Another/unknown methed"，输入晶格参数。设置射线类型为"X-rays"、阳极靶"X-ray tube"为 Cu，勾选"Kaphal/Kapha2 doublet"，其他参数默认。不检测空间群、不运行 Superflip。

在导入待测衍射数据后，在已解析或精修的文件夹中复制"*.m41"文件（包含峰形参数），粘贴该文件到待精修的数据文件夹中，将其命名为"200.m41"。单击 图标，弹出的窗口中的各参数都已被替换为已精修好的参数。此时，只需先精修背底，再逐一精修峰位、峰形等参数即可。

（8）在精修好起始结构后，在 Jana2020 软件中如何利用 Rietveld 技术快速精修具有相似结构的其他衍射数据？

答：要想利用已精修好的结构数据（旧结构数据）来精修具有相似结构的衍射数据，需要进行如下操作。

① 导出旧结构数据的 cif 文件：在 Jana2020 软件中打开已精修的项目，双击功能菜单"CIF utilities"→"CIF make"，将已精修好的晶体结构导出为"*.cif"文件。

② 导入新结构：单击菜单"Structure"→"New"，选择并打开衍射数据"*.mac"。在弹出窗口的"Structure"处勾选"from CIF"，选择、打开步骤①中得到的晶体结构数据"*.cif"。步骤①和步骤②将已精修的结构参数作为待精修结构的初始参数。

③ 设置精修参数：在已解析或精修的文件夹中复制"*.m41"文件（包含峰形参数），将其粘贴到待精修的数据文件夹中，并对其进行命名。步骤③将已精修的峰形参数作为待精修衍射数据的初始峰形参数。

之后逐一精修峰位、峰形、晶体结构等参数即可。

9.5 晶体结构精修（GSAS-II 软件）

据统计，在已发表的科技论文中使用频次最多的晶体结构精修软件有两个，分别是 GSAS 和 FullProf。这两个软件各有优缺点，在实际分析中如果能熟练使用 GSAS 软件和 FullProf 软件，几乎可以分析大部分的晶体结构问题。本节主要介绍 GSAS-II 软件的界面、功能，以及利用该软件进行晶体结构精修的步骤，并通过实例介绍如何利用 GSAS-II 软件进行晶体结构精修，9.6 节再介绍 FullProf 软件。

9.5.1 GSAS 软件简介

GSAS 是结构分析通用系统（General Structure Analysis System）的简称，该软件是由 Los Alamos 国家实验室的 Allen C. Larson、Robert B. Von Dreele 等人开发，用于精修单晶或多晶的 X 射线衍射或中子衍射，来表征材料的晶体结构、定量物相分析，微观结构、织构等。GSAS 软件最多支持 9 个物相和多达 99 个衍射数据的同时精修。GSAS 软件[76]通过命令行输入进行精修，后来由 NIST 的 Brian H. Toby 和 Jonathan Wasserman 开发了基于图形化界面的 EXPGUI 软件[77]。该软件在 2015—2017 年平均每年有超过 500 次的引用量，是 Rietveld 晶体结构精修软件中使用最为广泛的软件之一。目前，GSAS 软件和 EXPGUI 软件已停止更新，但仍能兼容从 Windows XP 到 Windows 11 的操作系统。

GSAS 软件和 EXPGUI 软件的下载地址：

ftp://ftp.ncnr.nist.gov/pub/cryst/gsas/gsas+expgui.exe

http://www.ccp14.ac.uk/ccp/ccp14/ftp-mirror/briantoby/pub/cryst/gsas/

GSAS 软件和 EXPGUI 软件的安装和使用教程：

https://www.ncnr.nist.gov/programs/crystallography/software/expgui/expgui.html

自 2013 年以来，Brian H. Toby、Robert B. von Dreele 等基于 Python 开发了 GSAS-II 软件[78]。相较 GSAS 软件和 EXPGUI 软件，GSAS-II 软件的功能更加强大、更加全面，主要包括单晶或多晶衍射的指标化确定晶格参数、晶体结构解析、Rietveld 晶体结构精修，以及非晶、纳米晶的原子对分布函数分析，它既可以处理 X 射线衍射数据，又可以处理中子衍射数据。

GSAS-II 软件的下载地址：

https://subversion.xray.aps.anl.gov/admin_pyGSAS/downloads/gsas2full-Latest-Windows-x86_64.exe（64 位系统）

https://subversion.xray.aps.anl.gov/admin_pyGSAS/downloads/gsas2full-Latest-Windows-x86.exe（32 位系统）

GSAS-II 软件的操作指南：

https://subversion.xray.aps.anl.gov/pyGSAS/trunk/help/Tutorials.html

https://subversion.xray.aps.anl.gov/pyGSAS/trunk/help/gsasII.html

9.5.2 GSAS-II 软件的界面、功能

GSAS-II 软件包含菜单栏和三个主要窗口，三个主要窗口分别为数据树（Data Tree）、

数据编辑窗口（Data Editing Window）和绘图窗口（Plots Window）。GSAS-II 软件的界面如图 9-32 所示。

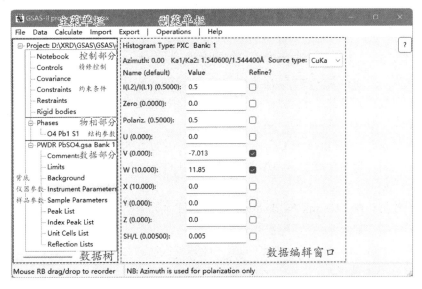

图 9-32　GSAS-II 软件的界面

1. 菜单栏

菜单栏位于 GSAS-II 软件界面的顶部，包括主菜单（左侧）和副菜单（右侧）两部分。主菜单包括以下几个子菜单。

File：新建、打开、保存项目。

Data：一维衍射数据或二维衍射图的简单处理、物相的新建或删除。

Calculate：精修（快捷键为 Ctrl+R）、查看精修参数等。

Import：导入物相、粉末衍射数据、结构因子、小角衍射数据、原子对分布函数数据等。

Export：导出项目、物相、粉末衍射数据、小角衍射数据、单晶数据、电子密度分布图、峰值表、定量物相分析结果等。

副菜单中有哪些菜单取决于数据树，在数据树上选择某个功能，在副菜单上就会显示该功能对应的菜单。

2. 数据树和数据编辑窗口

数据树位于 GSAS-II 软件界面的左侧，主要包括数据部分、物相部分、控制部分。

数据部分：用于设置分析范围（Limits）、背底（Background）、仪器参数（Instrument Parameters）（如阳极类型、仪器零点、峰形参数等）、样品参数（Sample Parameters）（如衍射图的标度因子、样品位移等），以及衍射峰的拟合、指标化等。

物相部分：用于设置已添加物相（可以是多个物相）的结构参数，在数据编辑窗口中显示 General、Data、Atoms 等面板。

控制部分：用于设置最小二乘法的算法（Controls）、查看各参数的耦合度（Covariance）、设置约束条件（Constraints、Restraints、Rigid bodies）等。

9.5.3 利用 GSAS-II 软件进行晶体结构精修的步骤

（1）导入衍射数据

① 双击 GSAS-II 图标，打开 GSAS-II 软件。单击主菜单"Import"→"Powder Data"，选择并打开衍射数据。GSAS-II 软件支持的常见衍射数据格式有"*.raw"（Bruker）、"*.dat"（FullProf）、"*.xy"（XY 数据）、"*.gsa"（GSAS）。需要注意的是，GSAS 软件和 EXPGUI 软件仅支持"*.gsa"格式的粉末衍射数据，其格式较为特殊，需要借助格式转换软件 ConvX 将"*.dat"数据转换为"*.gsa"数据，如图 9-33 所示。

设置输入数据：在"File(s) to Convert"中设置衍射数据的格式（待转换数据），选中并打开这个数据。如果待转换的数据为 XY 数据（不含文件头，后缀为*.dat），在"File Type"下拉列表中选择"ASCII 2theta, I"。

设置输出数据：在"Output file details"中设置目标数据格式，在"File Type"下拉列表中选择"GSAS"，在"Extension"下拉列表中选择".gsa"选项。

格式转换：单击"Do That Convert Thang"按钮就能将"*.dat"数据转换为"*.gsa"数据。ConvX 软件的下载地址：

http://mill2.chem.ucl.ac.uk/ccp/web-mirrors/convx/convx.zip

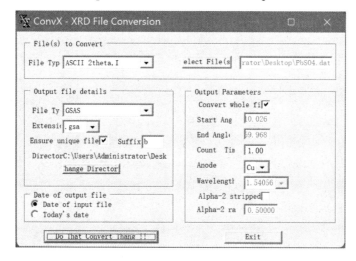

图 9-33　ConvX 软件中粉末衍射数据的格式转换

② 选择并打开仪器参数文件。GSAS-II 软件默认的仪器参数文件为"*.instprm"。该文件为文本文件，可根据 MDI Jade 软件中的仪器半高宽曲线自行编辑。其中，"Type"为 PXC，即传统的粉末衍射数据，"Lam1"和"Lam2"为 X 射线的波长，"Zero"为仪器零点，"I(L2)/I(L1)"为 $K\alpha_2/K\alpha_1$=0.5，"Polariz."为极化因子（常规粉末衍射为 0.5，如有单色器则需自行确定），"U""V""W""X""Y""Z""SH/L"为峰形参数（"U""V""W"为高斯峰宽，"X""Y"为洛伦兹峰宽，"SH/L"为峰的不对称因子），"Source"为阳极靶的类型。

GSAS-II 软件仅支持一种峰形函数，即 Finger-Cox-Jephcoat pseudo-Vogit 函数，高斯峰宽和洛伦兹峰宽的定义如下：

$$H_{\mathrm{G}} = U\tan^2\theta + V\tan\theta + W$$

$$H_L = X / \cos\theta + Y\tan\theta \qquad (9-34)$$

式中，U、V、W 的单位为百分度的平方，X、Y 的单位为百分度。

（2）导入物相

单击主菜单"Import"→"Phase"，选择并打开晶体结构数据。GSAS-II 软件支持的常见晶体结构数据格式有"*.cif"、"*.str"（ICDD）、"*.m50"（Jana）、"*.ins"（SHELX）等。

（3）精修峰形参数

勾选相关参数，单击主菜单"Calculate"→"Refine"或按 Ctrl+R 组合键进行精修。

在这一步精修的主要参数有标度因子、背底、峰位（晶格参数、样品位移或仪器零点）、峰形参数（高斯部分的 U、V、W，洛伦兹部分的 X、Y、Z 或晶粒尺寸 Size、晶格应变 Microstrain，峰的不对称因子 SH/L，择优取向等）

需要注意的是，GSAS-II 软件默认已经有较为准确的仪器参数，精修时不再精修仪器参数 U、V、W、X、Y。洛伦兹峰宽主要由晶粒尺寸 Size、晶格应变 Microstrain 来控制。如果没有准确的仪器参数，需设置、精修仪器参数。U、V、W 高度耦合，不建议同时精修；样品位移或仪器零点与峰的不对称因子也高度耦合，不能同时精修；Z 是为特定实验设定的参数，一般也不需要精修。

（4）精修晶体结构参数

在精修好峰形参数后，再精修晶体结构参数（原子位置、原子位移参数、原子占有率等）。对于掺杂样品，在精修晶体结构参数时需要设置约束条件，使某个位置上的原子占有率之和为 1，掺杂原子和母体原子具有相同的原子位置和原子位移参数。只有高质量且包含高角区的衍射数据才适合精修原子位移参数。

9.5.4 制作仪器参数文件

目前，GSAS-II 软件仅支持 Finger-Cox-Jephcoat pseudo-Vogit 函数作为峰形函数。为了使晶粒尺寸、晶格应变等参数具有物理意义，建议在进行 Rietveld 晶体结构精修之前，先用标样的衍射数据制作仪器参数文件。在数据精修时不必精修峰形参数 U、V、W、X、Y，只需精修晶粒尺寸 Size、晶格应变 Microstrain 等参数即可。

本节以 NIST 的 LaB_6 标样的粉末衍射数据为例来制作仪器参数文件。

学习内容	利用 GSAS-II 软件制作仪器参数文件
实验数据	LaB6.raw

（1）收集标样的衍射数据

对 X 射线衍射仪进行严格合轴，对标样进行大角度、慢扫实验，得到高质量的衍射数据。

（2）导入衍射数据

双击 图标，打开 GSAS-II 软件。

单击主菜单"Import"→"Powder Data"→"from Bruker RAW file"，选择并打开衍射数据"LaB6.raw"。

在导入衍射数据后，弹出"Choose inst. parameter file"对话框，选择"Cancel"。在弹出的对话框中设置仪器参数类型为"Defaults for CuKa lab data"。

（3）寻峰

设置拟合区域：由于在 10°～20°范围内没有衍射峰，将拟合范围设置为 20°～70°。单击数据树中的"PWDR LaB6.raw Scan 1"→"Limits"，设置起始角"Original Tmin"为"20"，结束角为默认值。

寻峰：单击数据树中的"PWDR LaB6.raw Scan 1"→"Peak List"，在显示窗口中单击目标衍射峰可手动添加衍射峰（显示为竖虚线），右击衍射峰可将其删除。

在这一步，我们共添加了8个衍射峰，并显示在数据编辑窗口中，如图9-34所示。

（4）拟合衍射峰

精修峰强：在参数编辑窗口中双击标题栏中的"intensity"（默认已勾选），在弹出的窗口中选择"Y-vary all"来勾选衍射峰的峰强。单击副菜单"Peak Fitting"→"Peakfit"，精修峰强，R_{wp}=34.55。

精修峰位：在参数编辑窗口中双击标题栏中的"position"，在弹出的窗口中选择"Y-vary all"来勾选衍射峰的峰位。单击副菜单"Peak Fitting"→"Peakfit"，精修峰位，R_{wp}=31.81。

精修高斯峰宽：在参数编辑窗口中双击标题栏中的"sigma"（高斯峰宽），在弹出的窗口中选择"Y-vary all"来勾选高斯峰宽。单击副菜单"Peak Fitting"→"Peakfit"，精修高斯峰宽，R_{wp}=12.39。

精修洛伦兹峰宽：在参数编辑窗口中双击标题栏中的"gamma"（洛伦兹峰宽），在弹出的窗口中选择"Y-vary all"来勾选洛伦兹峰宽。单击副菜单"Peak Fitting"→"Peakfit"，精修洛伦兹峰宽，R_{wp}=5.36。

精修背底：由于背底还未拟合好，需要修改多项式的项数。单击数据树中的"PWDR LaB6.raw Scan 1"→"Background"，在参数编辑窗口中设置多项式的项数"Number of coeff."为"6"。单击数据树中的"PWDR LaB6.raw Scan 1"→"Peak List"，单击副菜单"Peak Fitting"→"Peakfit"，进行拟合，R_{wp}=4.61。

衍射峰的拟合结果如图9-34（b）所示。

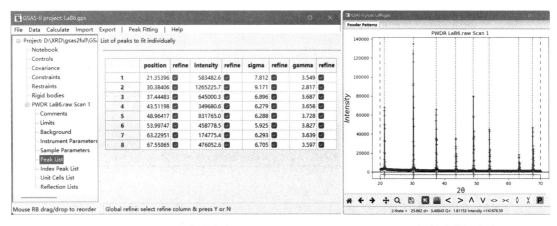

（a）Peak List 中的峰值表　　　　　　　　　　（b）衍射峰的拟合结果

图9-34　在GSAS-II软件中寻峰、拟合衍射峰

（5）制作仪器参数文件

固定高斯峰宽、洛伦兹峰宽：在参数编辑窗口中双击标题栏中的"sigma"，在弹出的窗口中选择"N-vary none"来固定高斯峰宽；在参数编辑窗口中双击标题栏中的"gamma"，在弹出的窗口中选择"N-vary none"来固定洛伦兹峰宽。

勾选仪器参数：单击数据树中的"PWDR LaB6.raw Scan 1"→"Instrument Parameters"，

在参数编辑窗口中勾选"U""V""W""X""Y"复选框。由于衍射峰并无明显的不对称,不用勾选"SH/L"。参数"Z"仅在特殊情况下使用,不勾选。

精修仪器参数:单击数据树中的"PWDR LaB6.raw Scan 1"→"Peak List",单击副菜单"Peak Fitting"→"Peakfit"进行精修,R_{wp}=4.71。得到仪器参数为U=9.508,V=-15.671,W=11.837,X=2.734,Y=1.145。

保存仪器参数文件:单击数据树中的"PWDR LaB6.raw Scan 1"→"Instrument Parameters",单击副菜单"Operations"→"Save profile...",保存仪器参数文件为"*.instprm"。

该方法仅拟合了部分衍射峰,所得的仪器参数比较粗糙。如需分析晶粒尺度、晶格应变,建议以该参数为初值且在"Size"处设置真实的晶粒尺寸、在"Microstrain"处设置真实的晶格应变,精修标样的峰形参数(U、V、W、X、Y)和晶体结构参数,由此得到的仪器参数将更加准确。

GSAS-II 软件中的仪器参数如图 9-35 所示。

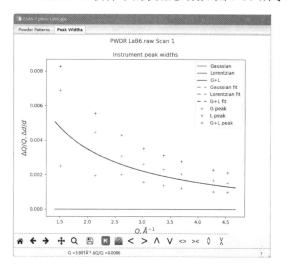

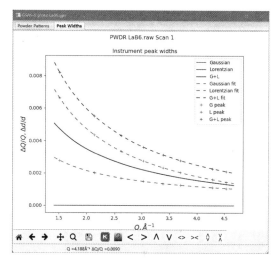

（a）衍射峰的高斯峰宽、洛伦兹峰宽　　　　（b）高斯峰宽、洛伦兹峰宽的拟合曲线

图 9-35　GSAS-II 软件中的仪器参数

9.5.5　实例 1:PbSO₄ 的晶体结构精修

9.4.4 节中用 Jana2020 软件解析了 $PbSO_4$ 的晶体结构,本节将用 GSAS-II 软件对该结构进行精修,详细介绍 GSAS-II 软件的晶体结构精修过程。

学习内容	熟悉 GSAS-II 软件的晶体结构精修过程				
实验数据	衍射数据 PbSO4.xy、仪器参数文件 XRD.instprm、晶体结构文件 PbSO4.cif				
初始结构	空间群为 *Pnma*,a = 8.4824Å,b = 5.4002Å,c = 6.9619Å				
	Type	x	y	z	Occ.	U_{iso}
	Pb1	0.1878	0.25	0.6676	1	0.0195
	S1	0.0637	0.25	0.1831	1	0.0117
	O1	0.1857	0.25	0.0425	1	0.0110
	O2	0.4089	0.25	0.4051	1	0.0120
	O3	0.0789	0.0276	0.3135	1	0.0132

（1）导入数据

双击![图标]图标，打开 GSAS-II 软件。单击主菜单"Import"→"Powder Data"→"from comma/tab/semicolon separated file"，选择并打开衍射数据"PbSO4.xy"和仪器参数文件"XRD.instprm"。

注：我们在 MDI Jade 软件中对 22°～28°范围内的 5 个衍射峰进行拟合，半高宽约为 0.11、混合因子约为 0.45、峰的不对称因子约为 0.35，所以在仪器参数文件中设置"W=0.11×100"，其他值默认。

（2）导入物相

如果读者没有晶体结构文件"PbSO4.cif"，也可以按照初始结构参数在 Vesta 或 Diamond 软件中建立晶体结构模型，导出 cif 文件。之后，在 GSAS-II 软件中单击主菜单"Import"→"Phase"→"from CIF file"，选择并打开晶体结构文件"PbSO4.cif"即可。

（3）精修峰形参数

① 精修背底、标度因子

关联数据：单击数据树中的"Phases"→"O4 Pb1 S1"，勾选"Use Histogram: PWDR PbSO4.xy"，将物相"O4 Pb1 S1"和实验数据关联起来。

设置背底：单击数据树中的"Background"，勾选"Refine"，设置默认背底。

设置标度因子：单击数据树中的"Sample Parameters"，勾选"Histogram scale factor"。

设置好上述参数后，单击主菜单"Calculate"→"Refine"或按 Ctrl+R 组合键进行精修。精修后吻合因子为 GOF=6.07，R_{wp}=30.01，精修结果如图 9-36（a）所示。

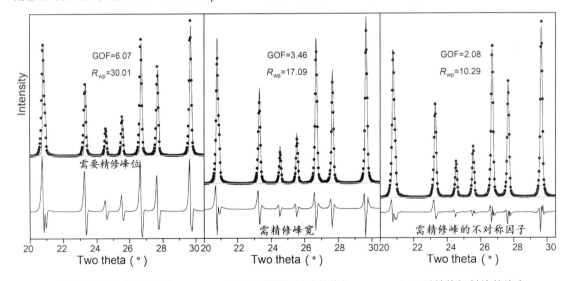

|（a）精修背底、标度因子|（b）再精修衍射峰的峰位|（c）再精修衍射峰的峰宽|

图 9-36　PbSO4 的峰形参数精修结果

由差分线可以看出，衍射峰两侧的差分线左凸右凹，需要精修衍射峰的峰位（晶格参数和样品位移）。

② 精修衍射峰的峰位

设置晶格参数：单击数据树中的"Phases"→"O4 Pb1 S1"，在"General"面板中勾选"Refine unit cell"。

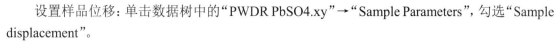

设置样品位移：单击数据树中的"PWDR PbSO4.xy"→"Sample Parameters"，勾选"Sample displacement"。

设置好上述参数后，单击主菜单"Calculate"→"Refine"或按 Ctrl+R 组合键进行精修。精修后吻合因子为 GOF=3.46，R_{wp}=17.09，精修结果如图 9-36（b）所示。从精修结果中可以看出，计算峰宽与实验峰宽不符（计算峰宽略窄），需精修高斯峰宽和洛伦兹峰宽。

③ 精修衍射峰的峰宽

设置高斯峰宽：单击数据树中的"PWDR PbSO4.xy"→"Instrument Parameters"，勾选"W""V"，精修高斯部分的半高宽。由于"W"和"V"两个参数相互耦合，因此待"W"精修稳定后，固定"W"，再精修"V"。精修后，W=25.507，V=−2.023。

设置洛伦兹峰宽：单击数据树中的"Phases"→"O4 Pb1 S1"，在"Data"面板中勾选"Size""Microstrain"，精修洛伦兹峰宽（注：一般地，在 GSAS-II 软件中用"Size"和"Microstrain"来描述洛伦兹峰宽）。精修后，Size=0.1724，Microstrain=829.3。

按 Ctrl+R 组合键进行精修，精修后吻合因子为 GOF=2.08，R_{wp}=10.29，精修结果如图 9-36（c）所示。从精修结果中可以看出，低角区的衍射峰右倾，其差分线左凸明显，需要精修峰的不对称因子。

④ 精修峰的不对称因子

设置峰的不对称因子：单击数据树中的"PWDR PbSO4.xy"→"Instrument Parameters"，勾选"SH/L"；单击数据树中的"PWDR PbSO4.xy"→"Sample parameters"，不勾选"Sample displacement"（样品位移与峰的不对称因子高度耦合，不能同时精修）。

设置背底：背底还未拟合好，还需要精修背底。单击数据树中的"PWDR PbSO4.xy"→"Background"，设置多项式的项数"Number of coeff."为"8"。

按 Ctrl+R 组合键进行精修，精修结果略有改善，吻合因子为 GOF=1.91，R_{wp}=9.41。上述参数精修好后，接下来精修晶体结构参数。

（4）精修晶体结构参数

精修原子位置：单击数据树中的"Phases"→"O4 Pb1 S1"，在"Atom"面板中双击标题栏中的"refine"，在弹出的对话框中勾选"X-coordinates"，精修原子位置。

精修原子位移参数：待原子位置精修好后，双击标题栏中的"refine"，在弹出的对话框中勾选"X-coordinates""U-thermal parameters"，精修原子位置和原子位移参数。

上述参数精修好后，吻合因子为 GOF=1.89，R_{wp}=9.31。共精修了 32 个参数，max shift/esd=0.011，说明各参数之间耦合较小，精修其他参数对结果并无实质性的改善，另外随着精修参数的增多还可能出现精修不稳定、难收敛的情况。晶体结构精修到此结束。

（5）结果评估

计算键长、键角：单击数据树中的"Phases"→"O4 Pb1 S1"，单击副菜单"Compute"→"Save Distance & Angles"，在弹出的窗口中单击"Set All"按钮，计算所有原子之间的键长、键角（见表 9-24），计算结果保存为"*.disagl"。S1 原子与 O1～O3 原子的键长在 1.443～1.518Å 范围内，为合理键长（S、O 原子的半径约为 1.0Å、0.6Å）；O—S—O 的键角在 106.2°～111.3° 范围内，构成略有畸变的 SO_4 四面体结构。

表 9-24　S1 原子与 O1～O3 原子间的键长、键角

To	dist.	O1	O2	O3
O1	1.443(11)			
O2	1.444(9)	109.8(6)		
O3	1.518(7)	111.3(4)	109.1(4)	
O3	1.518(7)	111.3(4)	109.1(4)	106.2(6)

（6）导出数据

① 导出晶体结构数据

导出晶体结构数据有两种方法：

方法一：导出简洁的 cif 文件。单击主菜单"Export"→"Phase as"→"Quick CIF"，保存文件即可。使用该方法导出的文件为常规的 cif 文件，只包含晶格参数、空间群、原子属性等参数。

方法二：导出完整的 cif 文件。单击主菜单"Export"→"Entire project as"→"Full CIF"，按提示根据期刊模板设置相关参数。使用该方法导出的 cif 文件适合在 *IUCr*、*Journal of Applied Crystallography* 等期刊上投稿。所导出的文件不仅包含常规的晶体结构参数（晶格参数、空间群、原子属性等），还包括衍射数据、精修数据、仪器信息、样品信息等。

② 导出精修数据

导出精修数据：单击主菜单"Export"→"Powder data as"→"histogram CSV file"或"Export"→"Powder data as"→"Text file"，导出的文件中包含衍射角、观察值 Y_{obs}、计算值 Y_{calc}、背底 Y_{BG} 的数据。

导出峰位表：单击主菜单"Export"→"Powder data as"→"reflection list CSV file"或"Export"→"Powder data as"→"reflection list as text"，导出的文件中包含布拉格衍射峰的峰位线 2θ。

如需在 Origin 软件中绘制精修结果图，只需汇总上述两个文件整理出衍射角、观察值 Y_{obs}、计算值 Y_{calc}、背底 Y_{BG}、差分线（$Y_{obs}-Y_{calc}$）、布拉格衍射线（峰位线 2θ 和自定义峰强）即可。

③ 导出精修结果图

利用 GSAS-II 软件可以直接导出高质量的精修结果图（PDF 文件），如图 9-37 所示。

设置坐标轴范围：选中数据树中的"PWDR PbSO4.xy"，单击副菜单"Commands"→"Set plot limits…"，勾选并设置"x-axis"为 10、160；勾选并设置"y-axis"为-3280、16500。

移动差分线：单击副菜单"Commands"→"Move diff. curve"，将差分线移到合适的高度。

移动布拉格峰位线：单击副菜单"Commands"→"Move ticks"，将布拉格峰位线移到合适的位置。

设置好上述参数后，单击绘图窗口中的 **P** 按钮，在弹出的窗口中设置实验峰、计算峰、差分线、布拉格峰位线等，就能将其保存为高清 PDF 文件。

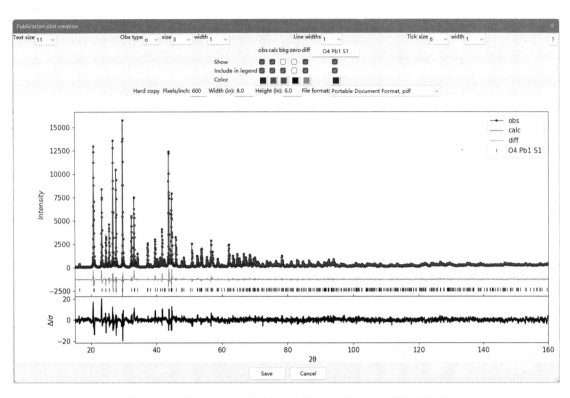

图 9-37　利用 GSAS-II 软件导出高清 PDF 晶体结构精修结果图

9.5.6　实例 2：多个物相的晶体结构精修

9.5.5 节介绍了利用 GSAS-II 软件精修晶体结构的过程，本节将介绍如何利用 GSAS-II 软件精修含多个物相的衍射数据。在材料合成过程中，我们往往会制备出含多个物相的样品。例如，将用溶胶凝胶法制备的二氧化钛凝胶在 600℃下烧结 8h，所得样品中包含锐钛矿相和金红石相。通过对其衍射数据进行精修，不仅能得到各物相的晶体结构，还能得到各物相的相含量、晶粒尺寸等参数。

学习内容	熟悉 GSAS-II 软件的多个物相的晶体结构精修					
实验数据	衍射数据 A-R.xy、仪器参数文件 XRD.instprm、晶体结构文件 Anatase.cif 和 Rutile.cif					
初始结构 Anatase	空间群为 $I4_1/amd$，$a = b = 3.79197$Å，$c = 9.53128$Å					
	Type	x	y	z	Occ.	U_{iso}
	Ti1	0.5	0.75	0.375	1	0.0059
	O2	0.5	0.75	0.5830	1	0.0177
初始结构 Rutile	空间群为 $P4_2/mnm$，$a = b = 4.5937$Å，$c = 2.9587$Å					
	Type	x	y	z	Occ.	U_{iso}
	Ti1	0	0	0	1	0.0069
	O2	0.3050	0.3050	0	1	0.0056

（1）导入衍射数据

双击 图标，打开 GSAS-II 软件。单击主菜单"Import"→"Powder Data"→"from

comma/tab/semicolon separated file", 选择并打开衍射数据 "A-R.xy" 和仪器参数文件 "XRD. instprm"。

注: 我们在 MDI Jade 软件中对 22°～28° 范围内的 2 个衍射峰进行拟合, 半高宽约为 0.23、混合因子约为 0.5、峰的不对称因子约为 0.0, 所以在仪器参数文件中设置 "W=0.23×100", 其他值默认。

(2) 导入物相

单击主菜单 "Import" → "Phase" → "from CIF file", 选择并打开锐钛矿相的晶体结构文件 "Anatase.cif", 将其命名为 "Anatase" (注: $I4_1/amd$ 空间群有两种原点, GSAS-II 软件默认将原点放在对称中心上, 即 Origin 2 处。在本例中无须将原点移到 Origin 2 处, 否则会出现不合理的键长, 如 O2—Ti1 的键长为 1.4Å, O2—O2 的键长为 0.8Å)。类似地, 导入金红石相的晶体结构文件 "Rutile.cif", 将其命名为 "Rutile"。此时, 在数据树中的 "Phases" 内就包含 "Anatase" 和 "Rutile" 两个物相。

(3) 精修峰形参数

① 精修背底、标度因子

关联数据: 单击数据树中的 "Phases" → "Anatase", 勾选 "Use Histogram: PWDR A-R.xy", 将物相 "Anatase" 和实验数据关联起来。类似地, 将物相 "Rutile" 和实验数据关联起来。

设置背底: 单击数据树中的 "Background", 勾选 "Refine" (平直背底, 选用默认值即可)。

设置标度因子: 在利用 GSAS-II 软件精修多个物相时, 需要精修 "Phase fraction" 而非 "Histogram scale factor"。单击数据树中的 "Sample Parameters", 不勾选 "Histogram scale factor"。单击数据树中的 "Phases" → "Anatase", 在 "Data" 面板中勾选 "Phase fraction"。类似地, 单击数据树中的 "Phases" → "Rutile", 在 "Data" 面板中勾选 "Phase fraction"。

设置好上述参数后, 单击主菜单 "Calculate" → "Refine" 或按 Ctrl+R 组合键进行精修。精修后吻合因子为 GOF=7.81, R_{wp}=60.12, 精修结果如图 9-38 (a) 所示。

由差分线可以看出, 衍射峰两侧的差分线左凸右凹或左凹右凸, 需要精修衍射峰的峰位 (晶格参数和样品位移)。

② 精修衍射峰的峰位

单击数据树中的 "Phases" → "Anatase", 在 "General" 面板中勾选 "Refine unit cell"; 单击数据树中的 "Phases" → "Rutile", 在 "General" 面板中勾选 "Refine unit cell"。单击数据树中的 "PWDR A-R.xy" → "Sample Parameters", 勾选 "Sample displacement"。设置好上述参数后, 单击主菜单 "Calculate" → "Refine" 或按 Ctrl+R 组合键进行精修。精修后吻合因子为 GOF=4.92, R_{wp}=37.85, 精修结果如图 9-38 (b) 所示。

从精修结果中可以看出, 计算峰宽与实验峰宽不符 (计算峰宽过窄), 需要精修高斯峰宽和洛伦兹峰宽。

③ 精修衍射峰的峰宽

单击数据树中的 "PWDR A-R.xy" → "Instrument Parameters", 勾选 "W" "V", 精修高

斯部分的半高宽。由于"W"和"V"两个参数相互耦合，待"W"精修稳定后，固定"W"，再精修"V"。待高斯峰宽精修好后，固定"V"。此时，$W=126$，$V=-44$，吻合因子为 GOF=2.52，$R_{wp}=19.48$。

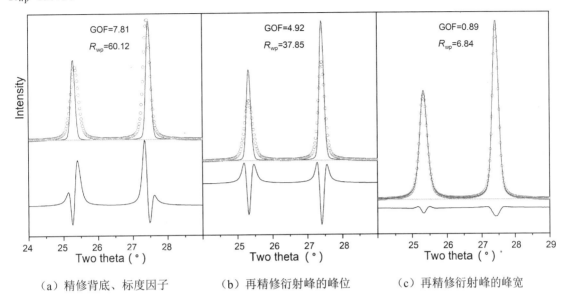

（a）精修背底、标度因子　　　　（b）再精修衍射峰的峰位　　　　（c）再精修衍射峰的峰宽

图 9-38　锐钛矿相和金红石相二氧化钛的精修结果

单击数据树中的"Phases"→"Anatase"，在"Data"面板中勾选"Size"，精修洛伦兹峰宽；单击数据树中的"Phases"→"Rutile"，在"Data"面板中勾选"Size"，精修洛伦兹峰宽（注：一般地，在 GSAS-II 软件中用"Size"和"Microstrain"来描述洛伦兹峰宽）。

精修后吻合因子为 GOF=0.89，$R_{wp}=6.84$，锐钛矿相和金红石相的晶粒尺寸分别为 60nm、125nm（注：由于没用标样制作仪器参数文件，此时得到的晶粒尺寸和晶格应变并非真实值），精修结果如图 9-38（c）所示。经过上述过程的精修，计算峰与实验峰吻合较好，接下来精修晶体结构参数。

（4）精修晶体结构参数

单击数据树中的"Phases"→"Anatase"，在"Atom"面板中双击标题栏中的"refine"，在弹出的对话框中勾选"X-coordinates"，精修原子位置。单击数据树中的"Phases"→"Rutile"，在"Atom"面板中双击标题栏中的"refine"，在弹出的对话框中勾选"X-coordinates"，精修原子位置。精修后吻合因子为 GOF=0.97，$R_{wp}=7.47$，

待原子位置精修好后，双击标题栏中的"refine"，在弹出的对话框中勾选"X-coordinates""U-thermal parameters"，精修锐钛矿相和金红石相的原子位置及各向同性原子位移参数。

精修后吻合因子为 GOF=0.51，$R_{wp}=3.94$。共精修了 19 个参数，max shift/ esd=0.002，说明各参数之间耦合较小，精修结果如图 9-39 所示，精修后锐钛矿相和金红石相的晶体结构数据如表 9-25 所示。精修结果表明，锐钛矿相的相含量为 35.4%，金红石相的相含量为 64.6%。由于没有预先制作仪器参数文件，精修得到的晶粒尺寸仅具有参考意义。

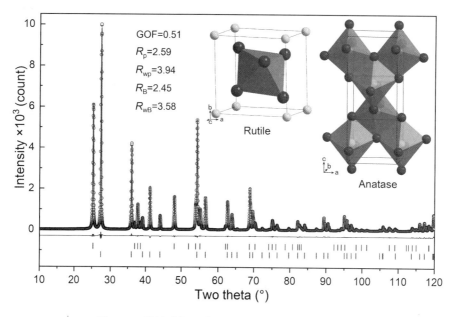

图 9-39　锐钛矿相和金红石相的晶体结构精修结果

表 9-25　精修后锐钛矿相和金红石相的晶体结构数据

（1）Anatase (35.4%), $I4_1/amd$ (141), $a = 3.7843(0)$Å, $c = 9.5149(1)$Å, $V = 136.26(0)$Å^3, $Z = 4$					
Atom	Site	x	y	z	$U/$Å^2
Ti1	4a	1/2	3/4	3/8	0.0055(1)
O2	8e	1/2	3/4	0.58317(8)	0.0079(2)
（2）Rutile (64.6%): $P4_2/mnm$ (136), $a=4.6011(0)$ Å, $c=2.9635(0)$ Å, $V=62.74(0)$ Å^3, $Z=2$					
Atom	Site	x	y	z	$U/$Å^2
Ti1	2a	0	0	0	0.0016(1)
O1	4f	0.30471(7)	0.30471(7)	0	0.0045(2)

9.5.7　实例 3：YFe/AlO 掺杂结构的精修

对母相中的原子进行部分替换或进行掺杂是制备新材料或改进材料性能的常用方法，在晶体结构精修中也常常会遇到掺杂问题。本节以石榴石为例来介绍在 GSAS-II 软件中如何精修掺杂结构，本例的衍射数据取自 GSAS-II 软件中的例子文件[75]。

学习内容	利用 GSAS-II 软件精修掺杂结构、设置约束条件、添加新物相					
实验数据	衍射数据 garnet.raw（GSAS 格式）、仪器参数文件 inst.prm					
初始结构	空间群为 $Ia3d$, $a = 12.19$Å					
	Type	x	y	z	Occ.	U_{iso}
	Y1	0.125	0	0.25	1	0.01
	Fe1	0	0	0	1	0.01
	Al1	0	0	0	1	0.01
	Al2	0.375	0	0.25	1	0.01
	Fe	0.375	0	0.25	1	0.01
	O	−0.03	0.05	0.15	1	0.01

（1）导入衍射数据

双击 图标，打开 GSAS-II 软件。单击主菜单"Import"→"Powder Data"→"from GSAS powder data file"，选择并打开衍射数据"garnet.raw"和仪器参数文件"inst.prm"。

注：在本例中，由于仪器参数较为准确，在精修初期不用精修仪器参数。

（2）添加物相

添加物相：单击主菜单"Data"→"Add new phase"，添加新物相，将其命名为"Garnet"。在"General"面板中设置"Space group"为"Ia3d"，设置"a = 12.19"。在"Atoms"面板中单击副菜单"Edit Atoms"→"Append atom"，依次添加 Y、Fe、Al、O 原子，设置这些原子的"Name""Type""xyz""frac""U_{iso}"参数。其中，双击"Type"栏中的"H"，在弹出的元素周期表中单击元素右侧的▽来设置原子、离子类型。

结构和衍射数据的关联：在"Data"面板中单击副菜单"Edit Phase"→"Add powder histogram"，将结构和衍射数据关联起来。

注：在 GSAS-II 软件中添加新物相较为烦琐，读者也可以在 Diamond、Vesta 等软件中建立晶体结构，生成 cif 文件。之后，将 cif 文件导入 GSAS-II 软件即可。

（3）初始精修

设置背底：单击数据树中的"Background"，勾选"Refine"（平直背底，选用默认值即可）。单击主菜单"Calculate"→"Refine"或按 Ctrl+R 组合键进行精修。精修后吻合因子为 GOF=12.53，R_{wp}=33.46，精修结果如图 9-40（a）所示。

由差分线可以看出，计算的峰强与实验值差异较大，这主要是由结构模型不合理引起（Fe2、Al3 原子位于同一位置，但原子占有率都为 1；Al4、Fe5 原子也位于同一位置，原子占有率也都为 1）。因此，下一步需要精修原子占有率。

（4）精修原子占有率

由于 Fe2、Al3 原子位于(0, 0, 0)处，只需约束这两个原子的原子位移参数、占有率。类似地，Al4、Fe5 原子位于(3/8, 0, 2/8)处，也需约束这两个原子的原子位移参数、占有率。

① 约束 Fe2、Al3 原子的原子位移参数，即令 U_{iso}(Fe2)=U_{iso}(Al3)。单击数据树中的"Constraints"，在"Phase"面板中单击副菜单"Edit Constr."→"Add equivalence"。在弹出的窗口中选择 Fe2 的原子位移参数"AUiso: 1 Atom Fe2"，在下一个窗口中选择 Al3 的原子位移参数"AUiso: 2 Atom Al3"。

② 约束 Fe2、Al3 的原子占有率，即令 frac(Fe2)+frac(Al3)=1。单击副菜单"Edit Constr."→"Add constraint equation"。在弹出的窗口中选择 Fe2 的原子占有率"Afrac: 1 Atom Fe2"，在下一个窗口中选择 Al3 的原子占有率"Afrac: 2 Atom Al3"。

③ 约束 Fe5、Al4 的原子位移参数，即令 U_{iso}(Fe5)=U_{iso}(Al4)。单击数据树中的"Constraints"，在"Phase"面板中单击副菜单"Edit Constr."→"Add equivalence"。在弹出的窗口中选择 Fe5 的原子位移参数"AUiso: 4 Atom Fe5"，在下一个窗口中选择 Al4 的原子位移参数"AUiso: 3 Atom Al4"。

④ 约束 Fe5、Al4 的原子占有率，即令 frac(Fe5)+frac(Al4)=1。单击副菜单"Edit Constr."→"Add constraint equation"。在弹出的窗口中选择 Fe5 的原子占有率"Afrac: 4 Atom Fe5"，在下一个窗口中选择 Al4 的原子占有率"Afrac: 3 Atom Al4"。

设置好上述约束条件后，单击数据树中的"Phases"→"Garnet"，在"Atoms"面板中设置 Fe2、Al3、Al4、Fe5 原子的"Refine"为"F"，即精修这些原子的占有率。之后，单击主菜单"Calculate"→"Refine"或按 Ctrl+R 组合键进行精修。精修后吻合因子为 GOF=9.03，R_{wp}=24.12，精修结果如图 9-40（b）所示。

从精修结果中可以看出，精修原子占有率之后计算出的衍射强度与实验强度吻合较好，但计算的峰位与实验峰位差异较大，需要精修衍射峰的峰位（晶格参数、样品位移）。

（5）精修衍射峰的峰位

精修晶格参数：单击数据树中的"Phases"→"Garnet"，在"General"面板中勾选"Refine unit cell"。精修后吻合因子为 GOF=5.25，R_{wp}=14.02。

精修样品位移：单击数据树中的"PWDR Garnet.raw"→"Sample Parameters"，勾选"Sample X displ."。精修后吻合因子为 GOF=4.31，R_{wp}=11.50，精修结果如图 9-40（c）所示。

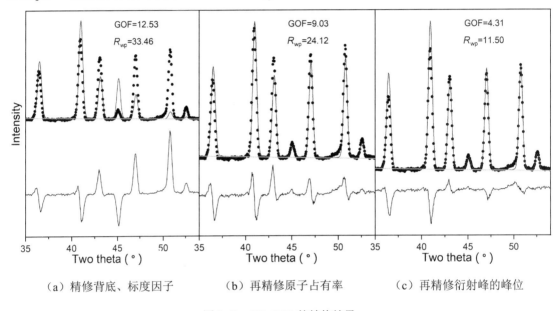

（a）精修背底、标度因子　　　　　（b）再精修原子占有率　　　　　（c）再精修衍射峰的峰位

图 9-40　YFe/AlO 的精修结果

从精修结果中可以看出，部分衍射峰的峰强还未拟合好，需要精修原子位移参数、原子坐标等参数。

（6）精修原子位移参数、原子坐标

精修原子位移参数：单击数据树中的"Phases"→"Garnet"，在"Atoms"面板中双击标题栏中的"refine"，精修所有原子的位移参数 U，以及 Fe2、Al3、Al4、Fe5 原子的占有率 F。设置好参数后，单击主菜单"Calculate"→"Refine"或按 Ctrl+R 组合键进行精修。精修后吻合因子为 GOF=4.14，R_{wp}=11.05。

精修原子坐标：在"Atoms"面板中精修 O6 原子的 XU，即原子坐标和原子位移参数。精修后吻合因子为 GOF=3.4，R_{wp}=9.06，该结构已经较为准确。

（7）精修其他参数

精修高斯峰宽：单击数据树中的"PWDR Garnet.raw"→"Instrument Parameters"，勾选"U""V""W"。需要注意的是，这三个参数高度耦合，精修时可先精修"W"和"V"，待稳定后再精修"U"。

精修洛伦兹峰宽：单击数据树中的"Phases"→"Garnet"，勾选"Size""Microstrain"。晶粒尺寸和晶格应变之间也可能耦合，精修时可先精修"Size"，待稳定后再精修"Microstrain"。

精修背底：单击数据树中的"Background"，设置"Number of coeff."为"8"。精修后吻合因子为 GOF=1.85，R_{wp}=4.93，精修结果如图 9-41 所示。

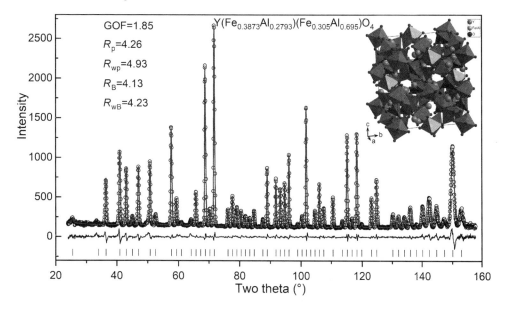

图 9-41　YFe/AlO 的晶体结构精修结果

精修后 YFe/AlO 的晶体结构数据如表 9-26 所示。

表 9-26　精修后 YFe/AlO 的晶体结构数据

Atom	Site	Occ.	x	y	z	U/Å²
			Garnet, *Ia3d* (230), a = 12.18296(5)Å, V = 1808.250(21)Å³, Z = 24, density = 4.80g/cm³			
Y1	24c	1	1/8	0	1/4	0.0060(3)
Fe2	16a	0.581(9)	0	0	0	0.0051(6)
Al3	16a	0.419(9)	0	0	0	0.0051(6)
Al4	24d	0.695(7)	3/8	0	1/4	0.0022(7)
Fe5	24d	0.305(7)	3/8	0	1/4	0.0022(7)
O6	96h	1	0.02938(6)	0.05392(6)	0.15073(6)	0.0068(3)

（8）结果分析

Fe2/Al3 原子与周围的 6 个 O 原子之间的键长为 1.9828(8)Å，构成 Fe/Al-O_6 正八面体结构；Fe5/Al4 原子与 O 原子之间的键长略短，为 1.8032(7)Å，构成 Fe/Al-O_4 正四面体结构。Y 原子与 O 原子之间的键长为 2.3306(7)Å 和 2.4357(7)Å，均在合理范围内。

在石榴石结构中，化学式单元数为 24，根据原子等效点位和原子占有率就能推导出化学式：Y1=1×24/24=1，Fe2=0.581×16/24=0.3873，Al3=0.419×16/24=0.2793，Al4=0.695×24/24=0.695，Fe5=0.305×24/24=0.305，O6=1×96/24=4，化学式可写为 $Y(Fe_{0.3873}Al_{0.2793})(Fe_{0.305}Al_{0.695})O_4$。该结果与在 9.4.7 节中解析出来的结果是高度一致的，略微差异源于不同软件精修算法的差异。

9.5.8　GSAS-II 软件中的常见问题

在利用 GSAS-II 软件进行晶体结构精修的过程中，我们往往会遇到各种问题。本节以问答的形式给出以下几种典型问题的解决方法。

（1）如何处理复杂背底？

答：在 X 射线粉末衍射中常常会遇到复杂背底，这些背底不仅与衍射几何相关，还与样品槽的材质、样品量、结晶度、样品表面粗糙度等相关。常见的处理方法有四种：

方法一：直接拟合法。GSAS-II 软件提供 9 个背底函数，每个函数可拟合的参数多达 36 个。但拟合的参数越多，拟合稳定性越差（原子位置、原子占有率、原子位移参数等都可能与背底相互耦合）。

方法二：直接扣除背底。在相同的测试条件下记录不含样品的样品槽的衍射数据，将其作为背底数据从样品的衍射数据中直接扣除。

方法三：基于手动背底进行多项式拟合。单击数据树中的"PWDR"→"Background"。手动添加背底数据点：单击副菜单"Fixed Points"→"Add"，在衍射图中添加背底数据点。多项式精修背底数据点：在数据编辑窗口中选择合适的背底函数，设置多项式的项数。单击副菜单"Fixed Points"→"Fit background"，拟合背底数据点。待背底拟合好后，在精修初期可暂时不拟合背底参数。对于非常复杂的背底，还可以在数据树中的"PWDR"→"Background"下的"Peaks in background"处添加背底峰或背底鼓包，设置、精修背底峰的峰位 pos、强度 int、高斯峰宽 sig、洛伦兹峰宽 gam。

方法四：固定背底数据+多项式拟合。对于复杂背底的衍射数据，如果采用上述方法无法拟合好背底数据，可在 MDI Jade 软件中手动添加背底数据点，用 Cubic Spline 函数拟合得到背底曲线，并保存背底曲线（单击菜单"File"→"Save"→"Background Curve as *.BKG"）。将其修改为 FullProf 软件中的 dat 格式的数据，并以衍射数据的方式导入 GSAS-II 软件作为固定背底数据（在数据树中的"PWDR"→"Background"下的"Fixed background histogram"处勾选背底曲线）。在 GSAS-II 软件中添加固定背底曲线，同时精修多项式背底，将极大改善复杂背底衍射数据的精修。

（2）如何处理择优取向？

答：如果样品存在择优取向，如在 SEM 中观察到有片状、棒状等偏离球状的晶粒，建议在制备粉末样品时需仔细研磨样品，并用微孔筛进行筛选，以尽可能减弱择优取向效应。在测试时，让装有粉末样品的样品台以一定的速度绕轴旋转也能减弱择优取向效应。

如果经过上述操作样品还存在择优取向，需对择优取向进行校正。GSAS-II 软件在数据树中的"Phases"下的"Data"面板中提供两个择优取向校正函数：March-Dollase 函数和 Spherical harmonics 函数。如果在"Preferred orientation model"处勾选"March-Dollase"，需根据计算峰和实验峰的差异在"Unique axis, H K L"处设置择优取向轴，再勾选"March-Dollase ratio"进行精修。该方法只能精修一个择优取向轴，适用于对简单择优取向的校正。如果在"Preferred orientation model"处勾选"Spherical harmonics"，需先设置"Harmonic order"，再勾选"Refine"对其进行精修。通过设置合适的球谐函数的级数，可以校正较为复杂的择优取向。

（3）低角区的衍射峰存在明显的不对称，该如何处理？

答：低角区的衍射峰的不对称主要是由索罗狭缝引起，实验时优先选用较小的索罗狭缝来减弱峰的不对称性，但同时也会削弱衍射强度。GSAS-II 软件提供的峰形函数为 Thompson-Cox-Hastings pseudo-Voigt 函数，在数据树中的"PWDR"→"Instrument Parameters"下勾选、精修"SH/L"即可。

需要注意的是，仪器零点或样品位移与峰的不对称因子存在高度耦合，在精修峰的不对称因子时需要固定仪器零点或样品位移。

（4）在同一个物相中有的衍射峰很窄，有的衍射峰很宽，该如何精修？

答：如果粉末样品是各向同性的，用单一的峰形函数就能很好地描述同一个物相中的所有衍射峰。如果样品存在各向异性，如晶粒尺寸、晶格应变存在各向异性，它们会引起衍射峰的各向异性展宽，使某些衍射峰很窄而有些衍射峰较宽。此时，在精修峰形参数的同时，还需精修各向异性展宽参数。

对于晶粒尺寸展宽，GSAS-II 软件在数据树中的"Phases"下的"Data"面板中的"Domain size model"处提供了三个校正模型：isotropic、uniaxial 和 ellipsoidal。isotropic 用于校正各向同性晶粒尺寸（球形），精修参数为"Size"。uniaxial 用于校正棒状晶粒，需设置取向轴"Unique axis, H K L"，再精修棒粗"Equatorial size"和棒长"Axial size"。ellipsoidal 用于校正不规则的晶粒尺寸，精修变量为"S"的矩阵元。精修前，晶粒尺寸的初值可根据在 SEM 中观察到的尺寸进行设定。

对于晶格应变展宽，GSAS-II 软件在数据树中的"Phases"下的"Data"面板中的"Mustrain model"处提供了三个校正模型：isotropic、uniaxial、generalized。isotropic 用于校正各向同性晶格应变展宽，精修参数为"Microstrain"。uniaxial 用于精修单轴各相异性应变展宽，精修前需设置取向轴"Unique axis, H K L"，精修变量为"Equatorial mustrain"和"Axial mustrain"。generalized 用于精修复杂的晶格应变展宽，精修变量为"S"的矩阵元。

注意：在晶粒尺寸展宽和晶格应变展宽中有个参数"LGmix"，用于设置高斯峰宽或洛伦兹峰宽对晶粒尺寸展宽、晶格应变展宽的贡献，不是精修参数。LGmix=0，只计高斯峰宽的贡献；LGmix=1，只计洛伦兹峰宽的贡献。另外，晶粒尺寸展宽和晶格应变展宽有相似的展宽效应，一般只需考虑其中一种即可。晶粒尺寸展宽、晶格应变展宽与峰形参数"X""Y"相互耦合，精修时可固定"X""Y"，再精修晶粒尺寸展宽、晶格应变展宽相关的参数。

（5）如何精修全局原子位移参数和原子位移参数？

答：如果精修完峰位、峰形、原子位置等参数后，差分线上显示从低角区到高角区出现从正值到负值的类似"～"形的特征，说明需要精修原子位移参数。GSAS-II 软件不支持全局原子位移参数的精修。如果没有高角区的衍射数据，但又需要精修原子位移参数，需设置原子的约束条件，使所有原子具有相同的原子位移参数，之后再精修原子位移参数。如果有高质量的高角区衍射数据，如 90°～130°的衍射数据，可直接精修各原子的原子位移参数。对于 X 射线衍射数据，精修各向同性原子位移参数即可；对于中子或同步辐射数据，可精修各向异性原子位移参数。

（6）在 GSAS-II 软件中是否有类似 Le Bail 全谱拟合的功能？该如何使用？

答：在 GSAS-II 软件中有 Le Bail 全谱拟合模式，在数据树中的"Phases"下选择"Data"面板，单击"Start Le Bail extraction"按钮进入 Le Bail 全谱拟合模式。在该模式下，不用精修标度因子"Histogram scale factor"，只需精修背底、峰位、峰形、晶粒尺寸或晶格应变展宽等参数。之后，固定上述参数，退出 Le Bail 全谱拟合模式，精修标度因子、择优取向、晶体结构参数，之后再精修背底、峰位、峰形等参数即可。

（7）原位变温实验能记录一系列具有相同或相近结构的衍射数据，在精修好起始结构后，如何快速精修其他数据？

答：原位变温实验得到的数据有相似的峰形参数和结构参数，在精修时如果能将已精修好的峰形参数、结构参数复制到待精修数据中，将给分析带来很多方便。在 GSAS-II 软件中先精修好起始衍射数据的峰形参数、晶体结构参数，之后进行如下操作：

① 另存项目：单击主菜单"File"→"Save project as…"，将已精修好的项目另存为新项目。在新项目中包含已精修好的数据"A1"和晶体结构"A"。

② 导入新的衍射数据：单击主菜单"Import"→"Powder Data"导入衍射数据，并将衍射数据"A2"和结构"A"关联起来。

③ 复制峰形参数：在数据树中选中已精修好的衍射数据"PWDR A1"，单击副菜单"Commands"→"Copy params"，在弹出的对话框中勾选"Limits""Background""Instrument Parameters""Sample Parameters"等。单击"OK"按钮，在弹出的窗口中勾选目标衍射数据"A2"，将已精修好的峰形参数复制到新数据中。

④ 复制晶体结构参数：单击数据树中的"Phases"下的结构"A"，在"Data"面板中选中已精修好的数据"A1"；单击副菜单"Copy data"，在弹出的窗口中选择待精修的数据"A2"就能将"A1"的结构参数复制到"A2"中。

9.6 晶体结构精修（FullProf 软件）

9.5 节介绍了 GSAS-II 软件的使用方法，本节将介绍另一种常用的晶体结构精修软件 FullProf 的使用方法。这两种软件各有优缺点，如果能熟练使用这两种软件，我们可以精修、分析大部分的衍射数据。

9.6.1 FullProf 软件简介

FullProf Suite[79]是由法国的 Léon Brillouin 实验室开发的 Rietveld 晶体结构精修软件，它集成了 FullProf、WinPLOTR、EDPCR、GFourier 等一系列晶体学软件，主要用于 X 射线衍射、中子衍射数据（包括固定波长、飞行时间、磁散射等）的 Rietveld 晶体结构精修，是最为经典的晶体结构精修软件之一。

FullProf Suite 软件的下载地址：

https://www.ill.eu/sites/fullprof/php/downloads.html。

FullProf Suitc 软件的使用教程：

https://www.ill.eu/sites/fullprof/php/tutorials.html。

FullProf Suite 软件的界面及其集成的软件如图 9-42 所示。

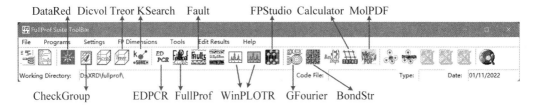

图 9-42 FullProf Suite 软件的界面及其集成的软件

FullProf Suite 集成的软件主要有：

FullProf（）：用于 Rietveld 晶体结构精修。

WinPLOTR（▥）：有两个软件，包括 WinPLOTR 和 WinPLOTR-2006，这两个软件的功能相似，但操作略有不同，主要用于绘制粉末衍射图、衍射数据的基本处理、寻峰、衍射峰拟合、指标化等。

EDPCR（ED PCR）：用于编辑 pcr 文件（FullProf 软件的精修命令文件）。

FP_Studio（▦）：用于实现晶体结构可视化。

Bond_Str（▦）：基于键价理论计算键长、键角。

GFourier（▧）：用于计算电子密度分布图。

9.6.2　EDPCR 软件的界面、功能

FullProf 软件用 pcr 文件来控制 Rietveld 晶体结构精修。pcr 文件中包含一系列控制精修的关键字和键值，可以在记事本中直接编写。为便于使用，FullProf 推出了基于图形化窗口的 pcr 文件编辑软件 EDPCR。本节简要介绍一下 EDPCR 软件的界面（见图 9-43）、功能。

用 FullProf 软件进行晶体结构精修，EDPCR 软件中最常用的工具栏图标有三个，其功能如下：

▥：导入 cif 文件（一个物相），并将 cif 文件转换为 pcr 文件。

▥：运行 FullProf 软件精修晶体结构。

▦：运行 GFourier 软件计算电子密度分布图。

EDPCR 软件中的主要按钮和功能如表 9-27 所示。

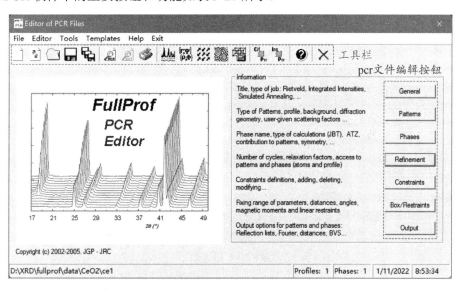

图 9-43　EDPCR 软件的界面

表 9-27　EDPCR 软件中的主要按钮和功能

按钮	功能
General	设置项目标题、项目任务：
	Refinement/Calculation of a Powder Diffraction Profile：粉末衍射数据的精修。
	Refinement on Single Crystal Data/Integrated Intensity Data：单晶衍射数据的精修。
	Simulated Annealing Optimization：模拟退火。

按钮	功能
Patterns	设置衍射图参数：衍射数据、峰形函数、背底、衍射几何等。
	Data file/Peak shape 按钮：在"Data File/Format"面板中设置衍射数据，在"Refinement/Simulation"面板中设置模拟、精修任务，在"Pattern Calculation/Peak Shape"面板中设置峰形函数。
	Background Type 按钮：设置背底模型。
	Excluded Regions 按钮：设置排除区域（不精修的区域）。
	Geometry/IRF 按钮：在"IRF"面板中设置仪器分辨函数，在"Corrections"面板中设置择优取向、峰的不对称校正参数等。
	User Scatt. Factors 按钮：自定义原子散射因子。
Phases	新增、删除、修改物相。
	Contribution to Patterns 按钮：设置选定物相的计算任务、峰形函数。
	Symmetry 按钮：设置选定物相的空间群。
Refinement	设置精修参数：
	Background 按钮：设置背底参数、导入背底数据等。
	Instrumental 按钮：设置仪器零点、样品位移等。
	Micro-Absorption 按钮：设置吸收校正参数。
	Atoms 按钮：设置原子位置、原子占有率、原子位移参数等。
	Profile 按钮：设置标度因子、全局原子位移参数、晶格参数、峰形参数、峰的不对称因子、择优取向。
	Micro-Structure 按钮：设置晶粒尺寸、晶格应变展宽参数。
Constraints	设置约束条件：
	Global Parameters 面板：设置全局约束条件，主要包括仪器零点、样品位移、微吸收、背底参数等。
	Atomic Parameters 面板：设置原子位置、原子占有率、原子位移参数等的约束条件。
	Profile Parameters 面板：设置各物相的标度因子、全局原子位移参数、晶格参数、峰形参数等的约束条件。
Box/Restraints	设置约束条件：
	Range Limits Relations：设置精修参数的上、下限。
	Atoms distance restraints：限制原子的键长。
	Atoms angle restraints：限制原子的键角。
Output	输出精修结果：
	General Output Information 面板：设置常规输出选项。
	Pattern Output Information 面板：设置衍射图的输出选项。
	Phases Output Information 面板：设置结构的输出选项。

9.6.3 利用 FullProf 软件进行晶体结构精修的步骤

（1）制作 pcr 文件

制作 pcr 文件分为两种情况：单物相 pcr 文件的制作和多个物相 pcr 文件的制作。下面简要介绍这两种制作 pcr 文件的方法。

- 单物相 pcr 文件的制作

运行 EDPCR 软件：在 FullProf Suite 软件中单击 $^{ED}_{PCR}$ 图标，运行 EDPCR 软件。

将 cif 文件转换为 pcr 文件：在 EDPCR 软件中单击 图标，在弹出的窗口中选择、打开 cif 文件。将 cif 文件转换为 pcr 文件后，还需要进行如下设置：

设置 General：单击"General"按钮，设置项目标题、项目任务。精修或计算粉末衍射，勾选"Refinement/Calculation of a Powder Diffraction Profile"。

设置 Patterns：①设置衍射数据、峰形函数。单击"Patterns"按钮，在"Data File/ Format"面板中打开衍射数据、设置数据格式。如果需要精修 X 射线衍射，在"Refinement/Simulation"面板中勾选"X-ray"。在"Pattern Calculation/Peak Shape"面板中选择峰形函数（一般选择"Pseudo-Voigt"函数）。②设置背底类型。单击"Background Type"按钮，选择背底函数。③设置排除区域。单击"Excluded Regions"按钮，设置排除区域（不精修的区域）。④设置仪器分辨函数、校正参数。单击"Geometry/IRF"按钮，在"IRF"面板中选择仪器分辨函数、添加仪器分辨文件"*.irf"。在"Corrections"面板中选择择优取向函数，设置峰的不对称角度校正上限（如 40°）。

设置 Phases：单击"Phases"按钮，设置所选物相的名称、计算类型（常规粉末精修选择"Structural Model"）。①设置物相的峰形函数。单击"Contribution to Patterns"按钮，设置"Type of Pattern"为"X-ray"，选择峰形函数"Pseudo-Voigt"。②设置空间群。单击"Symmetry"按钮设置选定物相的空间群。

保存 pcr 文件：单击菜单"File"→"Save as"，将其保存为"*.pcr"文件。

- 多个物相 pcr 文件的制作

运行 FullProf Suite 软件：双击 图标，运行 FullProf Suite 软件。

将 cif 文件转换为 pcr 文件：①设置工作文件夹。将所需的 cif 文件和实验数据放在同一个文件夹下，单击菜单"File"→"Select Working Directory"，将该文件夹设为工作文件夹。②建立临时文件。单击菜单"Tools"→"Create a Buffer File"，在弹出的窗口中输入"*.cif"（用后缀来识别 cif 文件）和临时文件的名称"*.buf"，单击"Creat Buffer"按钮，建立临时文件。③将 buf 文件转换为 pcr 文件。单击菜单"Tools"→"CIFs_to_PCR"，在弹出的窗口中打开已建好的"*.buf"文件，在"Pattern file #1"处设置衍射数据（从上到下，依次可设置多个衍射数据），单击"Run CIF_to_PCR"按钮，生成 pcr 文件。

得到上述 pcr 文件后，还需依次核对、设置 General、Patterns、Phases 的相关参数。该过程与单物相 pcr 文件的制作过程类似，此处不再赘述。

（2）晶体结构精修

方法一：

① 设置精修参数。在 EDPCR 软件中打开已制作好的 pcr 文件，单击"Refinement"按钮，勾选、设置需要精修的参数。

② 晶体结构精修。单击 图标进行晶体结构精修。

③ 显示精修结果（可选项）。在 WinPLOTR 软件中单击菜单"File"→"Open Rietveld/profile file"，在弹出的窗口中选择"101: FullProf PRF file"，打开"*.prf"文件。首次精修完打开"*.prf"文件后，WinPLOTR 软件将自动更新精修结果。

方法二：

① 设置精修参数。在 EDPCR 软件中打开已制作好的 pcr 文件，单击"Refinement"按

钮，勾选、设置需要精修的参数，保存 pcr 文件。

② 晶体结构精修。在 WinPLOTR 软件中单击 **FP** 图标，依次打开 pcr 文件"*.pcr"和衍射数据"*.dat"。精修结束后，精修结果将自动显示在 WinPLOTR 软件中。

（3）查看精修结果

在晶体结构精修过程中还需要实时查看精修结果，以确定下一个精修参数，具体操作步骤如下：

① 打开 WinPLOTR 软件：在 FullProf Suite 软件中单击 图标，打开 WinPLORT 软件。

② 打开"*.prf"文件：在 WinPLOTR 软件中单击菜单"File"→"Open Rietveld/profile file"，在弹出的窗口中选择"101: FullProf PRF file"，打开"*.prf"文件。在每次精修结束后，WinPLOTR 软件将自动更新精修结果。

9.6.4 仪器分辨文件的制作

在晶体结构精修过程中，峰形拟合是最复杂也是最容易出错的过程。如果事先能用标样得到较为准确的峰形参数，在初始精修时固定这些参数，则能大大简化精修过程。FullProf 软件将描述衍射峰的峰形参数的文件称为仪器分辨文件（Instrument Resolution File，irf）。

学习内容	利用 WinPLOTR-2006 软件制作仪器分辨文件
实验数据	衍射数据 LaB6.dat

本节以 LaB_6 标样为例制作仪器分辨文件，得到峰形参数。

（1）导入衍射数据

在 FullProf Suite 软件中单击 图标，打开 WinPLOTR-2006 软件。单击菜单"File"→"Open Pattern file (*.dat)"或单击 图标，导入衍射数据"LaB6.dat"。

（2）全谱拟合

单击菜单"Calculations"→"Profile fitting"→"Enable"，进入全谱拟合模式。

寻峰：单击菜单"Calculations"→"Profile fitting"→"Auto detection"，在弹出的窗口中勾选"doublets: (Cu-Ka)"，软件将自动寻峰。

拟合背底：单击菜单"Calculations"→"Profile fitting"→"Start/Repeat Refinement"，在弹出的窗口中单击"Vary all backg. points"按钮勾选所有的背底数据点。单击"OK/Start Refinemcnt"按钮进行拟合，吻合因子 $\chi^2=51.06$。

拟合 FWHM：单击菜单"Calculations"→"Profile fitting"→"Start/Repeat Refinement"，在弹出的窗口中单击"Vary all Shift-FWHM"按钮勾选所有的峰宽参数。单击"OK/Start Refinement"按钮进行拟合，吻合因子 $\chi^2=39.33$。

拟合混合因子 η：单击菜单"Calculations"→"Profile fitting"→"Start/Repeat Refinement"，在弹出的窗口中单击"Vary all Shift-ETA"按钮勾选所有峰的混合因子。单击"OK/Start Refinement"按钮进行拟合，吻合因子 $\chi^2=6.65$。

计算峰宽参数：单击菜单"Calculations"→"Profile fitting"→"Start/Repeat Refinement"，在弹出的窗口中单击"Nullify all Shift"按钮，将所有已拟合好的 FWHM 和 ETA 设为 0；单击"Fix all Shift"按钮固定所有的 FWHM 和 ETA。之后，勾选、设置 U、V、W、X 为某个初值，如 0.001；勾选、设置 Eta 为 0.5。单击"OK/Start Refinement"按钮，进行拟合，吻合因子 $\chi^2=7.08$。

由此得到峰形参数 $U=0.00902$，$V=-0.01071$，$W=0.00963$，$Eta=0.35354$，$X=0.00315$，

如图 9-44 所示。在精修时如已勾选"Create.IRF File"，软件将自动保存为仪器分辨文件，在设置 pcr 文件时可调用该文件。

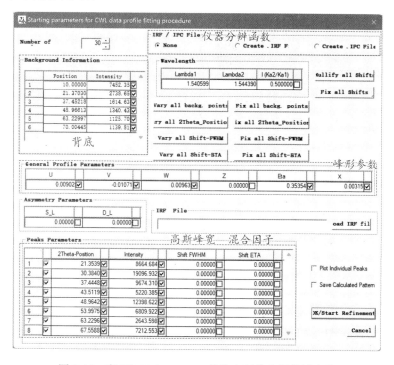

图 9-44　在 WinPLOTR-2006 软件中制作仪器分辨文件

9.6.5　实例 1：CeO₂ 的晶体结构精修

本节以 CeO_2 的粉末衍射数据为例介绍如何利用 FullProf 软件进行晶体结构精修。本例中的衍射数据取自 FullProf 的例子文件[80]。

学习内容	利用 FullProf 软件进行晶体结构精修				
实验数据	衍射数据 CeO2.dat、晶体结构文件 CeO2.cif				
初始结构	空间群为 $Fm\bar{3}m$，$a = b = c = 5.4112\text{Å}$				
	Type	x	y	z	Occ.	U_{iso}
	Ce1	0	0	0	0.02083	0.0036
	O1	0.25	0.25	0.25	0.04167	0.0064

（1）制作仪器分辨文件

对于单相样品，建议先在 WinPLOTR-2006 软件中拟合低角区的衍射峰，得到峰形参数 $U = 0.03348$、$V = -0.01244$、$W = 0.02311$、Eta = 0.5、$X = 0.00008$，详细操作请参考 9.6.4 节。

（2）将 cif 文件转换为 pcr 文件

打开 EDPCR 软件：在 FullProf Suite 软件中单击 图标，打开 EDPCR 软件。

将 cif 文件转换为 pcr 文件：在 EDPCR 软件中单击 图标，在弹出的窗口中选择并打开 "CeO2.cif" 文件。

（3）pcr 文件的设置

设置 General：单击"General"按钮，设置项目标题为"CeO2"，勾选"Refinement/Calculation of a Powder Diffraction Profile"。

设置 Patterns：①设置衍射数据、峰形函数。单击"Patterns"按钮，在"Data File/Format"面板中打开衍射数据"CeO2.dat"，设置数据格式为"Free Format (2thetaI, step, 2thetaF)"。在"Refinement/Simulation"面板中勾选"X-ray"。在"Pattern Calculation/Peak Shape"面板中选择峰形函数"Pseudo-Voigt"，设置"Range of calculation of a single reflection in units of FWHM"为"12"。②设置校正参数。单击"Geometry/IRF"按钮，在"Corrections"面板中设置峰的不对称角度校正上限为40°。

设置 Phases：单击"Phases"按钮，设置"Name of Phase"为"CeO2"。单击"Contribution to Patterns"按钮，设置"Type of Pattern"为"X-ray"，选择峰形函数"Pseudo-Voigt"。

设置 Refinement：单击"Refinement"按钮，在弹出的窗口中单击"Profile"按钮，设置 $U = 0.03348$、$V = -0.01244$、$W = 0.02311$、Eta = 0.5、$X = 0.00008$。

保存 pcr 文件：单击菜单"File" → "Save as"，保存为"CeO2.pcr"文件。

（4）精修峰形参数

初始精修：单击"Refinement"按钮，设置"Cycles of Refinement"为"12"。①背底参数：单击"Background"按钮，勾选背底参数"d_0"～"d_2"。②标度因子：单击"Profile"按钮，勾选"Scale"。设置好上述参数后，单击图标进行精修，精修后吻合因子为 R_p=80.8，R_{wp}=85.5，χ^2=45.1，如图9-45（a）所示。从图9-45（a）中可以看出，相对于实验峰，计算峰整体右偏，需要精修仪器零点和晶格参数。

精修峰位：单击"Refinement"按钮。①精修仪器零点：在弹出的窗口中单击"Instrumental"按钮，勾选"zero"。单击图标进行精修，精修后吻合因子为 R_p=54.0，R_{wp}=65.3，χ^2=26.5。②精修晶格参数：在弹出的窗口中单击"Profile"按钮，勾选晶格参数"a"。单击图标进行精修，精修后吻合因子为 R_p=5.56，R_{wp}=8.41，χ^2=0.438，如图9-45（b）所示。从图9-45（b）中可以看出，计算峰和实验峰还有少量偏差，需要精修峰形参数。

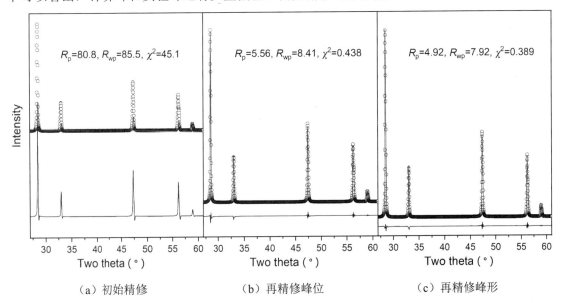

图9-45　CeO₂的峰形参数精修结果

精修峰形：单击"Refinement"按钮。①精修峰形参数：在弹出的窗口中单击"Profile"按钮，勾选峰形参数"U""V""W""Eta_0""X"。单击图标进行精修，精修后吻合因子

为 R_p=5.51，R_{wp}=8.32，χ^2=0.43。②精修峰的不对称因子：在"Asymmetry"面板中勾选峰的不对称因子"asym1"～"asym4"（由于峰的不对称因子和仪器零点相互耦合，精修前需要固定仪器零点）。单击 图标进行精修，精修后吻合因子为 R_p=4.92，R_{wp}=7.92，χ^2=0.389，如图 9-45（c）所示。此时，计算峰与实验峰吻合得较好，峰形参数精修完毕。

（5）精修晶体结构参数

由于 Ce、O 原子均位于特殊原子等效点位上，原子位置受晶体对称性的约束，所以不用精修原子位置，只需精修原子位移参数即可。

单击"Refinement"按钮，在弹出的窗口中单击"Atoms"按钮，在弹出的窗口中单击"Refine B_iso"按钮勾选所有原子的原子位移参数。单击 图标进行精修，精修后吻合因子为 R_p=4.49，R_{wp}=7.62，χ^2=0.361，精修结果如图 9-46 所示，晶体结构数据如表 9-28 所示。

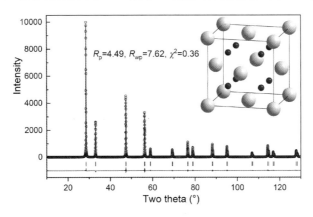

图 9-46　CeO_2 的晶体结构精修结果

表 9-28　精修后 CeO_2 的晶体结构数据

CeO_2，$Fm\overline{3}m$ (225)，a = 5.425345(16)Å，V = 159.6917(8)Å³，Z = 4，density = 4.80g/cm³						
Atom	Site	Occ.	x	y	z	$U/Å^2$
Ce	4a	1	0	0	0	0.00234(11)
O	8c	1	0.25	0.25	0.25	0.00220(6)

（6）导出晶体结构精修结果

单击"Output"按钮。①选择 cif 文件：在"Output Files"处选择"Crystallographic Information File (CIF)"。②设置 out 文件：在"Output Information File (OUT)"面板中选择"Cal. and Obs. integrated intensities are written"，以输出计算值和观察值的积分强度。③设置 sum 文件：在"Summary Parameters File (SUM)"面板中选择"Analysis of the goodness of the refinement"，以输出精修结构评估文件。精修后，FullProf 软件将自动输出 cif 文件、out 文件、sum 文件。其中，cif 文件可用于绘制晶体结构模型，out 文件包含所有精修参数，sum 文件可用于晶体结构精修结果的分析、评估。

另外，prf 文件中包含观察值 Y_{obs}、计算值 Y_{calc}、差分线 $Y_{obs}-Y_{calc}$、背底、布拉格衍射线，可在 WinPLOTR 或 Origin 软件中绘制精修结果图。

9.6.6　实例 2：多个物相的晶体结构精修

本节将介绍如何用 FullProf 软件精修含多个物相的衍射数据并进行定量物相分析，以及如何从含多个物相的衍射数据中提取各物相的峰形参数。本例中的衍射数据取自 FullProf 的例子文件[80]。

学习内容	FullProf 软件中多个物相的晶体结构精修、峰形参数提取				
实验数据	衍射数据 A-R.dat、晶体结构文件 Anatase.cif 和 Rutile.cif				
初始结构 Anatase	空间群为 $I4_1/amd$，$a = b = 3.7875$Å，$c = 9.4860$Å				
	Type	x	y	z	Occ.	B_{iso}
	Ti1	0	0.25	0.375	0.125	0.39
	O2	0	0.25	0.1682	0.25	0.61
初始结构 Rutile	空间群为 $P4_2/mnm$，$a = b = 4.5937$Å，$c = 2.9587$Å				
	Type	x	y	z	Occ.	B_{iso}
	Ti1	0	0	0	0.125	0.3
	O2	0.3050	0.3050	0	0.25	0.8

（1）提取各物相的峰形参数（选做）

如果一个样品中包含多个物相，由于各物相的晶粒尺寸、晶格应变不同，描述各物相衍射峰的峰形参数也不同。为了简化晶体结构精修过程，最好在精修前得到各物相的较为准确的峰形参数。这样，在精修初期就不用精修峰形参数了。

- 确定各物相的衍射峰

在 MDI Jade 软件中打开衍射数据"A-R.mdi"。

寻峰：右击 图标，设置"Points"为"15"，"Threshold Sigmas"为"8.0"，勾选"Screen out K-alpha2 Peaks"，单击"Apply"按钮进行自动寻峰。

添加 PDF 卡片：右击 图标，在弹出的元素周期表中设置 Ti、O 为必含元素，在 ICSD Patterns 数据库中检索。选择添加 PDF 卡片"PDF#71-1166"（锐钛矿相）和"PDF#-75-1748"（金红石相）。

这样，我们就能确定哪些衍射峰属于哪个物相。

- 全谱拟合

在 WinPLOTR-2006 软件中打开衍射数据"A-R.dat"，单击菜单"Calculations"→"Profile fitting"→"Enable"，进入全谱拟合模式。

寻峰：单击菜单"Calculations"→"Profile fitting"→"Auto detection"，在弹出的窗口中勾选"doublets: (Cu-Ka)"，软件将自动寻峰。

拟合背底和 FWHM：单击菜单"Calculations"→"Profile fitting"→"Start/Repeat Refinement"，在弹出的窗口中单击"Vary all backg. points"按钮勾选所有的背底数据点。单击"OK/Start Refinement"按钮进行拟合，吻合因子 $\chi^2 = 3.39$。

拟合混合因子 η：单击菜单"Calculations"→"Profile fitting"→"Start/Repeat Refinement"，在弹出的窗口中单击"Vary all Shift-ETA"按钮勾选所有峰的混合因子。单击"OK/Start Refinement"按钮进行拟合，吻合因子 $\chi^2 = 2.56$。

- 确定锐钛矿相的峰形参数

复制峰值表"*.pik"，一份为锐钛矿相的峰值表，命名为"A.pik"；另一份为金红石相的峰值表，命名为"R.pik"。

编辑锐钛矿相的峰值表：单击菜单"Calculations"→"Profile fitting"→"Edit PIK-file"，

在弹出的记事本中删除金红石相的衍射峰，只留下锐钛矿相的衍射峰。在本例中，锐钛矿相有 5 个独立的衍射峰，设置"Npeaks"为"5"。

计算峰形参数：单击菜单"Calculations"→"Profile fitting"→"Load PIK/NEW file"，选择并打开"A.pik"。在弹出的窗口中单击"Nullify all Shift"按钮，将所有已拟合好的 FWHM 和 ETA 设为 0；单击"Fix all Shift"按钮固定所有的 FWHM 和 ETA。之后，勾选并设置 U、V、W 为某个初值，如 0.001；设置 Eta 为 0.5。单击"OK/Start Refinement"按钮进行拟合，吻合因子 χ^2=24.5。

由此得到近似的峰形参数 $U = 0.99099$，$V = -0.61306$，$W = 0.10469$，Eta = 0.5，$X = 0$。

- 确定金红石相的峰形参数

编辑金红石相的峰值表：单击菜单"Calculations"→"Profile fitting"→"Edit PIK-file"，选择并打开"R.pik"文件。在弹出的记事本中删除锐钛矿相的衍射峰，只留下金红石相的衍射峰。在本例中，金红石相有 11 个独立的衍射峰，设置"Npeaks"为"11"。

计算峰形参数：单击菜单"Calculations"→"Profile fitting"→"Load PIK/NEW file"，选择并打开"R.pik"。在弹出的窗口中单击"Nullify all Shift"按钮，将所有已拟合好的 FWHM 和 ETA 设为 0；单击"Fix all Shift"按钮固定所有的 FWHM 和 ETA。之后，勾选并设置 U、V、W 为某个初值，如 0.001；设置 Eta 为 0.5。单击"OK/Start Refinement"按钮进行拟合，吻合因子 χ^2=8.67。

由此得到近似的峰形参数 $U = 0.03811$，$V = -0.03002$，$W = 0.01285$，Eta = 0.64079，$X = 0$。

（2）将 cif 文件转换为 pcr 文件

设置工作文件夹：将晶体结构文件"Anatase.cif"和"Rutile.cif"与衍射数据"A-R.dat"放在同一个文件夹下，单击菜单"File"→"Select Working Directory"，将该文件夹设置为工作文件夹。

建立临时文件：单击菜单"Tools"→"Create a Buffer File"，在弹出的窗口中输入"*.cif"（用后缀来识别 cif 文件）和临时文件的名称"A-R.buf"。单击"Create Buffer"按钮，建立临时文件。

将 buf 文件转换为 pcr 文件：单击菜单"Tools"→"CIFs_to_PCR"，在弹出的窗口中打开"A-R.buf"文件，在"Pattern file #1"处设置衍射数据"A-R.dat"，单击"Run CIF_to_PCR"按钮，生成 pcr 文件。

（3）pcr 文件的设置

在 EDPCR 软件中打开"A-R.pcr"文件。

设置 General：单击"General"按钮，设置项目标题为"A-R"，勾选"Refinement/Calculation of a Powder Diffraction Profile"。

设置 Patterns：①设置衍射数据、峰形函数。单击"Patterns"按钮，在"Data File/Format"面板中打开衍射数据"A-R.dat"，设置数据格式为"Free Format (2thetaI, step, 2thetaF)"。在"Refinement/Simulation"面板中勾选"X-ray"。在"Pattern Calculation/Peak Shape"面板中选择峰形函数"Pseudo-Voigt"，设置"Range of calculation of a single reflection in units of FWHM"为"12"。②设置校正参数。单击"Geometry/IRF"按钮，在"Corrections"面板中设置峰的不对称角度校正上限为 40°。

设置 Phases：单击"Phases"按钮，选中锐钛矿相"Anatase.cif"，单击"Contribution to

Patterns"按钮，设置"Type of Pattern"为"X-ray"，选择峰形函数"Pseudo-Voigt"；选中金红石相"Rutile.cif"，单击"Contribution to Patterns"按钮，设置"Type of Pattern"为"X-ray"，选择峰形函数"pseudo-Voigt"。

设置峰形参数：单击"Refinement"按钮，在弹出的窗口的"Phase 1"面板中单击"Profile"按钮，设置 $U=0.99099$，$V=-0.61306$，$W=0.10469$，Eta = 0.5，$X=0$；在"Phase 2"面板中单击"Profile"按钮，设置 $U=0.03811$，$V=-0.03002$，$W=0.01285$，Eta = 0.64079，$X=0$。

（4）精修峰形参数

初始精修：单击"Refinement"按钮，设置"Cycles of Refinement"为"12"。①背底参数：单击"Background"按钮，勾选背底参数"d_0"～"d_2"。②标度因子：单击"Profile"按钮，勾选"Phase 1"面板和"Phase 2"面板中的"Scale"。设置好上述参数后，单击▲图标进行精修，精修后吻合因子为 $R_p=39.0$，$R_{wp}=38.4$，$\chi^2=4.58$，如图 9-47（a）所示。从图 9-47（a）中可以看出，相对于实验峰，计算峰整体右偏，需要精修仪器零点和晶格参数。

精修峰位：单击"Refinement"按钮。①精修样品位移：在弹出的窗口中单击"Instrumental"按钮，勾选"Displacement"。单击▲图标进行精修，精修后吻合因子为 $R_p=39.0$，$R_{wp}=38.3$，$\chi^2=4.56$。②精修晶格参数：在弹出的窗口中分别勾选"Phase 1"面板和"Phase 2"面板中的晶格参数。单击▲图标进行精修，精修后吻合因子为 $R_p=30.7$，$R_{wp}=29.4$，$\chi^2=2.71$，如图 9-47（b）所示。从图 9-47（b）中可以看出，计算峰和实验峰还有少量偏差，需要精修峰形参数。

精修峰形：单击"Refinement"按钮。①精修峰形参数：在弹出的窗口中分别勾选"Phase 1"面板和"Phase 2"面板中的峰形参数"U""V""W""Eta""X"。单击▲图标进行精修，精修后吻合因子为 $R_p=29.1$，$R_{wp}=28.3$，$\chi^2=2.53$。②精修峰的不对称因子：在弹出的窗口中分别勾选"Phase 1"面板和"Phase 2"面板中峰的不对称因子 asym1～asym2。单击▲图标进行精修，精修后吻合因子为 $R_p=26.2$，$R_{wp}=24.9$，$\chi^2=1.95$，如图 9-47（c）所示。

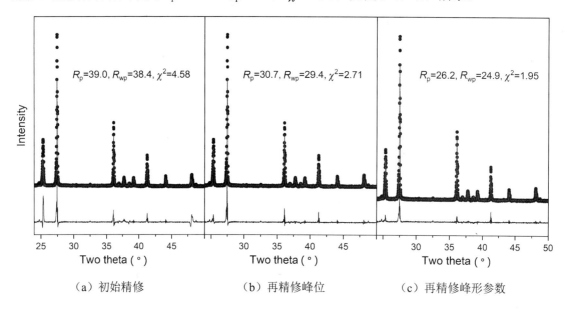

（a）初始精修　　　　　（b）再精修峰位　　　　　（c）再精修峰形参数

图 9-47　二氧化钛的精修结果

（5）精修晶体结构参数

从图 9-47（c）中可以看出，低角区差分线大于零，高角区差分线小于零，说明晶体结构模型中的原子位移参数不准确，需对其精修。

精修原子位移参数：单击"Refinement"按钮，在弹出的窗口中分别勾选"Phase 1"面板和"Phase 2"面板中各原子的位移参数"B_iso"。单击 图标进行精修，精修后吻合因子为 R_p=22.9，R_{wp}=21.8，χ^2=1.47。

精修原子坐标：单击"Refinement"按钮，在弹出的窗口中分别勾选"Phase 1"面板和"Phase 2"面板中各原子的坐标。单击 图标进行精修，精修后吻合因子为 R_p=22.9，R_{wp}=21.8，χ^2=1.47。

（6）精修其他参数

精修背底：单击"Refinement"按钮，单击"Background"按钮，勾选背底参数"d_0"～"d_4"。单击 图标进行精修，精修后吻合因子为 R_p=22.9，R_{wp}=21.7，χ^2=1.45。

精修择优取向：从精修结果中可以看出，金红石相的(110)、(111)、(220)计算峰明显高于实验峰，说明样品具有择优取向。单击"Refinement"按钮，单击"Profile"按钮，在弹出的窗口的"Preferred Orientation"面板中设置(111)取向，勾选"G1"或"G2"（不能同时精修）。单击 图标进行精修，精修后吻合因子为 R_p=22.5，R_{wp}=18.02，χ^2=1.43，锐钛矿相和金红石相的相含量分别为 23.84%、76.16%，精修结果如图 9-48 所示，晶体结构数据如表 9-29 所示。

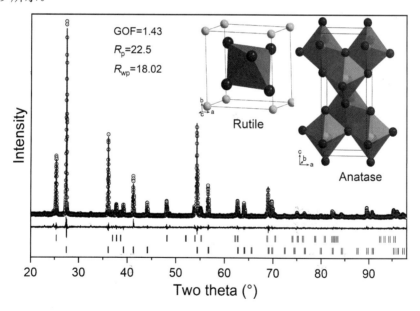

图 9-48　二氧化钛的晶体结构精修结果

表 9-29　精修后二氧化钛的晶体结构数据

Anatase (23.84%), $I4_1/amd$ (141), a = b = 3.77774(31)Å, c = 9.51812(78)Å, Z = 4						
Atom	Site	Occ.	x	y	z	$B/Å^2$
Ti1	4b	0.125	0	0.25	0.37500	2.737(133)
O1	8e	0.250	0	0.25	0.25	2.148(179)

Rutile (76.16%)，$P4_2/mnm$ (136)，$a=b=4.59279(8)$Å，$c=2.95905(6)$Å，$Z=2$						
Atom	Site	Occ.	x	y	z	$B/$Å^2
Ti1	2a	0.125	0	0	0	2.100(35)
O1	4f	0.250	0.30412(35)	0.30412(35)	0.25	1.983(58)

至此，尽管吻合因子还相对较高（差分线已比较平直），即使再精修其他参数并不能改善精修结果，晶体结构精修结束。在本例中，吻合因子相对较高的主要原因是实验数据的信噪比相对较差，且低角区峰的不对称拟合得不太好。

9.6.7　实例 3：YFe/AlO 掺杂结构的精修

本节将介绍如何利用 FullProf 软件精修掺杂结构，以及如何对精修参数进行约束。本例中的衍射数据取自 GSAS 中的例子文件[75]。

学习内容	FullProf 软件中掺杂结构的精修、约束条件的设置					
实验数据	衍射数据 YFeAlO.dat，中子衍射，波长为 1.909Å					
初始结构	空间群为 $Ia\bar{3}d$，$a=12.19$Å					
	Type	x	y	z	Occ.	U_{iso}
	Y1	0.125	0	0.25	0.25	0.01
	Fe1	0	0	0	0.16667	0.01
	Al1	0	0	0	0.16667	0.01
	Al2	0.375	0	0.25	0.25	0.01
	Fe	0.375	0	0.25	0.25	0.01
	O	−0.03	0.05	0.15	1	0.01

（1）建立 cif 文件

打开 Vesta 软件，根据已知的晶体结构信息建立晶体结构模型。

构建晶胞：单击菜单"File"→"New Structure…"，在弹出的窗口的"Unit cell"面板中选择立方晶系"Cubic"，选择空间群序号为 230 的"I a -3 d"。设置"Lattice parameters"为"12.19"。

设置晶胞内的原子：在"Structure parameters"面板中依次添加 Y、Fe、Al、O 原子。

保存 cif 文件：单击菜单"File"→"Export Data…"，保存为"YFeAlO.cif"。

注：在 EDPCR 软件中也可以根据晶体结构信息添加新物相，但过程较为烦琐。建议读者利用 Diamond[24]、CrystalMaker[25]或 Vesta[26]等晶体学软件构建晶体结构模型，并将其保存为 cif 文件。

（2）将 cif 文件转换为 pcr 文件

打开 EDPCR 软件，单击 图标打开"YFeAlO.cif"文件，核对晶格参数、空间群，将 cif 文件转换为"YFeAlO.pcr"文件。注：如果 cif 文件识别有误，建议先用 Vesta 软件打开 cif 文件，再导出 cif 文件。

设置 General：单击"General"按钮，设置项目标题为"YFeAlO"，勾选"Refinement/Calculation of a Powder Diffraction Profile"。

设置 Patterns：①设置衍射数据、峰形函数。单击"Patterns"按钮，在"Data File/ Format"

面板中打开衍射数据"YFeAlO.dat"，数据格式为"Free Format (2thetaI, step, 2thetaF)"。在"Refinement/Simulation"面板中勾选"Neutron-CW"，在"Wavelength"处勾选"User Defined"，设置 λ_1=1.909，λ_2=0，I_2/I_1=0。在"Pattern Calculation/Peak Shape"面板中选择"Pseudo-Voigt"作为峰形函数，设置"Step"为"0.05"，设置"Range of calculation of a single reflection in units of FWHM"为"12"。②设置校正参数。单击"Geometry/IRF"按钮，在"Corrections"面板中设置峰的不对称角度校正上限为 90°。

设置 Phases：单击"Phases"面板，设置"Name of Phase"为"YFeAlO"。设置衍射图的类型：单击"Contribution to Patterns"按钮，设置"Type of Pattern"为"Neutron (constant wavelength)"，选择峰形函数"Pseudo-Voigt"。

设置峰形参数：在 MDI Jade 软件中拟合 35°～45°的衍射峰，其半高宽近似为 0.5，混合因子近似为 0。单击"Refinement"按钮，在弹出的窗口中单击"Profile"按钮，设置 U=0，V=0，W=0.5，Eta=0，X=0。

（3）优化晶体结构模型

初始精修：单击"Refinement"按钮，设置"Cycles of Refinement"为"12"。①背底参数。单击"Background"按钮，勾选背底参数"d_0""d_2"。②标度因子。单击"Profile"按钮，勾选标度因子"Scale"。设置好上述参数后，单击 ⛰ 图标进行精修，精修后吻合因子为 R_p=73.0，R_{wp}=70.0，χ^2=32.8，如图 9-49（a）所示。从图 9-49（a）中可以看出，计算峰的峰强与实验峰的强度有明显偏差，说明初始结构模型较为粗糙，需要精修晶体结构参数。

精修原子占有率：①勾选原子占有率。单击"Refinement"按钮，在弹出的窗口中单击"Atoms"按钮，在弹出的窗口中勾选 Fe1、Al1、Fe2、Al2 的 Occ（注：Fe1、Al1 位于16a 的位置，其原子占有率为 16/96≈0.16667；Fe2、Al2 位于 24d 的位置，其原子占有率为 24/96＝0.25）。②设置 Fe1、Al1 原子占有率的约束条件。单击"Constraints"按钮，在弹出的窗口的"Atomic Parameters"面板中单击"New Constraint Relation"按钮，选择 Fe1原子的占有率"Occ_Fe1_ph1"。选中"Occ_Fe1_ph1"，单击"Add Constraint"按钮，选择Al1 原子的占有率"Occ_Al1_ph1"，并设置"Factor"为"-1"。③设置 Fe2、Al2 原子占有率的约束条件。单击"Constraints"按钮，在弹出的窗口的"Atomic Parameters"面板中单击"New Constraint Relation"按钮，选择 Fe2 原子的占有率"Occ_Fe2_ph1"。选中"Occ_Fe2_ph1"，单击"Add Constraint"按钮，选择 Al2 原子的占有率"Occ_Al2_ph1"，并设置"Factor"为"-1"。单击 ⛰ 图标进行精修，精修后吻合因子为 R_p=55.0，R_{wp}=57.2，χ^2=23.4，如图 9-49（b）所示。

（4）精修峰位、峰形参数

精修峰位参数：单击"Refinement"按钮。①精修样品位移。在弹出的窗口中单击"Instrumental"按钮，在弹出的窗口中勾选"Displacement"。精修后吻合因子为 R_p=50.3，R_{wp}=53.6，χ^2=20.7。②精修晶格参数。在弹出的窗口中单击"Profile"按钮，在弹出的窗口中勾选晶格参数"a"。精修后吻合因子为 R_p=45.3，R_{wp}=47.9，χ^2=16.8。

精修峰形参数：单击"Refinement"按钮。①精修峰形参数。在弹出的窗口中单击"Profile"按钮，勾选峰形参数"U""V""W"。精修后吻合因子为 R_p=16.8，R_{wp}=16.7，χ^2=1.93。②精修峰的不对称因子。在弹出的窗口中单击"Profile"按钮，勾选峰的不对称因子"asym1"～"asym4"。单击 📈 图标进行精修，精修后吻合因子为 R_p=16.3，R_{wp}=16.1，χ^2=1.79，如图9-49（c）所示。

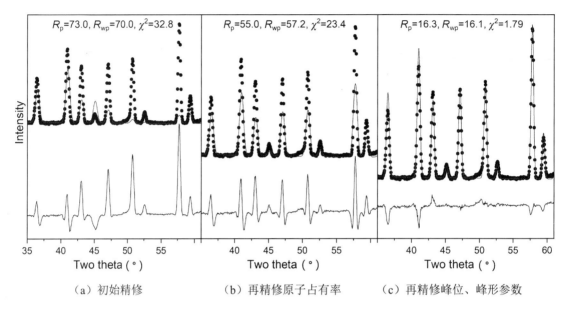

（a）初始精修　　　　　　（b）再精修原子占有率　　　　（c）再精修峰位、峰形参数

图9-49　优化晶体结构模型并精修峰位、峰形参数

（5）精修晶体结构参数

到现在为止，计算峰与实验峰的峰位、峰强、峰形都匹配得比较好。接下来需要精修原子位置和原子位移参数。

精修原子位移参数：单击"Refinement"按钮，在弹出的窗口中单击"Atoms"按钮，在弹出的窗口中单击"Refine B_iso"按钮。单击 📈 图标进行精修，精修后吻合因子为 R_p=15.7，R_{wp}=15.4，χ^2=1.641（注：在步骤（4）中我们设置了原子占有率的约束条件，FullProf软件将自动添加这些原子的约束条件，如原子位移参数、原子位置的约束条件，所以步骤（5）中不用再设置约束条件）。

精修原子位置：单击"Refinement"按钮，在弹出的窗口中单击"Atoms"按钮，在弹出的窗口中单击"Refine Positions"按钮。单击 📈 图标进行精修，精修后吻合因子为 R_p=9.79，R_{wp}=10.3，χ^2=0.733。

优化背底：单击"Refinement"按钮，在弹出的窗口中单击"Background"按钮。在弹出的窗口中勾选背底参数"d_0"～"d_4"。单击 📈 图标进行精修，精修后吻合因子为 R_p=9.56，R_{wp}=10.1，χ^2=0.702。到此，晶体结构精修结束，精修结果如图9-50所示，YFe/AlO$_4$精修后的晶体结构数据如表9-30所示。

在石榴石结构中，化学式单元数为24，根据原子等效点位和原子占有率就能推导出化学式：Y1=1×24/24=1，Fe1=0.577×16/24=0.3847，Al1=0.423×16/24=0.2820，Al2=0.715×24/24=0.7150，Fe2=0.285×24/24=0.2850，O1=1×96/24=4，化学式可写为 Y(Fe$_{0.3847}$Al$_{0.2820}$)(Fe$_{0.2850}$Al$_{0.7150}$)O$_4$ 或 Y(Fe$_{0.669}$Al$_{0.997}$)O$_4$。该结果与在9.4.7节中解析出来的结果是高度一致的，略微差异源于不同软件精修算法的差异。

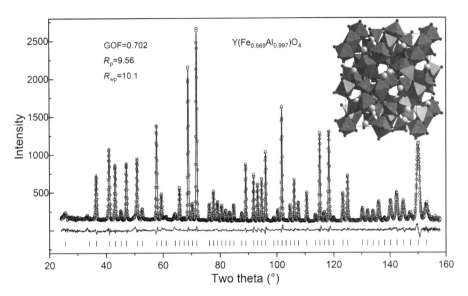

图 9-50　YFe/AlO 掺杂结构的精修结果

表 9-30　精修后 YFe/AlO₄ 的晶体结构数据

Y(Fe_{0.669}Al_{0.997})O₄, *Ia*3*d* (230), *a* = 12.18368(5)Å, *V* = 1808.573(13)Å³, *Z* = 24						
Atom	Site	Occ.	x	y	z	$U/\text{Å}^2$
Y1	24c	1	1/8	0	1/4	0.0071(4)
Fe1	16a	0.577(10)	0	0	0	0.0063(6)
Al1	16a	0.423(10)	0	0	0	0.0063(6)
Al2	24d	0.715(8)	3/8	0	1/4	0.0020(8)
Fe2	24d	0.285(8)	3/8	0	1/4	0.0020(8)
O1	96h	1	−0.02939(8)	0.05396(9)	0.15061(8)	0.0082(3)

9.6.8　FullProf 软件中的常见问题

在利用 FullProf 软件进行晶体结构精修的过程中，我们往往会遇到各种问题。本节以问答的形式给出以下几种典型问题的解决方法。

（1）如何处理复杂背底？

答：在 X 射线粉末衍射中常常会遇到复杂背底，这些背底不仅与衍射几何相关，还与样品槽的材质、样品量、结晶度、样品表面粗糙度等相关。常见的处理方法有三种：

方法一：直接拟合法。FullProf 软件提供了多达 40 项的多项式来拟合背底，但拟合参数越多，拟合稳定性越差。

方法二：扣背底。在相同的测试条件下记录不含样品的样品槽的衍射数据，并将其作为背底数据从样品的衍射数据中直接扣除。

方法三：基于背底数据进行精修。①在 WinPLOTR-2006 软件中打开衍射数据，单击菜单"Calculations"→"Background"→"Enable"，进入背底模式。单击菜单"Calculations"→"Background"→"Auto detection"，自动探测背底。也可以手动添加或删除背底数据点。添加好背底数据点后，单击菜单"Calculations"→"Background"→"Save background"，保存背底数据点为"*.bgr"。②在 EDPCR 软件中单击"Patterns"按钮，在弹出的窗口中单击

"Background Type"按钮，勾选"Linear interpolation between a set background points with refinable heights"。③在 EDPCR 软件中单击"Refinement"按钮，在弹出的窗口中单击"Background"按钮，单击"Import Background File"按钮导入背底文件"*.bgr"，再勾选这些背底数据点进行精修即可。

（2）如何处理择优取向？

答：如果样品存在择优取向，如在 SEM 中观察到有片状、棒状等偏离球状的晶粒，建议在制备粉末样品时需仔细研磨，并用微孔筛进行筛选。在测试时，让装有粉末样品的样品台以一定的速度绕轴旋转也能减弱择优取向效应。

如果经过上述操作样品还存在择优取向，需设定择优取向轴，再选用择优取向函数进行精修。基本方法是：①在 EDPCR 软件中单击"Patterns"按钮，在弹出的窗口中单击"Geometry/IRF"按钮，在"Corrections"面板中选择择优取向函数。如果只有一个择优取向轴，可选择"Rietveld-Toraya (Exponential function)"或"Modified March's Function"；如果有多个择优取向轴，可选择"March-Dollase Multiaxial Function"或"March-Dollase Numeric Multiaxial Function"。②在 EDPCR 软件中单击"Refinement"按钮，在弹出的窗口中单击"Profile"按钮，在"Preferred Orientation"面板中设置择优取向轴 hkl。如果是单一取向，精修 G_1 和 G_2；如果有多个取向，设置好各取向的 hkl、MD-r、Fraction，精修 MD-r 和 Fraction，不再精修 G_1 和 G_2。校正原理请参考 5.3.3 节。

（3）低角区的衍射峰存在明显的不对称，该如何处理？

答：低角区的衍射峰的不对称主要是由索罗狭缝引起，实验时优先选用较小的索罗狭缝来减弱峰的不对称性。在精修时可选用合适的峰形函数，再精修峰的不对称因子。其中，对于 Pseudo-Voigt 函数，可精修的峰的不对称因子为 asym1～asym4。当衍射峰的不对称性较弱时，asym1～asym2 就能很好地校正峰的不对称；对于 Thompson-Cox-Hastings pseudo-Voigt 函数，可精修的峰的不对称因子为 S_L 和 D_L。

需要注意的是，仪器零点或样品位移与峰的不对称因子存在高度耦合，精修峰的不对称因子时需要固定仪器零点或样品位移。

（4）在同一个物相中有的衍射峰很窄，有的衍射峰很宽，该如何精修？

答：如果粉末样品是各向同性的，用单一的峰形函数就能很好地描述同一个物相中的所有衍射峰。如果样品存在各向异性，如晶粒尺寸、晶格应变存在各向异性，它们会引起衍射峰的各向异性展宽，使某些衍射峰很窄而有些衍射峰很宽。此时，在精修峰形参数的同时，还需要精修各向异性展宽参数。

在 EDPCR 软件中单击"Refinement"按钮，在弹出的窗口中单击"Micro-Structure"按钮。在"Model"处选择各向异性展宽的模型。如果选择"General Strain formulation"或"General Size formulation"，在"Strain"面板或"Size"面板中设置所有参数的初值，再勾选、精修。如果选择"General Size and Strain formulation"，需在"Strain"面板和"Size"面板中设置所有参数的初值，再勾选、精修。

注意：如果没有设置好所有参数的初值（如软件窗口过小，有的参数可能被折叠），精修时会弹出错误提示，不允许精修。另外，各向异性展宽与峰形、峰位等高度耦合，精修初期需要固定峰形、峰位等参数，待各向异性展宽精修稳定后再一起精修峰形、峰位等参数。

（5）如何精修全局原子位移参数和原子位移参数？

答：如果精修完峰位、峰形、原子位置等参数后，差分线上显示从低角区到高角区出现从正值到负值的类似"～"形的特征，说明需要精修原子位移参数。如果没有收集高角区的衍射数据，如 90°～130°的衍射数据，此时可以精修全局原子位移参数"Overall B-factor"。如果有高质量的高角区的衍射数据，可直接精修原子位移参数。对于 X 射线衍射数据，精修各向同性原子位移参数即可；对于高质量的中子或同步辐射数据，可精修各向异性原子位移参数。

（6）结构模型是合理的，但全局原子位移参数或原子位移参数精修后出现负值，该如何处理？

答：结构模型合理且标度因子、结构参数、峰位、峰形都已合理精修，如果还出现全局原子位移参数或原子位移参数为负值的情况，很可能是由样品的表面粗糙度或样品吸收效应引起，此时建议精修样品的吸收效应。在 EDPCR 软件中单击"Refinement"按钮，在弹出的窗口中单击"Micro-Absorption"按钮。在弹出的窗口中勾选"Active Microabsorption option"，设置、精修参数"P_0""C_p""Tau"。校正原理请参考 5.3.3 节。

（7）在 FullProf 软件中是否有类似 Le Bail 全谱拟合的功能，该如何使用？

答：FullProf 软件提供了 Rietveld 模式（Job 为 0）和 Profile matching 模式（Job 为 2）。如果结构模型较为准确且峰形较为简单，可直接用 Rietveld 模式。如果样品存在较强的择优取向、各向异性展宽、结构模型比较粗糙、背底比较复杂等情况，建议在 Profile matching 模式下先精修好背底、峰位、峰形、各向异性展宽等参数。然后固定上述参数，在 Rietveld 模式下精修标度因子、择优取向、晶体结构参数，再精修背底、峰位、峰形等参数。

（8）原位变温实验能记录一系列具有相同或相近结构的衍射数据，在精修好起始结构后，如何快速精修其他数据？

答：在精修好起始数据后，将其"*.pcr"文件复制、粘贴到待精修的文件夹中。修改"*.pcr"文件中衍射数据的路径，固定所有已精修的结构参数，再逐一精修峰位、峰形、晶体结构参数即可。

（9）将 cif 转换为 pcr 文件时出现空间群识别错误，该如何处理？

答：从 Findit 软件中导出的 cif 文件，或者从 Diamond、CrystalMaker 软件中导出的 cif 文件，在将其转换为 pcr 文件时可能出现空间群识别错误的情况，这主要是因为部分空间群原点有多种取法，其空间群符号有多种表示方式，从而导致空间群识别出错。此时，只需在 Vesta 软件中打开 cif 文件，单击菜单"File"→"Export Data…"将其保存为 cif 文件即可，该 cif 文件能被正确识别。

（10）用 EDPCR 软件编辑 pcr 文件往往需要在不同界面之间来回切换，编辑效率很低，有没有快速编辑 pcr 文件的方法？

答：EDPCR 软件具有图形界面，适合初学者识别、设置校正函数及精修参数，但是编辑效率很低。对于已经熟悉 FullProf 软件的读者，建议使用 UltraEdit、Notepad++等文本编辑器直接修改关键字及键值。

pcr 文件看上去很复杂，但常用的关键字并不多。我们通常保存一个通用的 pcr 文件作为模板，在该模板中定义峰形函数、峰形参数、Rietveld 精修还是 Profile matching 等。在模板中进行整行复制并将其粘贴到新的 pcr 文件中，或者搜索关键字来设置键值等。

以下为典型的 pcr 文件，让我们来认识一下该文件的基本内容。

行	命令行
1	COMM LaNi5
2	! Files => DAT-file: C:\FullProf_Suite\data\LaNi5.dat, PCR-file: C:\FullProf_Suite\data\LaNi-Sn
3	!Job Npr Nph Nba Nex Nsc Nor Dum Iwg Ilo Ias Res Ste Nre Cry Uni Cor Opt Aut
4	0 5 1 0 0 0 0 0 0 0 0 0 0 0 0 0 0 0 1
5	!
6	!Ipr Ppl Ioc Mat Pcr Ls1 Ls2 Ls3 NLI Prf Ins Rpa Sym Hkl Fou Sho Ana
7	0 0 1 0 1 0 0 0 0 1 0 0 0 0 0 0 0
8	!
9	! Lambda1 Lambda2 Ratio Bkpos Wdt Cthm muR AsyLim Rpolarz 2nd-muR -> Patt#1
10	1.540560 1.544390 0.500 40.000 8.00 0.91 0.00 40.00 0.00 0.00
11	!
12	!NCY Eps R_at R_an R_pr R_gl Thmin Step Thmax PSD Sent0
13	12 36 0.10 1.00 1.00 1.00 10.00 0.02 83.00 0.000 0.000
14	!
15	!
16	0 !Number of refined parameters
17	!
18	! Zero Code SyCos Code SySin Code Lambda Code MORE ->Patt# 1
19	0.00000 0.0 0.00000 0.0 0.00000 0.0 0.000000 0.00 0
20	! Background coefficients/codes for Pattern# 1 （Polynomial of 6th degree）
21	0.000 0.000 0.000 0.000 0.000 0.000
22	0.00 0.00 0.00 0.00 0.00 0.00
23	!---
24	!---
25	LaNi5
26	!
27	!Nat Dis Ang Pr1 Pr2 Pr3 Jbt Irf Isy Str Furth ATZ Nvk Npr More
28	3 0 0 0.0 0.0 0.0 0 0 0 0 0 0.000 0 5 0
29	!
30	P 6/mmm <--Space group symbol
31	!Atom Typ X Y Z Biso Occ In Fin N_t Spc /Codes
32	La La 0.00000 0.00000 0.00000 0.30000 0.04167 0 0 0 0
33	0.00 0.00 0.00 0.00 0.00
34	Ni1 Ni 0.33333 0.66666 0.00000 0.30000 0.08333 0 0 0 0
35	0.00 0.00 0.00 0.00 0.00
36	Ni2 Ni 0.50000 0.00000 0.50000 0.30000 0.12500 0 0 0 0
37	0.00 0.00 0.00 0.00 0.00
38	!-------> Profile Parameters for Pattern # 1
39	! Scale Shape1 Bov Str1 Str2 Str3 Strain-Model

行	命令行						
40	0.10000E-02	0.00000	0.00000	0.00000	0.00000	0.00000	0
41	0.00000	0.000	0.000	0.000	0.000	0.000	
42	! U	V	W	X	Y	GauSiz	LorSiz	Size-Model
43	0.004133	-0.007618	0.006255	0.018961	0.000000	0.000000	0.000000	0
44	0.000	0.000	0.000	0.000	0.000	0.000	0.000
45	! a	b	c	alpha	beta	gamma	#Cell Info
46	5.042520	5.042520	4.011810	90.000000	90.000000	120.000000	
47	0.00000	0.00000	0.00000	0.00000	0.00000	0.00000	
48	! Pref1	Pref2	Asy1	Asy2	Asy3	Asy4	
49	0.00000	0.00000	0.00000	0.00000	0.00000	0.00000	
50	0.00	0.00	0.00	0.00	0.00	0.00	
51	! 2Th1/TOF1	2Th2/TOF2	Pattern # 1				
52	18.000	120.000	1				

第 1 行：标题，常以 COMM 或 TITL 为关键字。

第 2 行：衍射数据和 pcr 文件的路径。

第 3、4 行：上一行为关键字，下一行为键值。

Job 定义任务类型：键值 0 为 X 射线衍射的精修，1 为固定波长、中子衍射的精修，2 为 X 射线衍射图的计算，3 为固定波长的中子衍射图的计算，-1 为 T.O.F、核磁的中子衍射的精修，-3 为 T.O.F、中子衍射图的计算。

Npr（**No. pr**ofile）定义峰形函数：0 为 Gaussian 函数，5 为 Pseudo-Voigt 函数，6 为 Pearson-VII 函数。

Nph（**No. ph**ase）定义物相的数目。

Nba（**No. ba**ckground）定义背底类型：0 为多项式背底，1 为 "*.bac" 背底。

Nex（**No. ex**cluded）定义不进行精修的数据范围数。

Nor（**No. or**ientation）定义择优取向的类型：0 为 Rietveld-Toraya exponential function，1 为 Modified March's function，2 为 March-Dollase Multiaxial function，3 为 March-Dollase numeric multiaxial function。

Dum 定义收敛方式：1 为 Profile matching modes，2 为 Local divergence。

Iwg（Refinement **weithing** sheme）定义精修方式：0 为 Standard squares refinement，1 为 Maximum likelihood refinement，2 为 Unit weights。

Ilo（Lorentz and polarization corrections）定义洛伦兹-极化因子校正：0 为标准 Debye-Scherrer 或 Bragg-Brentano 衍射几何，1 为平板 PSD 衍射几何，2 为透射几何。

Ias（Reordering of reflections）定义衍射峰的排序方式：0 为仅在第一次循环排序，1 为每次循环都重新排序。

Res（**Res**olution function type）定义仪器的分辨函数：0 为未知，≠0 为指定仪器的分辨函数。

Ste（Number of data points reduction factor in powder data）：当数据点数很多时可用于减小数据量，实现快速精修。

Uni（Scattering variable **unit**）定义衍射花样横坐标的单位：0 为 2θ，1 为 μs，2 为 keV。

Cor（Intensity **cor**rection）定义强度校正方式：0 为不校正，1 为读取强度校正文件。

Opt（Calculation **opt**imisations）定义计算优化方式：0 为常规优化，1 为特殊优化。

Aut（**Aut**omatic mode for the refinement codes）：0 为自定义精修，1 为自动精修。

第 6、7 行：定义输出文件的格式，可按需修改。

Ipr（**Pr**ofile integrated intensities output）：0 为无操作，1 为在 "*.out" 文件中输出观察-计算数据，2 为每个物相的计算花样都生成 "*n.sub" 的文件，3 为在 2 的基础上添加背底。

Ppl（Various types of calculated output I）：0 为无操作，2 为生成 "*.bac" 背底数据，3 为在 "*.bac" 数据中附加差分花样。

Ioc（Various types of calculated output II）：0 为无操作，1 为生成包含观察和计算花样的 "*.out" 文件。

Mat（Correlation **mat**rix output）：0 为无操作，1 为在 "*.out" 文件中写入相关矩阵。

Pcr（Update of the **pcr** after refinement）：1 为每次精修后输出 "*.PCR" 文件，2 为生成另一个精修文件 "*.new"。

Ls1~3（Various types of calculated output）定义各种常见的计算文件。

Prf（Output format of the Rietveld plot file）输出 prf 文件：1 为生成 WinPLOTR 的 "*.prf" 文件。

Ins（Data file format）定义数据文件格式：常见数据格式有 0（第一行为起始角、步长、终止角，从第二行起为角度、强度或强度的数据）、10（XY 数据）。

Rpa：1 为输出 "*.rpa" 文件，2 为输出 "*.sav" 文件。

Sym：1 为输出 "*.sym" 文件。

Hkl 输出 "*.hkl" 结构因子文件：1 为 (code, h, k, l, mult, d_{hkl}, 2θ, FWHM, I_{obs}, I_{calc}, I_{obs}-I_{calc}) 格式，2 为 SIRPOW.92 格式（h, k, l, mult, $\sin\theta/\lambda$, 2θ, FWHM, F^2, $\sigma(F^2)$），±3 为（h, k, l, mult, F_{real}, F_{imag}, 2θ, Intensity）格式，4 为（h, k, l, F^2, $\sigma(F^2)$）格式，5 为（h, k, l, mult, F_{calc}, T_{hkl}, d_{hkl}, Q_{hkl}）格式。

Fou 输出 "*.fou" 格式的结构因子文件：1 为 Cambridge 格式，2 为 SHELXS 格式，3 为 FOURIER 格式，4 为 GFOURIER 格式。

Sho（Reduced output during the refinement）：1 为仅在最后一轮精修输出结果。

Ana（reliability of the refinement **ana**lysis）：1 为在 "*.sum" 文件中输出精修可信度分析报告。

第 9、10 行：仪器参数。

Lambda1、Lambda2 定义 $K\alpha_1$ 和 $K\alpha_2$ 的波长。

Ratio 定义 $K\alpha_1$ 和 $K\alpha_2$ 两入射波的强度比。

Bkpos 定义多项式背底的起点。

Wdt（Cut-off of the peak profile tails）定义峰尾的切断值：Gaussian 峰尾较短取 4，Lorentzian 峰尾较长取 20～30，pseudo-Voigt 峰尾取 8～20。

Cthm（Monochromator polarization correction）定义单色器极化校正。

muR（Absorption correction）定义吸收校正。

AsyLim（Limit angle for **asy**mmetry correction）：当 2θ 小于该值时对衍射峰进行峰的不对称校正。

Rpolarz（**Polariz**ationfactor）定义极化因子。

第 12、13 行：精修控制命令。

NCY（Number of refinement **cy**cles）定义精修迭代次数。

Eps（Control of the convergence precision）定义收敛精度。

R_at、R_an、R_pr、R_gl：精修时原子、各向异性原子位移参数、峰移动参数、全局参数的弛豫因子（步长）。

Thmin、Step、Thmax 用于计算衍射花样的起始角、步长、终止角。

PSD 定义相对于样品表面的入射角。

第 16 行：精修参数的数目。

第 18、19 行：各项含义如下。

Zero 定义仪器零点。

SyCos 定义样品位移，与 $\cos 2\theta$ 相关（Bragg-Brentano 衍射的反射模式）。

SySin 定义样品位移或透过率(Transparency Coefficient)，与 $\sin 2\theta$ 相关（Bragg-Brentano 衍射的透射模式）。

Lambda：精修单一波长。

第 20～22 行：多项式背底参数及精修命令。

第 25 行：物相名。

第 27、28 行各项含义如下：

Nat（**N**umber of **at**oms）定义非对称单元中的原子数。

Dis（Number of **dis**tance constraints）定义键长约束条件数。

Ang（Number of **ang**le constraints）定义键角约束条件数。

Pr1～Pr3：定义倒易空间中的三个择优取向方向。

Jbt 定义为 Rietveld 模式或 Profile matching 模式：0 为 Rietveld 模式，2 为 Profile matching 模式。

Irf 定义衍射峰的生成方式：0 为由空间群自动生成，1 为从"*.hkl"中读取。

Isy 定义对称操作控制方式：0 为由空间群自动生成。

Str（Size-strain reading control code）定义晶粒尺寸-微应变展宽。

Furth（Number of user defined parameters）用于自定义精修参数的数目。

ATZ（Quantitative phase analysis）用于定量物相分析的权重系数，$ATZ = zM_W f^2 / t$，其中 z 为化学式单元数，M_W 为分子量，f 为多重因子的转换系数，t 为吸收系数。

Nvk（Number of propagation vectors）定义传播矢量的数目。

Npr（Specific profile function for the phase）：定义第 N 个物相的峰形函数。

第 30 行：空间群。

第 31～37 行：Atom 为原子标记，Typ 为原子类型，X、Y、Z 为原子坐标，Biso 为各向同性原子位移参数，Occ 为原子占有率。

第 39～44 行：各项含义如下。

Scale（Scale factor）定义当前物相的标度因子。

Shape1（Profile shape parameter）定义当前物相的峰形参数（混合因子 Eta）。

Bov（Overall isotropic displacement）定义当前物相的全局各向同性原子位移参数（$Å^2$）。

Str1~Str3 定义当前物相的微应变参数。

Strain-Model 定义当前物相的晶格应变计算模型。

第 42~44 行：各项含义如下。

UVW 定义当前物相的峰形参数（高斯峰宽）。

X 定义当前物相的峰形参数（洛伦兹各向同性晶格应变展宽）。

Y 定义当前物相的峰形参数（洛伦兹各向同性晶粒尺寸展宽）。

GauSiz 定义当前物相的各向同性晶粒尺寸（高斯峰宽引起）。

LorSiz 定义当前物相的各向同性晶粒尺寸（洛伦兹峰宽引起）。

Size-Model 定义晶粒大小的计算模型。

第 45~47 行：各项含义如下。

a、b、c、alpha、beta、gamma 定义当前物相的晶格参数。

第 48~50 行：各项含义如下。

Pref1、Pref2 定义择优取向参数 G_1、G_2。

Asy1~Asy4 定义峰的不对称因子。

第 51、52 行：将该角度范围内的衍射数据写入"*.sav"文件。

小结

本章主要介绍了晶体结构解析与晶体结构精修，这部分内容是 X 射线衍射分析中最难的内容。难，不是说晶体结构解析与晶体结构精修的原理深奥、难懂，而是说读者需要不断地练习、不断地进行各种各样的结构分析，进行经验的积累。

本章先介绍了 Pawley 全谱拟合、Le Bail 全谱拟合，通过精修峰位、峰形参数来提取各衍射峰的结构因子的振幅。然后利用帕特森函数、直接法、Charge Flipping 技术解析出部分晶体结构，再利用差分傅里叶技术补全结构。在利用帕特森函数解析重原子时，需要定义化学组分和化学式单元数，利用这些信息可以对帕特森峰进行归一化。在利用直接法解析晶体结构时，也需要定义化学组分和化学式单元数，利用这些信息可以对结构因子进行归一化，或者给电子密度峰设置原子种类。在利用 Charge Flipping 技术解析晶体结构时，不需要提前设定空间群、化学组分和化学式单元数，化学组分只用于对电子密度峰设置原子种类。本章重点介绍了如何在 Jana2020 软件中利用帕特森函数和 Charge Flipping 技术解析晶体结构。

在解析出晶体结构，或者知道近似的晶体结构后，我们就可以基于近似的晶体结构模型利用 Rietveld 晶体结构精修技术得到材料的晶体结构。Rietveld 晶体结构精修技术与 Pawley 全谱拟合、Le Bail 全谱拟合技术的主要区别是，Rietveld 晶体结构精修技术除了精修峰位、峰形参数外，还精修与峰强相关的晶体结构数据。本章还介绍了 GSAS-II 和 FullProf 两大晶体结构精修软件，通过实例分步介绍，希望读者能动手练习、掌握晶体结构精修技术，以及利用 GSAS-II 软件和 FullProf 软件进行晶体结构精修。

思考题

1．Le Bail 全谱拟合的原理是什么？在 Le Bail 全谱拟合中，影响峰位、峰形的参数有哪些？它们是如何影响的？

2．如何通过差分线判断全谱拟合结果？

3．如何通过残差因子判断全谱拟合结果？背底高低对全谱拟合有什么影响？

4．利用帕特森函数解析晶体结构的原理是什么？国际晶体学表在利用帕特森函数解析晶体结构时有哪些作用？

5．直接法解析晶体结构的原理是什么？哪些因素会影响到相位的正确提取？

6．如果样品有较强的择优取向，它会对晶体结构解析有什么影响？

7．晶体结构精修和 Le Bail 全谱拟合的异同点是什么？

8．如何判断晶体结构精修结果的好坏？

9．如何判断晶体结构解析或晶体结构精修得到的晶体结构是合理的？

10．在进行晶体结构解析或晶体结构精修时，如何从原子占有率、原子位移参数判断原子的类型？

11．在精修峰形参数时，需要注意哪些问题？

12．在精修原子属性时（原子坐标、原子占有率、原子位移参数），需要注意哪些问题？

13．当全局原子位移参数为负值时该如何处理？

14．如何精修样品的择优取向？

15．当样品存在各向异性展宽时，该如何精修各向异性展宽参数？

16．如何精修衍射峰的不对称因子？

17．不同晶体结构精修软件中的峰形参数如何转换？

18．为什么说制作好仪器半高宽曲线或仪器分辨函数、仪器参数文件，就等于晶体结构解析、晶体结构精修成功了一半？

附录 A

常见衍射数据格式

A.1 MDI Jade 软件中的常见数据格式

1. MDI 数据（*.mdi）

MDI 数据第 1 行为注释，第 2 行从左往右依次为起始角、步长、强度比例因子、阳极靶类型、波长、结束角、数据点数，从第 3 行起为 8 列衍射强度数据，如：

```
04/21/92 DIF Demo01: 37-1497 4-733 9-169 18-303 9-77
5.000  0.0200  1.0  CU  1.540598  70.000  3251
40       49       49       44       36       32       39       41
43       45       41       32       36       40       44       35
……
```

背底数据为"*.bkg"，拟合曲线数据为"*.dif"，这两种数据与"*.mdi"数据相同，只是后缀不同。

2. TXT 文本数据（*.txt）

TXT 文本数据第 1 行为注释，从第 2 行起为 XY 数据，如：

```
Demo01
10.0000      45.
10.0500      50.
……
```

3. 背底数据（*.bkg）

"*.bkg"数据与"*.mdi"数据相同，只是后缀不同。

4. 拟合曲线数据（*.dif）

"*.dif"数据与"*.mdi"数据类似，第 1 行为注释，第 2 行从左往右依次为起始角、步长、比例因子、阳极靶类型、波长、结束角、数据点数，从第 3 行起为 8 列衍射强度数据，依次列出原始数据 Raw Pattern、背底数据 Background、各拟合峰 Fitted Profile，以及总的拟合峰 Overall Profile，如：

```
22/12/13 14:03  FIT
18.762  0.026  1 Cu 1.54056  28.59  379 (Raw Pattern)
97  115  94  84  96  96  84  106
......
18.762  0.026  1 Cu 1.54056  28.59  379 (Background)
87  87  87  87  87  87  87  88
......
19.62  0.026  1 Cu 1.54056  25.366  222 (Fitted Profile 1)
92  93  93  93  94  94  94  94
......
18.762  0.026  1 Cu 1.54056  28.59  379 (Overall Profile)
87  87  87  87  87  87  87  88
......
```

5. 衍射峰报告文件（*.pid）

衍射峰报告文件前 7 行为注释，主要信息包括文件名、数据范围、衍射峰数目、寻峰参数等，第 8 行为标题行，从第 9 行起为衍射峰的详细信息，如：

```
USER: Administrator
JADE: Peak Search Report (46 Peaks, Max P/N = 18.6)
DATE: Tuesday, Apr 22, 2014 04:39p
FILE: [DEMO15.MDI] Quartz + Celadonite
SCAN: 2.0/90.0/0.02/1 (sec), Cu, I (max)=1507, 01/02/99 04:00
PEAK: 25-pts/Parabolic Filter, Threshold=3.0, Cutoff=0.1%, BG=3/1.0, Peak-
Top=Summit
NOTE: Intensity = Counts, 2T (0)=0.0 (deg), Wavelength to Compute d-
Spacing=1.54056
2-Theta    d (?)   BG  Height    I%    Area    I%   FWHM
9.1890    9.6165   50   30      2.1    563    2.4   0.319
10.036    8.8067   49   36      2.5    353    1.5   0.167
......
```

6. 衍射峰拟合报告文件（*.fit）

衍射峰拟合报告文件前 6 行为注释，第 8 行为残差因子、总积分面积、相对结晶度，第 10 行为各数据列的标题，如：

```
USER: Administrator
JADE: Profile Fitting Report
DATE: Tuesday, Apr 22, 2014 04:44p
FILE: [DEMO15.MDI] Quartz + Celadonite
SCAN: 2.0/90.0/0.02/1 (sec), Cu, I (max)=1507, 01/02/99 04:00
NOTE: Intensity=Counts, 2T (0)=0.0 (deg), Wavelength to Compute d-
Spacing=1.54056
Residual Error of Fit=7.74%, Total Area =39855 (0), Crystallinity=35%
@2-Theta  d (?)  Centroid  Height Area (a1) Area% Shape Skew FWHM Breadth
BG
```

```
[] 9.1890（?）9.6165（?）9.1890  36（?）205（?）2.6  0.500v  0.000  0.100
（?）0.114    44
[]10.036（?）8.8067（?）10.036  45（?）261（?）3.4  0.500v  0.000  0.100
（?）0.116    40
......
```

7. d 值表文件（*.dsp）

d 值表文件第 1 行为注释，第 2 行从左往右依次为衍射峰总数、d 值、波长，从第 3 行起为峰值表(d, I)，如：

```
LaMnO3.dsp
18   DSPACE  1.54056
3.67464    11.7
3.50921    17.6
......
```

A.2　CSM 软件中的常见数据格式

1. 自由文本数据（*.dat）

自由文本数据为不含文件头的 XY 数据，如：

```
10.000000    685.562866
10.010000    629.170715
......
```

2. 峰位文件（*.dat）

峰位文件为不含文件头的 XY 峰位数据，如：

```
10.8022    42.4523
13.3755    354.689
......
```

峰位文件可通过单击菜单"File"→"import"→"Peak data"来调用。

A.3　Jana 软件中的常见数据格式

1. 衍射数据（*.mac）

衍射数据第 1 行为文件头，从第 2 行开始为$(2\theta, I)$数据，如：

```
PBSO4.mac
10.0000000          179
10.0260000          147
......
```

2. 背底数据（*.dat）

背底数据与 XY 数据相似，第 1、2 行为注释，从第 3 行起为 XY 背底数据，如：

```
! Background data    PbSO4.dat
!-------------------------------------
11.63800     116.66667
13.43200      99.66667
......
```

3. 晶体结构精修数据（*.prf）

用 Jana 软件精修后的衍射数据为 "*.prf"，该数据可用 WinPLOTR 软件导出为 "Multicolumns file" 或 "XYY file"，就可以用于 Origin 软件绘图。

A.4　Expo 软件中的常见数据格式

1. 自由文本数据（*.dat）

自由文本数据第 1 行从左往右依次为起始角、步长、结束角，从第 2 行起为 10 列衍射强度数据，如：

```
7.00   0.020   100.00
3017  2925  3056  2983  3008  2953  2875  2976  2886  2928
2973  2831  2960  2821  2854  2900  2857  2798  2876  2798
......
```

单列的自由文本数据（*.dat）第 1 行从左往右依次为起始角、步长、结束角，从第 2 行起为单列衍射强度数据，如：

```
6  0.01  55.98
412.98
404.51
......
```

自由文本数据也可以是 XY 数据（*.xy），如：

```
4.700    4769.000
4.714    4860.000
......
```

2. 峰位文件（*.pea）

峰位文件只有 1 列，为衍射峰的 d 值，如：

```
9.409904
6.842418
......
```

A.5　FullProf 软件和 WinPLOTR 软件中的常见数据格式

在 FullProf 软件和 WinPLOTR 软件中，以"#"或"!"为关键字的部分均为注释部分，可用于自定义数据基本信息，软件将忽略该部分信息。

1. 自由格式数据（*.dat, INSTRM=0: Free F (T_i, Step, T_f)）

自由格式数据包括注释部分和数据部分，其中以"!"开头的前几行为注释部分，数据部分第 1 行从左往右依次为衍射数据起始角、步长、结束角，以及自定义注释；从第 2 行起为多列衍射强度数据，如：

```
! Sample: LaMnO3
! Temperature:273K
10.000000  0.050000  125.450005  3T2 (LLB):20/04/1996   lambda: 1.227  LaMnO3
164      186      153      87      164      197      186      164      77      98
55      208      109      55      11      77      11      33      22      22
44      77      44      66      131      131      142      77      77      98
98      87      109      164      153      273      284      219      251      394
```

或

```
! Sample: LaMnO3
! Temperature:373K
!
  10.000000  0.050000  125.450005  3T2 (LLB):20/04/1996  lambda: 1.227  LaMnO3
164
186
153
......
```

2. XY 数据（*.xy, INSTRM=10）

XY 数据包括注释部分和数据部分，其中以"!"开头的前几行为注释部分，数据部分由 2θ 和计数率（强度）两列数据组成，如：

```
! Sample: LaMnO3
! Temperature: 273K
!--------------------------------------------------------------------------
10.0000      45.
10.0500      50.
10.1000      51.
10.1500      41.
......
```

3. 背底数据（*.bac）

背底数据包括以"!"开头的注释部分和 XY 背底数据部分，如：

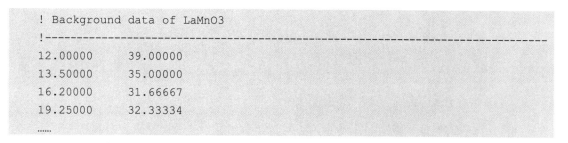

```
! Background data of LaMnO3
!------------------------------------------------------------------------------
12.00000        39.00000
13.50000        35.00000
16.20000        31.66667
19.25000        32.33334
......
```

也可以是 INSTRM=0 格式的，如：

```
12.000000   2.376596   123.700012
39  33  32  32  31  29  27  23  36  26
24  24  22  21  20  21  20  21  22  21
20  23  25  26  21  24  23  22  22  25
24  31  21  23  24  27  25  24  34  43
32  30  32  28  65   0  8   29  ......
```

4. 晶体结构精修数据（*.prf）

用 FullProf 软件精修后的衍射数据为"*.prf"，该数据可用 WinPLOTR 软件导出为"Multicolumns file"或"XYY file"，可以用于 Origin 软件绘图。

A.6　GSAS-II 软件中的常见数据格式

1. GSAS 粉末衍射数据（*.gsas 或*.gsa）

GSAS 粉末衍射数据包括文件头和数据块（可以是多条衍射数据），每行宽 80 个字符，并以 Enter 键换行。第 1 行为标题行，第 2 行为可选行（用于定义仪器参数文件），第 3 行为第 1 条衍射数据的标题行，紧接着为第一条衍射数据，每行 10 个数据点，行宽为 80 个字符，并以 Enter 键换行，如：

```
SampleIdent ceo2
Instrument parameter file:bt1demo.ins
BANK 1 5560 556 CONST 1500 2.5 0 0 STD
237     204     228     234     222     231     243     237     231     207
222     234     249     231     198     234     246     222     231     265
219     246     222     246     219     240     225     204     210     201
......
BANK 2 5560 556 CONST 1500 2.5 0 0 STD
237     204     228     234     222     231     243     237     231     207
222     234     249     231     198     234     246     222     231     265
......
```

2. XY 数据（*.xy）

XY 数据由 2θ 和计数率（强度）两列数据组成，如：

```
10.0000      45
10.0500      50
10.1000      51
......
```

3．FullProf 软件的 dat 数据（*.dat）

FullProf 软件的 dat 数据第 1 行从左往右依次为起始角、步长、结束角，从第 2 行开始为一列或多列衍射强度数据。

```
10  0.02  120  5501
1831   1859   1767   1823   1846   1860   1814   1745
1842   1827   1823   1838   1871   1828   1789   1796
1721   1752   1804   1855   1891   1873   1822   1740
......
```

注：在 MDI Jade 软件中得到背底数据"*.bkg"，将其修改为 FullProf 软件的 dat 数据，并以衍射数据的方式导入 GSAS-II 软件，可作为固定背底数据（Fixed Background Histogram）。在 GSAS-II 软件中添加固定背底可极大改善复杂背底衍射数据的精修（同时还可以精修多项式背底）。

4．背底数据点（*.pwdrbck）

背底数据点第 1 行为标题行，第 2 行从左往右依次为背底拟合函数、是否拟合、多项式的项数、初始背底参数，第 3 行定义 Debye 散射的项数，第 4 行为 Debye 散射的初始值，第 5 行定义非晶鼓包的数目，第 6 行定义非晶鼓包的参数，从第 9 行开始为背底点的 2θ、I。需要注意的是，在准备背底数据时不要增减前 8 行。

```
#GSAS-II background parameter file; do not add/delete items!
['chebyschev-1', True, 8, 1757, -898, 206, 212, -314, 150, 44, -111]
nDebye:0
debyeTerms:[]
nPeaks:0
peaksList:[]
background PWDR:['', 1.0, False]
FixedPoints:
[8.34, 2424]
[11.73, 2717]
[13.52, 2831]
......
```

5．d-值表（*.pkslst）

在 GSAS-II 软件中制作仪器参数文件时，可将 MDI Jade 软件中的 d-值表进行如下转换：

```
#GSAS-II PWDR peaks list file; do not add/delete items!
[26.43, 0, 4210.58847649, 1, 0.0, 0, 11.29921348483301, 0]
[36.06, 0, 6262.14730803, 1, 0.0, 0, 11.568054097015802, 0]
[38.69, 0, 2412.61209529, 1, 0.0, 0, 11.658210002770241, 0]
......
```

其中，第 1 行为标题行，从第 2 行开始为 d-值表，第 1 列为 2θ，第 3 列为强度，第 5 列为高斯峰宽 sigma 的初值（如 0.1），第 7 行为洛伦兹峰宽 gamma 的初值（如 0.1）；第 2、4、6、8 列为精修参数，值为 1 表示精修，值为 0 表示不精修。该数据可通过单击 Peak List 数据树的副菜单 "Peak Fitting" → "Load peaks…" 导入 GSAS-II 软件。

6. 晶体结构精修数据

导出精修数据：单击主菜单 "Export" → "Powder data as" → "histogram CSV file" 或 "Export" → "Powder data as" → "Text file"。在该文件中包含衍射角、观察值 Y_{obs}、计算值 Y_{calc}、背底 Y_{BG} 的数据。

导出峰位表：单击主菜单 "Export" → "Powder data as" → "reflection list CSV file" 或 "Export" → "Powder data as" → "reflection list as text"。在该文件中包含布拉格衍射峰的峰位线 2θ。

如需在 Origin 软件中绘制精修结果图，只需汇总上述两个文件整理出衍射角、观察值 Y_{obs}、计算值 Y_{calc}、背底 Y_{BG}、差分线（$Y_{obs}-Y_{calc}$）、布拉格衍射线（峰位线 2θ 和自定义强度）即可。

附录 B

常用衍射数据格式转换软件

为方便各种衍射数据格式的转换，特列出常用衍射数据格式转换软件。

名称	功能	网址
ConvX	读入：Philips VAX RD, ASCII X-Y, Siemens/Bruker/DiffracPlus (RAW), Philips Binary (RD, SD), Sietronics (CPI), GSAS (DAT), DBWS Based (LHPM, RIET7, FullProf) (DAT), ScanPI (INT) 输出：Philips VAX RD, ASCII X-Y, Siemens/Bruker/DiffracPlus (RAW), Philips Binary (RD, SD), Sietronics (CPI), GSAS (DAT), DBWS Based (LHPM, RIET7, FullProf) (DAT), ScanPI (INT)	http://www.ccp14.ac.uk/solution/powderdataconv/index.html
DLConvert	读入：XY Columns data、Daresbury Laboratory Beamlines: 9.1 angular dispersive, 2.3 angular dispersive, 16.4 Energy Dispersive; Binary MCA Ortec CHN, Argonne Energy Dispersive Data 输出：XFIT Dat, CPI, GSAS, XY, linear interpolated data	http://www.ccp14.ac.uk/projects/dl-conv/Dlconv1-32.exe
PowDLL	读入：Bruker/Siemens RAW Files (versions 1-3), Philips RD Files, Scintag ARD Files, powderCIF Files, Sietronics CPI Files, Riet7 DAT Files, DBWS Files, GSAS Files (CW STD), Jade MDI Files, Rigaku RIG Files, Philips UDF Files, UXD Files, XDA Files, XDD Files, ASCII XY Files 输出：Bruker/Siemens RAW Files (versions 1-3), Philips RD Files, Scintag ARD Files, Sietronics CPI Files, Riet7 DAT Files, DBWS Files, GSAS Files (CW STD), Jade MDI Files, Rigaku RIG Files, Philips UDF Files, UXD Files, XDA Files, XDD Files, ASCII XY Files	http://users.uoi.gr/nkourkou/powdll/
Powder	读入：DBWS, GSAS CW, GSAS CW, GSAS ESD, GSAS ALT, LHPM, Philips RD/SD binary, Philips UDF, MXP18 Binary, RIET7, Scintag, Siemens ASCII, Sietronics CPI, WPPF/Profit, Y free ascii, XY free ascii, XYZ free ascii. Line; X, XY, XYZ 输出：DBWS, GSAS CW, GSAS CW ESD, LHPM, Philips RD/SD binary, Philips UDF, MXP18 Binary, RIET7, Scintag, Siemens ASCII, Sietronics CPI, WPPF/Profit, Y free ascii, XY free ascii, XYZ free ascii. Line; X, XY, XYZ	http://www.ccp14.ac.uk/ccp/web-mirrors/ndragoe/html/software.html

名称	功能	网址
PowderX	读入：Mac Science ASCII, BD90 (Raw), X-Y, Rigaku (DAT), Sietronics (CPI), TsingHua Rigaku (USR) Siemens/Bruker ASCII (UXD), Siemens/Bruker Binary (RAW), Philips ASCII (UDF), Philips Binary (RD) Mac Science Binary, RIET7 (DAT), ORTEC Maestro (CHN)	http://www.ccp14.ac. uk/ccp/web-mirrors/ powderx/Powder/
PowderX	输出：ALLHKL (POW), Sietronics (CPI), FOURYA/XFIT/ Koalariet (XDD), FullProf (DAT), GSAS (DAT), Rietan (INT), Simpro (DUI), X-Y (XRD), DBWS (DAT), LHPM (DAT)	http://www.ccp14.ac. uk/ccp/web-mirrors/ powderx/Powder/
POWF	读入：ASCII XY, GSAS CW data, Siemens UXD, Scintag ARD, DBW, Stoe RAW, Stoe ASCII, Philips UDF, GSAS Cif 输出：ASCII XY, GSAS CW data, Siemens UXD, Scintag ARD, DBW	http://www.ccp14.ac. uk/ccp/web-mirrors /ross-angel/crystal/ software/powf230.exe
Winfit	读入：Geol. Dept. Erlangen (DFA), Siemens/Bruker Diffrac V 2.1 (1 range) (RAW), NEWMOD (TRU), ASCII X-Y, ICDD Format (PD3), ZDS (ZDS), Software of F Nieto (CRI), Philips ASCII (UDF), Philips Binary (RD), STOE (RAW), JADE (MDI), MacDiff of Rainer Petschick (DIF), Converted RAW File (Bish, Eberl,..) (ASC), XDA Rietveld (XDA) 输出：Siemens/Bruker Diffrac V 2.1 (1 range) (RAW), Philips Binary (RD), ASCII X-Y, XDA Rietveld (XDA)	http://www.geol.uni- erlangen.de/html/ software/ soft.html

附录 C

常见衍射分析软件

名称	特色功能	网址
Crystallographica Search-Match (CSM)	物相识别	https://crystallographica-search-match.software.informer. com/3.1
HighScore Plus	物相分析、结构精修	http://www.panalytical.com/Xray-diffraction-software/ HighScore-Plus.htm
XPowder	物相分析	http://www.xpowder.com/
Match!	物相检索、物相识别	http://www.crystalimpact.com/match/
Diffrac Plus EVA	数据处理、物相分析	ffractometers-and-scattering-systems/x-ray-diffractometers/diffrac-suite-software/diffrac-eva.html
McMaille	指标化确定晶格参数	http://www.cristal.org/McMaille
CHEKCELL	指标化确定晶格参数、确定空间群	http://www.ccp14.ac.uk/ccp/web-mirrors/lmgp-laugier-bochu/
Crysfire	指标化确定晶格参数	http://mill2.chem.ucl.ac.uk/Crysfire.html#VER
WinPLOTR	指标化、数据处理	https://cdifx.univ-rennes1.fr/winplotr/winplotr.htm
UNITCELL	晶格参数精修	http://www.ccp14.ac.uk/ccp/web-mirrors/crush/astaff/ holland/UnitCell.html
FullProf	晶体结构精修	https://www.ill.eu/sites/fullprof/php/downloads.html
MDI Jade	数据处理、物相分析、指标化、晶格参数精修，晶体结构精修	https://www.icdd.com/mdi-jade
Topas	晶体结构解析、精修	http://www.topas-academic.net/
EXPO	直接法结构解析、精修	https://www.ba.ic.cnr.it/softwareic/expo2014/
ESPOIR	用 Monte Carlo 和 simulated annealing 算法解析晶体结构	http://sdpd.univ-lemans.fr/sdpd/espoir/
FOX	晶体结构解析	http://vincefn.net/Fox/Download
Jana2006、2020	晶体结构（调制结构）解析、精修	http://www-xray.fzu.cz/jana/jana.html#citation

名称	特色功能	网址
GSAS & EXPGUI	各种衍射数据的结构解析和精修	https://subversion.xray.aps.anl.gov/EXPGUI/trunk/doc/expgui.html
GSAS-II	指标化、晶体结构解析、精修	https://subversion.xray.aps.anl.gov/trac/pyGSAS
LHPM/Rietica	Rietveld 晶体结构精修	http://www.rietica.org/
RIETAN-FP·VENUS	Rietveld 晶体结构精修	http://fujioizumi.verse.jp/download/download_Eng.html
FindIt	无机晶体结构数据库	http://www.fiz-karlsruhe.de/icsd_home.html
CSD	有机晶体结构数据库	https://www.ccdc.cam.ac.uk/solutions/csd-core/components/csd/
COD	晶体学开源数据库	http://crystallography.net/cod/browse.html
ICDD	含 PDF2、PDF4 数据库	http://www.icdd.com/
ATOMS	晶体结构建模	http://www.shapesoftware.com/00_Website_Homepage/
CrystalMaker	晶体结构建模	http://www.crystalmaker.com/
Crystal impact Diamond	晶体结构建模、粉末衍射模拟	http://crystalimpact.com/diamond/Default.htm
Vesta	晶体结构建模、粉末衍射模拟	http://www.jp-minerals.org/vesta/en/download.html
Space Group Diagrams and Tables	空间群信息	http://img.chem.ucl.ac.uk/sgp/LARGE/SGP.HTM
Space Group Explorer	空间群信息	http://www.calidris-em.com/spacegroupexplorer.php
Bilbao Crystallographic Server	点群、空间群应用	https://www.cryst.ehu.es/

附录 D

原子半径周期表

1 **H** Hydrogen 25																	2 **He** Helium
3 **Li** Lithium 145	4 **Be** Beryllium 105											5 **B** Boron 85	6 **C** Carbon 70	7 **N** Nitrogen 65	8 **O** Oxygen 60	9 **F** Fluorine 50	10 **Ne** Neon
11 **Na** Sodium 180	12 **Mg** Magnesium 150											13 **Al** Aluminium 125	14 **Si** Silicon 110	15 **P** Phosphorus 100	16 **S** Sulfur 100	17 **Cl** Chlorine 100	18 **Ar** Argon 71
19 **K** Potassium 220	20 **Ca** Calcium 180	21 **Sc** Scandium 160	22 **Ti** Titanium 140	23 **V** Vanadium 135	24 **Cr** Chromium 140	25 **Mn** Manganese 140	26 **Fe** Iron 140	27 **Co** Cobalt 135	28 **Ni** Nickel 135	29 **Cu** Copper 135	30 **Zn** Zinc 135	31 **Ga** Gallium 130	32 **Ge** Germanium 125	33 **As** Arsenic 115	34 **Se** Selenium 115	35 **Br** Bromine 115	36 **Kr** Krypton
37 **Rb** Rubidium 235	38 **Sr** Strontium 200	39 **Y** Yttrium 180	40 **Zr** Zirconium 155	41 **Nb** Niobium 145	42 **Mo** Molybdenum 145	43 **Tc** Technetium 135	44 **Ru** Ruthenium 130	45 **Rh** Rhodium 135	46 **Pd** Palladium 140	47 **Ag** Silver 160	48 **Cd** Cadmium 155	49 **In** Indium 155	50 **Sn** Tin 145	51 **Sb** Antimony 145	52 **Te** Tellurium 140	53 **I** Iodine 140	54 **Xe** Xenon
55 **Cs** Caesium 260	56 **Ba** Barium 215	57–71	72 **Hf** Hafnium 155	73 **Ta** Tantalum 145	74 **W** Tungsten 135	75 **Re** Rhenium 135	76 **Os** Osmium 130	77 **Ir** Iridium 135	78 **Pt** Platinum 135	79 **Au** Gold 135	80 **Hg** Mercury 150	81 **Tl** Thallium 190	82 **Pb** Lead 180	83 **Bi** Bismuth 160	84 **Po** Polonium 190	85 **At** Astatine	86 **Rn** Radon
87 **Fr** Francium	88 **Ra** Radium 215	89–103	104 **Rf** Rutherfordium	105 **Db** Dubnium	106 **Sg** Seaborgium	107 **Bh** Bohrium	108 **Hs** Hassium	109 **Mt** Meitnerium	110 **Ds** Darmstadtium	111 **Rg** Roentgenium	112 **Cn** Copernicium	113 **Nh** Nihonium	114 **Fl** Flerovium	115 **Mc** Moscovium	116 **Lv** Livermorium	117 **Ts** Tennessine	118 **Og** Oganesson

57 **La** Lanthanum 195	58 **Ce** Cerium 185	59 **Pr** Praseodymium 185	60 **Nd** Neodymium 185	61 **Pm** Promethium 185	62 **Sm** Samarium 185	63 **Eu** Europium 185	64 **Gd** Gadolinium 180	65 **Tb** Terbium 175	66 **Dy** Dysprosium 175	67 **Ho** Holmium 175	68 **Er** Erbium 175	69 **Tm** Thulium 175	70 **Yb** Ytterbium 175	71 **Lu** Lutetium 175
89 **Ac** Actinium 195	90 **Th** Thorium 180	91 **Pa** Protactinium 180	92 **U** Uranium 175	93 **Np** Neptunium 175	94 **Pu** Plutonium 175	95 **Am** Americium 175	96 **Cm** Curium	97 **Bk** Berkelium	98 **Cf** Californium	99 **Es** Einsteinium	100 **Fm** Fermium	101 **Md** Mendelevium	102 **No** Nobelium	103 **Lr** Lawrencium

注：该原子半径周期表摘自网站 https://ptable.com。

参考文献

[1] SHEN S X，CHEN L R，LI A C，et al. Diaoyudaoite——a new mineral[J]. J Acta Mineralogica Sinica，1986，6（3）：224-227.

[2] JIANG G，LIN Z，CHEN C，et al. TiO$_2$ nanoparticles assembled on graphene oxide nanosheets with high photocatalytic activity for removal of pollutants[J]. Carbon，2011，49（8）：2693-2701.

[3] SHI H L，ZENG D，LI J Q，et al. A melting-like process and the local structures during the anatase-to-rutile transition[J]. Materials Characterization，2018，146：237-242.

[4] SHI H L，YANG H X，TIAN H F，et al. Structural properties and superconductivity of SrFe$_2$As$_{2-x}$P$_x$（0.0≤x≤1.0）and CaFe$_2$As$_{2-y}$P$_y$（0.0≤y≤0.3）[J]. Journal of Physics：Condensed Matter，2010，22（12）：125702.

[5] TIAN N，ZHOU Z Y，SUN S G，et al. Synthesis of tetrahexahedral platinum nanocrystals with high-index facets and high electro-oxidation activity[J]. Science，2007，316（5825）：732-735.

[6] NIE X F，HE W F，LI Q P，et al. Improvement of structure and mechanical properties of TC6 titanium alloy with laser shock peening[J]. High Power Laser and Particle Beams，2013，25（5）：1115-1119.

[7] SCHLEXER P，ANDERSEN A B，SEBOK B，et al. Size-dependence of the melting temperature of individual Au nanoparticles[J]. Particle & Particle Systems Characterization，2019，36（3）：1800480.

[8] QIAN L H，WANG S C，ZHAO Y H，et al. Microstrain effect on thermal properties of nanocrystalline Cu[J]. Acta Materialia，2002，50（13）：3425-3434.

[9] 余永宁，毛卫民. 材料的结构[M]. 北京：冶金工业出版社，2001.

[10] 张克从. 近代晶体学[M]. 北京：科学出版社，2011.

[11] 施洪龙，张谷令. X-射线粉末衍射和电子衍射：常用实验技术与数据分析[M]. 北京：中央民族大学出版社，2014.

[12] 毛卫民. 材料的晶体结构原理[M]. 北京：冶金工业出版社，2007.

[13] 梁敬魁. 粉末衍射法测定晶体结构[M]. 北京：科学出版社，2003.

[14] 钱逸姜. 结晶化学导论[M]. 2 版. 北京：中国科学技术大学出版社，1988.

[15] CLEGG W，BLAKE A J，COLE J M，et al. Crystal Structure Analysis：Principles and Practice[M]. New York：Oxford University Press，2009.

[16] TILLEY R J D. Crystals and Crystal Structures[M]. Hoboken：Willey，2006.

[17] PECHARSKY V K，ZAVALIJ P Y. Fundamentals of Powder Diffraction and Structural Characterization of Materials[M]. Berlin：Springer，2003.

[18] 任若静，巧陈，彧彭，等. 利用晶体建模实例理解晶体对称元素和对称操作[J]. 大学物理，2015，34（9）：55-58.

[19] HAHN T. International Tables for Crystallography，Volume A：Space-Group Symmetry[M]. 2006.

[20] ICSD database. [202207]. https://icsd.products.fiz-karlsruhe.de/.

[21] CCDC database. [202203]. https://www.ccdc.cam.ac.uk/solutions/software/.

[22] COD database. [202201]. http://crystallography.net/cod/browse.html.

[23] ICDD database. [202206]. https://www.icdd.com/.

[24] Crystal Impact Diamond. [2022010]. http://www.crystalimpact.com/diamond/Default.htm.

[25] CrystalMaker. [202207]. http://www.crystalmaker.com/.

[26] Vesta. [202207]. http://www.jp-minerals.org/vesta/en/.

[27] ISHIDA T，WATANABE Y. A criterion method for indexing unknown powder diffraction patterns[J]. Zeitschrift Für Kristallographie，1982，160（1-2）：19-32.

[28] 黄孝瑛. 材料微观结构的电子显微学分析[M]. 北京：冶金工业出版社，2008.

[29] 戎咏华. 分析电子显微学导论[M]. 北京：高等教育出版社，2006.

[30] BILLINGE S J L. The atomic pair distribution function：past and present[J]. Zeitschrift für Kristallographie-crystalline materials，2004，219（3）：117-121.

[31] BILLINGE S J L. Pair distribution function technique: principles and methods[C]//NATO Advanced Study Institute on Uniting Electron Crystallography and Powder Diffraction，2012.

[32] SHI H L，LUO M T，WANG W Z. ePDF tools，a processing and analysis package of the atomic pair distribution function for electron diffraction[J]. Computer Physics Communications，2019，238：295-301.

[33] DINNEBIER R E，BILLINGE S J L. Powder diffraction：theory and practice[M]. Cambridge：The Royal Society of Chemistry，2008.

[34] WASEDA Y，MATSUBARA E，SHINODA K. X-Ray Diffraction Crystallography：Introduction，Examples and Solved Problems[M]. New York：Springer，2011.

[35] MDI Jade. [202208]. https://materialsdata.com/.

[36] AHTEE M，NURMELA M，SUORTTI P，et al. Correction for preferred orientation in Rietveld refinement[J]. Journal of Applied Crystallography，1989，22（3）：261-268.

[37] JäRVINEN M. Application of symmetrized harmonics expansion to correction of the preferred orientation effect[J]. Journal of Applied Crystallography，1993，26（4）：525-531.

[38] PITSCHKE W，HERMANN H，MATTERN N. The influence of surface roughness on diffracted X-ray intensities in Bragg–Brentano geometry and its effect on the structure determination by means of Rietveld analysis[J]. Powder Diffraction，1993，8（2）：74-83.

[39] SUORTTI P. Effects of porosity and surface roughness on the X-ray intensity reflected from a

powder specimen[J]. Journal of Applied Crystallography，1972，5（5）：325-331.

[40] LANGFORD J I，WILSON A J C. Scherrer after sixty years：A survey and some new results in the determination of crystallite size[J]. Journal of Applied Crystallography，1978，11（2）：102-113.

[41] Origin Pro 2018. [202206]. https://www.originlab.com/.

[42] Notepad++. [202209]. https://npplusfree.com.

[43] UltraEdit. [202208]. https://www.ultraedit.com.

[44] SHI H L，ZOU B，LI Z A，et al. Direct observation of oxygen-vacancy formation and structural changes in Bi2WO6 nanoflakes induced by electron irradiation[J]. Beilstein Journal of Nanotechnology，2019，10（1）：1434-1442.

[45] SIEGRIST T. Crystallographica - a software toolkit for crystallography[J]. Journal of Applied Crystallography，1997，30（3）：418-419.

[46] 黄继武，李周. 多晶材料 X 射线衍射:实验原理、方法与应用[M]. 北京：冶金工业出版社，2012.

[47] 赵爱醒，潘铁虹. 矿物晶体化学:矿物粉末 X 射线衍射法的研究及其应用[M]. 北京：中国地质大学出版社，1993.

[48] GHOSH R，EPSOM. Crysfire2020 aids indexing powder diffraction peak data. [202209]. http://mill2.chem.ucl.ac.uk/Crysfire.html.

[49] ROISNEL T，RODRIGUEZ-CARVAJAL J. WinPLOTR：A Windows tool for powder diffraction pattern analysis[J]. Materials Science Forum，2001，378（1）：118-123.

[50] WERNER P E，ERIKSSON L，WESTDAHL M. TREOR，a semi-exhaustive trial-and-error powder indexing program for all symmetries[J]. Journal of Applied Crystallography，1985，18（5）：367-370.

[51] DE WOLFF P M. A simplified criterion for the reliability of a powder pattern indexing[J]. Journal of Applied Crystallography，1968，1（2）：108-113.

[52] SMITH G S，SNYDER R L. FN：A criterion for rating powder diffraction patterns and evaluating the reliability of powder-pattern indexing[J]. Journal of Applied Crystallography，1979，12（1）：60-65.

[53] BOULTIF A，LOUëR D. Indexing of powder diffraction patterns for low-symmetry lattices by the successive dichotomy method[J]. Journal of Applied Crystallography，1991，24（6）：987-993.

[54] VISSER J W. A fully automatic program for finding the unit cell from powder data[J]. Journal of Applied Crystallography，1969，2（3）：89-95.

[55] SHI H L，LI Z A. Niggli reduction and Bravais lattice determination[J]. Journal of Applied Crystallography，2022，55：204-210.

[56] SHI H L，LI Z A. UnitCell Tools，a package to determine unit-cell parameters from a single electron diffraction pattern[J]. IUCrJ，2021，8（5）：805-813.

[57] SHI H L. Determining lattice parameters from two electron diffraction patterns[J]. Journal of Applied Crystallography，2022，55（3）：669-676.

[58] SHIRLEY R. The CRYSFIRE system for automatic powder indexing：user's manual[M]. England：The Lattice Press，1999.

[59] TAUPIN D. A powder-diagram automatic-indexing routine[J]. Journal of Applied Crystallography，1973，6（5）：380-385.

[60] KOHLBECK F，HöRL E M. Indexing program for powder patterns especially suitable for triclinic，monoclinic and orthorhombic lattices[J]. Journal of Applied Crystallography，1976，9（1）：28-33.

[61] KOHLBECK F，HöRL E M. Trial and error indexing program for powder patterns of monoclinic substances[J]. Journal of Applied Crystallography，1978，11（1）：60-61.

[62] SHIRLEY R. A modified version of Visser's ITO zone-indexing program，using the Ishida & Watanabe PM criterion for zone evaluation[J]. not yet published，1999.

[63] SHIRLEY R，LOUR D. New powder indexing programs for any symmetry which combine grid-search with successive dichotomy[J]. Acta Crystallographica，1978：S382.

[64] BLAKE A J，COLE J M，EVANS J S O，et al. Crystal structure analysis：principles and practice[M]. Oxford University Press，2009.

[65] EVANS P R. An introduction to data reduction：space-group determination，scaling and intensity statistics[J]. Acta Crystallographica Section D Biological Crystallography，2011，67（4）：282-292.

[66] Jana2020. [202208]. http://jana.fzu.cz/.

[67] ALTOMARE A，CUOCCI C，GIACOVAZZO C，et al. EXPO2013：a kit of tools for phasing crystal structures from powder data[J]. Journal of Applied Crystallography，2013，46（4）：1231-1235.

[68] DIMOS D，CHAUDHARI P，MANNHART J. Superconducting transport properties of grain boundaries in $YBa_2Cu_3O_7$ bicrystals[J]. Physical Review B，1990，41（7）：4038-4049.

[69] OSZLANYI G，SUTO A. Ab initio structure solution by charge flipping[J]. Acta Crystallographica Section A，2004，60（2）：134-141.

[70] OSZLANYI G，SüTO A. Ab initio structure solution by charge flipping. II. Use of weak reflections[J]. Acta Crystallographica Section A，2005，61（1）：147-152.

[71] PALATINUS L. SUPERFLIP-A computer program for solution of crystal structures from X-ray diffraction data in arbitrary dimension[M]. User manual，2007.

[72] HEWAT A，DAVID W I F，VAN EIJCK L. Hugo Rietveld（1932-2016）[J]. Journal of Applied Crystallography，2016，49（4）：1394-1395.

[73] HIRSHFELD F. Can X-ray data distinguish bonding effects from vibrational smearing?[J]. Acta Crystallographica Section A，1976，32（2）：239-244.

[74] DUŠEK M，PETŘíČEK V，PALATINUS L，et al. Jana2006 Cookbook[M]. 2019.

[75] Neutron CW powder data - yttrium iron/aluminium garnet. [202201]. https://subversion. xray.aps.anl.gov/pyGSAS/Tutorials/CWNeutron/Neutron%20CW%20Powder%20Data.htm.

[76] LARSON A C，DREELE R B V. General structure analysis system（GSAS），Los Alamos national laboratory report LAUR 86-748[Z]. 2004

[77] TOBY B H. EXPGUI，a graphical user interface for GSAS[J]. 2001，34（2）：210-213.

[78] TOBY B H，VON DREELE R B. GSAS-II：the genesis of a modern open-source all purpose crystallography software package[J]. Journal of Applied Crystallography，2013，46（2）： 544-549.

[79] FULLPROF. [202206]. https://www.ill.eu/sites/fullprof/index.html.

[80] FullProf suite——examples & tutorials. [202206]. https://www.ill.eu/sites/fullprof/php/tutorials. html.